Springer-Lehrbuch

Hans-Jürgen Voigt

HYDRO-
GEO-
CHEMIE

**Eine Einführung in die
Beschaffenheitsentwicklung des Grundwassers**

Mit 107 Bildern und
115 Tabellen

Springer-Verlag

Berlin Heidelberg New York London Paris Tokyo Hong Kong

An der Erarbeitung einzelner Abschnitte wirkten mit:
Prof. Dr. agr. habil. H. Reissig (3.2.2. und 3.2.3.)
Dipl.-Berging. W. Uhlmann (3.1.4. und 5.1.1.)
Dr. rer. nat. T. Abraham (3.3.4.)
Dipl.-Hydrogeol. C. Leibenath (5.1.5.)

Vertriebsrechte für die sozialistischen Länder:
VEB Deutscher Verlag für Grundstoffindustrie, Leipzig

Lizenzausgabe für den
Springer-Verlag Berlin Heidelberg New York London Paris Tokyo Hong Kong

Vertriebsrechte für die nichtsozialistischen Länder:
Springer-Verlag Berlin Heidelberg New York London Paris Tokyo Hong Kong

ISBN-13:978-3-540-51805-1   e-ISBN-13:978-3-642-75167-7
DOI: 10.1007/978-3-642-75167-7

2132/3140 – 5 4 3 2 1 0

Vorwort

Der ständig steigende Bedarf an Trinkwasser führt in der hydrogeologischen Praxis dazu, daß man sich außer mit der Grundwasserdynamik und -neubildung verstärkt mit der Klärung der Grundwasserbeschaffenheit beschäftigen muß, da letztere immer häufiger zum limitierenden Faktor der Grundwassernutzung wird. Doch nicht nur auf diesem Gebiet, sondern auch bei der Suche und Erkundung von Erdöl- bzw. Erdgaslagerstätten, von Lagerstätten fester mineralischer Rohstoffe, von industriell und balneologisch nutzbaren Grundwässern, der Erforschung der Lagerstättengenese sind in den letzten Jahrzehnten die Anforderungen an die Hydrogeochemie sprunghaft gestiegen. Die Hydrogeochemie hat sich heute als selbständiger Wissenschaftszweig konsolidiert, der sich mit der Bildung und Entwicklung der Beschaffenheit der unterirdischen Hydrosphäre im zeitlich und räumlich veränderlichen System Wasser-Gestein-Gas-organische Substanz beschäftigt.

Das vorliegende Fachbuch soll einen breiten Kreis interessierter Fachkollegen an die Probleme und Aufgaben der Hydrogeochemie heranführen. Schwerpunkte der Darstellung sind die Grundlagen der Hydrogeochemie, die Charakteristik der im Grundwasser ablaufenden Prozesse sowie allgemeine Gesetzmäßigkeiten der Beschaffenheitsentwicklung des Grundwassers im Infiltrationszyklus.

Die Notwendigkeit und Bedeutung des Grundwasserschutzes war Anlaß, ein Kapitel über die Veränderungen in der Grundwasserbeschaffenheit durch die Tätigkeit des Menschen aufzunehmen. Diese Analyse soll als Appell an jeden einzelnen verstanden werden, darüber nachzudenken, wie er an seinem Platz in der Gesellschaft dazu beitragen kann, den Schutz und die Reinhaltung der Gewässer zu gewährleisten.

Die notwendige Umfangsbegrenzung dieses Buches gestattete es nicht, die breite Palette aller Arbeitsaufgaben der Hydrogeochemie im Detail zu betrachten. Nicht behandelt werden konnten u. a. die hydrogeochemischen Prozesse der Lagerstättengenese, die Rolle des Wassers bei der Bildung und Umwandlung der Gesteine sowie anwendungsspezifische Fragen der Hydrogeochemie (hydrogeochemische Prospektionsmethoden, Mineral- und Heilwässer u. a.). Die Ausführungen konzentrieren sich deshalb auf die Fragen der Beschaffenheitsentwicklung im Grundwasser, insbesondere im Infiltrationszyklus. Bezüglich der hydrogeochemischen Klassifizierungsverfahren und anderer Arbeitsmethoden der Hydrogeochemie wird auf das Lehrbuch »Hydrogeologie« von JORDAN/WEDER (1987) verwiesen. Das vorliegende Buch stellt außerdem eine Ergänzung und in gewissem Sinne Voraussetzung für das Studium des 1986 im gleichen Verlag erschienenen Buches von LUCKNER/SCHESTAKOW, »Migrationsprozesse im Boden- und Grundwasserbereich«, dar.

An der Erarbeitung einzelner Abschnitte waren nachfolgend genannte Fachkollegen maßgeblich beteiligt, denen mein Dank gilt: Prof. Dr. agr. habil. H. REISSIG (3.2.2. und

3.2.3.), Dipl.-Berging. W. UHLMANN (3.1.4. und 5.1.1.), Dr. rer. nat. T. ABRAHAM (3.3.4) und Dipl.-Hydrogeol. C. LEIBENATH (5.1.5.)

Mein besonderer Dank gebührt den Herren Prof. Dr. W. GOTTE und Prof. Dr. sc. techn. D. LAUTERBACH für die Begutachtung des Manuskripts und die vielen sachdienlichen Hinweise und Anregungen.

Für die technische Realisierung und die Unterstützung des Vorhabens möchte ich mich bei Frau KRÜGER und Frau HELMERT sowie anderen Mitarbeitern im Zentralen Geologischen Institut Berlin herzlich bedanken.

HANS-JÜRGEN VOIGT

Inhaltsverzeichnis

Entwicklung, Aufgaben und Gliederung der Hydrogeochemie

Die historische Entwicklung der *Hydrogeochemie – als Lehre von der Bildung und Entwicklung der Beschaffenheit der Wässer der unterirdischen Hydrosphäre im zeitlich und räumlich veränderlichen System »Wasser-Gestein-Gas-Biomasse«* – ist wie die jeder anderen Wissenschaft von den konkreten ökonomischen Grundlagen sowie den daraus resultierenden praktischen Anforderungen der jeweiligen Zeit abhängig.

In den Zentren der antiken Kulturen besaß das Wasser allein auf Grund der geographisch-ökologischen Bedingungen in diesem Raum eine lebenswichtige Bedeutung. Ein Großteil der Gelehrten jener Zeit hat sich deshalb Gedanken über die Herkunft, die Bewegung und die Beschaffenheit des unterirdischen Wassers gemacht. ARISTOTELES (384–322 v. u. Z.), der die Herkunft der unterirdischen Wässer durch Kondensation feuchter Luft annahm, vertrat bezüglich der Zusammensetzung die Ansicht:»Das Wasser ist seinem Wesen nach von der Zusammensetzung, die dem Gestein entspricht, durch das es geflossen ist«. Neben der *Kondensationstheorie* waren im alten Griechenland vor allem die *marine Entstehungstheorie,* die das unterirdische Wasser aus eindringendem Meerwasser ableitete(HIPPON, DIOGENES u. a.) und die *Reservoirtheorie,* die die Existenz unterirdischer Wasserreservoire mit einem System von Röhren und Kanälen verglich, die das Erdinnere durchsetzen (ANAXAGORAS, PLATO u. a.), die vorherrschenden theoretischen Strömungen zur Erklärung der unterirdischen Wasserressourcen. Diese Theorien fanden bis weit in das 18. Jahrhundert breiten Anklang und wurden u. a. von solchen bedeutenden Gelehrten wie ALBERTUS MAGNUS (1193–1280), JOHANNES KEPPLER (1571–1630) und RENE DESCARTES (1596–1650) vertreten.

Obwohl die Infiltrations- bzw. Versickerungstheorie im alten Griechenland bereits existierte, war es der Römer MARCUS VITRUVIUS POLLIO, der erstmals in seinem Werk »De architectura« (etwa 30–10 v. u. Z.) die Vorstellung vom Wasserkreislauf als Bestandteil des allgemeinen Wasserkreislaufs der Erde entwickelte. In diese Zeit fallen auch die ersten beschreibenden und systematisierenden Arbeiten zu Beschaffenheitsmerkmalen des Grundwassers (SENECA, PLINIUS u. a.).

Auf Grund der Stagnation der Produktivkräfte im Mittelalter, u. a. zurückzuführen auf das Wirken der katholischen Kirche, die die Forschung ausschließlich auf den Beweis der Richtigkeit der Bibel orientierte (PFEIFFER, 1963), ist in Europa über einen Zeitraum von mehr als 1 000 Jahren kein wisssenschaftlicher Fortschritt zu verzeichnen. Das gilt auch für die Weiterentwicklung der Anschauungen zur Entstehung, Bewegung und Beschaffenheit der Grundwässer. Auf praktischem Gebiet waren es jedoch vor allem die Klöster, die sich der Nutzbarmachung des Naturschatzes Grundwasser und im speziellen der Erschließung von Salzwasser widmeten. Trotz strenger Geheimhaltung konnten bei späteren Revisionsarbeiten in Archiven Unterlagen gefunden werden, die den hohen wirtschaftlichen Stellenwert der Solquellen als Salzlieferanten und die intensiven Erschließungsarbeiten verdeutlichen (DELESKAMP, 1909; v. BÜLOW, 1877).

Während in Europa bis hin zum 16. Jahrhundert die Scholastik dominierte, wurden im Nahen Osten auf dem Gebiet der Grundwasserkunde bedeutende Entdeckungen gemacht. Im Jahre 1001 erkannte AL-BIRUNI (973-1048) das hydrodynamische Prinzip, das zur Entstehung artesischer Wässer führt. Gleichzeitig wies er auf die Rolle des Wassers im Mineralbildungsprozeß hin (PINNEKER, 1980). Das hohe Niveau der Wissenschaft im Vorderen Orient verdeutlicht auch, daß die Infiltrationstheorie die dominierende Hypothese zur Entstehung der Grundwässer war und die theoretischen Arbeiten durch erste experimentelle Untersuchungen begleitet wurden. Das Lehrbuch »Erschließung verborgener Gewässer« von KARADJI (gest. 1016) dürfte das älteste bekannte Lehrbuch der Hydrogeologie und möglicherweise der Geologie insgesamt sein (NADJI, 1972).

PINNEKER (1980) berichtet über Dokumente, die zeigen, daß auch in Ost- und Zentralasien (speziell in Tibet) im 13. bis 14. Jahrhundert hydrogeologische Untersuchungen gezielt auf Mineralwässer durchgeführt wurden. Dabei ist von besonderer Bedeutung, daß die Mineralquellen bestimmten geologischen Formationen zugeordnet wurden.

Der geistige Aufschwung der Reformationszeit, hervorgerufen durch die sich entfaltenden Produktivkräfte des Bürgertums, war auch in der Grundwasserkunde mit neuen Erkenntnissen verbunden. Besonders der Hugenotte B. PALISSY (1510–1590) setzte sich kritisch mit den vorherrschenden Theorien des Altertums auseinander und entwickelte den modernen Erkenntnissen weitestgehend entsprechende Vorstellungen zum Wasserkreislauf der Erde. In Deutschland war es G. AGRICOLA (1494–1555), der sich in seinem 1545 erschienenen Werk »De natura eorum quas effluent ex terra« (»Die Natur der aus dem Erdinneren hervorquellenden Dinge«) u. a. mit der Entstehung und den Beschaffenheitsmerkmalen von Schachtwässern beschäftigte. In seinen Verallgemeinerungen schließt er sich jedoch im wesentlichen der Kondensationstheorie von ARISTOTELES an.

Aufbauend auf den Vorstellungen von PALISSY führten die französischen Wissenschaftler P. PERRAULT (1608–1680) und MARIOTTE (1620–1684) erstmalig zielgerichtete experimentelle und vergleichende Untersuchungen der Niederschlags- und Abflußmengen im Seine-Becken durch. Gestützt u. a. auf Lysimeterversuche bewiesen sie, daß die süßen Grundwasserressourcen ihren Ursprung in versickernden atmosphärischen Niederschlägen besitzen. Sie schufen damit die wissenschaftliche Grundlage für die wasserhaushaltseitige Analyse und Bilanzierung der Grundwasserressourcen.

R. BOYLE (1621–1691), den VERNADSKIJ (1936) als den Begründer der analytischen Chemie bezeichnete, erkannte als erster den engen globalen Zusammenhang zwischen der chemischen Zusammensetzung der Lithosphäre und der Hydrosphäre. In diesem Zusammenhang entwickelte er die fundamentale Hypothese von der chemischen Konstanz des Weltozeans. Diese Hypothese wurde im 19. Jahrhundert durch langjährige Beobachtungen von FORCHHAMMER (1794–1865) bestätigt. DIEULAFAIT (1880) erweiterte die BOYLEsche Theorie auf die Konstanz der chemischen Zusammensetzung des Weltozeans über geologische Zeiträume hinweg. BOYLE verwies gleichzeitig auf das Gasregime der natürlichen Wässer, das 1690 durch J. BERNOULLI (1665–1708) quantifiziert und als Wechselwirkung »Gas-Wasser-Lebewesen« verallgemeinert wurde (VERNADSKIJ, 1936). Durch T. BERGMANN (1735–1784) konnte diese Wechselwirkung mit dem Nachweis gelöster Gase wie CO_n, Kohlenwasserstoffe, SO_n, NO_n im Wasser analytisch untersetzt werden. Die Erkenntnisse von BOYLE und BERNOULLI fanden jedoch ihre allseitige Entfaltung erst zu Beginn des 19. Jahrhunderts, nachdem die Grundlagen der chemischen Wasseranalytik geschaffen, die Vorstellungen über die chemischen Elemente entsprechend herangereift und die chemische Natur des Wassers entdeckt worden waren.

Wasser in seinem Elementarzustand wiesen fast gleichzeitig CAVENDISCH (1731–1810), LAVOSIER (1743–1794) und WATT (1736–1819) experimentell nach.

Besondere Bedeutung für die weitere Entwicklung der Hydrochemie hatte die Bildung des ersten Wasserlabors der Welt 1848 durch C. K. FRESENIUS in Wiesbaden. Während FRESENIUS von der Existenz hypothetischer Salze in wäßrigen Lösungen ausging und die Analysenergebnisse entsprechend darstellte, wurden von THAN (1864) erstmalig die Lösungskomponenten in Form von Ionen (Kationen und Anionen) dokumentiert. Er postulierte dabei, daß sich die Lösungen in einem chemischen Gleichgewicht befinden. S. ARHENIUS und J. H. VANT'HOFF entwickelten diesen Grundgedanken in ihrer physikalischen Lösungstheorie (1883) weiter, die besagt, daß Salze auch ohne Anlegung eines elektrischen Feldes in wäßrigen Lösungen in Ionen dissoziieren.

Aufbauend auf den im Labor beobachteten Veränderungen der physikalisch-chemischen Eigenschaften beim Lösen von Salzen (z. B. der Temperatur) kam MENDELEJEV (1865) zu dem Schluß, daß die Ionen in der Lösung Wechselbeziehungen mit dem Lösungsmittel eingehen und als hydratisierte Ionen vorliegen.

Mit den Theorien von VANT'HOFF und MENDELEJEV waren die entscheidenden theoretischen Grundlagen der Chemie wäßriger Lösungen geschaffen.

Die Einführung der Spektralanalyse in den 50er Jahren des vorigen Jahrhunderts ermöglichte es, auch Spurenelemente im Wasser nachzuweisen, wodurch die Voraussetzungen für die Bereitstellung eines entsprechenden Datenangebots zur wissenschaftlichen Auswertung geschaffen waren.

Parallel zur Chemie des Wassers nahm im 19. Jahrhundert die Geologie als selbständige Wissenschaft eine sprunghafte Entwicklung, hervorgerufen durch den gestiegenen Bedarf der kapitalistischen Industrieproduktion an Rohstoffen. Mit dem wirtschaftlichen Aufschwung des Bürgertums war gleichzeitig eine Renaissance des Kur- und Bäderwesens zu verzeichnen.

Auf die Entwicklung der Hydrogeochemie hatten dabei folgende praktischen und theoretischen Arbeiten einen besonderen Einfluß:

- Die von A. G. WERNER (1749–1817) entwickelte Lehre vom Neptunismus, die eine marine Entstehung der Gesteinsvorkommen vertritt.
- Die vor allem auf das Abteufen tieferer Bohrungen zurückzuführende Ableitung regionalgeologischer Zusammenhänge. Als Beispiel mögen die geognostischen Arbeiten von C. F. KLÖDEN (1831) über die geologischen Verhältnisse der Mark Brandenburg stehen, in denen er eine umfassende Beschreibung der Sol- und Mineralquellen der Mark gab. Diese Arbeit kann noch heute als ein Beispiel komplexer hydrogeologisch-geologisch-botanischer Untersuchungen stehen, wurde doch von KLÖDEN und seinem Schüler ASCHERSON (1859) sowohl die Wechselbeziehung zum geologischen Untergrund (im speziellen zu salzführenden Ablagerungen der Trias) als auch zum Pflanzenbestand an der Erdoberfläche erkannt.
- Die Erschließung des Grundwassers zur Trinkwasserversorgung größerer Städte (St. Petersburg, Wien, Straßburg, Berlin, Dijon u. a.). Infolge dieser »ersten Erkundungsmaßnahmen« gelang es H. DARCY (1803–1858) die Grundwasserströmung mathematisch zu beschreiben. Die Entdeckung des DARCY-Gesetzes im Jahre 1856 kann als Geburtsstunde der modernen Hydrogeologie angesehen werden.

– Experimentelle Untersuchungen lieferten erste konkrete Hinweise über die Wechselbeziehung Wasser-Gestein. Besonders hervorzuheben sind dabei die Untersuchungen von F. A. STRUVE (1826), WAY (1853) und USIGLIO (1849). STRUVE, der sich mit
der Herstellung künstlicher Mineralwässer beschäftigte, führte zielgerichtete Aus-
laugungsversuche an Basalten und Porphyren des Erzgebirges durch, wobei er die
Bedeutung des CO_2-Gehaltes für das Lösungsvermögen des Wassers erkannte. Interessant ist die Bemerkung STRUVES über den anthropogenen Ursprung der Nitrate im
Quellwasser größerer Ansiedlungen, die er mit »Düngerstätten und Lagern tierischer
Auswürfe« in Verbindung bringt (s. Bild 1. 1).

WAY (1853) untersuchte an Lysimetern die Veränderung der chemischen Zusammensetzung des Sickerwassers bei der Bodenpassage. Er kam dabei zu folgenden grund-
legenden Erkenntnissen:
»Innerhalb der Bodenzone vollziehen sich umfangreiche Veränderungen im Chemismus des Sickerwassers. Der Boden hält die Basen zurück und läßt die Säuren jedoch
nicht unverändert hindurchgehen; so verliert z. B. schwefelsaures Ammoniak sein NH_4^+
und enthält schwefelsauren Kalk im Filtrat.« Da reine Sande diese Eigenschaften nicht
besitzen, führte WAY die Veränderungen auf Absorptionsprozesse »an den Doppelsili-
katen der Tonerden und Basen« sowie auf die Umwandlung organischer Substanzen zurück. Eine Erkenntnis, die noch heute grundsätzlich Gültigkeit besitzt.
USIGLIO (1849) untersuchte die Eindunstung von Meerwasser aus dem Mittelmeer bis
zur Mutterlauge und entdeckte die Gesetzmäßigkeiten des Ausfallens der Salze, die
durch Untersuchungen rezenter Sedimentationsbecken und Salzseen bestätigt wurden.
Mit den dargelegten Erkenntnissen war die Zeit für eine zusammenfassende Betrachtung herangereift. Es verwundert daher nicht, daß etwa zur gleichen Zeit durch

Bild 1.1. Verunreinigung eines Kesselbrunnens (nach KLUT, 1938)

G. Bischof (1871), B. M. Lersch (1684) in Deutschland und T. S. Hunt (1865) in Kanada zusammenfassende Arbeiten zur »Hydro-Chemie der natürlichen Wässer« erschienen. Die Monographie von Lersch kann als das erste Lehrbuch der Hydrogeochemie angesehen werden, da hierin erstmalig der Versuch unternommen wurde, den Chemismus der Grundwässer (im speziellen der Mineralwässer und der Wässer der Verwitterungszone) sowohl vom Standpunkt ihrer Stellung im Wasserkreislauf als auch und insbesondere in Wechselbeziehung zum umgebenden Gestein, zur Gaszusammensetzung der Luft und zur organischen Zusammensetzung zu deuten. Lerschs besonderes Verdienst, als konsequenter Vertreter der Infiltrationstheorie, besteht darin, daß er die Erkenntnisse der Naturwissenschaften auf die Wasserchemie zu übertragen verstand und dabei das dynamische, hydrogeologische Prinzip in seine Betrachtung einbezog. Er kommt damit zwangsläufig zu der gleichen Schlußfolgerung wie A. v. Humboldt (1848), daß die Mineralwässer eine Einheit mit den süßen Wässern bilden und nur einen Spezialfall darstellen, »wenn der Geschmack oder ihre Wirkung auf den Körper bemerkbar wird.«

Mit den Arbeiten von Bischof, Lersch und Hunt findet die erste Etappe der Formierung der Hydrochemie-Hydrogeochemie ihren Abschluß.

Die zweite Etappe erstreckt sich bis Mitte der 30er Jahre des 20. Jahrhunderts und findet ihren Abschluß mit der fundamentalen Arbeit von Vernadskij (1936) über die Stellung der natürlichen Wässer in der Erdkruste.

Diese Etappe ist vor allem gekennzeichnet durch die Bereitstellung eines umfangreichen Datenmaterials über den Chemismus der natürlichen Wässer, hervorgerufen einerseits durch die weitere Vervollkommnung der labortechnischen Ausrüstung und andererseits durch den wesentlich gestiegenen Erkundungsgrad geologischer Strukturen insbesondere der Erkundungstiefe. Besonders durch die einsetzende Suche und Erkundung von Erdöllagerstätten wurde erkannt, daß die Verbreitung süßwasserführender Schichten auf eine bestimmte Tiefe der Lithosphäre beschränkt ist und im tieferen Untergrund versalzene Grundwässer auftreten.

Diese Erkenntnisse regten erneut den Meinungsstreit zur Genese der unterirdischen Wässer an. So fand die *Theorie der juvenilen Entstehung der Mineralwässer* und Thermen, die von E. Süss (1902) entwickelt wurde, zunächst breiten Anklang. Später (1909) korrigierte Süss seine Ansichten bereits dahingehend, daß nur einzelne Lösungskomponenten magmatischen Ursprungs sind. Die juvenile Entstehungstheorie ist bis heute umstritten. Nach Isotopenuntersuchungen beträgt der Anteil juveniler Komponenten an Wässern aktiver hydrothermaler Systeme nicht mehr als 10 %.

Die *marine Herkunft* der mineralisierten Erdölbegleitwässer wurde erstmalig von Mrazek (zit. in Vernadskij, 1936) postuliert. Lane (1908) und Washburne (1914) prägten für diesen genetischen Typ den Terminus »Connate Water« und verstanden darunter Wässer, die im Sedimentationsbecken in den Ablagerungen eingeschlossen wurden und im Zuge der Dia- und Katagenese an benachbarte Speicherhorizonte abgegeben wurden. In Deutschland wurde für diesen Wassertyp der Ausdruck *fossile* Wässer verwandt (Deleskamp, 1909; Jentsch, 1911; u. a.). Auf Grund des unterschiedlichen Salzgehaltes des Ablagerungsbeckens und der unterschiedlichen Zusammensetzung der Wässer erscheint es sinnvoll, diesen genetischen Typ in zwei Gruppen zu untergliedern (Müller, 1969):

- diagenetisch veränderte Sedimentationswässer,
- salinare Reliktwässer.

Neben der juvenilen und sedimentären Entstehungstheorie mineralisierter Grundwässer hat die *Infiltrationstheorie* weiterhin Gültigkeit und fand z. B. in COTTA und KEILHACK konsequente Verfechter. Die Vertreter dieser Theorie sehen im Auslaugungsprozeß salzhaltiger Ablagerungen die Ursache der Entstehung mineralisierter Grundwässer. Die Diskussionen um die Entstehung der mineralisierten Grundwässer werden bis in die Gegenwart geführt, wobei nach dem heutigen Kenntnisstand alle drei genetischen Typen in der unterirdischen Hydrosphäre mehr oder minder verbreitet sind.

Das umfangreiche Datenmaterial eröffnete Anfang unseres Jahrhunderts die Möglichkeit, regionale hydrogeologische Gesetzmäßigkeiten zu erkennen. Stellvertretend können an dieser Stelle die Arbeiten von NIKITIN (1900) über die Russische Tafel sowie die Arbeiten des US-Geological Survey (FULLER, COLLINS u. a.) genannt werden. Zu dieser Zeit wurde von HÖFER in Deutschland und A. D. STOPNEVIC (zit. in PINNEKER, 1980) in Rußland erstmalig die Frage des Schutzes der Grundwasserressourcen unter dem Gesichtspunkt der hydrogeologischen Begründung von Schutzzonen von Grundwasserfassungsanlagen diskutiert. K. KEILHACK (1912) veröffentlichte mit seiner Arbeit über die Mineralquellen und Mineralschlämme die erste methodische Richtlinie zur hydrogeologischen Erkundung von oberflächennahen Mineralwasseranomalien im Lockergestein, die er an konkreten Untersuchungsobjekten (den Salzstellen von Bützow und Greifswald) in die Praxis umsetzte.

Die Qualität hydrochemischer Aussagen wurde durch die Ausarbeitung erster Standardwerke zur Wasseranalytik erleichtert. Als Anleitung für hydrochemische Untersuchungen zur Eignung des Grundwassers veröffentlichte 1868 in London WAKLYN die Arbeit »Water analysis«. In der Arbeit von KLUT (1912) wurden die Erfahrungen der Probenahme im Gelände erstmalig zusammengefaßt und methodische Hinweise abgeleitet. Durch die Untersuchung von A. T. LEBEDEV (1928), der Bodenlösungen durch Zentrifugieren gewann, wurden die Voraussetzungen zur systematischen Untersuchung dieser Wässer geschaffen, die das Bindeglied zwischen oberirdischer und unterirdischer Hydrosphäre bilden.

Von Bedeutung für die weitere Konsolidierung der Hydrochemie und besonders der Hydrogeochemie waren folgende wissenschaftlichen Leistungen:

- Die Entdeckung der stickstoffoxydierenden und reduzierenden Bakterien durch SMITH und SCHLESING (1867–1868) sowie der sulfatreduzierenden Bakterien durch VINOGRADSKIJ (zit. in VERNADSKIJ, 1936).
- Die Entdeckung der großen Verbreitung von Flüssigkeitseinschlüssen in Mineralien und Gesteinen durch G. SORBY (1858) und ihre Deutung für den Bildungsprozeß hydrothermaler Erzlagerstätten durch E. DE BEAUMONT.
- Die Entdeckung des Deuteriums durch die Amerikaner UREY, BRECKWECK und MURPHY (1932), womit die Grundlagen für die Isotopenhydrogeochemie geschaffen wurden. Das Spektrum der Anwendung isotopengeochemischer Methoden in der Hydrogeologie umfaßt heute eine breite Pallette, die von Altersbestimmungen der Grundwässer bis zur physikalischen Modellierung hydrogeochemischer Prozesse reicht, wobei eine Vielzahl natürlicher und künstlicher Radionuklide Verwendung findet.
- Die laborativen Bestimmungsmöglichkeiten der Lösungskomponenten wurden vervollkommnet (u. a. wurde die Röntgenspektrographie entdeckt). KOHLRAUSCH führte

erstmalig Leitfähigkeitsmessungen an Elektrolytlösungen durch und fand den korrelativen Zusammenhang zwischen Leitfähigkeit und Salzgehalt der Lösung. Für die Entwicklung der physikalischen Chemie wäßriger Lösungen war die Entdeckung der pH-Metrie durch ARRHENIUS von entscheidender Bedeutung.

- Die Vorstellungen über die chemischen Eigenschaften wäßriger Lösungen wurden besonders durch die Untersuchungen von DEBYE, KABLUKOV und BERNAL/FOWLER weiter vertieft. So erkannte DEBYE, daß die Wirksamkeit der dissoziierten Ionen in mineralisierten Wässern von denen in idealen Lösungen abweicht. LEWIS/RANDALL (1921) führten dafür den Begriff der Lösungsaktivität ein. KABLUKOV (1891) entwickelte die MENDELEJEVsche Lösungstheorie weiter, die durch die Untersuchungen zur Struktur des Wassers von BERNAL und FOWLER (1933) thermodynamisch belegt wurde.
- 1911 entwickelte PALMER die erste hydrochemische Klassifikation der natürlichen Wässer, die in den USA und in Europa breite Anwendung zur Charakterisierung der Erdölbegleitwässer fand. Die Klassifikation beruht auf dem Prinzip der Zuordnung der Lösungsspezies zu hypothetischen Salzen entsprechend ihrer Aktivität. Dieses Klassifizierungsprinzip fand in spezifizierter Form Anwendung in den Klassifikationen von STUMPER (1935), KURNAKOV (1917), BARTOW (1927), SULIN (1935) u. a. Besonders die Klassifikation von KURNAKOV, die von seinem Schüler VALJASCHKO weiterentwickelt wurde, hat sich zur Diagnostizierung der Genese mineralisierter Grundwässer in der Praxis bewährt.
  Etwa zur gleichen Zeit wie PALMER schlug SADYKOV (1916) eine Klassifizierung der Mineralwässer nach den Äquivalentprozenten der Hauptkomponenten der Lösung vor. Diese Klassifikation fand später in vereinfachter Form als Klassifikation nach ŠČUKAREV breite Anwendung auf dem Gebiet der hydrochemischen Kartierung. Das Prinzip der Typisierung der Wässer nach den in der Lösung überwiegenden Komponenten legte auch F. CLARKE seiner Klassifikation zugrunde. KURLOV (1928) verwendete zur Charakteristik der chemischen Bestandteile sibirischer Mineralwässer erstmals die heute nach ihm benannte Darstellungsformel in Form eines Pseudobruchs, in dem im Nenner die Äquivalentprozente der Hauptkationen und im Zähler die der Hauptanionen dargestellt werden.
- 1921 wurde in Novočerkask (UdSSR) das erste hydrochemische Institut der Welt gegründet, das seit dieser Zeit die erste hydrochemische Fachzeitschrift »Hydrochemische Materialien« herausgibt. Das Aufgabengebiet des Institutes hat sich im Wandel der Zeit vorrangig auf den Chemismus der Oberflächenwässer verlagert.

VERNADSKIJ war es vorbehalten, das angesammelte umfangreiche theoretische und praktische Wissen in seiner fundamentalen Arbeit »Geschichte der natürlichen Wässer« allseitig zu analysieren und entsprechend zu verallgemeinern. Im Ergebnis dieser Analyse kam er zu der Schlußfolgerung, daß alle natürlichen Wässer unter dem Aspekt geologischer Zeiträume ein einheitliches, dynamisches, physiko-chemisches Gleichgewichtssystem bilden. Die Untersuchung dieses Gleichgewichtssystems ist nach seiner Meinung Aufgabe der *Geochemie der natürlichen Wässer.*
Die Besonderheit des Systems besteht darin, daß es sich aus zwei organisch miteinander verbundenen Teilsystemen der oberirdischen und unterirdischen Hydrosphäre zusammensetzt. Betrachtet man die Aktivitäten des Wasseraustausches der einzelnen Teile der Hydrosphäre sowie die Spezifik der Prozesse der Wechselbeziehung Wasser-Ge-

stein-organische Substanz-Gas, so ergibt sich zwangsläufig eine wesentlich stärkere Verkettung der Geochemie der unterirdischen Wässer mit dem Gesamtkomplex geologischer Wissenschaften. Somit war bereits mit der Formulierung der neuen Wissenschaft durch VERNADSKIJ die selbständige Entwicklung ihrer beiden Wissenschaftszweige, der Hydrochemie und der Hydrogeochemie vorprogrammiert. Während die *Hydrochemie* die Chemie des Wassers schlechthin ist und sich vorrangig dem System der oberirdischen Hydrosphäre widmet, ergeben sich für die Hydrogeochemie folgende Hauptaufgaben:

– Untersuchung der Rolle des unterirdischen Wassers bei der Migration der chemischen Elemente und Verbindungen im Evolutionsprozeß der Erde
– Untersuchung der Faktoren und Prozesse der physikalisch-chemischen Wechselwirkungen im System unterirdisches Wasser-Gestein-Gas-Biomasse
– Untersuchung der Genese der unterirdischen Wässer in Abhängigkeit von der geologischen Entwicklung hydrogeologischer Strukturen
– Untersuchung der Verteilungsgesetzmäßigkeiten der Beschaffenheitsmerkmale der unterirdischen Hydrosphäre

Die praktische Umsetzung der von VERNADSKIJ gestellten Aufgaben an die Hydrogeochemie wurde in der Sowjetunion konsequent verwirklicht, wobei dem engen Zusammenhang zwischen der geotektonischen Entwicklung hydrogeologischer Strukturen und den regionalen Gesetzmäßigkeiten der Beschaffenheitsveränderung der unterirdischen Hydrosphäre besondere Aufmerksamkeit gewidmet wurde. IGNATOVIČ (1948) prägte im Ergebnis regionaler hydrogeologischer Untersuchungen der Russischen Tafel erstmals den Terminus »hydrogeologische Zonalität«. In diesem Zusammenhang verwies er auf die enge Verbindung zwischen den räumlichen Veränderungen in der Grundwasserbeschaffenheit und den hydrodynamischen Verhältnissen.
Ähnliche Wege wurden auch in anderen Ländern beschritten. Die regionalen hydrogeochemischen Erkenntnisse fanden ihren Niederschlag in hydrogeochemischen Karten, die heute in den meisten Ländern der Erde mit unterschiedlichem Inhalt und in unterschiedlichen Maßstäben vorliegen.
Nach VERNADSKIJ stand vor den Hydrogeochemikern die Aufgabe, das vorhandene Datenmaterial theoretisch zu verallgemeinern und die hydrogeochemischen Prozesse nicht nur qualitativ, sondern auch quantitativ zu erfassen. Das erfordert ein tieferes Verständnis der natürlichen Prozesse, ihre experimentelle Untersuchung und schließlich ihre mathematische Beschreibung.
Begünstigt wurde diese Aufgabe durch die sprunghafte Entwicklung der Wissenschaft und Technik seit den 50er Jahren. Sie ermöglichte einerseits die Erhöhung der Qualität und Zuverlässigkeit der Ausgangsdaten und gestattete ihre rechnergestützte Auswertung; andererseits wurde das Spektrum hydrogeochemischer Untersuchungen durch die konkreten praktischen Anforderungen der Volkswirtschaft wesentlich erweitert.
Ein Merkmal der modernen Hydrogeochemie ist die immer stärker werdende interdisziplinäre Verkettung mit anderen Wissenschaftszweigen.
Besonders in den USA widmete man sich den thermodynamischen Eigenschaften verschiedener natürlicher Gleichgewichtssysteme, die ihren Niederschlag in der Entwicklung bzw. Ableitung von Stabilitätsdiagrammen fanden, die die Migrationsform der Lösungskomponenten beschreiben. Begünstigt wurden diese Auswertungen durch den Einsatz von Rechnerprogrammen, die eine Auflösung der komplizierten Gleichgewichts-

systeme in ihre chemischen Spezies ermöglichte. Hervorzuheben sind dabei besonders die Arbeiten von Garrels, Hem und Helgeson, sowie die Modelle von Plummer u. a. (1976), Truesdall und Jones (1974) sowie Kharaka und Barnes (1973). Gegenwärtig liegen für 191 mögliche Gleichgewichtsreaktionen die zur Berechnung der Komponentenverteilung notwendigen thermodynamischen Daten vor (Ohse 1983).

Mit der Ermittlung der thermodynamischen Gleichgewichtskonstanten für verschiedene Lösungssysteme wurden wichtige theoretische Grundlagen geschaffen, deren Übertragung auf die Natur unbedingt die Einbeziehung des dynamischen Moments erfordern. Zu diesem Zweck wurden allerorts vielfältige Feld- und Laborversuche durchgeführt, die die Erfassung der physikalisch-chemischen Prozesse zum Inhalt hatten.

Auf dem Gebiet der Beschaffenheitsuntersuchung des süßen Grundwassers beschränkten sich die Arbeiten der Hydrogeologen vielfach auf die Bestätigung der Eignung des Grundwassers für die Trink- und Brauchwasserversorgung. Erst durch die zunehmende Belastung der oberflächennahen Grundwässer durch anthropogene Beeinflussungen wurde der Wechselbeziehung »kontaminierte Grundwässer-Gestein-Biomasse-Gas« erhöhte Aufmerksamkeit gewidmet. Schwerpunkt der Untersuchungen stellte dabei die Aerationszone und im speziellen die Bodenzone dar, die die Hauptlast der eindringenden Schadstoffe zu tragen hat.

Mit zunehmender Erschließungsteufe erhöht sich die Gefahr der Immigration versalzener Grundwässer aus dem tieferen Untergrund in süßwasserführende Grundwasserleiter. Regionale Untersuchungen zur Teufenlage der Süßwasser-Salzwasser-Grenze, der regionalen Verteilung der mineralisierten Wässer und der hydrogeochemischen Prozesse am Süßwasser-Salzwasser-Kontakt werden heute in vielen Ländern durchgeführt.

Während bis etwa Mitte dieses Jahrhunderts die mineralisierten Grundwässer vorrangig vom Standpunkt ihrer balneologischen Nutzung betrachtet wurden, rückten sie in den letzten 30 Jahren immer stärker als Rohstofflieferant für die industrielle Gewinnung von Spurenelementen (Brom, Jod, Lithium, Bor u. a.) in den Vordergrund. Sowohl in der UdSSR als auch in den USA wurden umfangreiche regionale Untersuchungen zur Verbreitung industriell nutzbarer Grundwässer und zu den Anreicherungsbedingungen der Spurenelemente im Grundwasser durchgeführt (Bondarenko, Collins u. a.). Mit dem Einsatz hydrogeochemischer Verfahren zur Gewinnung mineralischer Rohstoffe (unterirdische Auslaugung) wurde ebenso wie mit der unterirdischen Aufbereitung nichtkonditionsgerechter Grundwässer ein völlig neues Gebiet des praktischen Einsatzes der Hydrogeochemie eröffnet.

Hydrogeochemische Verfahren zur Prospektion von Lagerstätten fester Minerale und von Erdöl-Erdgas sind heute integraler Bestandteil geologischer Erkundungsstrategien, wobei sich die Untersuchungspalette von der Erfassung räumlicher Verteilungsgesetzmäßigkeiten bis hin zu lagerstättengenetischen Deutungen erstreckt.

Dem hohen Wissensbedarf entsprechend erschien seit Beginn der 50er Jahre eine Vielzahl Lehrbücher und Monographien, die sich speziell hydrogeochemischen Aufgabenstellungen widmeten bzw. in denen ihnen breiter Raum eingeräumt wurde. Verwiesen sei in diesem Zusammenhang auf die Arbeiten von Alekin (1948), White (1957), Schoeler (1962), Piteva (1968), Chodkov und Valukonis (1968), Ovčinikov (1970), Voigt (1972), Matthess (1973), Smirnov (1974), Posochov (1975), Hölting (1980), Krainov und Švec (1980), Švarcev (1982), Drever (1982) u. a.

Die Vielfalt der anstehenden Aufgaben sowohl in theoretischer als auch in praktischer

Hinsicht sowie das erarbeitete methodische Instrumentarium bestätigen die eigenständige Entwicklung der Hydrogeochemie als Teilgebiet der Hydrogeologie. Im Komplex der hydrogeologischen Teilwissenschaften übt die Hydrogeochemie gleichzeitig eine Mittlerfunktion zwischen der Geochemie, der Hydrochemie, der Biochemie, der Agrochemie, der Toxikologie u. a. Wissenschaftszweigen aus. Entsprechend den dargelegten Aufgaben lassen sich bedingt folgende sechs Grundrichtungen der Hydrogeochemie ableiten, die jedoch eng miteinander verknüpft sind:

- allgemeine Hydrogeochemie
- genetische Hydrogeochemie
- regionale Hydrogeochemie
- organische Hydrogeochemie
- anthropogene Hydrogeochemie
- angewandte Hydrogeochemie.

2 Chemische und physikalisch-chemische Grundlagen

2.1. Struktur des Wassers und Hydratation der Ionen in wäßrigen Lösungen

Um die komplizierten hydrogeochemischen Prozesse und Erscheinungen in der unterirdischen Hydrosphäre zu verstehen, bedarf es einiger Grundkenntnisse zur Struktur wäßriger Lösungen und deren Eigenschaften.

Das Wassermolekül wird bekanntlich aus zwei Wasserstoffatomen und einem Sauerstoffatom gebildet. Die beiden Protonen (Wasserstoffkerne) und das Elektronenpaar des Sauerstoffs bilden ein Tetraeder mit vier Polen elektrischer Ladung, wobei die Zentren ihrer positiven und negativen Ladungen nicht übereinstimmen, da das Sauerstoffatom stärker elektronegativ als das Wasserstoffatom positiv ist und deshalb das für die Bindung verantwortliche Elektronenpaar stärker anzieht. Dieses Elektronenpaar hält sich folglich näher beim Sauerstoffatom auf, woraus sich eine Polarisierung der O-H-Bindung ergibt. Da nun die Wasserstoffatome nicht symmetrisch an das Sauerstoffatom gebunden sind, sondern einen Bindungswinkel von 104,5° besitzen, können sich die von den beiden Wasserstoffatomen ausgehenden Partialmomente nicht kompensieren, so daß das H_2O-Molekül insgesamt ein permanenter Dipol ist (Bild 2.1).

Befinden sich die Wassermoleküle in einem elektrischen Feld, das sich z. B. zwischen zwei Kondensatorplatten unterschiedlicher Ladung einstellt, so kommt es durch den Dipolcharakter des Wassermoleküls zu einer teilweisen Neutralisierung des Feldes. Dieser Effekt, der durch die *Dielektrizitätskonstante* ε beschrieben wird, ist der an den Kondensatorplatten anliegenden Spannung umgekehrt proportional und beträgt für Wasser bei einer Temperatur von 20 °C $\varepsilon \approx 80$.

Das »Mineral« Wasser bzw. Eis (VERNADSKIJ, 1936) wird durch die Verknüpfung der Wassermoleküle durch Wasserstoffbrücken gebildet (SAMOILOV, 1957). Die Anordnung der Wassermoleküle im Wassermineral erfolgt dabei so, daß jedes Wassermolekül im Durchschnitt von vier anderen umgeben ist. Man spricht deshalb von der *Koordinationszahl* 4 des Wassermoleküls (Bild 2.2).

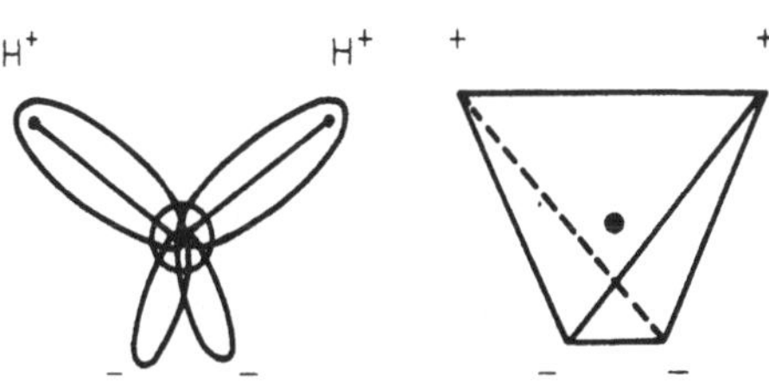

Bild 2.1. Modell des Wassermoleküls (SAMOJLOV, 1957)

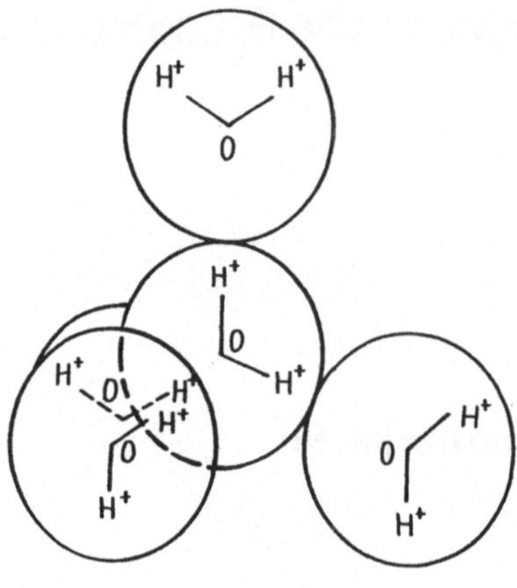

Bild 2.2. Die unmittelbare Umgebung der Wassermoleküle in der Eisstruktur (Samojlov, 1957)

Untersuchungen zur Struktur des Wasserminerals ergaben, daß »Wasser eine veränderte Struktur vom Typ des Quarzes« besitzt (Bernal und Fowler, 1933). Charakteristisch für das Mineral Wasser ist, daß es zwei Strukturtypen in sich vereint (Skryševskij, 1971):

– die vom Eis vererbte Gitterstruktur (Bild 2.3)
– monomere Wassermoleküle, die die Hohlräume in der Gitterstruktur ausfüllen.

Zwischen beiden Strukturformen existiert eine enge Wechselbeziehung, die wie folgt
beschrieben werden kann. Jedes Teilchen einer Lösung einschließlich des einzelenen
Wassermoleküls ist in ständiger thermischer Bewegung. Befindet sich das Wassermolekül im Strukturgitter, so schwingt es um diese zeitweilige Gleichgewichtslage. Andererseits führt jedes Wassermolekül sprungartige Bewegungen aus einer Gleichgewichtslage in eine benachbarte aus, wobei es zeitweilig als monomeres Molekül innerhalb der
Hohlräume existieren kann. Das Springen der Wassermoleküle aus einer Gleichgewichtsstellung in eine benachbarte wird als Selbstdiffusion bzw. als Translationsbewegung bezeichnet (Frenkel, 1957). Sowohl die Strukturformen als auch die Translationsbewegung sind in starkem Maße temperaturabhängig, woraus sich u. a. die spezifische
Dichteveränderung des Wassers von der Temperatur ableitet. Vom Schmelzpunkt aus-

Bild 2.3. Gitterstruktur des Eises (Barnes, 1929
in Horne, 1972)

gehend nimmt bei Temperaturerhöhung der Anteil der im Strukturgitter eingebauten Wassermoleküle ab, was gleichbedeutend mit einer Dichtezunahme ist, da die Hohlräume durch die monomeren Moleküle ausgefüllt werden. Dieser Tendenz entgegen wirkt die thermische Ausdehnung, die jedem Körper eigen ist. Von 0 bis 4 °C überwiegt die Dichtezunahme durch Zerstörung der Gitterstruktur, bei Temperaturen über 4 °C dagegen die thermische Ausdehnung, so daß sich ein Dichtemaximum des Wassers bei 4 °C ergibt. Eine vollständige Zerstörung der Wasserstoffbrücken ist nach Angaben von Samarina (1973) bei Temperaturen über 200 °C zu verzeichnen.

Die Struktur des Wassers erklärt auch seine relativ hohe Viskosität und seine erhebliche Viskositätsabnahme bei steigender Temperatur. Auf Grund des hohen elektrischen Dipolmomentes des Wassermoleküls und der damit verbundenen hohen Dielektrizitätskonstante besitzt Wasser ein sehr gutes Lösungsvermögen gegenüber Salzen. Das Wasser zerstört dabei einerseits die Ionen-Ionen-Bindung im Salz und stabilisiert andererseits die in Lösung gegangenen Ionen, indem es sie umhüllt und die Bildung gelöster neutraler Moleküle verhindert. Die Stabilisierung der Ionen durch die Wassermoleküle wird als Hydratation bezeichnet, die einen Spezialfall der Solvation darstellt, unter der man die »Summe aller Veränderungen versteht, die durch den Eintritt von Ionen in der Lösung hervorgerufen werden« (Samojlov, 1957). Die Hydratationsenergie charakterisiert die Energiemenge, die benötigt wird, um die Gitterenergie des Salzes zu überwinden und die Ionen in der Lösung zu stabilisieren.

Der Prozeß der Hydratation ist so zu verstehen, daß eine Verknüpfung der Ionen mit den Wassermolekülen erfolgt und dadurch die Ionen einen entscheidenden Einfluß auf die Translationsbewegung der Wassermoleküle und die Struktur der wäßrigen Lösung ausüben. Ionen, die in der Lösung eine Schwächung der Translationsbewegung der Wassermoleküle und damit gleichzeitig eine Festigung der Wasserstoffbrücken hervorrufen, besitzen eine sogenannte positive Hydratation (Samojlov, 1957). Andere Ionen erhöhen die Beweglichkeit der Wassermoleküle und zerstören die Gitterstruktur. In diesem Fall spricht man von einer negativen Hydratation.

Die Sphäre des Wassers um das Ion, in der eine relativ beständige Verbindung zwischen Ion und den Wassermolekülen existiert und in der das Ion mit den es umgebenden Wassermolekülen eine gemeinsame Bewegung absolviert, wird als *nahe Solvation* bzw. *nahe Hydratation* bezeichnet. Auch außerhalb dieser Sphäre bewirkt das Ion eine gewisse Orientierung der Wassermoleküle. Diese äußere Zone wird als *ferne Hydratation* bezeichnet.

Die Untersuchungen von Samojlov zur Hydratation in Elektrolytlösungen ergaben, daß sowohl die kinetischen Eigenschaften der Lösung, als auch die Mobilität der Ionen in ihr vorrangig von der nahen Hydratation bestimmt werden.

Die Mobilität eines Wassermoleküls j ist umgekehrt proportional der Zeit τ_i, in der es sich in einer Gleichgewichtsstellung befindet ($J_i \sim 1/\tau_i$). Nach Frenkel (1957) kann die Zeit τ_i durch folgende Beziehung beschrieben werden:

$$\tau_i = \tau_{oi}\, e^{\frac{E}{R\,T}} \tag{2.1}$$

R Gaskonstante

T absolute Temperatur

τ_{oi} Koeffizient, der die Frequenz der Schwingungen um die zeitweilige Gleichgewichtsstellung berücksichtigt

E Größe der Energiebarriere zwischen benachbarten Gleichgewichtsstellungen (Bild 2.4)

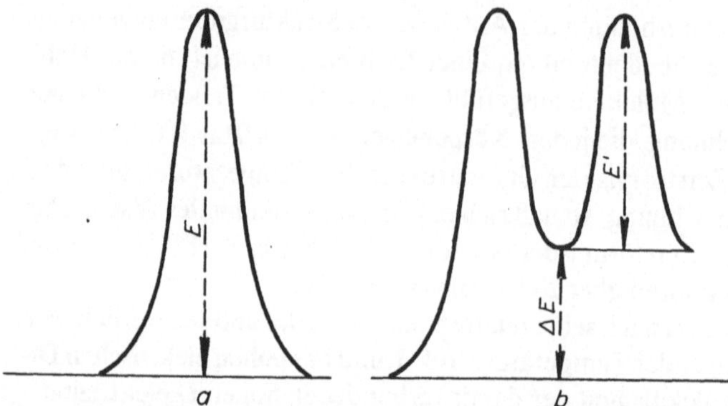

Bild 2.4. Die Energiebarriere E zwischen benachbarten Gleichgewichtsstellungen eines Wassermoleküls a) ohne und b) unter Einwirkung eines Ions mit negativer Hydratation

Die in die Lösung eindringenden Ionen bewirken eine Veränderung der Energiebarriere E um einen Betrag $\pm\,\Delta E$ (Bild 2.4 b). Die Zeit τ_i', in der sich dann das Wassermolekül in einer Gleichgewichtslage befindet, berechnet sich

$$\tau_i' = \tau_{oi}'\,e^{\frac{E\,\pm\,\Delta E}{RT}} \tag{2.2}$$

Nach SAMOJLOV weicht τ_{oi} relativ unbedeutend von τ_{oi}' ab, so daß man $\tau_{oi} = \tau_{oi}'$ setzen kann. Dann drückt das Verhältnis

$$\frac{\tau_i'}{\tau_i} = e^{\frac{\Delta E}{RT}} \tag{2.3}$$

die Veränderung der Beweglichkeit der Wassermoleküle aus. Aus Bild 2.4 und Gl. (2.3) ist ersichtlich, daß diese Veränderung allein von der Größe ΔE abhängig ist.
Ist $\Delta E > 0$ wird $\tau_i' > \tau_i$ und entsprechend $j_i' < j_i$, d. h., durch die Hydratation des Ions tritt eine Stabilisierung der Wasserstruktur auf.
Im Falle von $\Delta E < 0$ wird $\tau_i' < T_i$ und $j_i' > j_i$, d. h., die »negative Hydratation« führt zu einer erhöhten Beweglichkeit der Wassermoleküle.
In Tabelle 2.1 sind für einige Kationen die ΔE-Werte, der Radius des nicht hydratisierten Ions sowie die Hydratationsenergie dargestellt. Unter den Anionen bewirkt das Karbonation die größte Erhöhung der Energiebarriere, auch die Fluorid- und Sulfationen führen zu einem schwach positiven Hydratationseffekt, wogegen die Chlorid-, Brom-, Jod- und besonders die Nitrationen eine negative Hydratation besitzen. Die praktische Bedeutung der nahen Hydratation für die Erklärung der physikalisch-chemischen Prozesse im Untergrund kommt u. a. im Austauschverhalten der Kationen zum Ausdruck. Obwohl der Wertigkeitseffekt gegenüber dem Hydratationseffekt überwiegt (zweiwertige Kationen besitzen eine höhere Eintauschstärke als einwertige), zeigt sich innerhalb gleichwertiger Kationen eine deutliche Abhängigkeit von der nahen Hydratation. Nach der Bindungsstärke ergibt sich folgende Reihe der Kationen:

$$Li^+ < Na^+ < NH_4^+ < K^+ < Rb^+ < Cs^+;$$

$$Mg^{2+} < Ca^{2+} < Sr^{2+} < Ba^{2+}$$

Je enger die Ionen in die Gitterstruktur des Wassers integriert werden, um so geringer ist ihr Bestreben zum Eintausch in den Adsorptionskomplex.

Tabelle 2.1. Hydratationsenergie, nicht hydratisierter Ionenradius und Energie der nahen Hydratation ΔE ausgewählter Kationen

Ion	Ionenradius*)	Hydratations-energie**)	ΔE***)	Bemerkung
	in 10^{-8} cm	in kJ/Mol	in kJ/g Ion bei 21,5 °C	
Mg^{2+}	0,74	1800	$+0,80$	positive
Li^+	0,78	502	$+0,57$	Hydratation
Sr^{2+}	1,20	1423	$+0,34$	
Ca^{2+}	1,04	1570	$+0,28$	
Na^+	0,98	419	$+0,14$	
Ba^{2+}	1,38	1340	$+0,02$	
NH_4^+	1,43	356	$-0,35$	negative
K^+	1,33	356	$-0,36$	Hydratation
Rb^+	1,49	335	$-0,37$	
Cs^+	1,65	314	$-$	

*) nach Krainov, Švec (1980)

**) nach Bernal/Fowler (1933)

***) nach Gončarov, Romanova, Samojlov (1967)

2.2. Massenwirkungsgesetz und Löslichkeit von Elektrolyten in wäßrigen Lösungen

Chemische Reaktionen in idealen Lösungen streben einen dynamischen Gleichgewichtszustand an. Unter Gleichgewichtsbedingungen entspricht die Geschwindigkeit der Reaktionen der Ausgangsstoffe A und B unter Bildung der Endprodukte C + D der Geschwindigkeit der Rückreaktion, d. h.,

$$\text{wenn } v_1 = k_1 c_A c_B \tag{2.4}$$

$$\text{und } v_2 = k_2 c_C c_D \tag{2.5}$$

dann ist unter Gleichgewichtsbedingungen

$$v_1 = v_2$$

$$k_1 c_A c_B = k_2 c_C c_D \tag{2.6}$$

oder

$$\frac{c_C c_D}{c_A c_B} = \frac{k_1}{k_2} = K \tag{2.7}$$

Das Massenwirkungsgesetz sagt aus, daß das Produkt aus den Konzentrationen der Reaktionsprodukte dividiert durch das Produkt der Konzentrationen der Ausgangsstoffe beim Gleichgewicht für jede Reaktion einen konstanten Wert ergibt, der als Gleichgewichtskonstante (auch Massenwirkungskonstante genannt) bezeichnet wird. K entspricht dem Verhältnis der Geschwindigkeitskonstanten k_1/k_2 für die gegenläufigen

Reaktionen. Wenn ihr Zahlenwert groß ist, so liegt das Gleichgewicht auf der Seite der Reaktionsprodukte; kleine Werte zeigen an, daß es auf der Seite der Ausgangsstoffe liegt.

Bei einer Reaktion des Typs $2\,A = B + C$, in der zwei gleiche Moleküle miteinander reagieren, ist die Geschwindigkeit ihrer chemischen Umwandlung proportional dem Quadrat ihrer Konzentration:

$$v_1 = k_1\, c_A^2 \tag{2.8}$$

Verläuft eine Reaktion schließlich ganz allgemein nach der Gleichung

$$\alpha\,A + \beta\ \ B + \ldots \rightleftharpoons \mu\,C + \nu\ \ \Delta + \ldots \tag{2.9}$$

wobei $\alpha, \beta \ldots$ und $\mu, \nu \ldots$ Molzahlen bedeuten, so gilt im Gleichgewicht

$$\frac{c_C^{\mu}\, c_D^{\nu}}{c_A^{\alpha}\, c_B^{\beta}} = K \tag{2.10}$$

Einer der wichtigsten hydrogeochemischen Prozesse ist das Lösen von Elektrolyten, Nichtelektrolyten und Gasen im Wasser. Für die Lösung eines Salzes B_nA_m gilt nach dem Massenwirkungsgesetz die Beziehung

$$c_{B^{m+}}^{n}\, c_{A^{n-}}^{m} -- = K_L \tag{2.11}$$

Hierbei bedeuten $c_{B^{m+}}^{n} +$ und $c_{A^{n-}}^{m}$ die Konzentrationen des m-fach geladenen Kations B bzw. des n-fach geladenen Anions A. K_L ist das Löslichkeitsprodukt, das die maximal mögliche Konzentration der Ionen des gegebenen Salzes in der Lösung beschreibt. Es ist bei einer gegebenen Temperatur für einen bestimmten Elektrolyten konstant und wird in mol/l bzw. mol/kg ausgedrückt. Tabelle 2.2 zeigt die Löslichkeitsprodukte einiger schwerlöslicher Salze im Wasser.

Tabelle 2.2. Löslichkeitsprodukte schwerlöslicher Salze in Wasser bei 25 °C (nach Matthess, 1973)

Löslichkeitsprodukt	mol/kg
$[Ag^-]^2[S^{2-}]$	$= 1 \quad \cdot 10^{-51}$
$[Ba^{2+}][CO^{2-}]$	$= 8{,}1 \ \cdot 10^{-9}$
$[Ba^{2+}][F^-]^2$	$= 1{,}73 \cdot 10^{-6}$
$[Ba^{2+}][SO_4^{2-}]$	$= 1{,}08 \cdot 10^{-10}$
$[Ca^{2+}][CO^{2-}]$	$= 4{,}82 \cdot 10^{-9}$
$[Ca^{2+}][F^-]^2$	$= 2{,}95 \cdot 10^{-11}$ (26 °C)
$[Ca^{2+}][SO_4^{2-}]$	$= 6{,}1 \ \cdot 10^{-5}$
$[Ca^{2+}][OH^-]^2$	$= 7{,}9 \ \cdot 10^{-6}$
$[Ca^{2+}][Mg^{2+}][CO_3^{2-}]^2$	$= 4{,}7 \ \cdot 10^{-20}$
$[Fe^{2+}][CO_3^{2-}]$	$= 2{,}11 \cdot 10^{-11}$
$[Fe^{2+}][OH^-]^2$	$= 1{,}65 \cdot 10^{-15}$
$[Fe^{3+}][OH^-]^3$	$= 4 \quad \cdot 10^{-38}$
$[Fe^{2+}][S^{2-}]$	$= 4 \quad \cdot 10^{-19}$
$[Mg^{2+}][CO_3^{2-}]$	$= 1 \quad \cdot 10^{-5}$
$[Mg^{2+}][OH^-]^2$	$= 5{,}5 \ \cdot 10^{-12}$
$[Mg^{2+}][OH^-]^2$	$= 7{,}1 \ \cdot 10^{-15}$
$[Sr^{2+}][CO_3^{2-}]$	$= 1{,}6 \ \cdot 10^{-9}$
$[Sr^{2+}][SO_4^{2-}]$	$= 2{,}8 \ \cdot 10^{-7}$

Salz	Scheinbarer Dissoziationsgrad
NaCl	0,83
Na_2SO_4	0,75
$CaCl_2$	0,75
$CaSO_4$	0,40

Tabelle 2.3. Scheinbarer Dissoziationsgrad von Salzen in 0,1 normaler Lösung bei 18 °C nach Leitfähigkeitsmessungen (Lehrbuch der Chemie, 1961)

Der *Dissoziationsgrad* eines Salzes charakterisiert den prozentualen Anteil der in Ionenform im Wasser vorliegenden Teilchen. Löst man ein Salz (z. B. NaCl) im Wasser auf, so müßte nach dem Massenwirkungsgesetz der Dissoziationsgrad der Lösung gleich eins (entspricht 100 %) sein. Zieht man jedoch z. B. die Meßergebnisse der elektrischen Leitfähigkeit und des osmotischen Drucks heran, so ergibt sich, daß scheinbar nur ein Teil des Salzes dissoziiert ist. In Tabelle 2.3 sind für einige Salze die scheinbaren Dissoziationsgrade zusammengestellt.

Vergleicht man die scheinbaren Dissoziationsgrade in Tabelle 2.3 mit den Aussagen zur nahen Hydratation, so ist deutlich der enge Zusammenhang erkennbar. Je stärker die positive Hydratation der beiden Ionenkomponenten überwiegt, d. h., um so größer die Bindung der Wassermoleküle und Ionen im Strukturgefüge der Elektrolytlösung ist, um so geringer ist der scheinbare Dissoziationsgrad und um so niedriger die Löslichkeit des entsprechenden Salzes. Eine Erkenntnis, die in Anlehnung an die SAMOJLOVsche Strukturtheorie erstmalig von SOKOLOV (1962) für die Erklärung der Verkarstungsprozesse Anwendung fand. Ionen mit negativer Hydratation erhöhen die Beweglichkeit der Wassermoleküle und somit das Löslichkeitsvermögen der Lösung. In diesem Zusammenhang muß darauf hingewiesen werden, daß der Charakter der Einwirkung auf die Translationsbewegung der Wassermoleküle stets von der Summe aller im Wasser gelösten Ionen bestimmt wird.

Der Abweichung der wirksamen Konzentration von der wirklichen, analytisch bestimmbaren Konzentration wird mit der Einführung der *Aktivität* der entsprechenden Lösungskomponente Rechnung getragen. Die Aktivität a ist das Produkt aus der wahren Konzentration des Ions in der Lösung und einem sogenannten *Aktivitätskoeffizienten* f_i, d. h.,

$$a_i = C f_i \tag{2.12}$$

f_i ist dabei stets < 1.

Somit ergibt sich für Elektrolytlösungen aus den Gln. (2.11) und (2.12)

$$K_L^z = a_B^{nm} + a_A^{mn} \tag{2.13}$$

K_L^z Löslichkeitskonstante

Aus den Gesetzen der Hydratation läßt sich ableiten, daß der Aktivitätskoeffizient für ein Ion nicht konstant ist, sondern neben der Abhängigkeit von der Temperatur vor allem von der Art und der Konzentration der Lösungsgenossen und ihrer Wechselwirkung abhängig ist. Es ist augenscheinlich, daß sich die Abweichung zwischen der wahren Konzentration und der Ionenaktivität mit steigender Mineralisation der Lösung erhöht.

25

Mathematisch erfaßt wird diese Wechselwirkung durch die *Ionenstärke I* nach folgender DEBYE/HÜCKEL-Gleichung:

$$\lg f_i = - \frac{A\, z_i^2\, \sqrt{I}}{1 + \alpha_i^0\, B\, \sqrt{I}} + C\, I \tag{2.14}$$

z Wertigkeit des betrachteten Ions

A, B temperatur- und druckabhängige Koeffizienten ($A \approx 0{,}5$ und $B \approx 0{,}33 \cdot 10^{-8}$)

I Ionenstärke der Lösung

C Koeffizient, der von der Hydratation, der Dielektrizitätskonstante der Lösung und anderen Faktoren abhängt (für Wasser mit einer Mineralisation kleiner 1,2 bis 2,4 g/kg kann nach ALEKIN (1962) das letzte Glied der Gleichung $C\,I$ vernachlässigt werden)

α^0 effektiver Radius des entsprechenden Ions

So kann die Gl. (2.14) unter Berücksichtigung von $A = 0{,}5$ und $B = 0{,}33 \cdot 10^{-8}$ wie folgt vereinfacht werden:

$$- \lg f_i = 0{,}5 \cdot z_i^2\, \frac{\sqrt{I}}{1 + \sqrt{I}} \tag{2.15}$$

Die Ionenstärke I ist ein Maß der Mineralisation einer Lösung und wird nach folgender Gleichung bestimmt (LEWIS, RANDALL, 1921):

$$I = 0{,}5 \sum C_i z_i^2 \tag{2.16}$$

Sie wird in mol/l bzw. mol/kg angegeben. Durch Multiplikation mit dem Molekulargewicht und mit 1000 läßt sich die Konzentration in mg/l umrechnen. Bild 2.5 zeigt für verschiedene Ionen die Abhängigkeit des Aktivitätskoeffizienten von der Ionenstärke der Lösung.

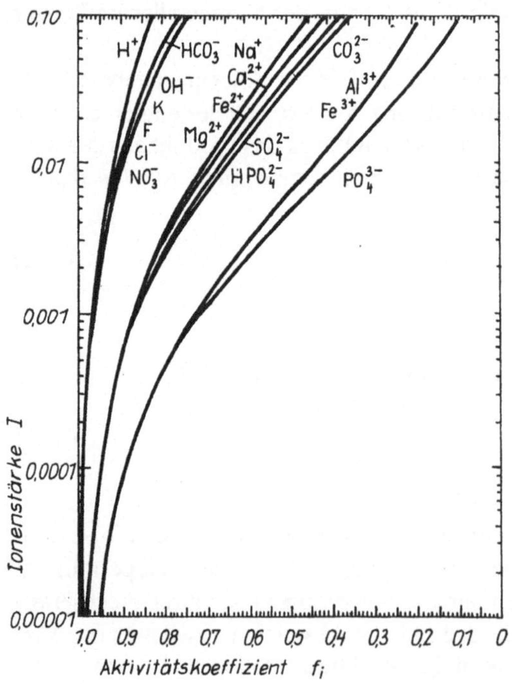

Bild 2.5. Beziehungen zwischen den Aktivitätskoeffizienten gelöster Ionen und der Ionenstärke der Lösung (nach HEM, 1961)

Für die Berechnung der Gleichgewichtssysteme in natürlichen Wässern und im speziellen für die genaue Berechnung der Konzentrationen der Lösungskomponenten ist die Bestimmung der Aktivitätskoeffizienten unumgänglich.

Die die Hohlräume des Strukturgitters ausfüllenden monomeren Wassermoleküle sind in der Lage, in H^+- und OH^--Ionen zu dissoziieren. Das Wasserstoffion ist nicht in der Lage als Proton im freien Zustand zu existieren, deshalb verbindet es sich mit einem Wassermolekül zum Hydroniumion H_3O^+, so daß das Dissoziationsgleichgewicht des Wassers (Protolysegleichgewicht) wie folgt ausgedrückt werden kann:

$$2\,H_2O \rightleftharpoons H_3O^+ + OH^- \tag{2.17}$$

Im praktischen Gebrauch wird jedoch weiterhin an Stelle des Hydroniumions das Wasserstoffion H^+ verwendet, so daß sich das Ionenprodukt des Wassers (K_W) entsprechend ergibt als

$$K_W = C_{H^+}\, C_{OH^-}$$

bzw. $\hspace{10cm}$ (2.18)

$$K_W^+ = a_{H^+}\, a_{OH^-}$$

Da mit steigender Temperatur ein zunehmender Zerfall der Gitterstruktur des Wassers zu verzeichnen ist, nimmt folglich die Wahrscheinlichkeit der Dissoziation der monomeren Wassermoleküle zu, und entsprechend erhöht sich das Ionenprodukt des Wassers, wie Tabelle 2.4 zeigt. Während die Temperatur entscheidend die Dissoziation des Wassers beeinflußt, ändert sich nach BARNES und ELLIS (1970) der negative Logarithmus des Ionenproduktes des Wassers bei 25 °C bei einer Druckveränderung von 0,1 MPa auf 100 MPa lediglich von 13,998 auf 13,63.

Der negative dekadische Logarithmus der Wasserstoffionenaktivität wird als pH-Wert bezeichnet und dient als Maß für die Elektroneutralität der Lösung. Bei 22 °C besitzt reines Wasser einen pH-Wert von 7.

Analog zum Ionenprodukt des Wassers verbessern sich die Löslichkeitsbedingungen der meisten Salze mit steigender Temperatur. An Stelle des Löslichkeitsproduktes wird für starke Elektrolyte die Löslichkeit C_S als Maß für die Charakteristik des Lösungsverhaltens der Salze verwendet. Zwischen dem Löslichkeitsprodukt eines Salzes B_nA_m (Gl. (2.11)) und seiner Löslichkeit besteht in Anwendung des Massenwirkungsgesetzes folgender mathematischer Zusammenhang:

$$C_{S_{BA}} = \sqrt[m+n]{\frac{K_L}{m^m\, n^n}} \tag{2.19}$$

ϑ in °C	$-\lg K_w^+$	ϑ in °C	$-\lg K_w^+$
0	$14{,}950 \pm 0{,}006$	80	12,60
10	$14{,}535 \pm 0{,}003$	90	12,42
20	$14{,}164 \pm 0{,}003$	100	12,27
25	$13{,}998 \pm 0{,}001$	110	12,13
30	$13{,}833 \pm 0{,}001$	120	12,00
40	$13{,}534 \pm 0{,}001$	130	11,90
50	$13{,}262 \pm 0{,}001$	156	11,57
60	$13{,}016 \pm 0{,}001$	218	11,19
70	12,80	306	11,46

Tabelle 2.4. Negativer dekadischer Logarithmus des Ionenproduktes des Wassers ($a_{H^+}\, a_{OH^-}$) bei verschiedenen Temperaturen (nach BARNES/ELLIS, 1970)

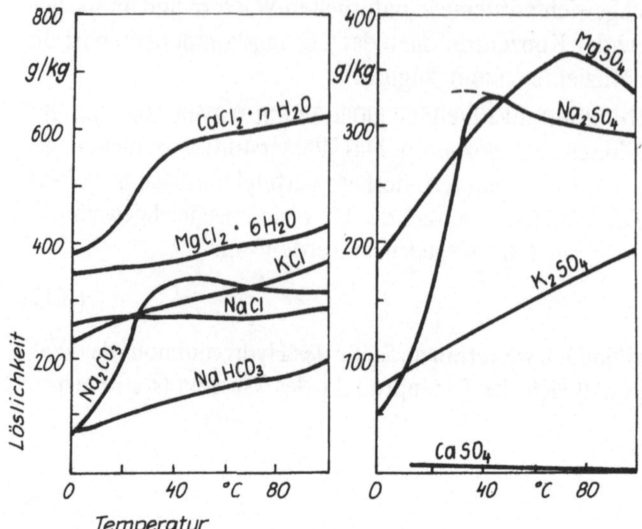

Bild 2.6. Abhängigkeit der Löslichkeit einiger Salze von der Temperatur (nach ŠVARCEV, 1982)

Bild 2.6 zeigt die Veränderung der Löslichkeit einiger Salze mit steigender Temperatur. Deutlich ist erkennbar, daß die Löslichkeit einiger Salze (z. B. Na_2CO_3, Na_2SO_4, $MgSO_4$) nach Erreichen eines bestimmten Maximalwertes mit zunehmender Temperatur abfällt. Bei den genannten Salzen ist das mit einer Entwässerung der Salze und einer Erhöhung der Gitterenergie verbunden.

Die Löslichkeit der Karbonate ist in starkem Maße vom Gehalt an freiem CO_2-Gas im Wasser abhängig. Da sich die Löslichkeit des CO_2 im Wasser bei Temperaturerhöhung vermindert (s. auch Tabelle 2.7) nimmt auch die Löslichkeit z. B. des Kalziumkarbonates mit steigender Temperatur ab. Das sogenannte Kalk-Kohlensäure-Gleichgewichtssystem wird durch das TILLMANNSsche Gesetz beschrieben:

$$C_{CO_2} = K \, C^2_{HCO_3^-} \, C_{Ca^{2+}} \quad \text{in mval/l} \tag{2.20}$$

C_{CO_2} Konzentration der im Wasser gelösten Kohlensäure
$C_{HCO_3^-}$ Konzentration der Hydrogenkarbonationen
$C_{Ca^{2+}}$ Konzentration der Kalziumionen
K temperaturabhängige TILLMANNS-Konstante

Die Größe K für verschiedene Temperaturen und die Methodik zur Bestimmung dieser Konstante sind ausführlich in MATTHESS (1973) dargelegt.

An dieser Stelle soll kurz auf eine Eigenschaft karbonathaltiger Wässer verwiesen werden – die *Kalkaggressivität*.

Wässer sind dann kalkaggressiv, wenn die Differenz zwischen der nach Gl. (2.20) errechneten Gleichgewichtskonzentration an freier Kohlensäure und der tatsächlich im Wasser bestimmten kleiner als Null ist. Ist sie größer als Null, dann ist die Lösung kalkübersättigt.

Neben der Abhängigkeit von der Temperatur wird das Gleichgewichtsytem entscheidend vom pH-Wert beeinflußt. Nach LANGELIER (1936) verhalten sich die Konzentration der Lösungskomponenten und der pH-Wert nach folgender Gleichung:

$$pH_{\text{Gleichgewicht}} = pK^x - \lg C_{\text{Ca}^{2+}} - \lg C_{\text{HCO}_3^-} + \lg f_\text{L} \qquad (2.21)$$

pK^x LANGELIER-Konstante
f_L LANGELIER-Aktivitätskoeffizient

$$\lg f_\text{L} = \frac{2,5 \cdot \sqrt{I}}{1 + 5,3 \cdot \sqrt{I} + 5,5\, I} \qquad (2.22)$$

Eine Einschätzung der Kalkaggressivität ist auch über den LANGELIER-Index I_L möglich:

$$I_\text{L} = \Delta pH = pH_{\text{gemessen}} - pH_{\text{Gleichgewicht}} \qquad (2.23)$$

Ist der gemessene pH-Wert im Wasser kleiner als der Gleichgewichtswert, so handelt es sich um kalkaggressive Wässer.

Man sieht also, daß die Löslichkeit einer Lösungskomponente stets von einer Reihe von Faktoren abhängig ist, zu denen neben der Temperatur, dem pH-Wert und der Wechselwirkung mit dem gelösten Gas auch die Zusammensetzung der Lösung und die Redoxverhältnisse zu zählen sind.

Ähnlich wie ein Ion die Translationsbewegung der Wassermoleküle beeinflußt, kann die Einwirkung eines anderen Ions, z. B. durch Zugabe eines Salzes, die Bindung des ersten Ions mit den Wassermolekülen seiner näheren Umgebung verstärken oder schwächen. Tritt eine Stärkung der Bindung mit den Wassermolekülen ein, so sinkt damit die Beweglichkeit des Ions und die der Wassermoleküle, d. h., nach der Lösungstheorie von SOKOLOV nimmt das Lösungsvermögen ab. Andererseits kann die Zugabe eines Salzes in die Lösung eine Auflockerung der nahen Hydratation der Ionen bewirken, was eine erhöhte Löslichkeit zur Folge hat. Allgemein gilt die Regel, daß gleichionige Zusätze die Löslichkeit eines Salzes herabmindern, während ungleichartige Ionen die Löslichkeit erhöhen können (POSOCHOV, 1966).

So hat z. B. eine Zugabe von 7,3 g/l $CaCl_2$ in eine gesättigte $CaSO_4$-Lösung eine Löslichkeitsabnahme der letzteren von 2,2 g/l auf 1,3 g/l zur Folge. In einer konzentrierten (280 g/l) $CaCl_2$-Sole beträgt die Löslichkeit von $CaSO_4$ sogar nur 0,2 g/l (STANKEVIČ, 1959). Dagegen bewirkt die Anwesenheit geringer Mengen NaCl eine Erhöhung der Löslichkeit von $CaSO_4$ (STEINBRECHER, 1959). Es gilt also in jedem Fall, über die Ionenaktivitäten die Löslichkeitsverhältnisse des gesamten Lösungssystems einzuschätzen.

Die Gleichgewichtssysteme in natürlichen Wässern lassen sich auf der Grundlage der dargelegten Gleichungen, die aus dem Massenwirkungsgesetz abgeleitet wurden, unter Berücksichtigung der Gesetze der Thermodynamik gut beschreiben.

Ohne tiefer auf diese Gesetze einzugehen, soll lediglich darauf hingewiesen werden, daß zwischen den thermodynamischen Gesetzen einer Reaktion und dem Massenwirkungsgesetz eine enge Wechselbeziehung besteht, die durch folgende Gleichung ausgedrückt wird (MATHESS, 1973):

$$\Delta G^\circ = R\, T \ln K_{\text{AB}} \qquad (2.24)$$

K_{AB} Gleichgewichtskonstante
R Gaskonstante
T absolute Temperatur
ΔG° sogenannte standardfreie Bildungsenergie einer chemischen Reaktion

$$\Delta G^\circ = \sum \Delta G^\circ \text{ Reaktionsprodukt} - \sum \Delta G^\circ \text{ Ausgangsstoffe} \qquad (2.25)$$

2.3. Lösung von Nichtelektrolyten und Gasen

Im Gegensatz zu den Elektrolyten dissoziieren die Nichtelektrolyte nicht; sie liegen somit als neutrale Moleküle vor. Beim Lösungsvorgang der Nichtelektrolyte muß man zwischen polaren und unpolaren Stoffen unterscheiden. Polare Stoffe (z. B. Zucker, Alkohole, Aldehyde, Amine, Phenole) besitzen funktionelle Gruppen, die im Molekül eine unsymmetrische Ladungsverteilung bewirken, wodurch der polare Charakter bedingt ist. Die funktionellen Gruppen wirken entweder durch ein aktives H-Atom (Protonendonatorfunktion) oder durch Atome mit freien Elektronenpaaren (Protonenakzeptorfunktion), wie dies z. B. bei Sauerstoff- und Stickstoffatomen der Fall ist (Tabelle 2.5). Funktionelle Gruppen, die sowohl aktive H-Atome als auch freie Elektronenpaare besitzen, sind z. B. Carboxylgruppen, Hydroxylgruppen und primäre Aminogruppen. Die aktiven H-Atome bzw. die Atome mit freien Elektronenpaaren können mit den H_2O-Molekülen über Wasserstoffbrückenbindungen verbunden werden, wobei es zur Bildung von Verbindungen kommt, die sich durch eine hohe Löslichkeit auszeichnen.

Die unpolaren Stoffe, zu denen die Kohlenwasserstoffe zählen, werden beim Lösungsvorgang vor allem in die zwischenmolekularen Hohlräume des Wassers eingelagert. Dieser Vorgang führt meist zu einer stabileren Wasserstruktur, wodurch die relativ geringe Löslichkeit dieser Stoffe bedingt ist. Für viele unpolare Stoffe, z. B. auch für Benzin, Benzol und andere Mineralölprodukte, lassen sich keine exakten Löslichkeiten angeben, da die experimentellen Werte stets vom Mengenverhältnis der Substanzen zum Wasser abhängen. Daher benutzt man hier den Begriff der Sättigungskonzentration (Tabelle 2.6).

Zusätzlich charakterisiert die sogenannte Stoffaustauschkonstante E die Intensität des Lösens der Mineralölprodukte pro Bezugsfläche. Die in Tabelle 2.6 dargestellten E-Werte sind lediglich Orientierungswerte, da der Lösungsprozeß auf Grund des Komplexcharakters der Mineralöle in sich differenziert erfolgt (ZILLIOX u. a., 1974). Zu 90 % bestehen die in Tabelle 2.6 genannten Treibstoffe aus aromatischen Kohlenwasserstoffen und nur zu 10 % aus Alkanen (LEHOTSKY, 1978).

Tabelle 2.5. Funktionelle Gruppen mit Protonendonator- und Protonenakzeptorstellen (REISSIG, 1983)

Verbindung bzw. funktionelle Gruppe		Anzahl der	
		Protonendonatorstellen	Protonenakzeptorstellen
Wasser	$H-\overset{..}{\underset{..}{O}}-H$	2	2
Hydroxylgruppen	$-\overset{..}{\underset{..}{O}}-H$	1	2
Carboxylgruppen	$-C\overset{\diagup O}{\diagdown \overset{..}{\underset{..}{O}}-H}$	1	4
primäre Aminogruppen	$-\overset{..}{N}=H_2$	2	1

Tabelle 2.6. Eigenschaften einiger Mineralölprodukte in wäßrigen Lösungen (Angaben aus LEITHE, 1972; MATTHESS, 1973; MOLLWEIDE, 1972; BRANDT, 1972; ZILLIOX u. a., 1974; HOUZIM, 1978; LEHOTSKY, 1978)

Mineralölprodukt	Sättigungs- konzentration in mg/l	Geruchs- schwellwert in mg/l	Stoffaustausch- »konstante« E in mg/m^{2}s
Benzol	1680	1 ...10	n. b.
Normalbenzin	31	0,001... 0,01	0,1
Autobenzin I	361	0,001... 0,01	0,1
Autobenzin II	146	0,001... 0,01	0,1
Autobenzin III	93	0,001... 0,01	0,1
Autobenzin IV	505	0,001... 0,01	0,1
Dieselkraftstoff	17,2...37	0,001... 0,01	0,1
Heizöl	10 ...50	0,001... 0,01	0,001...0,0001
Kerosin	1 ... 5	0,01 ... 0,1	0,01
Toluol	511	n. b.	n. b.
n-Hexan, Cyclohexan	60	n. b.	n. b.
Schmieröl	30	n. b.	0,001
Flugzeugtreibstoff	10 ...16	n. b.	n. b.

Analog den unpolaren Stoffen dringen Gase in die Hohlräume der Wasserminerale ein und stabilisieren ihre Struktur. Im Unterschied zu den Mineralölprodukten kommt es bei einigen Gasen (z. B. CO_2 und H_2S) bei Einwirkung eines elektrischen Feldes zu einer Verschiebung der Ladungszentren der Moleküle, d. h. zur Bildung eines sogenannten »induzierten« Dipols (ALEKIN, 1970). Eine derartige Wirkung übt auch das Wasser auf die Gase aus, wobei die Gase am besten im Wasser löslich sind, die die höchsten induzierten Dipolmomente besitzen. Entsprechend dem Mechanismus ihres Einbaus in die Mineralstruktur des Wassers nimmt folgerichtig die Löslichkeit der meisten Gase mit zunehmender Temperatur ab, da die Gitterstruktur des Wassers mit zunehmender Temperatur zerstört wird und die Hohlräume durch monomere Wassermoleküle belegt werden. Auf die komplexe Einwirkung aller Lösungsbestandteile auf die Translationsbewegung der Wassermoleküle ist auch die Abnahme der Löslichkeit der Gase mit steigender Gesamtmineralisation zurückzuführen. Aus Bild 2.7 ist z. B. ersichtlich, daß bei sonst gleichen äußeren Bedingungen ($\vartheta = 0\,°C, P = 0,1$ MPa) die Löslichkeit von CO_2 in einer NaCl-Lösung von 3,5 mol/l auf etwa 40 % gegenüber der in destilliertem Wasser zurückgeht.

Die Abhängigkeit der Löslichkeit eines Gases C_i vom Druck, bzw. dem Partialdruck P_i des entsprechenden Gases i in der Gasphase wird durch das HENRY-DALTONsche Gesetz beschrieben. Der Proportionalitätskoeffizient K (HENRY-Konstante) ist temperaturabhängig und charakterisiert die Löslichkeit des entsprechenden Gases bei einem Partialdruck von einer Atmosphäre ($\approx 0,101$ MPa). Tabelle 2.7 zeigt für einige natürliche Gase die Änderung der HENRY-Konstante mit der Temperatur. Berücksichtigt man die partiellen Anteile des N_2, O_2, CO_2 und sonstiger Gase an der Zusammensetzung der Atmosphäre (entsprechend $P_{N_2} = 0,78$, $P_{O_2} \approx 0,21$, $P_{CO_2} \approx 0,0003$, $P_{S.G.} \approx 0,009$), dann ergeben sich die in Tabelle 2.8. dargestellten Löslichkeiten der Hauptkomponenten atmosphärischer Gase. Der extrem geringe Partialdruck des H_2S in der Atmosphäre ist z. B. die Ursache für die spontane Entgasung H_2S-haltiger Grundwässer bei ihrer För-

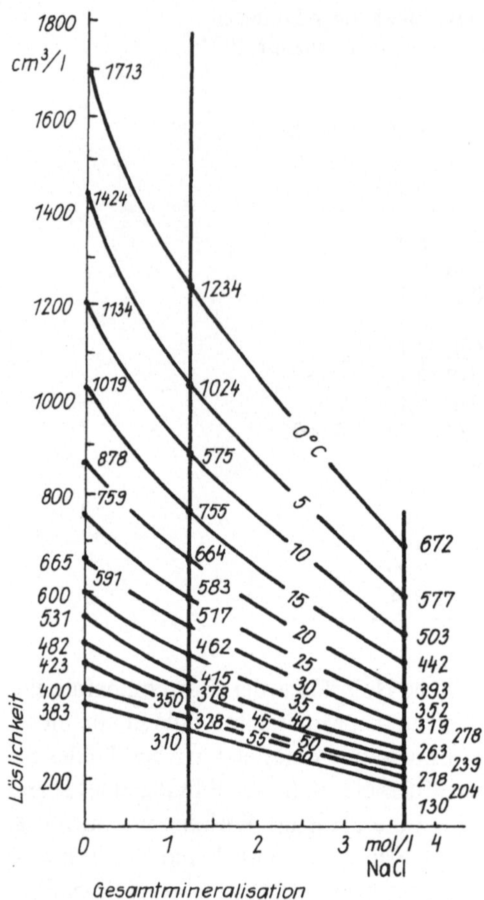

Bild 2.7. Löslichkeitskurven des CO_2 in Wässern verschiedener Gesamtmineralisation bei Temperaturen von 0 bis 60 °C und einem konstanten Druck von 0,1 MPa (KORCENSTEJN, 1976)

Tabelle 2.7. Löslichkeit (HENRY-Konstante) einiger natürlicher Gase in mg/l bei verschiedenen Temperaturen und einem Partialdruck von 0,1 MPa (ALEKIN, 1970)

ϑ in °C	O_2	CO_2	H_2S	ϑ in °C	O_2	CO_2	H_2S
0	69,48	3347	7027	18	45,15	1789	4086
2	65,76	3091	6589	20	43,39	1689	3929
4	63,34	2872	6178	25	39,32	1450	3432
6	59,20	2681	5795	30	35,88	1250	–
8	56,33	2494	5441	35	33,15	1106	–
10	53,70	2319	5121	40	30,81	974	–
12	51,29	2166	4823	45	28,60	862	–
14	49,08	2033	4556	50	26,57	762	–
16	47,03	1904	4309				

derung an die Erdoberfläche. Das HENRY-DALTONsche Gesetz gilt nicht für Gase, die mit Wasser reagieren, wie z. B. für NH_3. Für CO_2 ist die Abweichung vernachlässigbar. In hydrogeochemischer Hinsicht haben Gase sowohl im gelösten als auch im freien Zustand eine große Bedeutung. Sauerstoff und Schwefelwasserstoff sind potentialbestimmend, wobei sie ein antagonistisches Verhalten zeigen. Während Sauerstoff ein oxydie-

Gas	Temperatur in °C					
	0	5	10	15	20	25
O_2	14,46	12,68	11,24	10,10	9,18	8,38
N_2	22,88	20,25	18,09	16,37	15,10	14,11
CO_2	1,00	0,83	0,69	0,59	0,51	0,44

Tabelle 2.8. Löslichkeit der Luftbestandteile im Wasser in mg/l unter normaler atmosphärischer Partialdruckverteilung (RÖSSLER/LANGE, 1975)

rendes Milieu mit positivem Eh-Wert (s. u.) bewirkt, ist H_2S ein starkes Reduktionsmittel, das im negativen Eh-Wertbereich existent ist. Erinnert sei an den Einfluß des CO_2-Partialdrucks auf das Kalk-Kohlensäure-Gleichgewicht, ein Faktor, der besonders in der Aerationszone entscheidend die Beschaffenheitsentwicklung des Sickerwassers prägt.

2.4. Redoxpotential und *Eh-p*H-Stabilitätsdiagramme

Am Beispiel des Karbonatgleichgewichtes wurde der entscheidende Einfluß des pH-Wertes auf die Löslichkeit verdeutlicht (s. Gl. (2.21)). Die Löslichkeit einiger Salze wie Natrium- und Kaliumchloride ist relativ pH-Wert-unabhängig. Dagegen hängt die Löslichkeit vor allem der Metallverbindungen sehr stark von ihrer Oxydationsstufe ab, die wiederum durch den pH-Wert und das Redoxpotential bestimmt wird.

Das *Redoxpotential E*h ist ein Maß für die relative Aktivität der oxydierten bzw. reduzierten Komponenten eines Lösungssystems. Es wird in einer Lösung, die die verschiedenen Oxydationsstufen eines Stoffes enthält (z. B. Fe^{2+}/Fe^{3+}), als elektrisches Potential zwischen einer elektronenübertragenden Metallelektrode (meist aus Platin) und einer Bezugselektrode gemessen. Zwischen Massenwirkungsgesetz und Redoxpotential besteht folgender funktioneller Zusammenhang, der als NERNSTsche Gleichung bezeichnet wird:

$$Eh = E^\circ + \frac{R\,T}{n\,F} \ln\left(\frac{a_{ox}}{a_{red}}\right) \tag{2.26}$$

E° — Standardpotential in Volt, das im System für den Fall $a_{ox} = a_{red} = 1$ mol/l existiert

n — Zahl der Elektronen, die an der Redoxreaktion beteiligt sind

F — FARADAY-Konstante ($F = 9{,}65 \cdot 10^4$ As/mol)

a_{ox} und a_{red} — Aktivität der oxydierten bzw. reduzierten Substanzen in dem betrachteten System

Bei 25 °C gilt:

$$Eh = E^\circ + \frac{0{,}0592}{n} \lg\left(\frac{a_{ox}}{a_{red}}\right) \tag{2.27}$$

Das Potential der als Bezugselektrode anerkannten Standardwasserstoffelektrode wird international gleich Null gesetzt. Aus praktischen Gründen wird jedoch als Bezugselektrode viel häufiger die Kalomelelektrode benutzt. Auf die Kalomelelektrode bezogene

Redoxpotentiale müssen durch Addition von $+0{,}244$ V (bei 25 °C) auf die Standard-wasserstoffelektrode als Bezugssystem umgerechnet werden.

Das Standardpotential E° entspricht dem Redoxpotential, wenn die Aktivität der beteiligten Reaktionspartner gleich 1 mol/l ist ($a_{ox} = a_{red}$). Es kann als zahlenmäßiger Ausdruck für die Oxydationskraft der oxydierten Stufe bzw. für die Reduktionskraft der reduzierten Stufe eines Redoxpaares angesehen werden und gibt an, in welche Richtung eine Redoxreaktion abläuft.

Tabelle 2.9 zeigt für ausgewählte Stoffe das Standardpotential der Oxydations- und Reduktionsstufen. Aus Tabelle 2.9 ist ersichtlich, daß die oxydierte Stufe eines Redoxpaares mit dem höheren Standardpotential ein besseres Oxydationsmittel ist als die oxydierte Stufe eines Redoxpaares mit niedrigerem Standardpotential. Es vermag deshalb dessen reduzierte Stufe zu oxydieren. Die reduzierte Stufe des Redoxpaares mit dem niedrigeren Standardpotential ist folglich das bessere Reduktionsmittel im Vergleich zur reduzierten Stufe des Redoxpaares mit dem höheren Standardpotential.

In der Literatur findet neben dem Redoxpotential Eh zur Charakteristik der Elektronenaktivität in der Lösung in Analogie zum pH-Wert der pe-Wert Verwendung.

$$pe = -\lg a_{e^-} \tag{2.28}$$

Eh- und pe-Wert sind durch folgende Beziehung untereinander verbunden:

$$pe = \frac{F}{2{,}303 \cdot R\,T}\,Eh \tag{2.29}$$

F FARADAY-Konstante
R Gaskonstante
T absolute Temperatur

Bei einer Temperatur von 25 °C entspricht $pe = 16.9\ Eh$.

Tabelle 2.9. Standardpotential E° verschiedener Halbreaktionen (nach LATIMER, 1952, TISCHENDORF/UNGETHÜM, 1964 u. a.)

Halbreaktion			E°
$Co^{3+} + e^-$	$\rightleftarrows$	Co^{2+}	1,807
$NiO_2 + 4H^+ + 2e^-$	$\rightleftarrows$	$Ni^{2+} + 2H_2O$	1,680
$Mn^{3+} + e^-$	$\rightleftarrows$	Mn^{2+}	1,510
$PbO_2 + 4H^+ + 2e^-$	$\rightleftarrows$	$Pb^{2+} + 2H_2O$	1,480
$O_{2(g)} + 4H^+ + 4e^-$	$\rightleftarrows$	$2H_2O$	1,229
$NO_3^- + 4H^+ + 4e^-$	$\rightleftarrows$	$NO + 2H_2O$	0,940
$2NO_3^- + 4H^+ + 2e^-$	$\rightleftarrows$	$N_2O_4 + 2H_2O$	0,800
$Hg_2^{2+} + 2e-$	$\rightleftarrows$	$2Hg$	0,799
$Fe^{3+} + e^-$	$\rightleftarrows$	Fe^{2+}	0,774
$HAsO_4^{2-} + 3H^+ + 2e^-$	$\rightleftarrows$	$AsO_2^- + 2H_2O$	0,565
$Cu^+ + e^-$	$\rightleftarrows$	Cu	0,521
$H_2SO_3 + 4H^+ + 4e^-$	$\rightleftarrows$	$S + 3H_2O$	0,450
$O_2 + 2H_2O + 4e^-$	$\rightleftarrows$	$4OH^-$	0,410
$MoO_3 + 2H^+ + 2e^-$	$\rightleftarrows$	$MoO_2 + H_2O$	0,261
$Cu^{2+} + e^-$	$\rightleftarrows$	Cu^+	0,153
$NO_3^- + 2H_2O + 2e^-$	$\rightleftarrows$	$NO_2^- + 2OH^-$	0,010
$S + 2e^-$	$\rightleftarrows$	S^{2-}	$-0{,}48$
$Zn^{2+} + 2e^-$	$\rightleftarrows$	Zn	$-0{,}760$

Die Zustandsform der Lösungsspezies in einem Gleichgewichtssystem in Abhängigkeit vom pH- und Eh-Wert kann in sogenannten Stabilitätsdiagrammen ausgewiesen werden, die erstmalig von POURBAIX (1949) kreiert wurden. Begrenzt werden die Stabilitätsdiagramme wäßriger Lösungen, die allgemein für Drücke von 0,1 MPa und für Temperaturen von 25 °C gelten, durch die Kurven, die die Existenz des Lösungsmittels selbst bestimmen. Die obere Grenze des Stabilitätsfeldes des Wassers wird durch die Halbreaktion

$$2\,H_2O \rightleftharpoons O_2 + 4\,H^+ + 4\,e^-$$

(2.30)

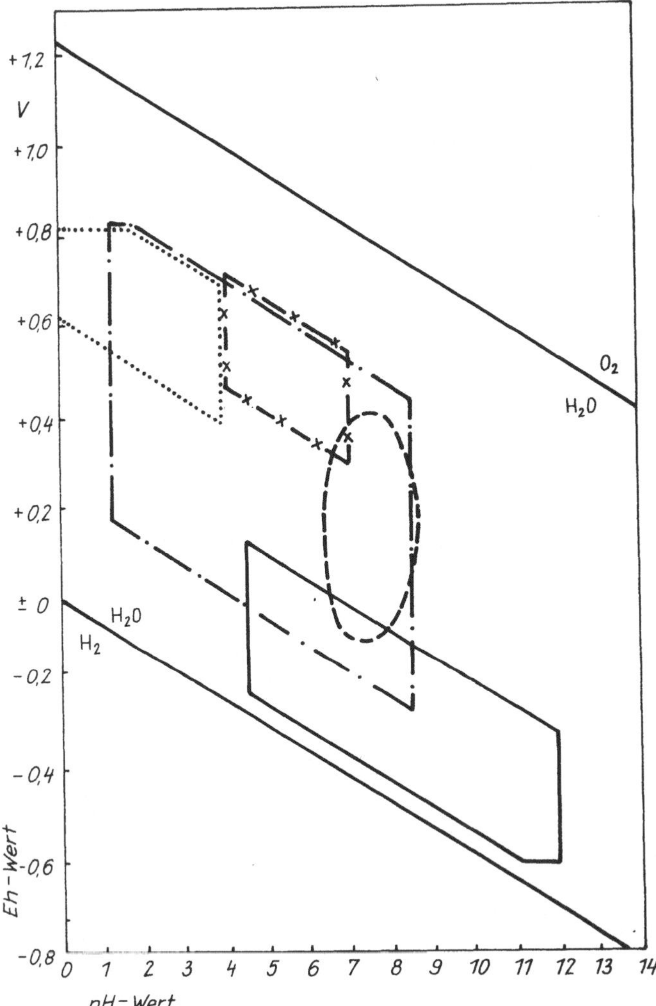

Bild 2.8. Lage ausgewählter natürlicher Wässer im Stabilitätsfeld des Wassers (nach KRAJNOV/ŠVEC, 1980)

–×–	Niederschlagswässer
––––	Wässer mariner Aquatorien
· · · ·	saure Wässer aktiver geothermaler Systeme
–·–·–	Grundwasser des unbedeckten GWL
———	mineralisierte Solen von Tafelstrukturen

die untere durch die Halbreaktion

$$2\,H_2O + 2\,e^- \rightleftharpoons H_2 + 2\,OH^- \tag{2.31}$$

des Redoxgleichgewichts

$$2\,H_2O \rightleftharpoons 2\,H_2 + O_2 \tag{2.32}$$

bestimmt.

Nach GARRELS und CHRIST (1965) wird die Oxydationsreaktion (2.28) durch die Beziehung:

$$Eh = 1{,}23 - 0{,}059\,pH \tag{2.33}$$

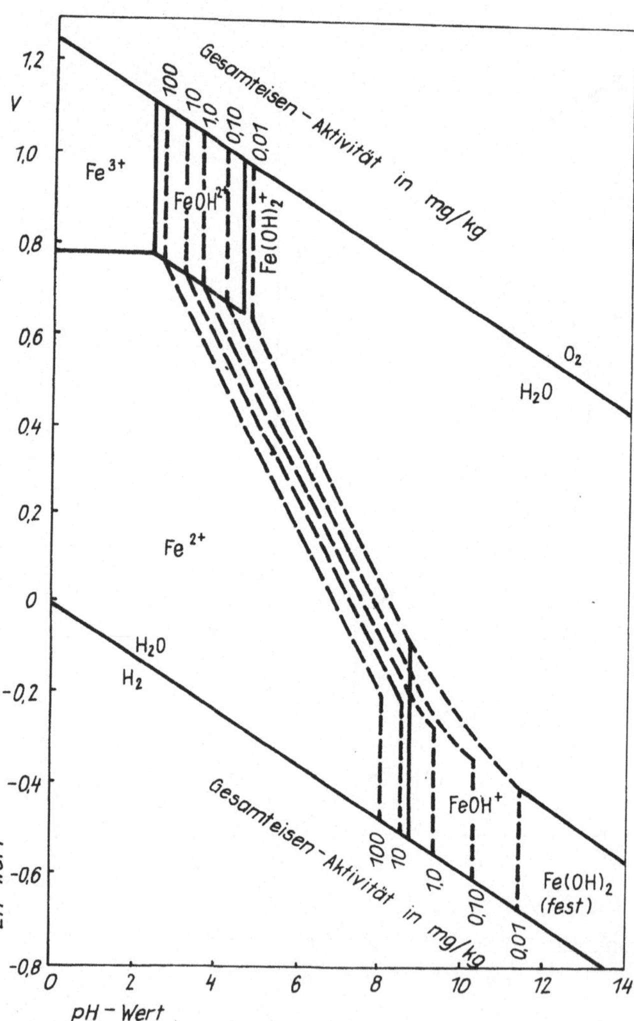

Bild 2.9. Stabilitätsfelder für Eisen-II- und -III-Spezies für Aktivitäten von 0,01 bis 100 mg gelöstes Eisen/kg (nach HEM, 1961)

36

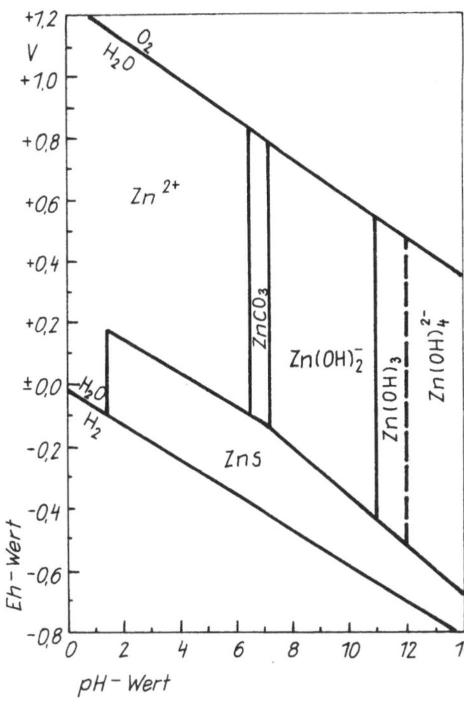

Bild 2.10. Stabilitätsdiagramm des Zink im System Zn-CO$_2$-S-H$_2$O bei 25 °C und $P = 1$ Atm in Abhängigkeit vom Eh- und pH-Wert (nach HEM, 1972)

und die Reduktionsreaktion (2.29) durch die Beziehung

$$Eh = -0,83 + 0,059\,(14 - pH) \tag{2.34}$$

beschrieben. In Bild 2.8 ist das Stabilitätsfeld des Wassers einschließlich der Lage ausgewählter natürlicher Wässer im Eh-pH-Diagramm dargestellt. Bild 2.9 zeigt das Eh-pH-Stabilitätsdiagramm des Eisens im System Fe-OH$^-$. Aus Bild 2.9 folgt, daß nur unter extrem sauren Bedingungen das dreiwertige Fe-Ion in der Lösung existent ist, während unter Sauerstoffeinfluß (bei einem pH-Wert > 5) die wahrscheinlichste Zustandsform des Eisens die neutrale Fe(OH)$_3$-Komplexverbindung darstellt, die nur beschränkt in Kolloidform löslich ist, meist jedoch aus der Lösung gefällt wird (entsprechend dem Löslichkeitsprodukt des Fe(OH)$_3$ können in dieser Form maximal 17 μg/kg Eisen in Wasser gelöst werden). Dagegen kann sich Eisen als zweiwertiges Kation in einem schwach sauren bis neutralen Medium unter reduzierenden Verhältnissen in größeren Mengen in der Lösung anreichern. Veränderungen der Redox- oder pH-Wert-Verhältnisse können entweder in einer Auflösung des Bodenkörpers oder im umgekehrten Fall zu einer Oxydation des zweiwertigen Eisens (verbunden mit seiner Fällung aus der Lösung) führen. Natürliche Wässer stellen Mehrkomponentensysteme dar, denen in den Stabilitätsdiagrammen nur bedingt Rechnung getragen werden kann. Bild 2.10 zeigt z. B. das Stabilitätsdiagramm des Zink in einem komplexen System Zn-CO$_2$-S-H$_2$O. Obwohl die Stabilitätsdiagramme nur Näherungscharakter tragen, helfen sie dem Hydrogeochemiker, die beobachtete Wasserbeschaffenheit zu verstehen, da ihm mit dem Analysenergebnis lediglich die Gesamtkonzentration des entsprechenden Beschaffenheitsmerkmals und nicht seine Zustandsform bereitgestellt wird.

2.5. Migrationsform der Elemente und Komplexbildung

Redoxpotential und pH-Wert sind ebenso wie die Temperatur und die Zusammensetzung der Lösung äußere Faktoren, die die Migrationsform der Elemente in der wäßrigen Lösung bestimmen. Wie im Abschnitt 2.1. gezeigt wurde, hängt von der Natur des Ions selbst und im speziellen von seiner Wertigkeit und seinem Radius maßgeblich sein hydrochemisches Verhalten ab, das sich in erster Linie in der Wechselbeziehung mit dem Lösungsmittel (d. h. seiner nahen Hydratation) äußert. Die Beziehung Wertigkeit zum Ionenradius wird als Ionenpotential bezeichnet und von GOLDSCHMIDT (1938) und anderen zur Beschreibung der wahrscheinlichen Migrationsform der Elemente in wäßrigen Lösungen herangezogen (Bild 2.11). Man unterscheidet:

- Kationenbildende Elemente, deren vorrangige Zustandsform vom Typ Me^{n+} ist und die bis weit ins basische Milieu in ionarer Form in Lösung existent sind. Sie werden durch Ionenpotentiale bis 3 charakterisiert. Zur Gruppe der kationenbildenden Elemente gehören: Cs, Rb, Ba, K, Sr, Ca, Na, Li, Mg.
- Komplexbildende Elemente mit Ionenpotentialen zwischen 3 und 7 (andere Autoren, z. B. WICKMANN, 1944, führen als obere Grenze 12 an), die unter verschiedenen äußeren Bedingungen sowohl als Kation als auch als Anion migrieren können. Die Hydroxide der meisten Komplexbildner besitzen amphoteren Charakter. In die Gruppe der Komplexbildner werden u. a. eingeordnet: Be, Al, Ce, Ti, Zr, Pb, Fe, Zn.
- Anionenbildende Elemente, die sich durch Ionenpotentiale größer 7 (12) auszeichnen, wobei sie sowohl als einfache Anionen vom Typ A^- als auch als Anionenverbindung vom Typ MeO_n^{m-} auftreten können. Vertreter dieser Gruppe sind u. a.: B, C, N, S, Cl, Br, J, P.

Wie die Stabilitätsfelder von Zink und Eisen zeigen, ist das Auftreten der Elemente in Komplexverbindungen wahrscheinlicher als das in einfacher Ionenform. Aus diesem Grund soll nachfolgend auf die Komplexbildung etwas näher eingegangen werden.
Einige Autoren (TUTJUNOVA, 1976; LUCKNER, SCHESTAKOV, 1986) ordnen die Hydratation der einfachen Ionen der o. g. ersten und dritten Gruppe unter Bildung sogenann-

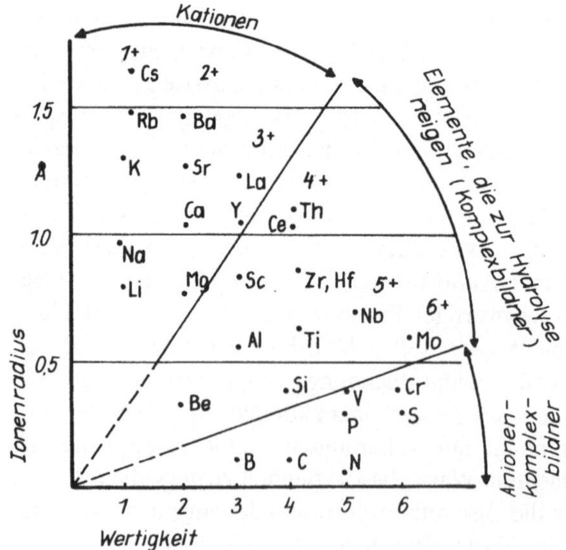

Bild 2.11. Wahrscheinliche Zustandsform der Elemente in Abhängigkeit vom Ionenpotential (GOLDSCHMIDT, 1938)

ter Aquokomplexe ebenfalls der Komplexbildung zu. Diese Zuordnung scheint insofern nicht gerechtfertigt, da es sich hierbei, im Unterschied zu den Komplexen der Elemente der zweiten Gruppe, um dynamisch zeitweilige Komplexe handelt, wie aus den Struktureigenschaften wäßriger Lösungen folgt.

Andere Autoren (GOLDSCHMIDT, 1937; WICKMANN, 1944) sehen in der ausgeprägten Neigung der Elemente zur Hydrolyse die Ausgangsform der anorganischen Komplexbildung. In diesem Sinn versteht man unter einer *Komplexverbindung* eine relativ *stabile* geladene bzw. neutrale Verbindung, die sich aus einem zentralen komplexbildenden Ion (Me) und einer den äußeren Bedingungen entsprechenden Menge Liganden (L) zusammensetzt. Die Bildung der Komplexverbindungen unterliegt dem Massenwirkungsgesetz und läßt sich entsprechend wie folgt beschreiben, wobei K als thermodynamische Komplexstabilitätskonstante bezeichnet wird:

$$\frac{a_{MeL}}{a_{Me}\,a_L} = K^+ \tag{2.35}$$

Hohe Werte für K^+ bedeuten eine hohe Stabilität der Komplexe. Werden mehrere Liganden an das Zentralatom angelagert, ergeben sich entsprechende Gleichungen für die Komplexstabilitätskonstanten:

$$\frac{a_{ML}}{a_M\,a_L} = K_1^+;\ \frac{a_{ML_2}}{a_{ML}\,a_L} = K_2^+,\dots,\ \frac{a_{ML_n}}{a_{ML_{n-1}}\,a_L} = K_n^+ \tag{2.36}$$

Aus den individuellen Komplexstabilitätskonstanten $K_1^+, K_2^+, \dots, K_n^+$ erhält man für die Gesamtreaktion die Bruttostabilitätskonstante β^+:

$$\beta_1^+ = K_1^+,\ \beta_2^+ = K_1^+\ K_2^+,\dots\ \beta_n^+ = \prod_{L=1}^{i=n} K_i^+ \tag{2.37}$$

Die Komplexionen können sowohl nach Art und Anzahl der Liganden, als auch nach dem Typ des Zentralions unterschieden werden. Unter den Liganden unterscheidet man sogenannte »einzähnige« und »mehrzähnige«. Einzähnige Liganden sind mit dem Zentralatom durch Ionenbindung an einer Koordinationsstelle verkettet. Typische Vertreter dieser Gruppe sind die Hydroxide der Metallionen, aber auch ihre Chlorid- und Schwefelverbindungen. Die Mehrzahl der Komplexverbindungen vom Typ $Me^{n+} - OH^-$ sind bereits im neutralen Medium schlecht löslich. Die stabilsten Komplexverbindungen stellen dabei gleichzeitig die am wenigsten löslichen dar. Die mehrzähnigen Komplexverbindungen dagegen erhöhen in der Mehrzahl der Fälle die Löslichkeit der Metallionen. Ihre Bezeichnung ist darauf zurückzuführen, daß die Liganden das Zentralatom ähnlich den Scheren eines Krebses umschließen, daher auch die Bezeichnung »Chelate« (griechisch – Krebsschere). Die Bindung mit dem Zentralion wird dabei so realisiert, daß eine Ligandengruppe mit dem Zentralion in Ionenbindung, die andere in Donator-Akzeptor-Bindung steht. Diese Bindungsform ist typisch für metallorganische Komplexe, wie beispielsweise für den Kupferkomplex der Aminosäuren (KOVDA, 1973):

Tabelle 2.10. Stabilitätskonstanten einiger Metallkomplexe der Fulvosäuren in Abhängigkeit vom pH-Wert (nach SCHNITZER/SKINNER, 1966, 1967)

		Zentralion								
		Cu^{2+}	Fe^{2+}	Ni^{2+}	Pb^{2+}	Co^{2+}	Ca^{2+}	Zn^{2+}	Mn^{2+}	Mg^{2+}
$\lg K$	pH = 3,5	5,78	5,06	3,47	3,08	2,20	2,04	1,73	1,47	1,23
	pH = 5,0	8,69	5,77	4,14	6,13	3,69	2,92	2,34	3,78	2,09
$\Delta \lg K$		2,91	0,71	0,67	3,05	1,49	0,88	0,59	2,31	0,86

Tabelle 2.11. Wichtige Inhaltsstoffe natürlicher Wässer (LUCKNER/SCHESTAKOV, 1986)

Mischung	Molekulardispers				Kolloiddispers	Grobdispers
Lösungssystem	echte Lösungen				kolloide Lösungen	Suspensionen Emulsionen
typischer $\varnothing$	10^{-10} bis 10^{-9} m				10^{-8} bis 10^{-7} m	10^{-} bis 10^{-5} m
	Elektrolyte		Nichtelektrolyte			
	Kationen	Anionen	Gas	Feststoffe		
Hauptinhaltsstoffe > 10 mg/l	Na^+ K^+ Ca^{2+} Mg^{2+} (Fe^{2+}) (NH_4^+)	HCO_3^- Cl^- SO_4^{2-} NO_3^-	N_2 O_2 CO_2	$SiO_2 \cdot n\, H_2O$		Ton- und Schluffteilchen, Silikate u. a. Mineralstoffe Gasbläschen
Begleitstoffe 0,1 mg/l bis 10 mg/l	Fe^{2+} Mn^{2+} NH_4^+ Sr^{2+}	NO_2^- PO_4^{3-} HPO_4^{2-} $H_2PO_4^-$ F^- J^- Br^-	H_2S NH_3 CH_4 He	organische Verbindungen Stoffwechselprodukte	Oxidhydrate von Metallen, z. B. $Fe_2O_3 \cdot n\, H_2O$ Kieselsäure Silikate Huminstoffe	Oxidhydrate von Fe und Mn Öle, Fette organische Stoffe z. B. organische Huminstoffe
Spurenstoffe < 0,1 mg/l	Cu^{2+} Zn^{2+} Pb^{2+} Li^+ Tritium u. a.	HS^- S^{2-}	Rn	organische Verbindungen	sonstige organische Stoffe, wie z. B. Tri- oder Tetrachlorethylen, Haloforme	Viren, Keime, Mikroorganismen, Algen

Weitere organische Chelatbildner sind neben den Aminosäuren u. a. Polyphenole, aromatische Oxyverbindungen, Fulvo- und Huminsäuren.

Fulvosäuren können in den natürlichen Wässern in Gehalten bis zu einigen Hundert mg/l auftreten, wobei in derartigen Wässern bis zu 95 % der Eisen-, Aluminium- und Kupferionen als metallorganischer Komplex mit diesen Säuren vorliegen (KRAJNOV/ ŠVEC, 1980). Die Mehrzahl der Metallkomplexe der Fulvosäuren zeichnen sich durch eine hohe Stabilität aus, wie Tabelle 2.10 zeigt ($pK = \lg K^+$). Obwohl von verschiedenen Autoren wiederholt auf einen Abschirmeffekt der Chelatbildner gegenüber äußeren Einwirkungen hingewiesen wird, zeigt Tabelle 2.10. doch deutlich die pH-Wert-Abhängigkeit der metallorganischen Komplexbildner, besonders der Fulvosäurekomplexe von Blei und Kupfer. Allen Metallkomplexen mit Fulvosäuren ist eine Zunahme der Stabilität mit erhöhtem pH-Wert eigen. Stärker ausgeprägt scheint der Abschirmeffekt gegenüber Veränderungen in den Redoxverhältnissen zu sein. So konnte SOLOMIN (1967) dreiwertiges Eisen im Komplex mit organischen Verbindungen auch unter reduzierenden Bedingungen beobachten.

Natürliche Wässer sind Mehrkomponentensysteme. Auf Grund des Angebotes an unterschiedlichen Liganden können sich die Zentralatome mit verschiedenen Liganden umgeben. In diesem Fall spricht man von einem Gemischtligandenkomplex.

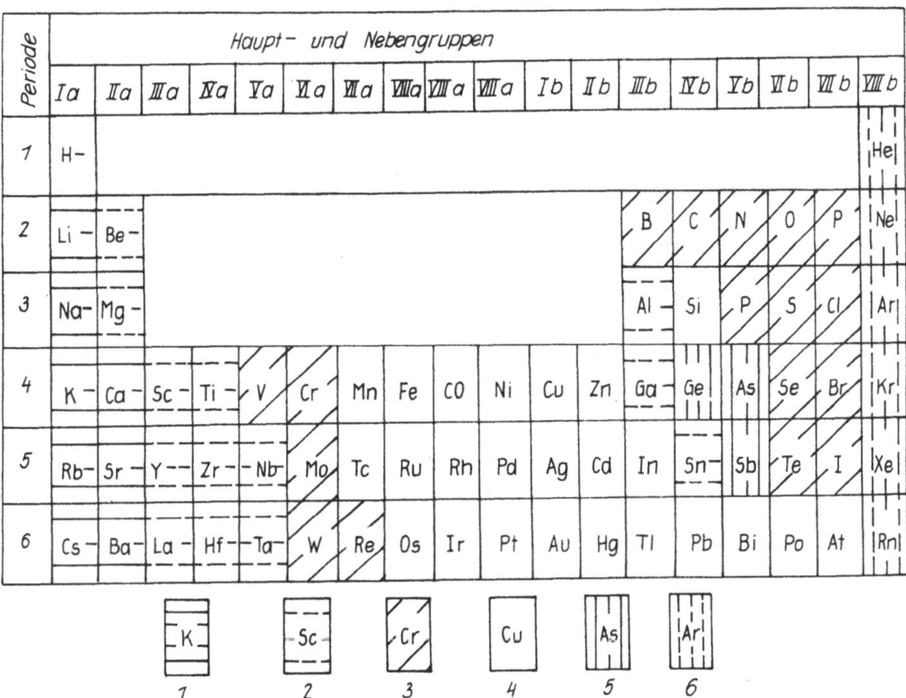

Bild 2.12. Zusammenhang zwischen der Stellung der Elemente im Periodensystem der Elemente und ihrer wahrscheinlichen Migrationsform in wäßrigen Lösungen (nach KRAJNOV/ ŠVEC, 1980)

1 kationenbildende Elemente
2 komplexbildende 8-Elektronen-Elemente
3 anionenbildende 8-Elektronen-Elemente
4 komplexbildende 18-Elektronen-Elemente (sowie Übergangsformen)
5 anionenbildende 18-Elektronen-Elemente
6 Edelgase

Krajnov und Švec (1980) systematisieren die komplexbildenden Zentralionen auf Grundlage ihres Elektronenschalenaufbaus. Sie unterscheiden (s. auch Bild 2.12):

– Elemente, deren Ionen ein vollständiges äußeres 8-Elektronen-Orbital bzw. eine kleine Zahl von d-Elektronen besitzen
– Elemente, deren Ionen eine äußere 18-Elektronen-Schale besitzen
– Übergangsformen

Die unterschiedlichen Eigenschaften äußern sich vor allem in teilweise entgegengesetzten Stabilitätskonstanten ihrer Halogen- bzw. Schwefelkomplexe sowie in der stabilen bzw. veränderlichen Wertigkeit der komplexbildenden Zentralionen in Abhängigkeit vom Redoxpotential der Wässer.
Sowohl die Metallhydroxide als auch die metallorganischen Komplexverbindungen können in natürlichen Wässern in kolloidealer Form vorliegen, wobei sie in dieser Form zur Adsorption anderer Lösungsbestandteile fähig sind. Nach der Art der Verteilung im Wasser unterscheiden sich die Inhaltsstoffe in echt gelöste, kolloidal disperse und suspendierte Stoffe. Nach ihren mengenmäßigen Anteilen lassen sich Haupt-, Begleit- und Spurenstoffe ausweisen. In Tabelle 2.11 sind einige wichtige Bestandteile natürlicher Wässer zusammengestellt.

3 Geochemische Prozesse in der unterirdischen Hydrosphäre

VERNADSKIJ (1936) erkannte als einer der ersten, daß die unterirdischen Wässer mit dem umgebenden Gestein, der Grundluft und der lebenden und postmortalen organischen Substanz ein einheitliches, dynamisches System bilden und daß die Formierung der Beschaffenheitsmerkmale aller vier Systemkomponenten auf Veränderungen, Störungen bzw. Eingriffe in das Gesamtsystem zurückzuführen ist. Diese Veränderungen finden ihren Ausdruck in geochemischen Prozessen und in der Migration der chemischen Elemente in Raum und Zeit. Von besonderer Bedeutung für die Analyse der Migrationsprozesse, als globaler Begriff für die Gesamtheit der Prozesse im Boden-, Poren- und Grundwasser (LUCKNER, 1979), ist die Berücksichtigung des dynamischen Moments des Systems, das sich vordergründig im konvektiven Transport des Wassers selbst äußert. Die Bewegung des unterirdischen Wassers stellt in vielen Fällen den »Motor« der Beschaffenheitsentwicklung dar, da durch den Austausch des Reaktionsmediums das Ungleichgewicht zwischen den Systemkomponenten aufrecht erhalten bzw. neu hervorgerufen wird.

Ein derartiges System, in dem Materie und Energie einer ständigen Zufuhr und einem ständigen Abtransport unterworfen sind, wird als *offen* bezeichnet. Den Bedingungen eines offenen Systems entspricht weitestgehend die Beschaffenheitsbildung im Sickerwasser sowie in Grundwässern »der Zone des aktiven Wasseraustausches« (IGNATOVIC, 1947). In den tieferen Teilen der unterirdischen Hydrosphäre mit erschwerten Austauschbedingungen können die Wechselwirkungsprozesse zwischen den Systemkomponenten als geschlossene Systeme betrachtet werden, die über geologische Zeiträume wirken.

Die Systembetrachtung muß deshalb ausgehend vom inneren Zusammenhang des Gesamtsystems auf der Analyse der auf das System wirkenden Einflußfaktoren (inneren und äußeren) sowie der Kinetik der Einzelprozesse zwischen den Phasen beruhen.

In allgemeiner Form können die Migrationsprozesse im Grund- und Bodenwasser durch die nachfolgende Massentransportgleichung beschrieben werden:

$$n_e S \frac{\partial C}{\partial t} = - \sum V_i \frac{\partial C}{\partial i} + \sum D_i \frac{\partial^2 C}{\partial i^2} \pm W - Z \tag{3.1}$$

n_e effektive (dränbare, auffüllbare) Porosität
S Sättigung
C Stoffkonzentration des Beschaffenheitsmerkmals
t Zeit
i entspricht den Raumkoordinaten x, y, z
V_i räumlich orientierte Geschwindigkeiten
D_i räumlich orientierte Dispersionsdiffusionskoeffizienten
W Summe der Wechselbeziehungen des Beschaffenheitsmerkmals mit den umgebenden Medien
Z Summe der Zerfallsprozesse

Die beiden ersten Glieder auf der rechten Seite der Gl. (3.1) beschreiben den konvektiven bzw. diffusiv-dispersiven *Transportprozeß*, währenddessen die mit W und Z be-
zeichneten Glieder der Massentransportgleichung die Summe der Wechselwirkungsprozesse zwischen den Kompartimenten und die Zerfallsprozesse im Wasser charakterisieren (Tabelle 3.1). Entsprechend dem Anliegen der Arbeit sollen und können den
Transportprozessen keine weiteren Ausführungen gewidmet werden. Sie werden in den
Monographien von LUCKNER/SCHESTAKOV (1972, 1986) ausführlich beschrieben. Mit
den Arbeiten von OGATA (1970), FRIED (1975), BEAR u. a. (1971), BOCEVER u. a. (1979),
GAVIC (1980), KADEN (1982), DIERSCH (1985), HÄFNER u. a. (1985) sowie den Literatur-
zusammenstellungen von DAMRATH u. a. (1979) und ZWIRNMANN (1979) steht ein um-
fangreiches Literaturangebot zu dieser Thematik zur Verfügung. Hinzuweisen ist auf
einen interessanten theoretischen Ansatz von VORONOV (in GAVIC, 1985) zur Beschreibung des Menge-Stofftransports mit Hilfe der molekular-kinetischen Lösungstheorie
sowie auf einen Zeitschriftenartikel von SCHWAN/RÖSSLER (1987) zur Frage des Maß-
stabsproblems bei Dispersionsuntersuchungen.

Im Unterschied zur Tabelle 3.1, in der die Prozesse nach der Wechselbeziehung des
Wassers zu den anderen Kompartimenten des Gesamtsystems geordnet wurden, glie-
dert LUCKNER (1979) die physikalisch-chemischen Prozesse im Grundwasser in *Speicher-
prozesse*, *Austauschprozesse* und *Umwandlungsprozesse*. Unter natürlichen Bedingungen ist eine Trennung der Prozesse sowohl nach dem einen als auch nach dem anderen
Gesichtspunkt nur schwer vorzunehmen, da, wie bereits eingangs erwähnt, Veränderungen im System unweigerlich eine Kette von Folgereaktionen auslösen. Beispielsweise ist der Gehalt an freier Kohlensäure im Boden entscheidend von der mikrobiologischen Zersetzung der postmortalen organischen Substanzen abhängig. Der CO_2-Gehalt

Tabelle 3.1. Geochemische Prozesse im Grundwasser

Transport-prozesse	Wechselwirkungsprozesse				Zerfalls-prozesse
	Wasser (phasen-intern)	Wasser-Gestein	Wasser-organische Substanz	Wasser-Gas	
1. konvekti-ver Trans-port ein-schließlich hydrodyna-mischer Dispersion 2. Diffusions-prozesse	1. Mischpro-zesse 2. Lösung/Fällung 3. Komplex-bildung und Zer-fall 4. Dissozia-tion/Re-kombi-nation 5. Protolyse 6. Redoxreak-tionen	1. Sorption/Desorption 2. Ionenaus-tausch 3. Protolyse 4. Lösung/Fällung 5. Redoxpro-zesse 6. Dissoziation/Rekombina-tion 7. Hydratation/Dehydra-tation	1. Sorption/Desorption 2. Ionenaus-tausch 3. Minerali-sierung organischer Substanz 4. Nährstoff-entzug durch Pflanzen-wurzeln 5. Protolyse 6. Komplexbil-dung/-zerfall 7. katalytische Redoxpro-zesse	1. Lösung/Entgasung 2. Redoxpro-zesse 3. Komplex-bildung/-zerfall	1. radioaktiver Zerfall 2. Absterben der Bio-masse durch – Alterung – Nahrungs-mangel – Nahrungs-konkurrenz – ungünstige ökologische Bedingungen 3. Koagulation emulgierter Stoffe

44

der Bodenluft und damit sein Partialdruck bestimmt den gelösten Anteil des CO_2 im Sickerwasser, der wiederum nicht unwesentlich die protolytische Auflösung der Silikate beeinflußt. Um dieser Komplexizität Rechnung zu tragen, wird nachfolgend der Versuch unternommen, gewisse Prozeßgruppen bezüglich ihrer Ursachen, ihrer Kinetik und ihrer Auswirkung im Grund- bzw. Sickerwasser zu untersuchen.

3.1. Chemische Verwitterungsprozesse

Unter direktem Einfluß atmosphärischer und biologischer Faktoren sowie unter aktiver Beteiligung des Wassers werden die oberflächennahen Gesteinsschichten der Erde einer ständigen Zerstörung und Umwandlung unterzogen, die als *Verwitterung* bezeichnet wird. Temperatur und Druckeinwirkungen auf das Gesteinsgefüge führen zu seiner mechanischen Zerstörung. In die sich bildenden Spalten und Risse kann Wasser eindringen und die mechanische Verwitterung (z. B. durch Frostsprengungen u. a.) begünstigen. Gleichzeitig wird durch die chemische Wechselwirkung des Wassers mit den Mineralkomponenten des Gesteins sein Zerfall gefördert. Die Lebenstätigkeit der Mikro- und Makroorganismen, die sich in einem ständigen Kreislauf der Biomasse äußert, unterstützt die gerichtete Umbildung der äußeren Gesteinshülle der Erde. Die komplexen Verwitterungsprozesse führen in geologischen Zeiträumen zur Ausbildung eines gesteinstypischen Verwitterungs- bzw. Bodenprofils und zur Formierung einer gesteins-(boden-)spezifischen Sickerwasserbeschaffenheit, die beide maßgeblich von den klimatischen Bedingungen abhängig sind. In der Literatur wird sowohl der Begriff Auflösen als auch Auslaugen verwendet.
Eine Auslaugung (Auflösung) der Gesteine erfolgt dann, wenn die Hydratationsenergie der Ionen größer als ihre Bindungsenergie im Kristallgitter der Minerale ist (s. Abschnitt 2.2.). Mit anderen Worten, Hauptursache der chemischen Verwitterung von Mineralen ist ihre thermodynamische Instabilität unter den Bedingungen der Hypergenesezone.
Niederschlagswässer weisen in der Regel eine sehr geringe Mineralisation (hohes Sättigungsdefizit) sowie ein hohes Aziditäts- und Oxydationspotential auf. Sie beinhalten eine Reihe gelöster Gase (etwa 62 % N_2, 30 % O_2, 8 % CO_2), die ihr Lösungsvermögen gegenüber reinem Wasser steigern, was im Kontakt mit der mineralischen Substanz des Bodens und dem Gestein zu intensiven *Lösungs-, Hydrolyse-, Austausch-* und *Redoxreaktionen* führt, die in ihrer *Gesamtheit* die *chemische Verwitterung* bestimmen.
Die Veränderung der chemischen Beschaffenheit der Niederschlagswässer in der Aerationszone hängt von einer Reihe von Faktoren ab, deren Einfluß ausführlich im Abschnitt 4.2.2. beschrieben wird. Entscheidend für die Auflösungsrate von Mineralen sind die Kontaktflächen zwischen dem Gestein und dem Sicker(Grund-)wasser sowie die Kontaktzeit. Je größer die Kontaktfläche und Kontaktzeit, um so intensiver sind die Lösungsprozesse.
In der Tendenz bewirken die Wechselwirkungsprozesse zwischen den Mineralen und der wäßrigen Lösung eine Verringerung des Ungleichgewichtes und das Abklingen der Verwitterungsreaktionen. Die Beweglichkeit des Fluids in den Gesteinen führt jedoch zum ständigen Austausch der Porenlösungen, desweiteren schaffen Prozesse der physi-

kalischen Verwitterung neue Angriffsflächen, so daß die chemischen Verwitterungsreaktionen aktiviert und über lange Zeiträume aufrechterhalten werden.
Die Lösungs- bzw. Auslaugungsprozesse lassen sich in drei Stadien untergliedern:

– Das eindringende Sickerwasser verdrängt die im Gestein enthaltenen Porenlösungen
  bzw. vermischt sich mit ihnen.
– Das eingedrungene Sickerwasser tritt in Wechselwirkung mit dem Gestein und löst
  zuerst die am leichtesten löslichen Salze heraus.
– Mit zunehmendem Fließweg ändert sich der Chemismus der infiltrierenden Wässer.
  Diese reichern sich dabei im Extremfalle solange mit Salzen an, bis deren Löslichkeitsprodukt erreicht ist.

Die chemische Zusammensetzung der Sickerwässer hängt somit in starkem Maße von
der geochemischen Zusammensetzung der durchströmten Gesteine ab, wobei in vielen
Fällen der oberste Verwitterungshorizont – der Boden – eine besondere Rolle spielt. Im
Ergebnis der chemischen Verwitterung läßt sich sowohl in der Zusammensetzung der
Mineralkomponenten der Versickerungszone als auch in der Zusammensetzung der Sik-
ker- und Grundwässer eine Zonierung erkennen. Im Gesteinsverband äußert sie sich
darin, daß die oberflächennahen Bereiche unter unseren Klimabedingungen an leicht-
löslichen Salzen verarmt sind. Im Sickerwasser ist mit zunehmender Eindringtiefe eine
steigende Mineralisation der Wässer erkennbar, wobei das Hydrogenkarbonat immer
stärker zum dominierenden Anion wird. Im Grundwasser ist mit zunehmendem Fließweg häufig eine gesetzmäßige Veränderung in der Anionenzusammensetzung folgender
Art erkennbar (SULIN, 1948):

$$HCO_3^- \rightarrow HCO_3^- + SO_4^{2-} \rightarrow SO_4^{2-} \rightarrow SO_4^{2-} + Cl^- \rightarrow Cl^-$$

Man unterscheidet zwei Grundtypen von Lösungs- bzw. Auslaugungsprozessen. Zur
Gruppe der *kongruenten* Lösungsprozesse zählt die elektrolytische Dissoziation der gut
löslichen Minerale wie beispielsweise der Chloridsalze, von Gips und Anhydrit sowie
der Karbonate. Charakteristisch für ihren Auflösungsprozeß ist, daß alle Moleküle
eines sich lösenden Salzes in die flüssige Phase übergehen und daß das thermodynamische Gleichgewicht zwischen Feststoff und Lösung oft oder annähernd erreicht wird.
Bei Überschreitung des Löslichkeitsproduktes ist der Prozeß meist reversibel. Ein kon-
gruenter Lösungsprozeß ist jedoch auch für einige schwerlösliche Silikate wie Quarz
und Forsterit charakteristisch (ŠVARCEV, 1982), deren Lösung durch folgende Reaktionsgleichungen beschrieben werden kann:

$$SiO_2 + 2\ H_2O \rightleftharpoons H_4SiO_4 \tag{3.2}$$

bzw.

$$Mg_2SiO_4 + 4\ CO_2 + 4\ H_2O \rightleftharpoons 2\ Mg^{2+} + 4\ HCO_3^- + H_4SiO_4 \tag{3.3}$$

Bezogen auf SiO_2 beträgt die Löslichkeit von Quarz bei 25 °C lediglich 6,5 mg/l. Das
amorphe SiO_2-Gel weist unter gleichen Bedingungen eine wesentlich höhere Löslichkeit von 115 mg/l auf (KRAUSKOPF, 1966), so daß trotz der geringen Löslichkeit die meisten Lösungen der Hypergenesezone SiO_2-untersättigt sind.
Im *inkongruenten* Lösungsprozeß geht nur ein Teil des verwitternden Moleküls in
Lösung, ein anderer Teil wandelt sich in sogenannte sekundäre Minerale um. Die in-

46

kongruente Auflösung unterliegt der Thermodynamik irreversibler Prozesse, wobei meist das thermodynamische Gleichgewicht zwischen primären Mineralen und der Lösung nicht erreicht wird. Als Beispiel für diesen Lösungstyp kann die Protolyse der meisten Silikate und Alumosilikate unter Einbeziehung des im Sickerwasser gelösten CO_2 stehen.

3.1.1.　Kinetik der Lösungsprozesse

Chemische Verwitterungsprozesse sind heterogene Reaktionen, d. h., sie laufen in einem Zwei- bzw. Mehrphasensystem ab. Die Reaktionen werden dabei maßgeblich vom Kontakt zwischen den Phasen und im speziellen von der Fläche der Wechselwirkung bestimmt. Die Erfassung dieser Kontaktfläche ist von vielen Faktoren abhängig, wodurch eine thermodynamische Beschreibung des Reaktionsprozesses erschwert wird. Die chemischen Verwitterungsreaktionen lassen sich in mehrere Phasen gliedern, wobei der Reaktionsablauf und seine Geschwindigkeit von der am langsamsten ablaufenden Teilreaktion bestimmt wird. Läuft die chemische Reaktion zwischen den Phasen langsamer als der konvektive Transport der gelösten Bestandteile ab, dann wird die Geschwindigkeit des Lösungsprozesses von der Kinetik der chemischen Reaktion bestimmt. Umgekehrt kann es zur Einstellung chemischer Teilgleichgewichte kommen, wenn die Reaktionsgeschwindigkeit eines Systems in einem chemischen Gleichgewichtszustand größer als die Veränderung des chemischen Potentials ist, das durch das Fließen des Wassers hervorgerufen wird (LJAL'KO u. a., 1980). Derartige Bedingungen sind für tiefere Bereiche der unterirdischen Hydrosphäre prozeßbestimmend.
Die Kinetik heterogener Oberflächenprozesse ergibt sich ebenfalls aus den Reaktionsgeschwindigkeiten verschiedener Mechanismen (bzw. Phasen) des Lösungsprozesses selbst. Schematisch kann der Reaktionsraum am Phasenkontakt durch die im Bild 3.1 ausgewiesenen vier Zonen charakterisiert werden. Von besonderer Bedeutung für die Prozeßanalyse ist der unmittelbare Kontaktbereich, der sich in Abhängigkeit von folgenden drei Prozeßtypen (DREVER, 1982) unterschiedlich sowohl bezüglich seiner Konfiguration als auch bezüglich der Konzentrationsverteilung der gelösten Komponenten zeitlich und räumlich herausbildet.

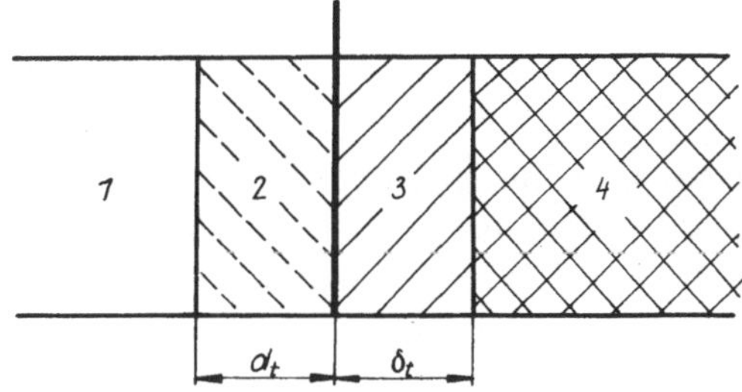

Bild 3.1. Schematische Darstellung der
Reaktionszonen bei Auflösungsprozessen.

1 unbeeinflußte Lösung
2 Diffusionsschicht in der Lösung
3 sekundäres Mineral
4 primäres Mineral

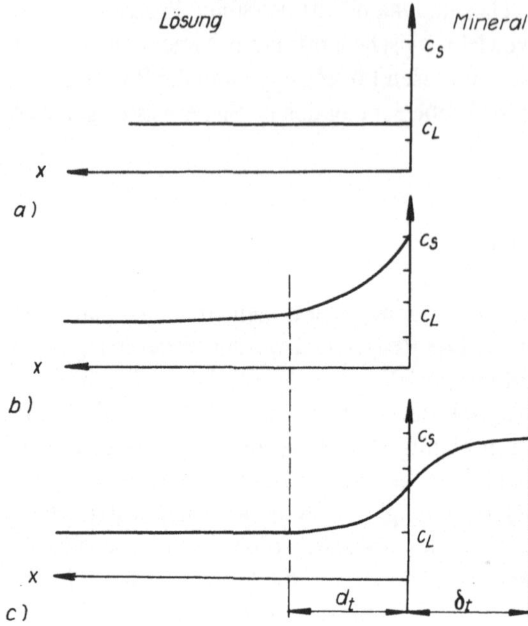

Bild 3.2. Schematische Darstellung der Konzentrationsverteilung bei unterschiedlichen Lösungsmechanismen (nach BERNER, 1978; LUCE et al., 1972; DREVER, 1982, u. a.)

a) Geschwindigkeit der Oberflächenreaktion bestimmt die Reaktionskinetik
b) Diffusion der Elemente in die Lösung bestimmt die Reaktionskinetik
c) Diffusion der Elemente zur Feststoffoberfläche und in die Lösung bestimmt die Reaktionskinetik

Lösungstyp 1 (Bild 3.2 a)

Bestimmt die Reaktionsgeschwindigkeit am unmittelbaren Kontakt feste-flüssige Phase die Gesamtgeschwindigkeit der chemischen Reaktion (z. B. bei sehr geringen Lösungsgeschwindigkeiten wie der Quarzverwitterung), dann stellt sich in der flüssigen Phase eine einheitliche Konzentration ein, die sich am Kontakt nicht von der in der Gesamtlösung unterscheidet. Kontrollierender Faktor dieses Lösungstyps ist neben dem Einfluß äußerer Faktoren (wie Temperatur, pH-Wert u. a.) die Größe der effektiven Oberfläche der Minerale. Stufen, Gräben, Rinnen und andere Deformationserscheinungen auf der Mineraloberfläche begünstigen die Auflösung. Da diese Stellen gleichzeitig über eine hohe Oberflächenenergie verfügen, sind sie jedoch im selben Maße für Ionenaustauschprozesse prädestiniert, die sowohl die Auflösung beschleunigen als auch blockieren können (Inhibitoreffekt). Letzteren Effekt beobachteten z. B. BERNER/MORSE (1974) bei der Untersuchung der Kalzitauflösung im Meereswasser, hervorgerufen durch geringe Phosphatbestandteile in der Lösung.

Lösungstyp 2 (Bild 3.2 b)

Ist die Auflösungsgeschwindigkeit am Kontakt feste-flüssige Phase hoch, dann wird die Elementverteilung in der Lösung durch die Diffusion der gelösten Teilchen von der Kontaktfläche weg in Richtung Flüssigkeit bestimmt. Nach ŽDANOVSKIJ (1956) sind für den Diffusionslösungstyp folgende Merkmale kennzeichnend:

- Abhängigkeit der Lösungsgeschwindigkeit von der Fließgeschwindigkeit und der Fließrichtung des Lösungsmittels,
- direkte Abhängigkeit der Koeffizienten der Auflösungsgeschwindigkeit vom Diffusionskoeffizienten und von der Viskosität der Lösung,
- ergänzend zu diesen Merkmalen sind für diesen Lösungstyp glatte und gerundete Mineraloberflächen charakteristisch (BERNER, 1977).

Typische Vertreter dieses Auflösungstyps sind die Chloridsalze und von den Sulfaten Gips. Dagegen kann die Auflösung des Anhydrits dem dritten Lösungstyp zugeordnet werden, der im wesentlichen einen Mischtyp der beiden anderen Lösungsmechanismen darstellt.

Lösungstyp 3 (Bild 3.2 c)

Dieser Lösungstyp ist für Auslaugungsprozesse charakteristisch, bei denen der diffusive Transport der Teilchen innerhalb des Feststoffes der die Geschwindigkeit des Gesamt-prozesses bestimmende kinetische Faktor ist. Inkongruente Lösungsprozesse, z. B. der Alumosilikate, die durch die Ausbildung sekundärer Minerale gekennzeichnet sind, können ebenfalls durch diesen Reaktionsmechanismus beschrieben werden, wobei die Konzentrationsverteilung auf der Seite der Lösung in den meisten Fällen konstant ist (in Analogie zum Lösungstyp 1). Die sich bildenden Sekundärprodukte hemmen den wei-teren Reaktionsverlauf. Je stärker die Schicht der sich bildenden Sekundärminerale, um so geringer wird die Geschwindigkeit der chemischen Verwitterung.

Der zweite Lösungstyp kann unter den Bedingungen eines quasi-stationären Gleichge-wichtes zwischen dem Auflösungsvorgang an der Feststoffoberfläche und dem Diffu-sionstransport der gelösten Teilchen in die Lösung nach REISSIG (1979) durch das 1. FICKsche Gesetz in folgender Weise beschrieben werden:

$$\frac{dC}{dt} = \alpha_L (C_s - C) \tag{3.4}$$

und

$$\alpha_L = \frac{D\,F}{d\,V} \tag{3.5}$$

α_L Geschwindigkeitsparameter der Auflösung
C Lösungskonzentration zur Zeit t
C_s Sättigungskonzentration des sich auflösenden Salzes
D Diffusionskonstante des entsprechenden Salzes
F Feststoffoberfläche
d Stärke der Diffusionsschicht (s. Bild 3.2 b)
V Volumen

Der Geschwindigkeitsparameter α_L ist unter natürlichen Bedingungen eines dispers im Grundwasserleiter verteilten Salzes sowohl von den Oberflächeneigenschaften des Sal-zes als auch von der Fließgeschwindigkeit des Grundwassers abhängig. Diese Abhän-

Tabelle 3.2. Parameter der Auflösung dispersverteilten Gipses in einem Sand (BOČEVER u. a., 1979)

Gehalt an CaSO$_4 \cdot 2$H$_2$O in % zur Gesamt-trockenmasse der Probe	Filtrationsge-schwindigkeit	Durchmesser der Gipsteil-chen	Lösungskoeffi-zient L'
	in m/d	in cm	in 1/d
1	0,17…189,3	0,039	13,3… 405
5	1,73…231,3	0,039	96,8…1574,2
25	2,25…224,6	0,039	171,9…15457,0
25	8,64	2,1	218,6
25	34,6	2,1	1028,2

gigkeiten sind aus den Ergebnissen von Lösungsversuchen an dispers in einem Sand verteilten Gips deutlich erkennbar (Tabelle 3.2).

Umfangreiche Untersuchungen zur Kinetik der Silikatverwitterung, die sich nach dem 3. Lösungstyp vollzieht, wurden u. a. durch HELGESON (1971), PACES (1973) sowie LUCE u. a. (1972) durchgeführt. Letztgenannte Autoren fanden folgende Gesetzmäßigkeit der Verwitterung magnesiumhaltiger Silikate: Nach einem kurzfristigen Kationenaustausch des Wasserstoffs der Lösung gegen Magnesium, der nach wenigen Minuten abgeschlossen ist und zur Anreicherung einer Menge Q_{Mg}° in der Lösung führt, unterliegt die weitere Lösungskinetik der Silikate einer parabolischen Abhängigkeit der Verwitterungsmenge von der Zeit t, die wie folgt beschrieben werden kann:

$$Q_{Mg} = K_{Mg} \, t^{1/2} \quad \text{bzw.} \tag{3.6}$$

$$Q_{SiO_2} = K_{SiO_2} \, t^{1/2} \tag{3.7}$$

K Auflösungsgeschwindigkeitskonstante

Diese parabolische Abhängigkeit ist auch für viele inkongruente Reaktionen gültig, die mit der Bildung von Deckschichten an den Phasengrenzflächen einhergehen (HELGESON, 1971). Die Reaktionskonstante K_{Mg} ist größer als die des SiO_2, dadurch wird in verbleibenden Verwitterungsrückstand SiO_2 angereichert. Da die Verwitterungsreaktion durch einen Protonentransfer eingeleitet wurde, verwundert es nicht, daß der Verwitterungsprozeß im sauren Milieu wesentlich stärker erfolgt. Die Freisetzung der Magnesiumionen in Lösung wird im extrem sauren Milieu ($pH < 1,65$) nicht mehr durch eine parabolische, sondern durch eine lineare Abhängigkeit von der Reaktionszeit beschrieben.

Für die im Bild 3.3 dargestellte Entwicklung der Auslaugungszone im Mineralverband ergibt sich die Auflösungsgeschwindigkeitskonstante K_{Mg} aus der folgenden Gleichung:

$$K_{Mg} = 2 \, (C_s - C_L) \sqrt{\frac{D}{\pi}} \tag{3.8}$$

Diese Lösung leitet sich aus dem 2. FICKSCHEN Gesetz unter folgenden Annahmen ab:

- der Prozeß verläuft ausschließlich transportkontrolliert,
- das Medium ist halb unendlich,
- ein transversaler Abtransport findet nicht statt.

Nachfolgend sollen am Beispiel der Verwitterung sulfat-, karbonat- bzw. silikathaltiger Minerale bzw. Gesteine die aufgezeigten kinetischen Besonderheiten näher erläutert werden.

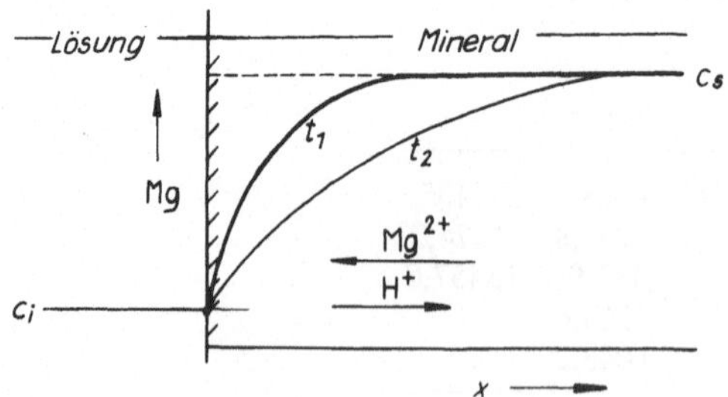

Bild 3.3. Schematisches Konzentrationsprofil des Magnesiumgehaltes innerhalb der Diffusionsschicht bei der chemischen Verwitterung von Silikaten nach dem Lösungstyp 3 (LUCE u. a., 1972)

3.1.2. Sulfatauslaugung

Innerhalb der hydrogeologischen Strukturen vom Tafeltyp ohne bzw. mit geringmächtiger Lockergesteinsbedeckung (VOIGT, in JORDAN/WEDER, 1987) sind die verfestigten Karbonat- und Sulfatablagerungen neben halogenen Salzformationen entscheidend für die Beschaffenheitsentwicklung des Grundwassers. Die Auslaugung der salzhaltigen Ablagerungen findet ihren augenscheinlichen Ausdruck in Verkarstungserscheinungen, die sich an der Erdoberfläche in Erdfällen, Dolinen u. a. sowie im Untergrund in der Ausbildung von Hohlraumsystemen äußern. Auf Grund der äußerst geringen Porendurchlässigkeit erfolgt die Filtration des Grundwassers in den Gips- und Anhydritfolgen ausschließlich auf Klüften und Spalten, dementsprechend ist auch der Auslaugungsprozeß auf diese Migrationsbahnen bzw. auf den Kontakt mit den hangenden und liegenden Ablagerungen beschränkt. Nach Angaben von ZVEREV u. a. (1974) können sich die Spalten in Gipsablagerungen durch Auslaugung um einige bis einige Dutzend Zentimeter pro Jahr erweitern. Intensive Auslaugungsprozesse entwickeln sich besonders in den Ausstrichbereichen der Sulfatablagerungen an der Erdoberfläche bzw. in den Gebieten, wo die Gips-Anhydrit-Folgen über der örtlichen Erosionsbasis lagern. Diese morphologischen Positionen begünstigen die intensive Zirkulation des Grundwassers und damit gleichzeitig die Auslaugung, da zwischen Lösungsaktivität und Filtrationsgeschwindigkeit eine korrelative Abhängigkeit besteht (Bild 3.4). Die hohen Auflösungsraten erklären sich aus der relativ guten Löslichkeit der Sulfate, die für Gips unter Normalbedingungen etwa 2,08 g/l beträgt. Die Löslichkeit des wasserfreien Anhydrits liegt im Temperaturbereich unter 40 °C über der des Gipses (Bild 3.5). Das

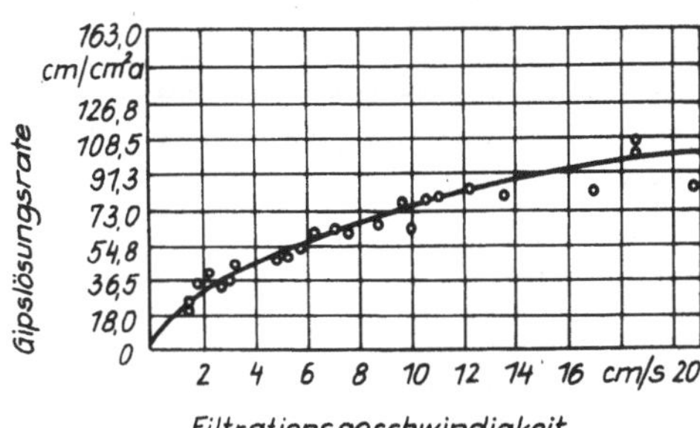

Bild 3.4. Abhängigkeit der Lösungsgeschwindigkeit der Gipsablagerungen von der Filtrationsgeschwindigkeit (NAUMENKO, in SOKOLOV, 1962)

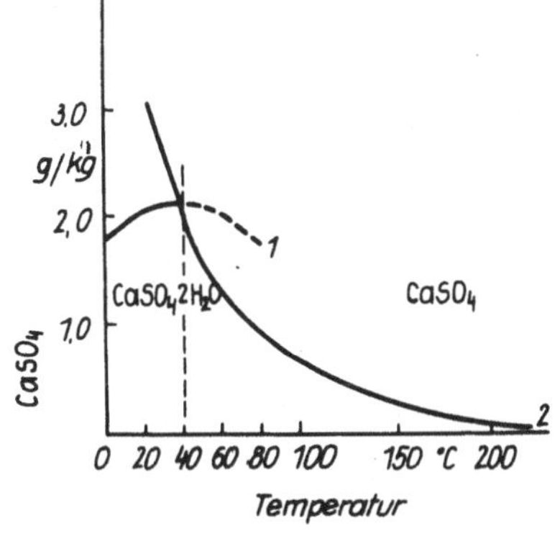

Bild 3.5. Löslichkeit der Kalziumsulfatsalze in Abhängigkeit von der Temperatur (nach HILL, 1937)

1 Löslichkeit des Gipses
2 Löslichkeit des Anhydrits

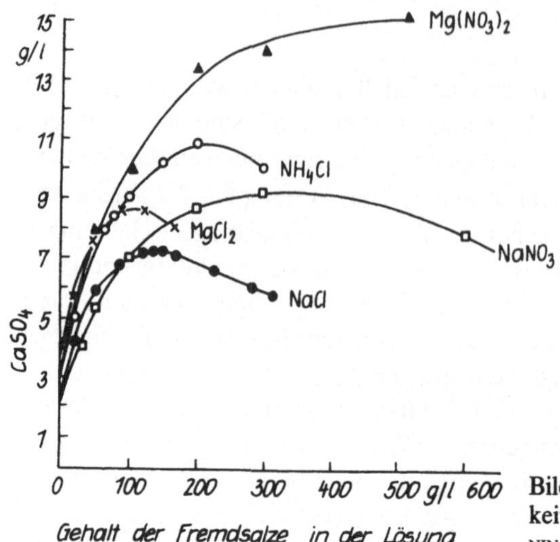

Bild 3.6. Löslichkeit des Gipses in Abhängigkeit von der Lösungszusammensetzung (STERNINA, 1949)

Temperaturverhalten beider Salze bestätigt ihre bereits erwähnte unterschiedliche Lösungskinetik. Über 40 °C ist Gips nicht beständig und wird dehydratisiert. Folglich unterliegt die Löslichkeit des $CaSO_4$ in diesem Intervall der des Anhydrits. Nicht nur die Temperatur, sondern auch die Wechselwirkung mit anderen Lösungskomponenten wirkt sich, wie im Abschnitt 2. beschrieben, entscheidend auf die Löslichkeit der Salze aus. Bild 3.6 zeigt deutlich, daß der Einfluß ungleichartiger Ionen auf die Hydratation der Ca- und SO_4-Ionen zunächst zu einer Verringerung der Energiebarriere und damit zu einer erhöhten Löslichkeit führt. Ab einer bestimmten Konzentration der Fremddionen ist jedoch eine Stabilisierung der nahen Hydratation zu verzeichnen, und die Löslichkeit steigt nicht weiter an, sondern sie geht im Gegenteil wieder etwas zurück, wobei sie jedoch weiter um ein Vielfaches über der in destilliertem Wasser liegt.

In natürlichen Wässern treten Sulfat- und Kalziumionen in sehr unterschiedlichen Konzentrationen auf. Sowohl der Gehalt der beiden Ionen als auch das Verhältnis ihrer Ionenkonzentrationen zueinander wird vom Löslichkeitsprodukt bzw. der Löslichkeitskonstante des $CaSO_4$ bestimmt, die sich in Übereinstimmung mit den Gln. (2.11) bis (2.13) bei 25 °C und einem Druck von 0,1 MPa wie folgt ermitteln läßt (POPOVA, 1951):

$$K^x_{CaSO_4} = 6{,}1 \cdot 10^{-5} = f^2_{CaSO_4}\, C_{Ca^{2+}}\, C_{SO_4^{2-}} \qquad (3.9)$$

f mittlerer Aktivitätskoeffizient des $CaSO_4$, der seinerseits von der Ionenstärke und der Zusammensetzung der Lösung abhängig ist (s. Gl. (2.14.))

Daraus leitet sich die Schlußfolgerung ab, daß die Anreicherung eines Elements stets das Fehlen des anderen voraussetzt. Mit anderen Worten die Anreicherungsmöglichkeit eines der beiden Ionen in der Lösung wird durch die Existenz des anderen kontrolliert. Deutlich erkennbar ist die Gegenläufigkeit der Konzentration der beiden Lösungskomponenten im Bild 3.7, das das Verhältnis der Kalzium- und Sulfatkonzentrationen in den mineralisierten Wässern des Wolga-Kama-Beckens widerspiegelt.

Analog ist auch die beobachtete Beziehung zwischen Strontium und Sulfat in den mineralisierten Wässern der Norddeutsch-polnischen Senke (VOIGT, 1977) zu deuten. Die geologisch bedeutsame Rolle des Löslichkeitsprodukts des Kalziumsulfats kommt

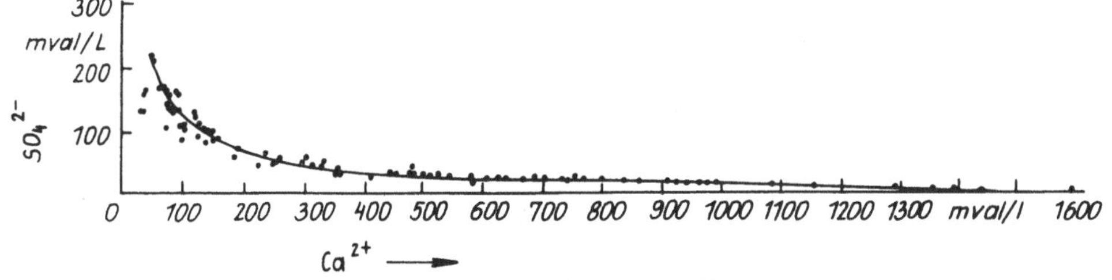

Bild 3.7. Verhältnis der Konzentration an Kalzium- und Sulfationen in mineralisierten Wässern des Wolga-Kama-Beckens (ZVEREV, 1967)

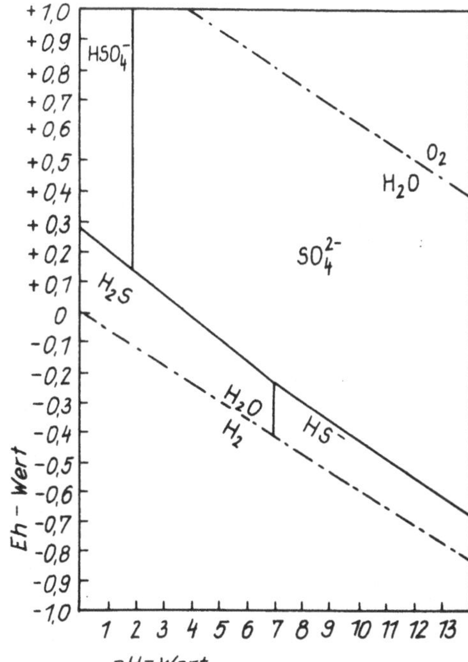

Bild 3.8. Stabilitätsdiagramm schwefelhaltiger Verbindungen im Wasser (GARRELS, 1960)

einerseits in der weiten Verbreitung der Anhydrit- und Gipsfolgen in Sedimentationsbecken und andererseits in der Kalziumarmut der Mutterlauge von Eindunstungsbekken zum Ausdruck. Daraus leitet sich gleichzeitig die Schlußfolgerung ab, daß die Kalziumchloridsolen, die in den tieferen Teilen salzführender Tafelstrukturen vorherrschen, das Ergebnis der gerichteten Metamorphose salinarer Reliktwässer darstellen (VALJASKO, 1965).

Entsprechend ihrem Ionenpotential (s. Abschnitt 2.5.) sind sowohl die Kalzium- als auch die Sulfationen in einem breiten Eh-pII-Wert-Spektrum in Lösung existenzfähig, wie das Stabilitätsdiagramm schwefelhaltiger Verbindungen bei 25 °C und einem Druck von 0,1 MPa verdeutlicht (Bild 3.8).

3.1.3. Karbonatverwitterung

Karbonate sind sowohl als verfestigte Tafelablagerungen (Kalkstein, Dolomit, Kalkmergel) als auch dispers verteilt im pleistozänen Lockergestein auf dem Gebiet der

DDR weit verbreitet. Grundwässer vom Kalziumhydrogenkarbonattyp werden deshalb nicht zufällig in fast allen hydrogeologischen Struktureinheiten vom Tafeltyp angetroffen. Analog den Sulfaten sind die Auslaugungsprozesse der Karbonatgesteine mit typischen Verkarstungserscheinungen verbunden. Wie bereits im Abschnitt 2. dargelegt, spielt das im Wasser gelöste Gas eine entscheidende Rolle im sogenannten Kalk-Kohlensäure-Gleichgewicht, das in allgemeiner Form wie folgt beschrieben werden kann:

$$CaCO_3 + CO_{2(g)} + H_2O \rightleftharpoons Ca(HCO_3)_2 \rightleftharpoons Ca^{2+} + 2\,HCO_3^- \tag{3.10}$$

Der Gesamtprozeß untergliedert sich dabei unter Berücksichtigung der Dissoziation des Wassers in folgende Teilprozesse (die angegebenen Konstanten sind auf thermodynamische Standardbedingungen $T = 298\,K$, $p = 0{,}1\,MPa$ bezogen):

– Dissoziation des Kalzits am Phasenkontakt mit der Verwitterungslösung

$$CaCO_3 \rightleftharpoons Ca^{2+} + CO_3^{2-} \tag{3.11}$$

die durch die Löslichkeitskonstante K_c kontrolliert wird

$$(aCa^{2+})\,(aCO_3^{2-}) = K_c \approx 10^{-8{,}397} \tag{3.12}$$

– Lösung des gasförmigen CO_2 in Abhängigkeit vom Partialdruck unter Bildung der Kohlensäure, die ihrerseits dissoziiert

$$CO_{2(g)} + H_2O \rightleftharpoons CO_{2(ag)} \tag{3.13}$$

$$CO_{2(ag)} + H_2O \rightleftharpoons H_2CO_3 \tag{3.14}$$

$$H_2CO_3 \rightleftharpoons H^+ + HCO_3^- \tag{3.15}$$

$$HCO_3^- \rightleftharpoons H^+ + CO_3^{2-} \tag{3.16}$$

Die chemischen Reaktionen werden entsprechend durch folgende Beziehungen charakterisiert:

$$(aHCO_3^-)/P_{CO_2} = K_{CO_2} \tag{3.17}$$

$$(aH^+)\,(aHCO_3^-)\,/\,(aH_2CO_3) = K_1 \approx 10^{-6{,}4} \tag{3.18}$$

$$(aH^+)\,(aCO_3^{2-})\,/\,(aHCO_3^-) = K_2 \approx 10^{-10{,}33} \tag{3.19}$$

– Dissoziation des Wassers, die durch sein Ionenprodukt beschrieben wird

$$H_2O \rightleftharpoons H^+ + OH^- \tag{3.20}$$

$$(aH^+)\,(aOH^-) = K_W \approx 10^{-14} \tag{3.21}$$

Außerdem gilt unter den Bedingungen der Ladungsneutralität der Lösung:

$$2\,mCa^{2+} + mH^+ + \sum m \text{ Kationen}$$
$$= mHCO_3^- + 2\,mCO_3^- + mOH^- + \sum m \text{ Anionen} \tag{3.22}$$

m steht für die molaren Konzentrationen.

Unter definierten Bedingungen lassen sich für die Gleichgewichtssysteme P_{CO_2} und mCa^{2+}, pH und mCa^{2+} sowie P_{CO_2} und pH die entsprechenden Gleichgewichtskonzentrationen bzw. Lösungsraten ermitteln (s. dazu FEDOROVA, 1985).

Die Aktivitäten der Einzelkomponenten in einem reinen Karbonatsystem unter Gleichgewichtsbedingungen sind im Bild 3.9 dargestellt. Aus Bild 3.9 folgt, daß in den natürlichen Wässern die Karbonationengehalte wesentlich unter denen der Hydrogenkarbonationen liegen.

Die innere Kinetik der Auflösung am Phasenkontakt des Kalzits mit der Lösung wird nach übereinstimmenden Untersuchungsergebnissen von BERNER/MORSE (1974) und PLUMMER/WIGLEY (1976) nur in Lösungen mit künstlich erzwungener saurer Reaktion durch den Diffusionslösungstyp beschrieben (in Bild 3.10 etwa der Bereich kleiner dem pH-Wert von 3,5). Ansonsten bestimmt die Oberflächenkinetik (Lösungstyp 1) die Reaktionsgeschwindigkeit, wovon unebene, zerfurchte Oberflächen der Kalzitminerale zeugen, die unter dem Elektronenmikroskop sichtbar werden (BERNER/MORSE, 1974). Im fließenden Medium ist wie bei allen Lösungsvorgängen eine Zunahme der Lösungsrate mit erhöhten Fließgeschwindigkeiten zu verzeichnen (Bild 3.11). BERNER (1977) fand, daß die Zunahme weniger von der Fließgeschwindigkeit als vom Verhältnis Durchflußrate zur Reaktionsgeschwindigkeit abhängig ist. Nach GORTIKOV (zit. in FEDOROVA, 1985) strebt die Auflösungsrate des Kalzits mit zunehmender Fließgeschwindigkeit einem Grenzwert zu, der vom Lösungskoeffizienten des CO_2 im Wasser bestimmt wird (K_{CO_2} in Gl. (3.17)). Aus dem bisher dargelegten geht eindeutig die bestimmende Rolle der Kohlensäure für den Verwitterungsprozeß der Karbonate hervor. Die in den oberen Bereichen der Lithosphäre (Boden, Aerationszone) auftretenden, im Vergleich zur Atmosphäre höheren CO_2-Partialdrücke begünstigen die Auflösung der Karbonate im Untergrund (s. Tabelle 3.3 und Abschnitt 4.).

FEDOROVA (1985) verweist auf die Kalzitübersättigung in den Grundwässern verschiedener Tafelstrukturen gegenüber thermodynamischen Berechnungen. Sie sieht folgende Ursache für diese Erscheinung:

- Analysenfehler, hervorgerufen durch unsachgemäße Probenahme und Überlagerung der Proben bis zur Analyse, die sich vor allem auf den pH-Wert auswirken,
- langsame Anpassung des Karbonatgleichgewichts gegenüber Milieuveränderungen,
- ungenügende Berücksichtigung der Wechselwirkung anderer Lösungskomponenten auf das Karbonatgleichgewicht bei den thermodynamischen Berechnungen.

Der Einfluß der Fremdionen der Lösung auf die Löslichkeit des CO_2 im Wasser wurde im Bild 2.7 am Beispiel des NaCl illustriert. Deutlich ersichtlich ist die hemmende Wir-

Tabelle 3.3. Abhängigkeit der Löslichkeit des Kalzits vom
CO_2-Partialdruck bei 25 °C (STERNINA, FROLOVA, 1952)

P_{CO_2} in MPa	CO_{2ag} in mol/100 g H_2O	$Ca(HCO_3)_2$ in mol/100 g H_2O	$CaCO_3$ in mg/1 000 g H_2O
0	0	–	15
0,000126	0,000041	0,0008	80
0,00602	0,00197	0,0033	330
0,00985	0,00320	0,0037	370
0,05406	0,01760	0,0073	730
0,09665	0,03272	0,0091	910

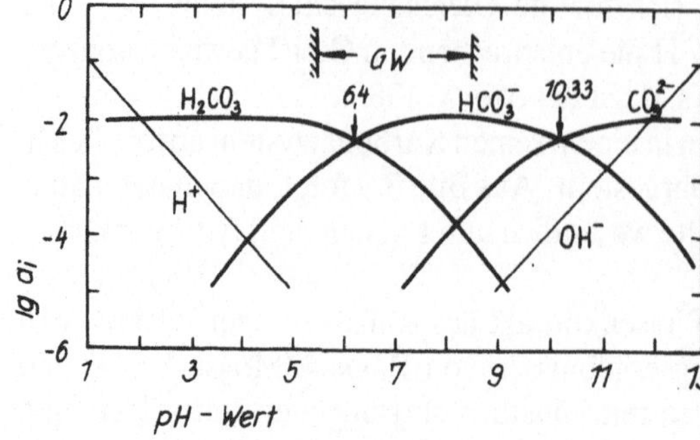

Bild 3.9. Aktivität der Einzelkomponenten in einem Karbonatsystem in Abhängigkeit vom pH-Wert bei $CO_{2(g)} = 10^{-2}$ g mol/kg und $\vartheta = 25\,°C$; GW-pH-Wertbereich im Grundwasser (DREVER, 1982)

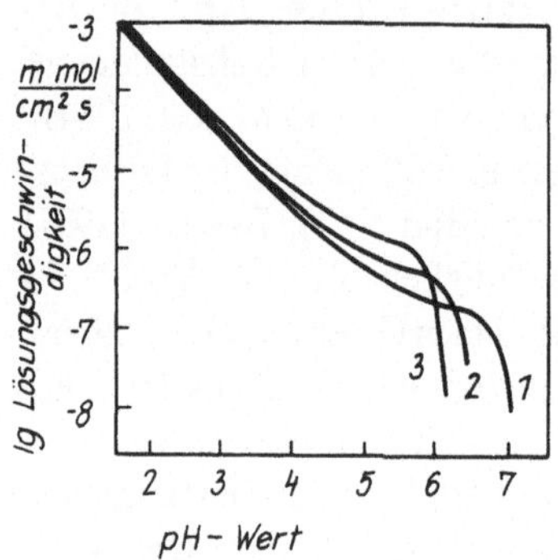

Bild 3.10. Abhängigkeit der Lösungsgeschwindigkeit des Kalzits im Wasser vom pH-Wert der Lösung und dem CO_2-Partialdruck bei 25 °C (PLUMMER/WIGLEY, 1976)

1 $P_{CO_2} = 0{,}03 \cdot 10^5$ Pa
2 $P_{CO_2} = 0{,}3 \cdot 10^5$ Pa
3 $P_{CO_2} = 0{,}97 \cdot 10^5$ Pa

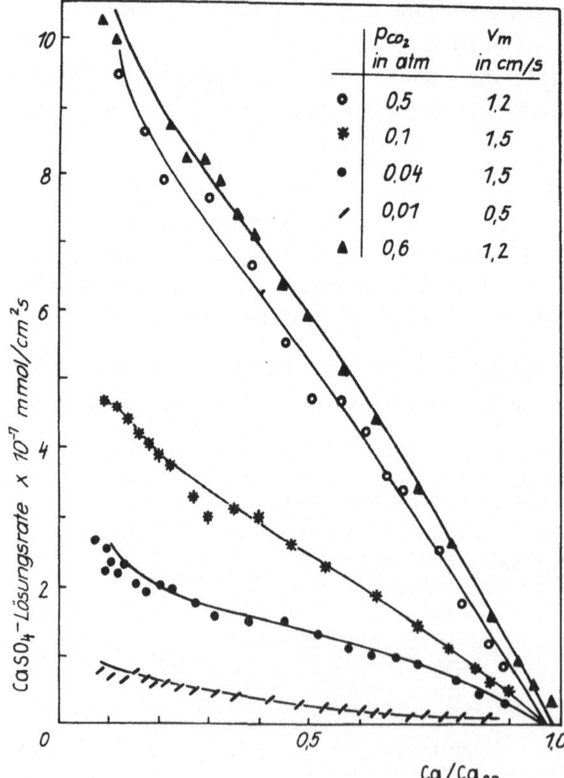

P_{CO_2} in atm	v_m in cm/s
0,5	1,2
0,1	1,5
0,04	1,5
0,01	0,5
0,6	1,2

Bild 3.11. Lösungsrate des Kalzits in Abhängigkeit vom CO_2-Partialdruck (P_{CO_2}) und der Durchströmungsgeschwindigkeit (v_m) aufgetragen als Funktion der Sättigungskonzentration des Kalziums Ca/Ca$_{eg}$ (BAUMANN/SCHULZ, 1984)

Ca/Ca$_{eg}$ Verhältnis der tatsächlichen Kalziumkonzentration zu der Sättigungskonzentration

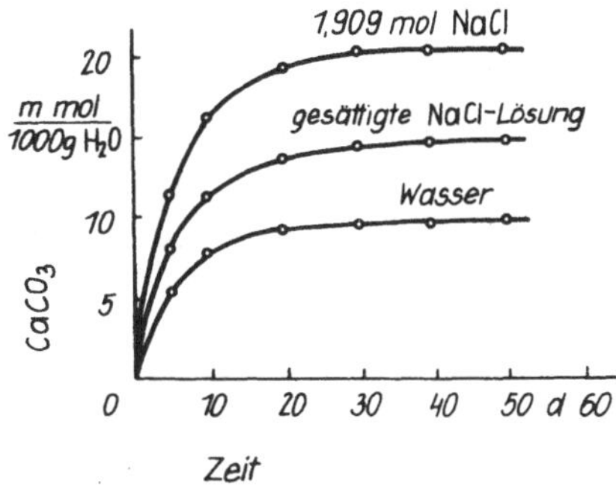

Bild 3.12. Einfluß des NaCl-Gehaltes der Lösung auf die Auflösungsrate des $CaCO_3$ bei $P_{CO_2} = 0,095$ MPa (STERNINA/FROLOVA, 1952)

kung der NaCl-Konzentration auf die Dissoziation der Kohlensäure. Dagegen wirkt sich das gleiche Salz bis zu einer bestimmten Konzentration positiv auf die Löslichkeit des $CaCO_3$ aus (Bild 3.12). Neben diesem Effekt zeigt Bild 3.12 auch, daß die NaCl-Gehalte keinen Einfluß auf die Lösungskinetik haben, wie der analoge Kurvenverlauf verdeutlicht. Die Sättigung der Lösung mit $CaCO_3$ tritt nach etwa 21 bis 31 Tagen ein. Zu gleichen Werten kam STRACHOV (1951). Die Bedeutung der Fremdionen und der Kohlensäure auf das Kalk-Kohlensäure-Gleichgewicht bewertet der gleiche Autor wie folgt: »Bei geringen Salzgehalten (unter 1 % NaCl) werden 60 bis 73 % der Gesamtmasse des gelösten $CaCO_3$ durch den Einfluß des CO_2 in die Lösung überführt. Doch dieser Einfluß nimmt mit zunehmendem Salzgehalt stetig bis auf 32 bis 36 % ab (in 20- bis 25%iger NaCl-Lösung)« ... d. h., »mit steigender Gesamtmineralisation rückt der Einfluß der Salze immer stärker in den Vordergrund und wird zum entscheidenden Faktor der Löslichkeit des $CaCO_3$.« (STRACHOV, 1951, S.27)

Die chemische Verwitterung des Dolomits unterliegt analogen Abhängigkeiten wie die des Kalzits, zeichnet sich jedoch durch geringere Lösungsgeschwindigkeiten aus. In Tabelle 3.4 ist die Löslichkeit des Dolomits der des Kalzits gegenübergestellt.

Tabelle 3.4. Löslichkeit des Kalzits und Dolomits (nach JANATEVA, 1954)

Temperatur in °C	P_{CO_2} in mbar	Dolomit in mmol $(HCO_3)_2$	Kalzit in 1 kg Lösung
0	1013,24	10,74	15,08
25	1013,24	6,49	9,0
55	1013,24	6,08	6,09
70	1013,24	4,58	3,45
25	1,08	1,42	0,81

3.1.4. Silikatverwitterung

Silikate sind die dominierenden gesteinsbildenden Minerale in der Erdkruste. Die hydrogeochemische Bedeutung der Silikatverwitterung wird auf Grund der geringen Löslichkeit der Salze der Kieselsäure und dem daraus resultierenden geringen prozentualen Anteil der Kieselsäure an der Zusammensetzung der Grundwässer häufig unterschätzt. Die Rolle der Silikatverwitterung in den hydrogeochemischen Stoffkreisläufen besteht auch weniger in der Überführung der Kieselsäure in Lösung und sicher auch nur in zweiter Hinsicht in der Anreicherung von Alkali- und Erdalkalielementen im Grundwasser, sondern in erster Linie in der Bildung austauschaktiver Tonminerale.

Die Mehrzahl der Verwitterungsprozesse von Silikaten und Alumosilikaten sind inkongruente Lösungsreaktionen, die unter den Bedingungen der Hypergenesezone irreversibel sind. Die Haupttendenzen der Reaktionen bestehen in einer relativen Verarmung der Ausgangsminerale an Alkalien und Erdalkalien sowie Kieselsäure, die bevorzugt in Lösung gehen. In der festen Phase kommt es zu einer relativen Anreicherung von Aluminium gegenüber Silizium.

Die Prozesse der Silikatverwitterung lassen sich schematisch nach folgender Reaktionsgleichung beschreiben (KELLER, 1957)

$$MSiAlO_n + H_2O \rightleftharpoons M^+ + OH^- + [Si(OH)_{0-4}]_n + [Al^o(OH)_6]_n^{3-}$$
$$\text{oder } Al(OH)_3 + (M,H)Al^oSiAl^tO_n \tag{3.23}$$

n bezieht sich auf die unbestimmten Atomverhältnisse, o und t entsprechen der okta- bzw. tetraedrischen Koordinierung. M steht für das Metallion. Im Ergebnis der Protolyse der Silikate nach Gl. (3.23) können sowohl Kieselsäure und Aluminiumhydroxid als auch Kieselsäure und Tonminerale entstehen. Die Reaktion an der Phasengrenze Silikatlösung stellt einen komplizierten Mechanismus dar, der in mehreren Etappen über mehrere metastabile Zwischenzustände führt.

1. Etappe: Austausch von Protonen der Lösung gegen Kationen der Silikate (Na^+, K^+, Ca^{2+}, Mg^{2+}).

2. Etappe: Bildung von Silanol-Gruppen unter Spaltung der Al-O- bzw. Si-O-Si-Bindungen bei gleichzeitiger Zerstörung der Gitterstruktur der Minerale.

3. Etappe: Bildung von Sekundärmineralen am Kontakt mit der flüssigen Phase als Lösungsrückstand bzw. bei Übersättigung der Lösung mit den Auflösungsprodukten.

Alle drei Etappen sind eng miteinander verbunden, wenngleich meist der ersten Etappe eine gewisse Sonderstellung eingeräumt wird. Dies ist darauf zurückzuführen, daß sich in Laborversuchen die erste Etappe deutlich vom weiteren Verwitterungsregime abhebt und mit Minuten bis einigen Stunden bemessen werden kann (Bild 3.13). Daraus jedoch die Schlußfolgerung zu ziehen, daß sich der Austausch der Wasserstoff- und Alkali-(Erdalkali-)elemente auf das Anfangsstadium der Silikatverwitterung beschränkt (BUSENBERG/CLEMENCE, 1976; WOLLAST, 1967), wird für unbegründet gehalten. Richtig ist zweifellos, daß der Protonentransfer die Voraussetzung für den Gesamtprozeß bildet. Bewiesen ist aber auch, daß die oberflächenkinetisch kontrollierte Auflösung der Silikate ständig neue Austauschplätze auf der Mineraloberfläche und damit die Voraussetzung für eine fortschreitende Verwitterung nach o. g. Schema schafft. Die in den letzten Jahren viel diskutierten unterschiedlichen Abhängigkeiten der Verwitterungsraten von der Versuchsdauer (RAFAL'SKIJ/ALEKSEEV, 1986; LASAGA, 1984, u. a.) sind sicher nicht nur auf die unterschiedliche Zerkleinerung und anderweitige Probenaufbereitung (HOLDGREN/BERNER, 1979)*) zurückzuführen, sondern auch auf die Überlagerung verschiedener Einflußfaktoren und ihre unterschiedliche Auswirkung auf alle drei Teiletappen. Neben der im Abschnitt 3.1 beschriebenen parabolischen Abhängigkeit der

---

*) Der große Einfluß der Probenaufbereitung auf die Kinetik der Lösungs- und Austauschprozesse wird von VOIGT (1974) bestätigt.

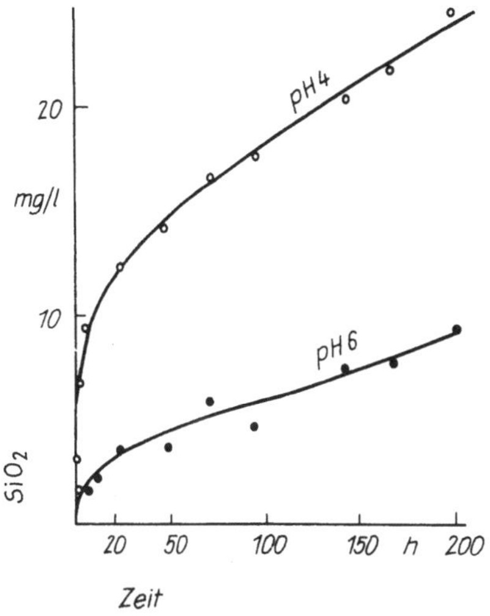

Bild 3.13. Veränderung der SiO$_2$-Konzentration mit zunehmender Versuchsdauer in CO$_2$-gepufferten Lösungsversuchen mit Kaliumfeldspäten (WOLLAST, 1967)

Verwitterungsrate von der Zeit, die von LUCE u. a. (1972); WOLLAST (1967); HELGESON (1971) u. a. beobachtet wurde, fanden HOLDREN/BERNER (1979); SIEGEL/PFANNKUCH (1984) eine lineare Abhängigkeit. BUSENBERG/CLEMENCY (1976) konnten bei ihren Lösungsversuchen mit Feldspäten drei verschiedene Lösungsstadien mit unterschiedlichen Anreicherungsmechanismen der Elemente in der Lösung feststellen. Nach dem bereits erwähnten Protonentransfer im Anfangsstadium folgt eine Phase, in der die Zunahme der Konzentration in der Lösung einem parabolischen Gesetz unterliegt. Von einer bestimmten Zeit ab geht diese wiederum in eine lineare Abhängigkeit über. Letztere Phase führen die Autoren auf die Ausbildung der Sekundärminerale zurück, wobei sich im konkreten Fall ein quasistationäres Auflösungsregime einstellt. CORRENS/V. ENGEL-HARDT (1938) kamen mit als erste zu der Schlußfolgerung, daß die unterschiedliche Löslichkeit der sich im Verwitterungsprozeß in der Lösung anreichernden Komponenten zu ihrem differenzierten Abtransport und zur Ausbildung einer »Hüllschicht« um die Feldspatteilchen führt. Diese These wurde in der Folgezeit den meisten kinetischen Modellen zu Grunde gelegt. In elektronenmikroskopischen Studien von BERNER mit verschiedenen Mitarbeitern konnten Residualprodukte auf der Feldspatoberfläche *nicht* nachgewiesen werden, ebensowenig in den rasterelektronenmikroskopischen Untersuchungen an pleistozänen Sanden in der BRD (OHSE, 1983). Die beobachteten Überzüge von Fe-Oxiden und Fe-Hydroxiden, organogenen und tonerdigen Materials mit nachweisbaren Phosphor- und Schwefelgehalten auf den Mineralteilchen führt OHSE (1983) auf Fällungserscheinungen aus den Sickerwässern zurück. Das bedeutet, daß die Veränderungen der Ionenanteile im Prozeß der Silikatverwitterung stärker als metasomatischer Prozeß unter Beibehaltung der Gitterstruktur und weniger als Zerfalls- und Oberflächenaustauschprozeß anzusehen ist.

Es scheint sich zu bestätigen, daß der Austausch der Metallionen aus tieferen Strukturplätzen des Kristallgitters der Feldspäte erfolgt als bisher angenommen wurde. Entsprechend den real existierenden Bedingungen am Phasenkontakt werden die Elemente in Lösung überführt, deren Übergang unter den gegebenen Verhältnissen energetisch am günstigsten ist. Unter diesem Gesichtspunkt werden auch die unterschiedlichen Ionenverhältnisse in den Verwitterungslösungen von Graniten und Basalten verständlich, die sich in destillierten bzw. CO$_2$-belüfteten Reaktionslösungen einstellen (Bild 3.14).

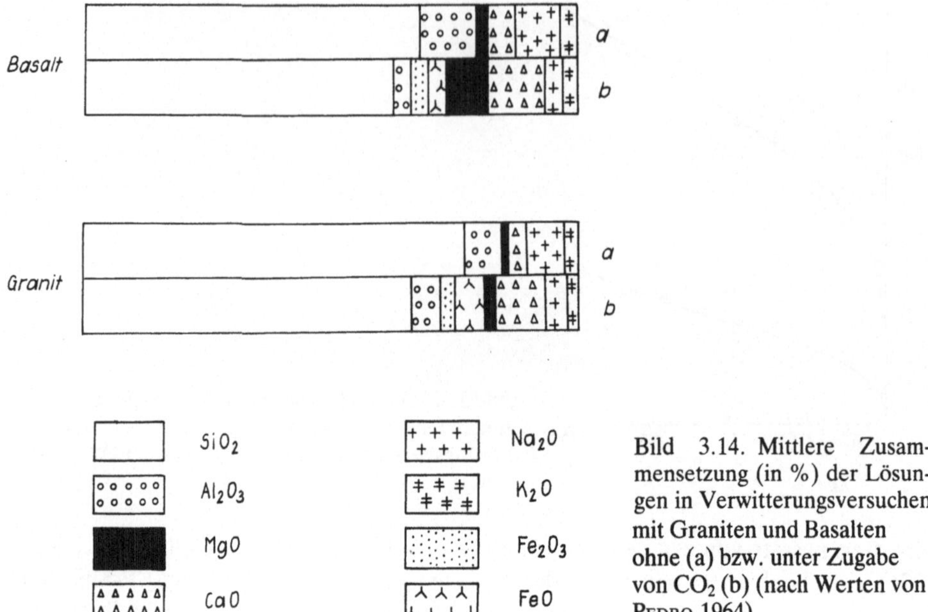

Bild 3.14. Mittlere Zusammensetzung (in %) der Lösungen in Verwitterungsversuchen mit Graniten und Basalten ohne (a) bzw. unter Zugabe von CO_2 (b) (nach Werten von PEDRO, 1964)

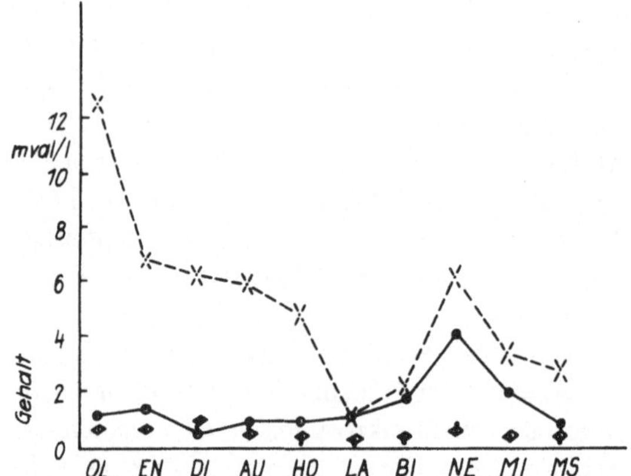

Bild 3.15. Kationen- und Siliziumgehalt in Verwitterungslösungen aus Versuchen mit zermahlenen Silikatmineralen (KELLER et al., 1963)

⨯ Kationen in CO_2-belüftetem Wasser

◇ Silizium in CO_2-belüftetem Wasser

☉ Kationen in destilliertem Wasser

o Silizium in destilliertem Wasser

AU	Augite
BI	Biotite
DI	Diopside
EN	Enstatite
HO	Hornblende
MI	Mikrokline
MS	Muskovite
LA	Labradorite
NE	Nepheline
OL	Olivine

Während im destillierten Wasser sowohl im Basalt als auch im Granit die Freisetzung der Alkalielemente begünstigt wird, ist im CO_2-belüfteten Wasser eine Verschiebung zugunsten der Erdalkalien zu verzeichnen. Ähnliche Ergebnisse fanden KELLER und Mitarbeiter (1963) bei Verwitterungsversuchen mit zermahlenen Silikatmineralen. In beiden Versuchen begünstigt die CO_2-Zuführung die Silikatverwitterung (Bild 3.15).

Das ist zurückzuführen auf die Auflösung des CO_2 im Wasser und die Bindung der Hydroxylgruppe nach folgendem Schema:

$$OH^- + CO_2 \rightleftarrows HCO_3^- \tag{3.24}$$

Die Reaktion ist in doppelter Hinsicht wesentlich für den chemischen Verwitterungsprozeß der Silikate. Einerseits wird durch die sich bildenden Hydrogenkarbonate der Abtransport der Alkali- und Erdalkalielemente gewährleistet, da deren Löslichkeitsprodukt mit den Hydrogenkarbonationen bedeutend größer als das der Kieselsäuresalze ist. Weiterhin bedingt die Reaktion nach Gl. (3.24) die Neutralisierung der Lösung durch die Bindung der im Protolyseprozeß entstehenden freien Hydroxylionen. Aus Tabelle 3.5 ist deutlich die basische Reaktion der Feldspäte im Zuge ihrer chemischen Verwitterung erkennbar. CORRENS/ENGELHARDT (1938) verwiesen in ihrer richtungsweisenden Arbeit auf die Mehrzahl der äußeren Einflußfaktoren auf die Silikatverwitterung (Teilchengröße, Temperatur u. a.). Die im Bild 3.16 dargestellte Abhängigkeit der Löslichkeit des SiO_2 und des Al_2O_3 vom pH-Wert erklärt u. a. auch den Effekt der komplexen Einwirkung der äußeren Faktoren auf die milieubedingte Anreicherung der

Tabelle 3.5. pH-Wert der Verwitterungslösungen nach Auflösung zermahlener Minerale in destilliertem Wasser (STEVENS, CARRON, 1948, zit. in KELLER, 1957)

Mineral	pH-Wert	Mineral	pH-Wert
Aktinolith	11	Anorthit	8
Hornblende	10	Orthoklas	8
Kalzit	8	Mikroklin	8 … 9
Dolomit	9 … 10	Nephelin	10 … 11
Siderit	5 … 7	Biotit	8 … 9
Kaolinit	5 … 7	Muscovit	7 … 8
Montmorillonit	6 … 7	Olivin	10 … 11
Böhmit	6 … 7	Ägirin	9
Diaspor	6 … 7	Augit	10
Gibbsit	6 … 7	Diopsid	10 … 11
Albit	9 … 10	Hypersthen	8
Oligoklas	9	Quarz	6 … 7
Labrador	8 … 9		

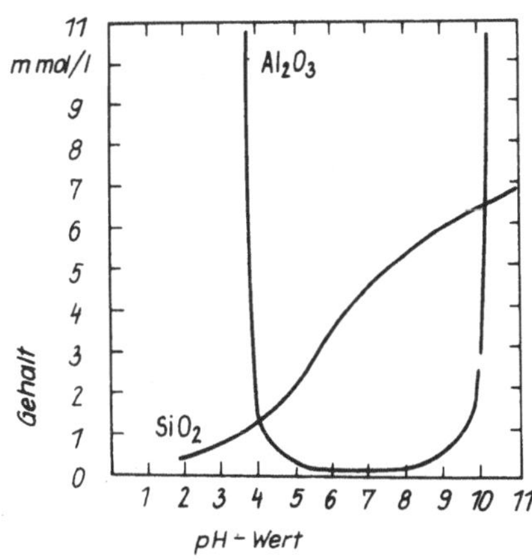

Bild 3.16. Löslichkeit des SiO_2 und Al_2O_3 in Abhängigkeit vom pH-Wert (CORRENS, 1949)

Einzelkomponenten. Die im destillierten Wasser beobachteten erhöhten Aluminium-
gehalte im Bild 3.14 entsprechen pH-Werten um 9, währenddessen die Zufuhr von CO_2
den pH-Wert der Lösungen im Bereich um 6,5 stabilisiert. Dieser pH-Wert-Bereich
entspricht der geringsten Löslichkeit des Aluminiums, und entsprechend gehen anstelle
des Aluminiums vorrangig Eisenionen in Lösung.
Temperaturerhöhungen begünstigen die Silikatverwitterung. Sie verändern jedoch
nicht den Prozeßablauf. Diese Erkenntnis von CORRENS/V. ENGELHARDT (1938) fand ihre
Bestätigung in den Modellberechnungen von KARPOV/ŠOBA (1986). Der unterschiedliche Einfluß der äußeren Faktoren auf den Lösungsprozeß erschwert verallgemeinern-
de Aussagen zur Geschwindigkeit der Mineralauflösung. Bezogen auf SiO_2 stellte
LASAGA (1984) im Ergebnis einer umfangreichen Literaturauswertung folgende Reihen-
folge der Auflösungsgeschwindigkeit der Silikate bei 25 °C und einem pH-Wert von 5
fest:
Anorthit > Nephelin > Diopsid > Enstatit > Albit > Mikroklin > Forsterit > Muscovit
> Quarz
Die angegebenen K_e-Werte schwanken dabei von $5,6 \cdot 10^{-9}$ (Anorthit) bis auf $4,1 \cdot 10^{-14}$
mol/m^2s (Quarz).
In Relation zum Albit (1) fand GRAHAM (1941) folgende Reihenfolge der Verwitte-
rungsfreundlichkeit der Silikate, gemessen anhand der Natrium- und Kalziumanreiche-
rung der Lösung:
Anorthit (16,3) > Labradorit (6,9) > Andesin (2,18) > Oligoklas (1,7) > Albit (1).
KAŽIK/KARPOV (1978) sowie KARPOV/ŠOBA (1986) modellierten auf der Grundlage ther-
modynamischer Berechnungen die Entwicklung der Mineral- und Fluidzusammenset-
zung in verschiedenen Verwitterungsstadien bei unterschiedlichen Randbedingungen.

Tabelle 3.6. Thermodynamische Ausgangsdaten
(KAŽIK/KARPOV, 1978)

Komponente bzw. Mineral	KJ/mol
Al^{3+} (aq)	485,67
$Al(OH)^{2+}$ (aq)	695,17
$Al(OH)_2^{+}$ (aq)	905,35
$Al(OH)_3^{0}$ (aq)	1 109,24
$Al(OH)_4^{-}$ (aq)	1 302,49
$H_4SiO_4^{0}$ (aq)	1 308,96
$H_3SiO_4^{-}$ (aq)	1 252,81
Fe^{2+} (aq)	90,18
Fe^{3+} (aq)	15,74
$FeOH^{+}$ (aq)	280,14
$FeOH^{2+}$ (aq)	240,57
$Fe(OH)_2^{0}$ (aq)	457,40
$Fe(OH)_3^{0}$ (aq)	671,14
$Fe(OH)_4^{-}$ (aq)	842,38
$Fe(OH)_3^{-}$ (aq)	619,64
$Fe(OH)_4^{2-}$ (aq)	774,56
K^{+} (aq)	283,44
Na^{+} (aq)	261,84
Ca^{2+} (aq)	553,41

Tabelle 3.6 (Fortsetzung)

Komponente bzw. Mineral	KJ/mol
Mg^{2+} (aq)	455,94
$H_2CO_3^0$ (aq)	623,81
HCO_3^- (aq)	587,43
CO_3^{2-} (aq)	528,43
$CaOH^+$ (aq)	718,24
$CaHCO_3^+$ (aq)	1 145,92
$MgOH^+$ (aq)	638,49
$MgHCO_3^+$ (aq)	1 051,34
OH^- (aq)	157,40
H^+ (aq)	0
H_2O (aq)	237,35
$KAlSi_3O_8$, Sanidin	3 736,61
$NaAlSi_3O_8$, Albit	3 701,11
$CaAl_2Si_2O_8$, Anorthit	4 002,46
$NaAlSiO_4$, Nephelin	1 968,72
$KAl_3Si_3O_{10}(OH)_2$, Muscovit	5 595,12
$KMg_3AlSi_3O_{10}(OH)_2$, Phlogopit	5 907,15
$KFe_3AlSi_3O_{10}(OH)_2$, Annit	4 811,89
$Mg_3Si_2O_5(OH)_4$, Serpentin	4 030,92
$CaMgSi_2O_6$, Diopsid	3 031,79
$(Mg, Fe)_2SiO_4$, Olivin	1 722,82
Fe_3O_4, Magnetit	1 011,49
SiO_2, amorph.	851,17
$CaCO_3$, Kalzit	1 128,61
$FeCO_3$, Siderit	674,30
$Mg_4Al_4Si_2O_{10}(OH)_8$, Amezit	8 405,42
$Fe_4Al_4Si_2O_{10}(OH)_8$, Daphnit	6 980,23
$Mg_5Al_2Si_3O_{10}(OH)_8$, Klinochlor	8 200,68
$K_{0,33}Al_{2,33}Si_{3,67}O_{10}(OH)_2$	5 386,73
$Na_{0,33}Al_{2,33}Si_{3,67}O_{10}(OH)_2$	5 471,22
$Ca_{0,167}Al_{2,33}Si_{3,67}O_{10}(OH)_2$	5 374,12
$Mg_{30,167}Al_{2,33}Si_{3,67}O_{10}(OH)_2$	5 357,83
$Al_2Si_4O_{10}(OH)_2$	5 272,85
$Fe_2Si_4O_{10}(OH)_2$	4 417,07
$Mg_3Si_4O_{10}(OH)_2$	5 526,57
$K_{0,5}Al_{2,5}Si_{3,5}O_{10}(OH)_2$	5 444,09
$K_{0,8}Mg_{0,635}Al_{2,07}Si_{3,43}O_{10}(OH)_2$	5 549,45
$K_{0,8}Fe_{0,55}Al_{2,07}Si_{3,43}O_{10}(OH)_2$	5 323,20
$Fe_3Si_2O_5(OH)_4$	3 014,50
$Mg_2Si_3O_6(OH)_4$, Sepiolot	4 272,63
$FeOOH$, Goethit	490,02
Fe_2O_3, Hämatit	740,10
$Al_2O_3 \cdot 3H_2O$, Gibbsit	2 313,62
$Al_2Si_2O_5(OH)_4$, Kaolinit	3 800,48

Die Gruppe von $K_{0,33}Al_{2,33}Si_{3,67}O_{10}(OH)_2$ bis $K_{0,8}Fe_{0,55}Al_{2,07}Si_{3,43}O_{10}(OH)_2$ ist als Montmorillonite zusammengefaßt.

Die für die Berechnung verwendeten Werte der standardfreien Bildungsenergie sind in Tabelle 3.6 zusammengestellt. Der in den **Bildern** 3.17 bis 3.19 dargestellte Koeffizient ζ charakterisiert die Reaktionsstufe des Gesamtprozesses. Die Abbildungen zeigen deutlich die unterschiedlichen Ionenverhältnisse auf den verschiedenen Reaktions-

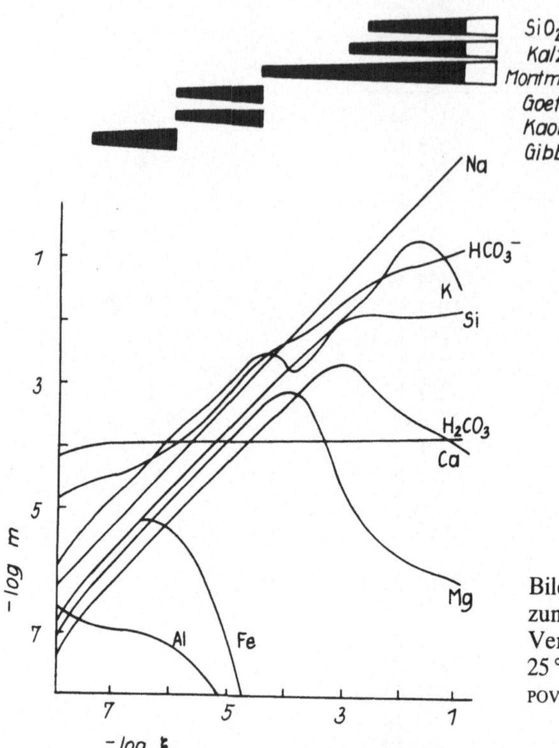

Bild 3.17. Evolution der Zusammensetzung der flüssigen und festen Phase im Verwitterungsprozeß der Granite bei 25 °C und $P_{CO_2} = 10^{-3,5}$ atm (KAZIK/KARPOV, 1978)

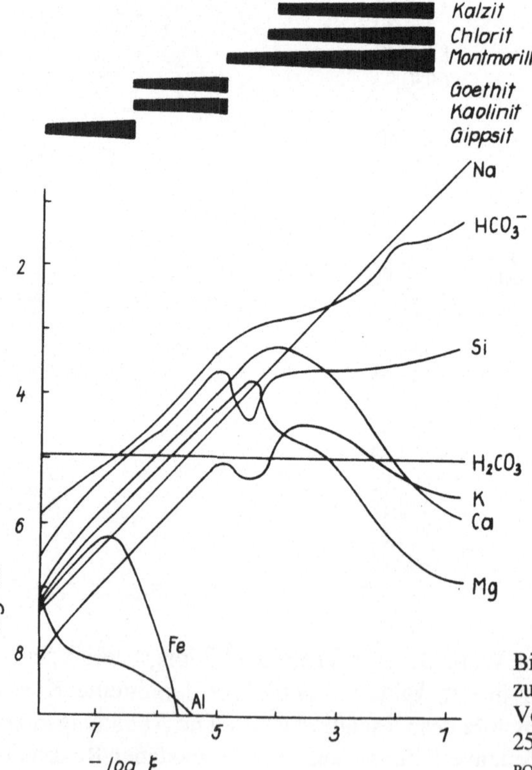

Bild 3.18. Evolution der Zusammensetzung der festen und flüssigen Phase im Verwitterungsprozeß der Basalte bei 25 °C und $P_{CO_2} = 10^{-3,5}$ atm (KAZIK/KARPOV, 1978)

64

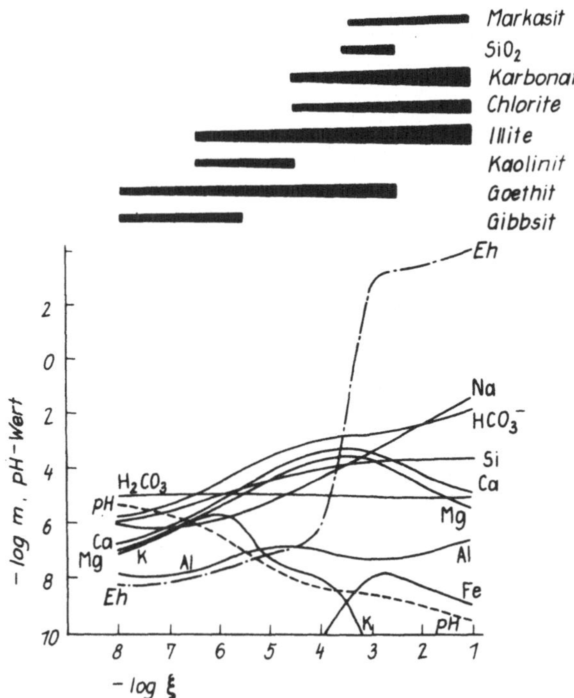

Bild 3.19. Evolution der Zusammensetzung der flüssigen und festen Phase im Verwitterungsprozeß der Granodiorite bei 25 °C und $P_{CO_2} = 10^{-3,5}$ atm (KARPOV/SOBA, 1986)

stufen. Die Berechnungen basieren auf der Voraussetzung, daß die Verwitterungsprozesse in der Hypergenesezone durch Teilgleichgewichte beschrieben werden können, die sich zwischen den Verwitterungsprodukten und den Verwitterungslösungen einstellen. Dagegen befinden sich die Verwitterungslösungen mit den Primärmineralen in einem ständigen Ungleichgewicht, hervorgerufen durch den Abtransport (bzw. die Fällung) der Auflösungsprodukte. Diese Feststellung wird durch die Lagepunkte bzw. das Verbreitungsfeld der natürlichen Grundwässer in den Stabilitätsdiagrammen der Silikate bestätigt, wie z. B. Bild 3.20 für das System $HCl\text{-}H_2O\text{-}CO_2\text{-}Al_2O_3\text{-}CaO\text{-}SiO_2$ zeigt. Daraus folgt, daß die Tonminerale im System der natürlichen Wässer als Reaktionsprodukte der chemischen Verwitterung der Silikate chemisch stabil sind, währenddessen die zirkulierenden Sicker- und Grundwässer die fortschreitende Verwitterung der Primärminerale begünstigen.

3.2. Redoxprozesse in der Boden- und Grundwasserzone

3.2.1. Allgemeine Charakterisierung der Redoxprozesse

Redoxprozesse treten in der Natur nicht losgelöst von anderen physikalisch-chemischen und biologischen Prozessen auf. Sie haben sowohl maßgeblichen Anteil an der chemischen Verwitterung in der Hypergenesezone als auch an den diagenetischen und katagenetischen Umwandlungen im Sedimentationszyklus.

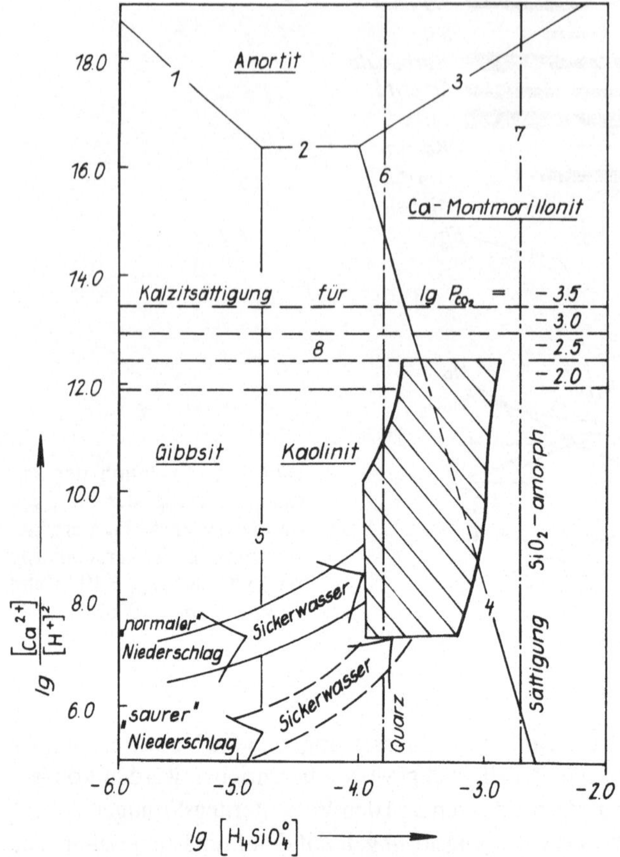

Bild 3.20. Stabilitätsdiagramm für Silikate bei 25 °C und $p = 1013$ mbar im System HCl-H_2O-CO_2-Al_2O_3-CaO-SiO_2 (Verbreitungsfeld natürlicher Grundwässer schraffiert dargestellt) (ŠVARCEV, 1981)

1 $An + 2\,H^+ + 6\,H_2O = 2\,Gb + 2\,H_4SiO_4^0$
 $+ Ca^{2+}$
 $K_1 = 2\,lg\,[H_4SiO_4^0] + lg\,[Ca^{2+}]/[H^+]^2 \approx 6{,}78$

2 $An + 2\,H^+ + H_2O = Klt + Ca^{2+}$
 $K_2 = lg\,[Ca^{2+}]/[H^+]^2 \approx 16{,}41$

3 $7\,An + 12\,H^+ + 8\,H_4SiO_4^0 = 6\,Ca - Mnt$
 $+ 16\,H_2O + 6\,Ca^{2+}$
 $K_3 = 4\,lg\,[H_4SiO_4^0] + 3\,lg\,[Ca^{2+}]/[H^+]^2$
 $\approx 65{,}37$

4 $6\,Ca - Mnt + 2\,H^+ + 23\,H_2O = 7\,Klt$
 $+ 8\,H_4SiO_4^0 + Ca^{2+}$
 $K_4 = 8\,lg\,[H_4SiO_4^0] + lg\,[Ca^{2+}]/$
 $[H^+]^2 \approx -15{,}70$

5 $Klt + 5\,H_2O = 2\,Gb + 2\,H_4SiO_4^0$
 $K_5 = lg\,[H_4SiO_4^0] \approx -4{,}82$

6 $SiO_2\,(Quarz) + 2\,H_2O = H_4SiO_4^0$
 $K_6 = lg\,[H_4SiO_4^0] \approx -3{,}8$

7 $SiO_2\,(amorph) + 2\,H_2O = H_4SiO_4^0$
 $K_7 = lg\,[H_4SiO_4^0] \approx -2{,}7$

8 siehe   Karbonat-Kohlensäure-
 Gleichgewicht (s. Abschnitt 3.13.)

Gleichgewichtskonstante nach TARDY (1971)

In den meisten Fällen ist eine enge Kopplung der Redoxprozesse mit Protolysevorgängen zu beobachten. BAAS-BECKING und Mitarbeiter (1960) unterzogen in einer umfangreichen Literaturstudie die bis dato vorliegenden Messungen des Redoxpotentials in natürlichen Wässern einer kritischen Analyse und ermittelten die Schwankungsbereiche des pH-Wertes und des Eh-Wertes. Eine der wesentlichsten Schlußfolgerung ihrer Arbeit besteht darin, daß ein enger Zusammenhang zwischen den beiden Kennwerten besteht, der sich in einem antagonistischen Verhalten zeigt. Bei niedrigen pH-Werten ist die Wahrscheinlichkeit positiver Eh-Werte groß, dagegen sind niedrige Eh-Werte für ein basisches Reaktionsmilieu charakteristisch (s. Bilder 2.8, 2.10 und 3.8).

Redoxreaktionen beruhen auf der Aufnahme bzw. Abgabe von Elektronen, im Unterschied zu Protolyseprozessen, bei denen ein Protonenaustausch erfolgt. Als Beispiel für einen gekoppelten Elektronen-Protonen-Austausch möge Gl. (3.24) stehen:

$$4\ FeSO_4 + O_2 + 10\ H_2O \rightleftharpoons 4\ Fe(OH)_3 + 8\ H^+ + 4\ SO_4^{2-} \qquad (3.24)$$

die sich aus den beiden Halbreaktionen

$$Fe^{2+} + 3\ H_2O \rightleftharpoons Fe(OH)_3 + 3\ H^+ + e^- \qquad (3.25)$$

$$2\ H_2O \rightleftharpoons O_2 + 4\ H^+ + 4\ e^- \qquad (3.26)$$

zusammengesetzt. An jeder Redoxreaktion sind sowohl Oxydations- als auch Reduktionsmittel beteiligt. Reduktionsmittel sind Elektronenlieferanten, die durch die Elektronenabgabe oxydiert werden. Oxydationsmittel nehmen die freigewordenen Elektronen auf und werden dabei reduziert. Zur Gruppe der Reduktionsmittel zählen vor allem die Elemente, deren Atome wenige Außenelektronen besitzen und die durch deren Abgabe in einen stabilen Schalenzustand überführt werden. Die Alkalielemente beispielsweise sind typische Reduktionsmittel. Das bedeutendste Oxydationsmittel in der Natur ist der Sauerstoff, dem zur stabilen Elektronenbelegung der Außenschale zwei Elektronen fehlen.

Aus der Stellung im Periodensystem (s. Bild 2.12) lassen sich etwa 30 Elemente ableiten, die ihre Wertigkeit verändern können, d. h. die in Abhängigkeit von den konkreten Redox- und pH-Wert-Verhältnissen in verschiedenen Oxydationsstufen auftreten können. In Abhängigkeit von der Oxydationsstufe können sie in chemischen Reaktionen sowohl als Oxydations- als auch als Reduktionsmittel wirken. Wichtig für das Gesamtsystem ist das individuelle Redoxverhalten der einzelnen Lösungsspezies. Beispielsweise wird in einem sauren oxydierenden Milieu mit einem Eh-Wert von $+0{,}7$ V ein dreiwertiges Eisenkation reduziert, währenddessen unter den gleichen Bedingungen Kupfer oxydiert wird (PELREMAN in ŠVARCEV, 1982). Neben Eisen und Kupfer können auch folgende Elemente in unterschiedlicher Wertigkeit in den natürlichen Wässern auftreten: Mangan $(+2, +3, +4)$, Schwefel $(-2, +2, +4, +6)$, Phosphor $(+3, +5)$, Stickstoff $(-3, +3, +5)$, Blei $(+2, +4)$, Arsen $(+3, +5)$, Chrom $(+3, +5)$, Quecksilber $(+1, +2)$ u. a.

Die Verbreitung des Sauerstoffs in den natürlichen Wässern sowie die Existenz von Elementen in hohen Oxydationsstufen, z. B. Fe^{3+}, Mn^{3+}, NO_3^- u. a., sind charakteristische Merkmale für oxydierende Verhältnisse. Im Kontakt mit der Atmosphäre können sich entsprechend seinem Partialdruck etwa 6 bis 12 mg/l Sauerstoff in Abhängigkeit von der Temperatur lösen (GERB, 1953).

Durch Oxydation solcher typischen Reduktionsmittel wie der Mehrzahl organischer Substanzen, von Sulfiden bzw. H_2S, sowie von Elementen niedriger Oxydationsstufen $(Fe^{2+}, Mn^{2+}, NH_4^+$ u. a.) wird der Sauerstoff im Untergrund verbraucht. Das Auftreten der genannten Elemente bzw. das Fehlen von Sauerstoff und Nitraten sowie ein erhöhter Sulfatgehalt sind nach GERB (1953) typische Kennzeichen reduzierter Wässer, wobei nicht alle Merkmale gleichzeitig aufzutreten brauchen, da teilweise die eine Lösungskomponente die Anreicherung der anderen behindert. Auf Grund der löslichkeitsbeschränkenden Wirkung der Sulfide für viele Schwermetalle unterscheidet Perelman zwei Typen reduzierter Wässer: schwefelwasserstoffhaltige und schwefelwasserstofffreie Wässer.

Wie aus Tabelle 3.7 folgt, ist das Auftreten von Sulfiden im Wasser für die meisten Schwermetalle gleichbedeutend mit ihrer Fällung.

Nach Verbrauch des im Wasser gelösten freien Sauerstoffs laufen auch unter anaeroben Bedingungen Redoxprozesse ab. An die Stelle des gelösten Sauerstoffs treten andere Elektronenakzeptoren, wie Fe^{3+}, NO_3^- und SO_4^{2-}, die mit Hilfe anaerober Bakterien bei gleichzeitiger Oxydation organischer Substanzen reduziert werden. Die organischen Substanzen werden dabei zu CO_2 und H_2O sowie zu niedermolekularen organischen Säuren (Essig-, Butter-, Milchsäuren u. a.), Polyhydroxycarbonsäuren, Aminen und anderen Kohlenwasserstoffen abgebaut. Die Reduktion der Elektronenakzeptoren findet dabei in einer durch ihre Redoxeigenschaften bestimmten Reihenfolge statt (Tabelle 3.8), sofern die Mikroorganismen über die entsprechenden Reduktasen verfügen (Ottow, 1982). Im Bild 3.21 sind die zeitlichen Änderungen des Redoxpotentials und anderer Parameter dargestellt, wie sie sich bei mikrobieller Abbautätigkeit unter anaeroben Bedingungen vollziehen. Nach völligem Verbrauch des gelösten Sauerstoffs werden Fe(III)-Verbindungen als Elektronenakzeptoren genutzt, wobei sich lösliches Fe(II) bildet. Gleichzeitig sinkt das Redoxpotential, während der pH-Wert ansteigt (vgl. Gl.(3.27)). Bild 3.21 spiegelt die in Boden- und Grundwässern ablaufenden Prozesse relativ gut wider.

Auf die in Boden- und Grundwässern gemessenen Redoxpotentiale kann die Nernstsche Gleichung (2.26) nur schwer angewandt werden, da sich das gemessene Potential aus einer Vielzahl von anorganischen und organischen Redoxpaaren zusammensetzt, von denen zum großen Teil weder die Standardpotentiale noch die Aktivitäten der oxy-

Sulfid	Löslichkeit in mol/l		Sulfid	Löslichkeit in mol/l
Cu_2S	$3 \cdot 10^{-30}$		ZnS	$4,5 \cdot 10^{-24}$
CuS	$8 \cdot 10^{-37}$			
Ag_2S	$7 \cdot 10^{-31}$		CdS	$1,0 \cdot 10^{-28}$
FeS	$4 \cdot 10^{-19}$		PbS	$7,0 \cdot 10^{-29}$
CoS	$5 \cdot 10^{-22}$		HgS	$1,0 \cdot 10^{-45}$

Tabelle 3.7. Löslichkeit einiger Sulfide bei 25 °C (nach Krauskopf, 1959, zit. in Perlman, 1968)

Redoxreaktion	Eh (pH = 7) in V
Beginn der NO_3^--Reduktion	$0,45 \ldots 0,55$
Beginn der Mn^{2+}-Bildung	$0,35 \ldots 0,45$
O_2 nicht mehr nachweisbar	$0,33$
NO_3^- nicht mehr nachweisbar	$0,22$
Beginn der Fe^{2+}-Bildung	$0,15$
Beginn der SO_4^{2-}-Reduktion und S^{2-}-Bildung	$-0,05$
SO_4^{2-} nicht mehr nachweisbar	$-0,18$

Tabelle 3.8. Experimentell ermittelte Redoxpotentiale für verschiedene Redoxreaktionen (Scheffer/Schachtschabel, 1979)

dierten und reduzierten Stufen bekannt sind. Als dominierende, d. h. das Mischpotential prägende Redoxpaare treten organische Substanzen auf, die überwiegend beim mikrobiellen Abbau gebildet werden. Das Redoxpotential kann jedoch für die Deutung des qualitativen Zustandes eines Systems genutzt werden. So können u. a. aus dem Eh-pH-Stabilitätsdiagramm (vgl. Abschnitt 2.4.) das Auftreten stabiler Verbindungen und die tendenzielle Reaktionslage eines Systems eingeschätzt werden. Die Zustandsformen des Eisens und Mangans lassen sich z. B. durch die in Tabelle 3.9 zusammengestellten Halbreaktionen und die entsprechenden Gleichungen an den Gleichgewichtsgrenzen charakterisieren (s. auch Bild 2.9).

Besonders die verstärkte anthropogene Beeinflussung der Grundwasserbeschaffenheit (z. B. durch Mülldeponien) aber auch die Bewirtschaftung von Uferfiltratfassungen hat gezeigt, daß zur Ausbildung eines reduzierenden Milieus im Grundwasser durchaus nicht geologische Zeiträume notwendig sind. Die wichtigste Voraussetzung für das Vonstattengehen intensiver Redoxprozesse ist eine durch Bakterien oxydierbare organische Substanz. Daß nicht jede organische Substanz im Untergrund diese Bedingung erfüllt, zeigt z. B. die Existenz sulfathaltiger Wässer im Kontakt mit Braunkohlenlagen, die gegenüber einem mikrobiologischen Abbau unter anaeroben Bedingungen relativ stabil sind.

Tabelle 3.9. Wichtige Redoxreaktionen des Eisens und Mangans (nach TUTJUNOVA, 1976)

Nr. der Reaktion	Reaktion	Normal-potential E° in V	Gleichung der Gleichgewichtsgrenze
1	$Fe^{2+} \rightarrow Fe^{3+} + e$	0,77	$Eh = 0,77 + 0,059 \lg (a_{Fe^{3+}}/a_{Fe^{2+}})$
2	$Fe^{2+} + 3H_2O \rightarrow Fe(OH)_3 + 3H^+ + e$	1,056	$Eh = 1,056 - 0,177\,pH - 0,059 \lg a_{Fe^{2+}}$
3	$Fe(OH)_2 + H_2O \rightarrow Fe(OH)_3 + H^+ + e$	0,271	$Eh = 0,271 - 0,059\,pH$
4	$3Fe(OH)_2 \rightarrow Fe_3O_4 + 2H_2O + 2H^+ + 2e$	0,03	$Eh = 0,03 - 0,059\,pH$
5	$Fe_3O_4 + 5H_2O \rightarrow 3Fe(OH)_3 + H^+ + e$	0,31	$Eh = 0,31 - 0,059\,pH$
6	$2Fe_3O_4 + H_2O \rightarrow 3Fe_2O_3 + 2H^+ + e$	0,438	$Eh = 0,438 - 0,118\,pH$
7	$3Fe^{2+} + 4H_2O \rightarrow Fe_3O_4 + 8H^+ + 2e$	0,98	$Eh = 0,98 - 0,236\,pH - 0,0885 \lg a_{Fe^{2+}}$
8*)	$Fe_3O_4 + 8H^+ \rightarrow 3Fe^{3-} - 4H_2O + e$	0,337	$Eh = 0,337 + 0,472\,pH + 0,177 \lg a_{Fe^{3+}}$
9*)	$Fe_3O_4 + 2H_2O + 2H^+ \rightarrow 3Fe(OH)_2^+ + e$	1,61	$Eh = 1,61 + 0,118\,pH + 0,177 \lg a_{Fe(OH)_2^+}$
10*)	$Fe_3O_4 + 5H^+ \rightarrow 3FeOH^{2+} + H_2O + e$	0,78	$Eh = 0,78 + 0,295\,pH + 0,177 \lg a_{FeOH^{2+}}$
11*)	$3HFeO_2^- + H^+ \rightarrow Fe_3O_4 + 2H_2O + 2e$	$-1,819$	$Eh = -1,819 + 0,0295\,pH - 0,0885 \lg a_{HFeO_2^-}$

Tabelle 3.9 (Fortsetzung)

Nr. der Reaktion	Reaktion	Normalpotential $E°$ in V	Gleichung der Gleichgewichtsgrenze
12	$2Fe(OH)_2 \rightarrow Fe_2O_3 + H_2O + 2H^+ + 2e$	$-0,045$	$Eh = -0,045 - 0,059\,pH$
13	$Mn(OH)_2 \rightarrow MnO_2 + 2H^+ + 2e$	$0,77$	$Eh = 0,77 - 0,059\,pH$
14	$Mn(OH)_2 + 2OH^- \rightarrow MnO_2 + 2H_2O + 2e$	$1,613$	$Eh = 1,613 - 0,059\,pH$
15	$Mn(OH)_3 \rightarrow MnO_2 + H^+ + H_2O + e$	$0,59$	$Eh = 0,59 - 0,059\,pH$
16	$Mn^{2+} + 2H_2O \rightarrow MnO_2 + 4H^+ + 2e$	$1,23$	$Eh = 1,23 - 0,118\,pH - 0,0295\,\lg a_{Mn^{2+}}$
17	$MnOH^+ + H_2O \rightarrow MnO_2 + 3H^+ + 2e$	$0,91$	$Eh = 0,91 - 0,89\,pH - 0,0295\,\lg a_{MnOH^+}$
18	$Mn(OH)_2^0 \rightarrow MnO_2 + 2H^+ + 2e$	$0,60$	$Eh = 0,60 - 0,059\,pH - 0,0295\,\lg a_{Mn(OH)_2^0}$
19	$Mn(OH)_3^- \rightarrow MnO_2 - H^+ + H_2O - 2e$	$0,20$	$Eh = 0,20 - 0,0295\,pH - 0,0295\,\lg a_{Mn(OH)_3^-}$
20	$Mn^{3+} + 2H_2O \rightarrow MnO_2 + 4H^+ + e$	$0,95$	$Eh = 0,95 - 0,236\,pH - 0,059\,\lg a_{Mn^{3+}}$
21	$2Mn^{2+} + 3H_2O \rightarrow Mn_2O_3 + 6H^+ + 2e$	$1,444$	$Eh = 1,444 - 0,177\,pH - 0,059\,\lg a_{Mn^{2+}}$
22	$MnO_2 + 2H_2O \rightarrow MnO_3^- + 2H^+ + e$	$2,50$	$Eh = 2,50 - 0,118\,pH + 0,059\,\lg a_{MnO_3^-}$
23	$MnO_2 + 2H_2O \rightarrow MnO_4^{2-} + 4H^+ + 2e$	$2,26$	$Eh = 2,26 - 0,118\,pH + 0,0295\,\lg a_{MnO_4^{2-}}$
24	$MnO_2 + 2H_2O \rightarrow MnO_4^- + 4H^+ + 3e$	$1,695$	$Eh = 1,695 - 0,0787\,pH + 0,0197\,\lg a_{MnO_4^-}$
25	$Mn_2O_3 + 2OH^- \rightarrow 2MnO_2 + H_2O + 2e$	$0,189$	$Eh = 1,051 - 0,059\,pH$
26	$2Mn_3O_4 + 2OH^- \rightarrow 3Mn_2O_3 + H_2O + 2e$	$-0,139$	$Eh = 0,687 - 0,059\,pH$
27	$3Mn(OH)_2 + 2OH^- \rightarrow Mn_3O_4 + 4H_2O + 2e$	$-0,139$	$Eh = 0,687 - 0,059\,pH$
28	$3Mn^{2+} + 4H_2O \rightarrow Mn_3O_4 + 8H^+ + 2e$	$1,816$	$Eh = 1,816 - 0,263\,pH - 0,0885\,\lg a_{Mn^{2+}}$

*) Die $E°$-Werte sowie die Gleichungen der Gleichgewichtsgrenzen wurden der Arbeit von GARRELS/CHRIST (1968) entnommen.

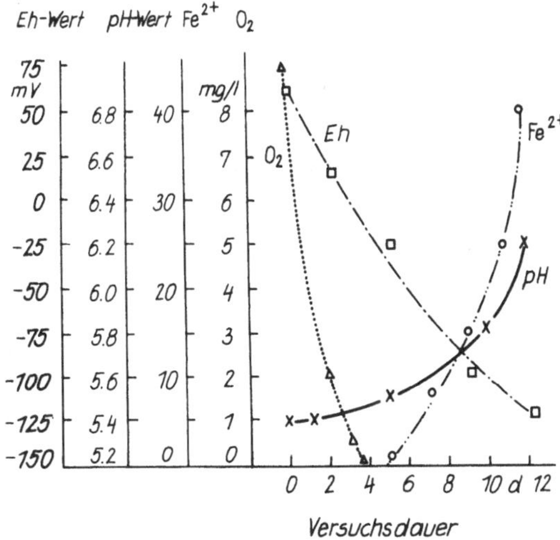

Bild 3.21. Änderung des O_2- und Fe^{2+}-Gehaltes sowie des *Eh*- und *pH*-Wertes bei gleichzeitigem Abbau organischer Substanzen durch Mikroorganismen und Unterbindung der O_2-Zufuhr im Batch-Versuch (nach REISSIG, 1983)

Der Einfluß der Temperatur auf die Redoxprozesse äußert sich dahingehend, daß das Redoxpotential eines Systems mit steigender Temperatur abnimmt.

Nachfolgend soll am Beispiel des Eisens die geochemische Rolle der Redoxprozesse illustriert werden. Auf den Einfluß des Redoxpotentials auf die Migrationsformen der Stickstoffverbindungen wird im Abschnitt 4.2.2. näher eingegangen.

3.2.2. Redoxreaktionen der Eisenverbindungen

Ein wichtiger Prozeß, der zu hohen Fe(II)-Konzentrationen in Grundwässern führen kann, ist die Reduktion unlöslicher, nicht transportfähiger, pedogener Fe(III)-Verbindungen (hierzu werden Hydroxide, Oxidhydrate und Oxide gerechnet) zu löslichen und somit transportfähigen Fe(II)-Verbindungen. Dieser Prozeß ist im wesentlichen biologischer Natur und setzt erst dann ein, wenn in den Untergrund infiltrierte abbaubare organische Substanzen durch heterotrophe Mikroorganismen abgebaut werden, wobei von diesen nach völliger Zehrung des gelösten Sauerstoffs als Elektronenakzeptoren u. a. Fe(III)-Verbindungen genutzt werden. Das kann formal mit folgender Gleichung beschrieben werden:

$$FeOOH + [H] + 2\,H^+ \rightleftharpoons Fe^{2+} + 2\,H_2O \tag{3.27}$$

[H] symbolisiert in Gl. (3.27) den oxydierbaren Wasserstoff organischer Substanzen. Bei dieser Reaktion werden H^+-Ionen verbraucht, weshalb es im allgemeinen zu einer pH-Wert-Erhöhung kommt. Als Folgereaktion bilden sich aus der Atmungskohlensäure der Organismen HCO_3^--Ionen. Die migrierfähige Verbindung des Fe(II) ist deshalb im wesentlichen Fe(II)-Hydrogenkarbonat. Außerdem sind Komplexverbindungen des Fe(II) mit organischen Komplexbildnern möglich.

Es gilt als gesichert, daß die Reduktion pedogener Fe(III)-Verbindungen nur bei direktem Kontakt mit eisenreduzierenden Bakterien erfolgt. In sterilen Systemen unterbleibt auch bei Anwesenheit reduzierender Substanzen (z. B. Glucose oder H_2) die Fe(II)-Bildung weitgehend. Offenbar führt erst die spezifische Funktion der Fe(III)-

Verbindungen als Wasserstoffakzeptor im Stoffwechsel eisenreduzierender Bakterien zu einer intensiven·Fe(II)-Bildung (Oттow, 1982). Ein niedriges Redoxpotential allein reicht bei den Fe(III)-Verbindungen für ihre Reduktion nicht aus . Ursache dafür ist die vergleichsweise sehr geringe elektrochemische Aktivität der Fe(III)-Verbindungen, welche auf die relativ hohe Aktivierungsenergie, die fortschreitenden exothermen Kristallisationsprozesse und das sehr geringe Löslichkeitsprodukt (Größenordnung 10^{-37} bis 10^{-44}) der pedogenen Fe(III)-Verbindungen zurückzuführen ist.

Aus thermodynamischen Gründen ist es für die eisenreduzierenden Mikroorganismen vorteilhaft, zunächst die energiereicheren Fe(III)-Verbindungen als Elektronenakzeptoren zu nutzen. Demzufolge werden zuerst amorphe Fe(III)-Verbindungen zu Fe(II) reduziert. Bei stärkerer Verminderung des Redoxpotentials werden dann auch Fe(III)-Verbindungen aus dem Mineralgitter reduziert.

In analoger Weise kann man sich die Reduktion höherwertiger Mn-oxide zu Mn(II) vorstellen. Sie beginnt nach Tabelle 3.8 bereits bei im Vergleich zum Eisen höheren Eh-Werten.

Das durch Reduktion gebildete Fe(II) kann in Grund- und Bodenwässern nach Sauerstoffzutritt durch Mikroorganismen unter Energiegewinn wieder oxydiert werden:

$$2\,Fe^{2+} + 1/2\,O_2 + 2\,H^+ \rightleftharpoons 2\,Fe^{3+} + H_2O \qquad (3.28)$$

Im Gegensatz zu den eisenreduzierenden Mikroorganismen sind die oxydierenden autotropher Natur. Das gebildete Fe(III) protolysiert sehr schnell und wird als Fe(III)-hydroxid bzw. -oxidhydrat abgeschieden:

$$2\,Fe^{3+} + 6\,H_2O \rightleftharpoons 2\,Fe(OH)_3 + 6\,H^+ \qquad (3.29)$$

Das abgeschiedene Fe(III)-hydroxid kristallisiert allmählich und bildet oft störende Beläge in Brunnenanlagen; man spricht dann von Verockerung. Dieser Prozeß läßt sich durch Anwendung von γ-Strahlen einschränken, da hierdurch die Entwicklung der eisenoxydierenden Mikroorganismen unterbunden wird.

Im Bereich der natürlichen (oder auch künstlich verursachten) Schwankungen des Grundwasserspiegels lösen oxydierende und reduzierende Bedingungen zeitlich einander ab. Kurzfristige Verschiebungen des Redoxpotentials im Schwankungsbereich der Grundwasseroberfläche können zu plötzlichen Änderungen der Grundwasserbeschaffenheit führen.

Regionale Ausmaße nehmen diese Veränderungen in Verbindung mit dem Lagerstättenabbau (s. Abschnitt 5.) und im speziellen mit dem Braunkohlenabbau an. In den Braunkohlebegleitschichten sind auf Grund der großräumigen Grundwasserabsenkungen die Eisensulfide Pyrit und Markasit veränderten (oxydierenden) Redoxbedingungen ausgesetzt. Gleiches gilt für die verkippten Abraumschichten der Tagebaue, wo sich unter Einwirkung von Luftsauerstoff und Wasser ein Ökosystem mit schwefel- und eisenoxydierenden Bakterien entwickelt, von denen Thiobacillus ferrooxidans eine besondere Rolle spielen, da sie sowohl Eisen wie Schwefel zu oxydieren vermögen. Die Oxydation der Metallsulfide führt zur Bildung von H_2SO_4 und zur Freisetzung von Fe(II):

$$2\,FeS_2 + 2\,H_2O + 7\,O_2 \rightleftharpoons 4\,SO_4^{2-} + 2\,Fe^{2+} + 4\,H^+ \qquad (3.30)$$

Hierdurch kommt es zu einer starken Senkung des pH-Wertes. Das gebildete Fe(II) wird nach Gl.(3.28) mit Luftsauerstoff zu Fe(III) oxydiert. Nach Laborversuchen verschiedener Autoren kann die Oxydationskinetik des Fe(II) durch folgende Gleichung beschrieben werden (HUMMEL u. a., 1985):

$$\frac{d\,[Fe^{2+}]}{dt} = -\,k\,[OH^-]^2\,P_{O_2}\,[Fe^{2+}] \tag{3.31}$$

Bei einem konstanten Partialdruck, der z. B. in einem offenen System vorherrscht, das sich mit der Atmosphäre im Gleichgewicht befindet und unter Berücksichtigung der Dissoziation des Wassermoleküls (s. Gl.(2.17)), kann Gl.(3.31) wie folgt umgeschrieben werden:

$$\frac{d\,[Fe^{2+}]}{dt} = -\,k'\,\frac{[Fe^{2+}]}{[H^+]^2} \tag{3.32}$$

wobei sich k' aus

$$k' = 0,21\,k\,K_W \tag{3.33}$$

ergibt.

K_w Dissoziationskonstante des Wassers
k Geschwindigkeitskonstante der Eisenoxydation in $mol^{-2}\,l^2\,min^{-1}\,atm^{-1}$

Aus Gl.(3.32) ist ersichtlich, daß die Anwesenheit der Protonen im Wasser den Oxydationprozeß hemmt.

Auch die in Tabelle 3.10 ausgewiesenen Geschwindigkeitskoeffizienten bestätigen, daß die rein chemische Oxydation des Fe(II) im sauren Medium sehr langsam abläuft. Bei Anwesenheit von eisenoxydierenden Bakterien kann die Reaktion jedoch um mehr als den Faktor 10^6 beschleunigt werden. Die auf diese Weise gebildeten Fe(III)-Ionen protolysieren wegen der relativ niedrigen pH-Werte nur sehr langsam und können deshalb mit Pyrit bzw. Markasit reagieren:

$$FeS_2 + 14\,Fe^{3+} + 8\,H_2O \rightleftharpoons 15\,Fe^{2+} + 2\,SO_4^{2-} + 16\,H^+ \tag{3.34}$$

Ist die Pufferwirkung des Abraummaterials durch vorhandene Ionenaustauscher (Tonminerale) und Karbonate sehr hoch, kann der pH-Wert mehr oder weniger ansteigen, wodurch Protolyse und Abscheidung des Fe(III) (nach Gl.(3.29)) schneller verlaufen. Die durch Pyrit- und Markasit-Verwitterung beeinflußten Grundwässer weisen deshalb neben beachtlichen Säuremengen auch höhere Fe(II)-Gehalte auf (das protolysierte Fe(III) ist weitgehend abgeschieden).
Ein analoger Prozeßmechanismus, wie er für die Pyrit- und Markasitoxydation skizziert

Tabelle 3.10. Zusammenstellung einiger laborativ ermittelter Reaktionsgeschwindigkeitskonstanten k der Eisen(II)-oxydation (nach HUMMEL u. a., 1985)

Autoren	k in $mol^{-2}\,l^2\,atm^{-1}\,min^{-1}$	Temperatur in °C
STUMM/LEE, 1961	$(8,0 \pm 3,5)\,10^{13}$	20,5
MORGAN/BIRKNER, 1966	$2,0 \cdot 10^{13}$	25
SCHENK/WEBER, 1968	$(2,1 \pm 0,5)\,10^{13}$	25
THEIS, 1972	$1,36 \cdot 10^{14}$	25

Sulfat	Löslichkeit in g/kg		Sulfat	Löslichkeit in g/kg
CdSO$_4$	764		CoSO$_4$	355
MnSO$_4$	629		FeSO$_4$	263
ZnSO$_4$	541		CuSO$_4$	205
BeSO$_4$	400		Ag$_2$SO$_4$	7,7
Al$_2$(SO$_4$)$_3$	385		PbSO$_4$	0,041
NiSO$_4$	384			

Tabelle 3.11. Löslichkeit einiger Sulfate bei Temperaturen zwischen 15 und 25 °C (nach SMIRNOV, 1955)

wurde, gilt im wesentlichen auch für die Verwitterung anderer Sulfide (GARRELS, 1954; SMIRNOV, 1955; u. a.). Die im Oxydationsprozeß entstehenden Sulfate sind im Unterschied zu ihren Sulfiden (s. Tabelle 3.7) sehr gut im Wasser löslich (Tabelle 3.11), wodurch ihre Migration im Grundwasser begünstigt wird.

Das Migrationsverhalten der im Verwitterungsprozeß der Sulfide freiwerdenden Schwermetalle im Grundwasser wird neben der sehr guten Löslichkeit ihrer Sulfate durch die Bildung organischer Komplexverbindungen begünstigt (s. Tabelle 2.10). So führen KRAJNOV/ŠVEC (1980) Untersuchungsergebnisse aus dem Ural an, nach denen 60% des gelösten Zinks sowie etwa 40% des Eisens und des Aluminiums in den Grundwässern der Verwitterungszone von Sulfiderzen an organische Liganden gebunden sind. Besonders günstige Bildungsbedingungen für metallorganische Komplexverbindungen liegen in extrem sauren Medien mit pH-Werten unter 3 vor.

3.2.3. Unterirdische Enteisenung von Grundwässern

In den letzten Jahren macht man sich in der wasserwirtschaftlichen Praxis aber auch bei der Gewinnung von Erzen die natürlichen bzw. induzierten physikalisch-chemischen Prozesse im Untergrund zu nutze, um Schad- bzw. Nutzkomponenten im Wasser migrationsunfähig bzw. migrationsfähig zu machen. An dieser Stelle soll als Beispiel die unterirdische Enteisenung betrachtet werden.

Auf den negativen Einfluß der Fe(III)-Abscheidung in Filterbrunnen wurde bereits hingewiesen. Die Verockerung ist auf den Kontakt des Grundwassers mit Luftsauerstoff zurückzuführen. Ziel der unterirdischen Enteisenung ist es, diesen Effekt in Zonen zu verlagern, die auf die Alterung des Brunnens keinen Einfluß haben. Dadurch wird die Oxydation des Fe(II) und die Abscheidung der Fe(III)-oxidhydrate aus einem unerwünschten Effekt in ein Aufbereitungsverfahren überführt.

Die technologische Seite der unterirdischen Enteisenung, deren Hauptaufgabe vor allem darin besteht, die räumliche Ausdehnung der Fe(II)-Oxydation optimal zu gewährleisten, soll an dieser Stelle nicht diskutiert werden. Die Fe(II)-Oxydation wird (s. dazu EICHHORN, 1984) durch Infiltration von mit Sauerstoff angereichertem Wasser erzwungen.

Bei der Untersuchung der Kinetik der unterirdischen Enteisenung wurde festgestellt (REISSIG u. a., 1983), daß sich der Prozeß als komplexe Oxydation-Protolyse-Ionenaustauschreaktion darstellt. Im Grundwasserleiter hat sich historisch zwischen Austauschkomplex der Feststoffmatrix und dem eisen(II)-haltigen Grundwasser ein Gleichgewicht eingestellt. Je nach der Höhe der Kationenaustauschkapazität des Grundwasser-

leiters sowie der Art und der Konzentration der anderen Lösungskomponenten wird
Fe(II) bis zu einem maximalen Wert durch Ionenaustausch gebunden. Der Grundwasserleiter ist unter diesen Bedingungen mit Fe(II) gesättigt; anströmendes Fe(II) gelangt
ungehindert zum Förderbrunnen.

Wird nun sauerstoffhaltiges Wasser über Satellitenbrunnen (externe Infiltration) oder
über den Förderbrunnen in Förderpausen (interne Infiltration) infiltriert, kommt es im
mit diesem Wasser durchströmten Feststoffvolumen zur Oxydation des durch Ionenaustausch gebundenen Fe(II). Das gebildete Fe(III) protolysiert bei den in der Praxis auftretenden pH-Werten von 6,5 bis 7 sehr schnell. Dadurch wird die Bindung am Feststoff
gelöst, und es scheidet sich Fe(III)-oxidhydrat ab (Gl.(3.29)). Die freiwerdenden Plätze am Ionenaustauschkomplex des Feststoffs werden zunächst von Protonen und/oder
von anderen im Grundwasser vorhandenen Kationen besetzt. Nach Beendigung der Infiltration sauerstoffhaltigen Wassers werden aus dem nachströmenden natürlichen
Grundwasser wiederum Fe(II)-Ionen durch Ionenaustausch am Feststoffgerüst gebunden. Die erneute Infiltration von sauerstoffhaltigem Wasser ist dann als Beginn des
nächsten Zyklus aufzufassen. Die in einem mit Fe(II) gesättigten (das bedeutet dynamisches Gleichgewicht zwischen Feststoff und Wasser) Bodenvolumen durch Infiltration
sauerstoffhaltigen Wassers stattfindenden Oxydations-, Protolyse- und Ionenaustauschreaktionen zwischen Eisen und Kalzium sind schematisch in Gl. (3.35), die erneut erfolgende Beladung des Bodens mit Fe(II) durch Ionenaustausch in Gl. (3.36) dargestellt:

$$
\begin{array}{l}
\text{Fe(II) Ca} \\
\boxed{\text{Austauscher}} \; + \tfrac{1}{2}O_2 + 2Ca^{2+} + 5H_2O \rightleftharpoons \\
\text{Fe(II) Ca}
\end{array}
$$

$$
\begin{array}{l}
\text{Ca Ca} \\
\boxed{\text{Austauscher}} \; + 2\,Fe(OH)_3 + 4\,H^+ \qquad\qquad (3.35) \\
\text{,Ca Ca}
\end{array}
$$

$$
\begin{array}{l}
\text{Ca Ca} \qquad\qquad\qquad\quad \text{Fe(II) Ca} \\
\boxed{\text{Austauscher}} \; + 2\,Fe^{2+} \rightleftharpoons \boxed{\text{Austauscher}} \; + 2\,Ca^{2+} \qquad (3.36) \\
\qquad\qquad\qquad\qquad\qquad\quad \text{Fe(II) Ca}
\end{array}
$$

Aus ökonomischen Gründen stößt die unterirdische Enteisenung bei zu hohen
Fe(II)-Gehalten des Grundwassers an Grenzen, da die Menge des infiltrierten Sauerstoffes stöchiometrisch nicht kleiner sein darf als die während der Durchströmungsphase des natürlichen Grundwassers durch Ionenaustausch gebundene Fe(II)-Menge. Aus
Gl.(3.28) kann man z. B. berechnen, daß der Anteil des mit O_2 gesättigten Infiltrationswassers von der insgesamt geförderten Wassermenge bereits 10 % betragen
muß, wenn der Fe(II)-Gehalt des Grundwassers etwa 7 mg/l beträgt und der Sauerstoff
bei idealer Durchstömung 100%ig für die Fe(II)-Oxydation genutzt wird. Dieser theoretische Wert ist in der Praxis kaum zu erreichen, da eine strömungsmäßig ideale Verteilung und eine 100%ige Umsetzung des Sauerstoffes für die Fe(II)-Oxydation nicht zu
erwarten ist. Mit hoher Wahrscheinlichkeit wird ein mehr oder weniger großer Teil des
Sauerstoffs durch andere Oxydationsprozesse (z. B. organischer Substanzen) verbraucht. Trotz dieser Einschränkung hat sich in der wasserwirtschaftlichen Praxis der
DDR das unterirdische Enteisenungsverfahren bereits mehrfach bewährt.

3.3. Sorptions-Ionenaustausch-Prozesse im Sicker- und Grundwasser

Nachdem in den vorigen Abschnitten auf die enge Wechselwirkung der verschiedenen hydrogeochemischen Prozesse mit Sorptions- bzw. Austauschprozessen hingewiesen wurde (z. B. Silikatverwitterung, unterirdische Enteisenung u. a.), soll nachfolgend diese Prozeßgruppe einer näheren Betrachtung unterzogen werden. Unter Sorptionsprozessen wird im erweiterten Sinne der selektive Entzug gelöster oder gasförmiger Stoffe an der Phasengrenze und ihre Anlagerung an die Oberfläche fester Stoffe verstanden (unter Desorption entsprechend ihre Freisetzung). Zur Sorption sind prinzipiell alle festen Stoffe befähigt. Mit abnehmender Teilchengröße der Feststoffpartikeln steigt die Sorptionsaktivität und nimmt effektive und wirksame Ausmaße im Größenbereich des Partikeldurchmessers unter 0,001 mm, d. h. im Kolloidalbereich, an. Wie aus den vorangegangenen Abschnitten folgt, können Kolloidteilchen sowohl durch mechanische Zerkleinerung und chemische Verwitterung des Gesteins als auch durch Ausfällung entstehen. Kolloidale Eigenschaften zeichnen auch die Mehrzahl der dispers im Grundwasserleiter verteilten organischen Substanzen aus.

Als sorptiv wirksame Bestandteile der Feststoffmatrix sind in erster Linie Tonminerale, Zeolithe, Fe- und Mn-Hydroxide bzw. ihre entsprechenden Oxidhydrate, Aluminiumhydroxid, verschiedene gesteinsbildende Minerale wie Glimmer oder Feldspäte zu nennen. Ihre wirksame innere und äußere Oberfläche ist das Maß für das Adsorptionsvermögen gegenüber Wasserinhaltsstoffen. Feinkörnige Gesteine mit entsprechend höherer Anzahl großflächiger Moleküle bzw. kolloidaler Teilchen und Phasen besitzen demzufolge eine größere Sorptionsfähigkeit als grobkörnige, das heißt, Lockergesteinsgrundwasserleiter sind in der Lage mehr zu sorbieren als Kluft- und Karstgrundwasserleiter. Diese Einschätzung ist unter Berücksichtigung der endlichen, stoffbedingten Sorptionskapazität besonders für eine Quantifizierung des Rückhalte- und Reinigungsvermögens von Feststoffmaterialien gegenüber anthropogenen Zusatzbelastungen eines Aquifers wichtig.

Experimentelle Untersuchungen des Sorptionsprozesses zeigen, daß der oberflächenkontrollierte Prozeß recht schnell zur Einstellung eines Gleichgewichts zwischen fester Phase (Adsorbens) und dem entsprechend im flüssigen bzw. gasförmigen Zustand vorliegenden Adsorptiv führt (Bild 3.22). Daraus folgt, daß Sorptionsprozesse im engeren Sinne im Grundwasser nur dann vonstatten gehen können, wenn strukturelle Veränderungen des Adsorbens, seine Neu- und Umbildung bzw. seine Zerstörung erfolgen. Dadurch kann es zu veränderten Gleichgewichtsbedingungen kommen, wodurch die Möglichkeit des Stoffentzugs aus dem Fluid gegeben wird bzw. wodurch eine Abgabe der sorbierten Komponenten in die flüssige Phase erfolgen kann (Desorption). In den mei-

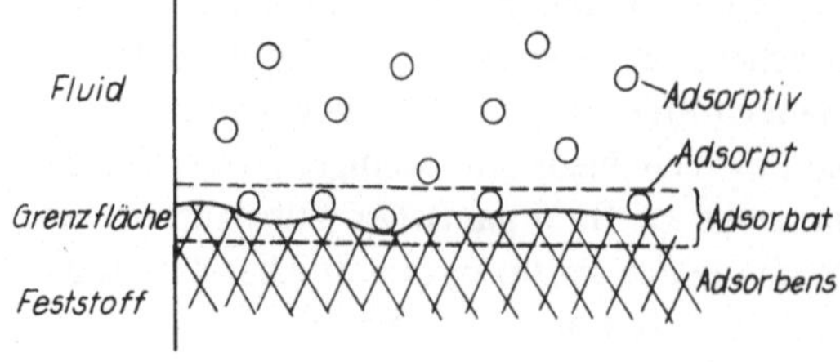

Bild 3.22. Grundbegriffe der Adsorption

Adsorptiv Migrant im nicht adsorbierten Zustand
Adsorpt   Migrant im adsorbierten Zustand
Adsorbens adsorptionsfähige Festgesteinsmatrix
Adsorbat   adsorptbeladene Grenzfläche zwischen Fluid
           und Feststoff (Adsorptionskomplex)

sten Fällen wird der Entzug der Ionen aus dem Wasser durch eine Abgabe äquivalenter Mengen von Ionen aus dem Adsorbat begleitet. Man spricht in diesem Fall von Austauschreaktionen.

Im Unterschied zur Sorption sind die den Austausch der Ionen auslösenden Prozesse weniger auf strukturelle Veränderungen des Adsorbens zurückzuführen als vielmehr auf veränderte Beschaffenheitsmerkmale in dem mit ihm im Kontakt befindlichen Fluid. Durch diese Veränderungen der physikalisch-chemischen Bedingungen in der Lösung kommt es zu einer Störung des Ionengleichgewichts Adsorptiv/Adsorpt und bei entsprechend günstigen energetischen Verhältnissen zu einem Austausch zwischen fester und flüssiger Phase.

3.3.1. Bindungskräfte und Oberflächenladung

Die Kräfte, durch die die Sorptionsvorgänge bestimmt werden, reichen von den VAN DER WAALSschen mit einer schwachen Bindung des Adsorpts im Adsorbat über COULOMBsche Kräfte bis hin zu Wasserstoffbrückenbildungen bzw. zu einer direkten chemischen Oberflächenreaktion (Chemisorption). Während die auf elektrostatischen Wechselwir-

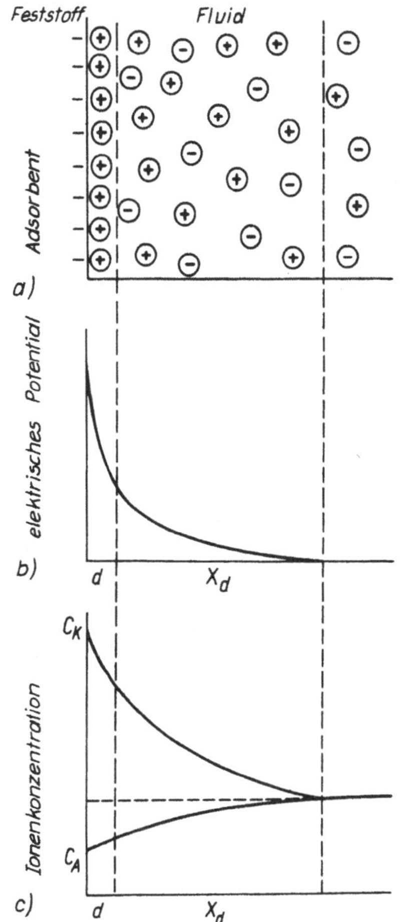

Bild 3.23. Phasenkontakt zwischen fester und flüssiger Phase
a) Ionenverteilung am Phasenkontakt austauschfähiger Tonminerale
b) Änderung des elektrischen Potentials innerhalb der STERN-Schicht (d) sowie der GOUY-Schicht (X_d)
c) Kationen- (C_K) und Anionenkonzentrationsverteilung (C_A) in der diffusen GOUY-Schicht

kungen beruhenden Adsorptionsprozesse in den meisten Fällen reversibel sind, können
die durch Chemisorption gebundenen Substanzen nur schwer wieder remobilisiert werden. Meist ist das nur durch Zerstörung des entsprechenden Adsorbens möglich.
Die Ionen-, Potential- und Konzentrationsverteilung in der elektrischen Doppelschicht
am Phasenkontakt der festen und flüssigen Phasen sind im Bild 3.23 dargestellt.
Die negative Ladung der Tonminerale ist auf folgende Faktoren zurückzuführen (DE-
GENS, 1965, u. a.):

– ungesättigte bzw. unterbrochene Bindungen an den Teilchenflächen bzw. ihren
  Kanten,
– nichtkompensierte Ladungen, die durch den isomorphen Ersatz höherwertiger Ionen
  durch niederwertigere hervorgerufen werden, z. B. den Ersatz des Si^{4+} durch Al^{3+} in
  den Tetraederschichten oder des Al^{3+} durch Mg^{2+} in den Oktaederschichten.

Das negative Oberflächenpotential der Tonminerale, das auf die genannten strukturellen Faktoren zurückzuführen ist, bildet die permanente Ladung eines Kolloids. Neben
der permanenten Ladung besitzen die Tonminerale eine variable Ladung, die vor allem
vom pH-Wert der flüssigen Phase abhängt und daher auch als pH-Wert-abhängige
Ladung bezeichnet wird. Diese Ladung ist charakteristisch für die amorphe Kieselsäure, die Oxide und Hydroxide des Eisens und Aluminiums sowie die an den Seiten- und
Bruchflächen der Tonminerale lokalisierten OH-Gruppen. Oberhalb eines bestimmten
pH-Wertes, der als isoelektrischer Punkt (IEP) bezeichnet wird, spalten diese Gruppen
Wasserstoffionen ab und bewirken somit eine negative Ladung an den entsprechenden
Seitenflächen. Im isoelektrischen Punkt ist die Oberflächenladung gleich Null, währenddessen im pH-Wert-Bereich unter dem IEP die amphoteren Gruppen ein Proton an-
lagern und somit eine positive Oberflächenladung tragen. Schematisch kann der pH-
Wert-abhängige Protonentransfer in den amphoteren Gruppen der Tonminerale durch
die nachfolgenden Gleichungen (bzw. für die Kolloide der Eisen- und Aluminiumhydroxide durch Bild 3.24) dargestellt werden:

– unterhalb des IEP

$$\equiv Si - OH + H^+ \rightleftarrows \equiv Si - OH_2^+ \tag{3.37}$$

– oberhalb des IEP

$$\equiv Si - OH \rightleftarrows \equiv Si - O^- + H^+ \tag{3.38}$$

In Tabelle 3.12 sind die isoelektrischen Punkte einiger natürlicher Adsorbenten zusammengestellt. Daraus folgt u. a., daß die Tonminerale nur im extrem sauren Bereich eine
positive Oberflächenladung tragen und dann zur Anionensorption befähigt sind. Im
normalen Grundwasser dagegen beschränkt sich die Sorptionsfähigkeit der Tonminerale (mit Ausnahme der Allophane) auf die Kationensorption bzw. auf die Sorption organischer Substanzen. Dagegen sind die Eisen- und Aluminiumhydroxide für eine Anionensorption auch im normalen pH-Wert-Bereich der Grundwässer prädestiniert. Auch
Mikroorganismen mit negativer Oberflächenladung können durch die Eisenoxide und
-hydroxide sorbiert werden. Unter den organischen Sorbenten sind es besonders die
Huminstoffe, die im Bodenwasser zur Sorption bzw. zum Ionenaustausch befähigt sind. Das
Sorptionsvermögen dieser Stoffe ist auf nicht abgesättigte COO^--Gruppen bzw. ähnlich wie das der Tonkolloide auf elektrostatische heteropolare Bindung der Kationen
zurückzuführen. Obwohl der Anteil der variablen Ladung an der Gesamtladung der

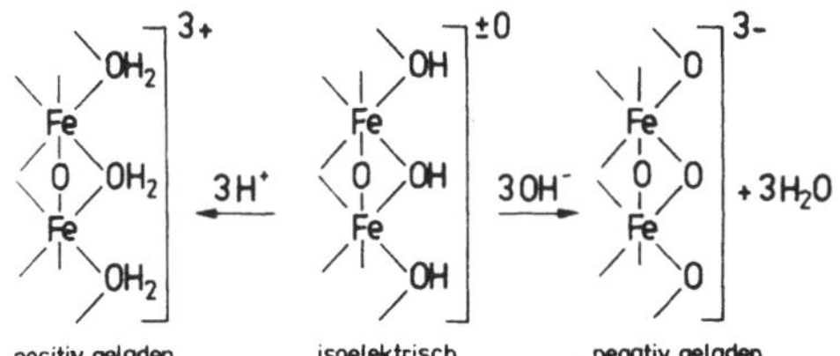

Bild 3.24. Variable Ladung der Oberfläche eines Fe(III)-oxidhydrates in Abhängigkeit vom pH-Wert der Lösung (nach SCHEFFER/ SCHACHTSCHABEL, 1966)

Tabelle 3.12. Isoelektrischer Punkt (pH-Wert) einiger natürlicher Adsorbenten (nach DREVER, 1982)

Adsorbent	pH-Wert	Adsorbent	pH-Wert
SiO_2 (amorph)	2,0	Fe_2O_3 (Hämatit)	5...9
SiO_2 (Gel)	1,0...2,5	$FeO(OH)$ (Goethit)	6...7
Al_2O_3 (Korund)	9,1	$Fe_2O_3 \cdot n\,H_2O$	6...9
$Al_2(OH)_3$ (Gibbsit)	9	MnO_2	2
TiO_2 (Anatas)	7,2	Kaolinit	3,5
Fe_3O_4 (Magnetit)	6,5	Montmorillonit	2,5

Huminstoffe wesentlich größer ist als der der Tonminerale, reagieren die meisten organischen Sorbenten im normalen pH-Wert-Bereich der Boden- und Grundwässer vorrangig als Kationensorbenten bzw. -austauscher. Elektrophoretische Messungen haben die negative Oberflächenladung der Huminstoffe unter den genannten Bedingungen bestätigt (HARPE, 1976).

Aus dem ursächlichen Zusammenhang der ständigen Neubildung ladungstragender Oberflächenstellen der Minerale mit den physikalischen und chemischen Verwitterungsprozessen, aus dem hohen Anteil austauschfähiger organischer Substanzen sowie unter Berücksichtigung der Fällungsprozesse von Metalloxiden und -hydroxiden in der Aerationszone ergibt sich die Schlußfolgerung, daß Sorptions- und Ionenaustauschreaktionen typische geochemische Prozesse der Hypergenesezone und im speziellen der Verwitterungs- und Bodenzone darstellen.

Im Sedimentationszyklus sind Sorptions- und Austauschprozesse im wesentlichen auf das Diagenesestadium beschränkt, währenddessen mit zunehmender Lithogenese die sorptionsfähigen Positionen der Gesteine stark reduziert werden. Dies ist in erster Linie darauf zurückzuführen, daß der Kolloidcharakter der Gesteine abnimmt, d. h., die Menge der austauschfähigen Ionen wird stark eingeschränkt. Ursache dafür ist ihr Übergang aus dem Austauschkomplex in nicht austauschfähige Positionen der Kristallstruktur.

PINNEKER (1966) und andere Autoren weisen auf die selbstständige Alterung von Kolloidteilchen hin, die zu einem Verlust der Sorptionsfähigkeit führt. Dieses Verhalten ist besonders den kolloidalen amorphen Substanzen sowie den Eisen-, Mangan- und Aluminiumhydroxiden (-oxiden) eigen.

3.3.2. Austauschkapazität, spezifische Oberfläche des Adsorbens und primäre Belegung des Adsorptionskomplexes

Bereits eingangs wurde auf den engen Zusammenhang zwischen Teilchengröße, spezifischer Oberfläche und dem Sorptionsvermögen der Gesteine hingewiesen. Daraus resultiert nicht nur das differenzierte Sorptionsverhalten der Grundwasserleiter, sondern auch das der Tonminerale selbst.

Die Tonminerale gehören zur Gruppe der Schichtsilikate. In Abhängigkeit von der unterschiedlichen Anordnung der Tetraeder- und Oktaederschichten in den Schichtpaketen der Tonminerale unterscheidet man Zweischicht-, Dreischicht- und Vierschichtminerale sowie verschiedene Wechsellagerungsformen (Mixedlayer). Im Bild 3.25 wurden die verschiedenen Tonmineralgruppen schematisiert dargestellt. Deutlich erkennbar ist die unterschiedliche spezifische, zum Austausch befähigte Oberfläche der Tonminerale. Während die Austauschplätze der Kaolinite, die eine starre Kristallstruktur besitzen, an den Seitenflächen der Minerale konzentriert sind und nur vereinzelt an den Basalflächen auftreten (SERGEEV u. a., 1971), haben die quellfähigen Montmorillonite sowohl eine äußere als auch eine innere spezifische Oberfläche, wobei der Anteil der austauschfähigen Positionen an der letzteren etwa 80 % der Gesamtladung beträgt. Illite und Chlorite nehmen Zwischenstellungen ein. Für Illite ist eine spezifische Kaliumaffinität charakteristisch. Die sorbierten Kaliumionen werden zwischen den Dreischichtpaketen fest angelagert und stehen für einen weiteren Austausch nicht zur Verfügung.

Als Maß für die Gesamtstoffmenge aller Ionen, die der Feststoff als Adsorpt zu binden vermag, wird die Austausch- bzw. Umtauschkapazität genutzt, die auch als T-Wert bezeichnet wird. Ihre Angabe erfolgt als Äquivalentstoffmenge je 100 g Feststoff in mval/100 g bzw. mmol/100 g (s. Tabelle 3.13). In der Pedochemie ist eine Differenzierung der Austauschkapazität (T-Wert) in einen sogenannten S- und einen H-Wert üblich. Der S-Wert erfaßt den Anteil der Basenbildner (Na^+, K^+, Ca^{2+}, Mg^{2+} u. a.) an der Austauschkapazität, währenddessen der H-Wert den Anteil der im Adsorptionskomplex gebundenen Wasserstoffionen charakterisiert:

$$T = S + H \tag{3.39}$$

Tabelle 3.13. Kationen- (KAK) und Anionenaustauschkapazität (AAK) einiger natürlicher, austauschfähiger Substanzen (nach GRIM, 1953, 1962; SCHEFFER/SCHACHTSCHABEL, 1966; u. a.)

Adsorbens	KAK in mval/100 g	AAK in mval/100 g
Kaolinite	3 ... 15 (max. 50)	6 ... 20
Halloysite	5 ... 50	n. b.
Beidellite	n. b.	21
Illite	10 ... 50	n. b.
Chlorite	10 ... 40	10 ... 40
Sepiolite	20 ... 30	n. b.
Glaukonite	5 ... 40	11 ... 20
Montmorillonite	80 ... 150	23 ... 100
Allophane	25 ... 50	70
Vermiculite	100 ... 150	4 ... 150
Zeolithe	100 ... 300	200 ... 600
Fe_2O_3	10 ... 25	10 ... 30
SiO_2 (amorph)	11 ... 34	n. b.
org. Substanzen	100 ... 500	n. b.

Zweischichtsilikate vom Typ des Kaolinit

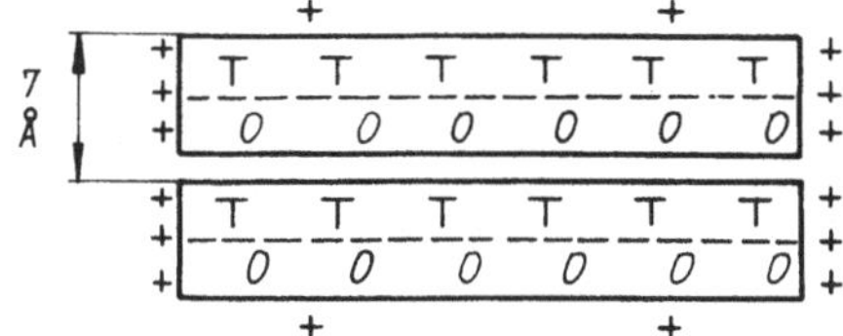

Dreischichtsilikate :

vom Typ der Illite (Hydroglimmer)

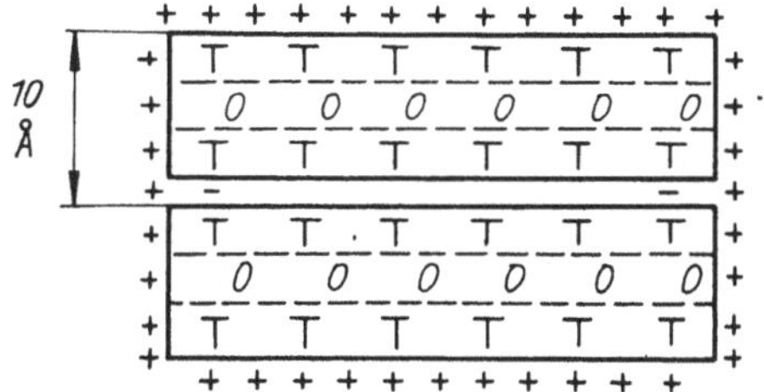

vom Typ der Smektite (z. B. Montmorillonit)

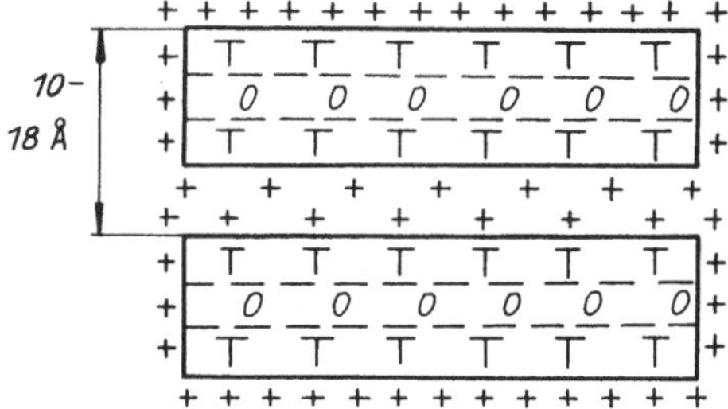

Vierschichtsilikate vom Typ der Chlorite

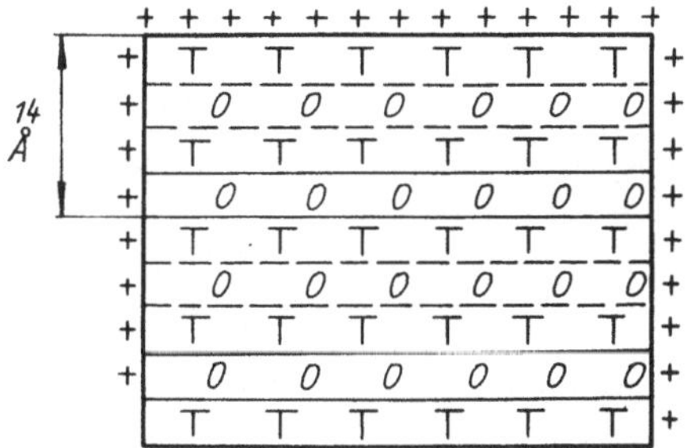

Bild 3.25. Schema des Aufbaus und der spezifischen austauschfähigen Oberfläche der Tonminerale

$\boxed{T}$	tetraedrische Si-O-Schicht
$\boxed{O}$	oktaedrische Al-OH-Schicht
+++	Kationen in austauschfähigen Positionen

Der Schwankungsbereich der in Tabelle 3.13 angegebenen Werte ist einerseits auf die variable Ladung der Adsorbenten sowie auf ihre unterschiedliche Affinität gegenüber verschiedenen Ionen zurückzuführen. Entsprechend der Oberflächenladung der Kolloide kann der Austauschkomplex durch Kationen (bei negativer Oberflächenladung) bzw. Anionen (bei positiver Ladung) belegt sein. Die sorbierte Menge wird dann entsprechend als Kationen- (KAK) bzw. Anionenaustauschkapazität (AAK) bezeichnet.

In Tabelle 3.14 wurde die spezifische austauschfähige Oberfläche einiger natürlicher Adsorbenten ihrer Austauschkapazität gegenübergestellt. Deutlich ist die enge Wechselbeziehung zwischen beiden Größen erkennbar.

Im Grundwasserleiter (GWL) bzw. in der Versickerungszone wird die Abhängigkeit der Größe der Austauschkapazität von der spezifischen Oberfläche der austauschfähigen Substanzen weniger von der Teilchengröße als vom Mineralbestand der Ton- und Schlufffraktionen der GWL sowie insbesondere vom Gehalt organischer Substanzen bestimmt. Die Tabellen 3.15 und 3.16 bestätigen die Aussage des entscheidenden Einflusses der organischen Substanzen auf die Gesamtaustauschkapazität. Auch die Ablagerung frisch gefällter Metallhydroxide auf den Mineraloberflächen wirkt sich auf die Austauschkapazität der Böden und Gesteine aus. Beispielsweise führt die Fällung von Fe(III)-hydroxiden und ihre Anlagerung an den Kaolinit- und Illitoberflächen zu einer Erhöhung ihrer Austauschkapazität. Dagegen vermindert ihre Ablagerung auf Montmorillonitteilchen deren Austauschkapazität, da sie das Quellen der Schichtpakete und damit den Zutritt der Kationen zu den inneren Ladungsoberflächen verhindern (Reissig, 1972). Auf Grund der genannten Faktoren werden in der Literatur nur wenige Beispiele beschrieben, wo eine statistisch gesicherte korrelative Beziehung zwischen der Austauschkapazität (bzw. der Sorptionsrate bestimmter Wasserinhaltsstoffe)

Tabelle 3.14. Spezifische Oberfläche und Austauschkapazität der wichtigsten natürlichen Kationenaustauscher (nach verschiedenen Quellen)

Adsorbens	Spezifische Oberfläche in $10^3\,m^2/100\,g$	Kationenaustauschkapazität in mval/100 g
Kaolinite	0,1 ... 4	3 ... 15
Illite	5 ... 20	20 ... 50
Smektite	60 ... 80	80 ... 150
organische Substanzen	56 ... 100	100 ... 500

Tabelle 3.15. Austauschkapazität humusarmer Substrate ($< 0,5\,\%\ C_{org}$) im Vergleich zum humusreichen Oberboden (nach Altermann, 1979; und Wohlrab, 1976)

Körnungsart (Feinboden)	AK Substrat		AK Oberboden	
	in mval/100 g	in mval/dm^3	in mval/100 g	in mval/dm^3
kaum lehmiger Sand bis Sand	1 ... 3	48	8	128
schwach lehmiger Sand	3 ... 5	–	–	–
stark lehmiger Sand	6 ... 8	120	13	195
sandiger Lehm	8 ... 12	150	15	225
Lehm, lehmiger Schluff, Schluff	10 ... 15	210	20	280
Ton	20 ... 30	280	28	392

Tabelle 3.16. Austauschkapazität von Oberböden sowie Anteil der organischen und anorganischen Komponente an der AK (SCHEFFER/SCHACHTSCHABEL, 1970)

Böden	Körnungs-klasse	C in %	Ton in %	AK in mval/100 g	Anteil der Gesamt-AK organisch	anorganisch
Schwarzerde aus Löß	tU	1,74	16,8	20	46	'54
Parabraunerde aus Löß	tU	1,16	19,5	17	24	76
Pseudogley und Gley aus Löß	tU	1,28	25,0	19	23	77
Seemarsch	L-tL	2,38	32,3	28	33	67
Brackmarsch	tL-lT	2,72	39,5	30	34	66
Podsol	S	3,02	4,4	12	78	22
Plaggenboden	S	2,50	4,5	14	73	27

und den Substrateigenschaften gefunden werden konnte. THIERE/MORGENSTERN (1975) konnten eine gute Übereinstimmung der mittels multipler Regressionsanalyse prognostizierten Austauschkapazitäten (unter Verwendung der Ausgangsgrößen: Tongehalt, Feinschluff-, Mittelschluff-, Grobschluff- und Gesamtschluffgehalt sowie des pH(KCL)-Wertes und des Gehaltes anorganischer Substanzen) mit laborativ ermittelten Austauschkapazitäten erzielen.

Entsprechend dem Milieu, in dem sich die Bildung der austauschfähigen Kolloide vollzieht bzw. in dem es zur Bildung sorptionsfähiger Positionen auf den Mineraloberflächen kommt, setzt sich die Ionenbelegung des Adsorptionskomplexes der Tonminerale

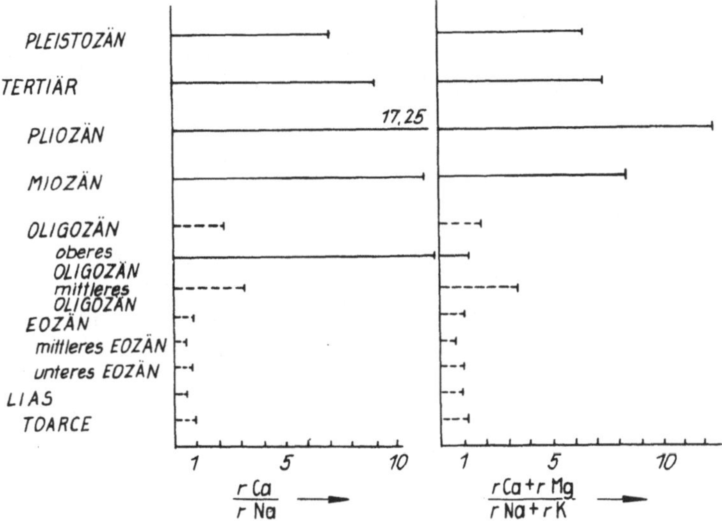

Bild 3.26. Durchschnittliche Werte der Quotienten

$$\frac{r\,\mathrm{Ca}}{r\,\mathrm{Na}} \quad bzw. \quad \frac{r\,\mathrm{Ca} + r\,\mathrm{Mg}}{r\,\mathrm{Na} + r\,\mathrm{K}}$$

des Austauschkomplexes oberflächlich anstehender Tone (VOIGT, 1975)

——————   kontinental
– – – –   marin

zusammen. So formiert sich unter marinen Bedingungen eine Austauschkapazität, die vorwiegend durch die Ionen bestimmt wird, die im Meer überwiegen, d. h. Na^+ und Mg^{++}. Diese Gesetzmäßigkeit wurde von vielen Wissenschaftlern (TAYLOR/CASE, 1933; KOZIN, 1968; KAMENSKIJ, 1958; u. a.) auf Grund von praktischen Untersuchungen bestätigt. So fanden TAYLOR und CASE, daß die Mehrzahl der die Erdöllager einschließenden Gesteine im Austauschkomplex vorwiegend Natriumionen und wenig Ca-Ionen enthalten. Flüsse, die ins Meer münden, befördern neben gelösten Salzen (in Form von freien Ionen) auch Kolloid- und Schlammteilchen, die mit austauschfähigen Kationen beladen sind (BUNEEV, 1956). Auf diese Weise können vor allem im Deltagebiet größerer Flüsse die Austauschkomplexe der Meeresschlämme einen erhöhten Kalziumgehalt besitzen. SISKINA (1959) bestimmte z. B. die Austauschkapazität von Schwarzmeerschlämmen mit 21 bis 29 mval/100 g, wobei der Kalziumanteil 59,1 bis 89,5 % beträgt. Unter kontinentalen Bedingungen wird die Austauschkapazität der Schichtsilikate durch das Überwiegen von Kalzium gegenüber Magnesium und Natrium bestimmt. Pedochemische Kennwerte einiger Bodenformen im Nordteil der DDR weisen im Adsorptionskomplex der Böden Kalziumgehalte von 52 bis 94 %, Magnesiumgehalte von 1 bis 44 %, Kaliumgehalte von 1 bis 19 %, bei Natriumgehalten von maximal 3 % auf (s. auch Tabelle 4.14). Untersuchungen der Austauschkapazität von 185 Proben an der Oberfläche anstehender toniger Ablagerungen im Gebiet der Norddeutsch-polnischen Senke bestätigten die unmittelbare Abhängigkeit der Zusammensetzung der Austauschkapazität vom Ablagerungsmilieu (VOIGT, 1975). Im Bild 3.26 sind die durchschnittlichen Werte des Koeffizienten $r\,Ca/ + r\,Na$ *) und $r\,Ca + r\,Mg/r\,Na + r\,K$ im Adsorptionskomplex dieser Tonproben dargestellt.

Aus Bild 3.26 ist deutlich der Unterschied zwischen kontinentalen und marinen Tonablagerungen erkennbar. Kontinentalablagerungen zeichnen sich durch $r\,Ca/r\,Mg$-Verhältnisse der Austauschbasis von 6 bis 22 und durch $r\,Ca + r\,Mg/r\,Na + r\,K$-Verhältnisse von 6 bis 28 aus, wogegen für marine Tone diese Koeffizienten durch Werte unter und um 1 charakterisiert werden. Vergleicht man die in den oberflächig anstehenden Tonen ermittelten Ionenverhältnisse mit denen von Tonen, die sich in größeren Teufen im Einflußbereich natriumchloridbetonter Wässer befinden, so zeigt sich ein analoges Bild (Bild 3.27). Daraus leitet sich im hydrogeologischen Sinne die Schlußfolgerung ab, daß die Tonschichten auf Grund ihrer geringen Durchlässigkeit auch bei veränderten äußeren Bedingungen kationenaustauschseitig keinen Einfluß auf den Chemismus der benachbarten Grundwässer ausüben im Unterschied zu den dispers verteilten Ton- und Schluffpartikeln. Die Größenordnung des Kationenaustausches in einem Sand mit einer Austauschkapazität von 1 mval/100g soll an folgendem einfachem Rechenbeispiel demonstriert werden. Der Sand hat eine Trockenrohdichte von 1,7 g/cm^3 und eine effektive Porosität von 20 %, d. h., ein Liter Wasser erfüllt ein Gesteinsvolumen von 5 dm^3 bei voller Wassersättigung. In diesem Volumen sind entsprechend

$$1 \cdot 17 \cdot 5 = 85 \text{ mval} / 5 \text{ dm}^3$$

Kationen in austauschbaren Stellungen gebunden. Bei Annahme eines vollständigen Entzugs können theoretisch aus einem Liter Wasser 1,7 g Kalzium, 2,8 g Zink, 3,7 g Strontium bzw. 8,85 g Blei entzogen werden, d. h. Mengen, die auch bei nur 1 % Sorptionsrate die beachtliche Reinigungsleistung des Grundwasserleiters verdeutlichen.

---

*) r bezeichnet die Äquivalentmengen

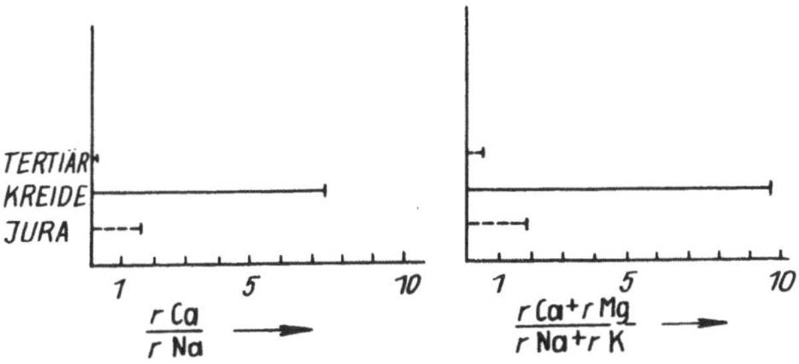

Bild 3.27. Durchschnittliche Werte der Quotienten $\dfrac{r\,\mathrm{Ca}}{r\,\mathrm{Na}}$ bzw. $\dfrac{r\,\mathrm{Ca} + r\,\mathrm{Mg}}{r\,\mathrm{Na} + r\,\mathrm{K}}$

des Austauschkomplexes von Tonen der Bohrung X (VOIGT, 1975)

——————   kontinental
– – – –   marin

3.3.3. Gesetzmäßigkeiten des Ionenaustausches

Der Austausch zwischen Adsorptiv und Adsorpt am Phasenkontakt fester und flüssiger Stoffe erfolgt in äquivalenten Mengen und kann durch das Massenwirkungsgesetz beschrieben werden, setzt man voraus, daß sich zwischen beiden Austauschkomponenten ein thermodynamisches Gleichgewicht einstellt.

Richtung, Umfang und Geschwindigkeit eines Ionenaustauschprozesses hängen sowohl von der Konzentration, den Eigenschaften des Adsorptivs sowie den ihn begleitenden Lösungskomponenten als auch von der Ionenbelegung des Austauschkomplexes des Adsorbens ab.

Die im Abschnitt 2. ausgewiesene Reihenfolge der Eintauschbarkeit der Kationen bzw. ihrer Haftfestigkeit wird durch folgende Faktoren bestimmt:

- Die Bindungsstärke der Kationen im Adsorbat steigt mit zunehmender Wertigkeit.
- Zwischen Haftfestigkeit und Hydratationsenergie bzw. der Energie der nahen Hydratation besteht ein enger korrelativer Zusammenhang, der sich dahingehend äußert, daß innerhalb gleichwertiger Kationen die am besten sorbiert werden, die sich durch die lockerste Bindung mit den umgebenden Wassermolekülen auszeichnen und dementsprechend am leichtesten Zugang zu den Ladungspositionen auf der Kolloidoberfläche haben.
- Aus der Abhängigkeit der Haftfestigkeit von der Hydratation der Ionen leitet sich gesetzmäßig (s. Abschnitt 2.1.) ein verändertes Austauschvermögen der Kationen in Abhängigkeit von der Gesamtmineralisation und der Zusammensetzung der Lösung sowie den Temperaturverhältnissen ab. (Dem Einfluß der Temperatur wurde bisher in experimentellen Untersuchungen wenig Aufmerksamkeit geschenkt. Lediglich ČELIŠČEV (1973) weist auf eine Erhöhung der Austauschkapazität mit zunehmender Temperatur hin.)
- Die Geschwindigkeit des Kationenaustausches hängt sowohl vom Material des Adsorbens als auch von der Art und der Konzentration der beteiligten Ionen ab. Unter den Tonmineralen konnten dabei für Kaolinite der schnellste Austausch, langsamere Reaktionen beim Illit und Montmorillonit (auf Grund des erhöhten Anteils innerer Ladungsflächen des letzteren) beobachtet werden.

- Die o. g. Reihenfolge der Haftfestigkeit der Kationen an der Kolloidoberfläche wird einerseits durch die spezifische Affinität bestimmter Minerale gegenüber entsprechenden Ionen und andererseits durch die enge Wechselbeziehung der Austauschprozesse mit anderen physikalisch-chemischen Faktoren, z. B. durch die Komplexionenbildung, Lösungs- und Fällungsreaktionen u. a. gestört. Desweiteren werden die Kationen an verschiedenen Oberflächenpositionen (Flächen, Ecken, Kanten) der Kolloide unterschiedlich stark gebunden, was ihre differenzierte Verfügbarkeit im Austauschprozeß bedingt (WIEGNER, 1935).
- In Abhängigkeit vom Anteil variabler Ladungen an der spezifischen austauschfähigen Oberfläche der Adsorbenten wird der Austauschprozeß mehr oder weniger vom pH-Wert der Lösung bestimmt. Besonders die Anionenadsorption und -desorption ist vorrangig vom pH-Wert der Lösung abhängig.

Nachfolgend soll an einigen Beispielen der Einfluß der genannten Faktoren näher illustriert werden.

Der *Wertigkeitseffekt* beruht auf der stärkeren Anziehung höherwertiger Kationen an die negativ geladenen Kolloidoberflächen. Der Einfluß der Wertigkeit auf die Eintauschbarkeit der Kationen wird besonders in geringmineralisierten Wässern deutlich, wie anhand des nachfolgenden Beispiels ersichtlich wird.

Der Austausch eines Kations A aus dem Adsorptionskomplex gegen ein Kation B aus der Lösung kann in allgemeiner Form wie folgt beschrieben werden:

$$n A_S + m B^{n+} \rightleftharpoons m B_S + n A^{m+} \tag{3.40}$$

und in Anwendung des Massenwirkungsgesetzes für Gleichgewichtsreaktionen:

$$\frac{X_B^m}{X_A^n} = K_{AB} \frac{a_{B^{n+}}}{a_{A^{m+}}} \tag{3.41}$$

A_S und B_S	Ionen im sorbierten Zustand
X_B und X_A	ihre entsprechenden Äquivalentmengen
A^{m+} und B^{n+}	Ionen in der Lösung
$a_{B^{n+}}$ und $a_{A^{m+}}$	ihre entsprechende Aktivität

K_{AB} wird als sogenannter *Selektivitätskoeffizient* oder GAPON-Koeffizient bezeichnet, m und n stehen für die Wertigkeit der Ionen. Im Falle eines einwertigen Kations A, das durch ein zweiwertiges B im Adsorptionskomplex ersetzt wird, kann Gl.(3.41) wie folgt umgeformt werden:

$$\frac{X_B}{X_A^2} = K_{AB} \frac{a_{B^{2+}}}{a_{A^+}^2} \tag{3.42}$$

In einem binären Gleichgewichtssystem, für das beispielsweise der GAPON-Koeffizient $K_{AB} = 1$ und $a_B = a_A^2 = 1$ sein mögen, führt DREVER (1982) folgendes Beispiel für den Einfluß der Wertigkeit auf den selektiven Austausch der Ionen an. In diesem Fall ergibt sich aus Gl.(3.42)

$$\frac{X_B}{X_A^2} = 1 \quad \text{und unter Berücksichtigung } X_B = 1 - X_A$$

$$1 - X_A = X_A^2$$

$$X_A = \sqrt{1,25} - 0,5 = 0,62$$

$$X_B = 0,38$$

Das Verhältnis der Äquivalentstoffmengen X_B/X_A im Austauschkomplex ist in diesem Fall gleich 0,61.

Verdünnt man die Lösung um das 1000fache, dann sind a_A und $a_B = 10^{-3}$. Die Austauschkapazität verändert sich nicht, und dementsprechend gilt in einem Zweikomponentensystem weiterhin $X_B = 1 - X_A$. K_{AB} soll ebenfalls konstant gleich 1 bleiben. Dann ergibt sich

$$\frac{1 - X_A}{X_A^2} = 1 \cdot \frac{10^{-3}}{10^{-6}} \quad \text{bzw.}$$

$$10^3 \cdot X_A^2 + X_A - 1 = 0 \quad \text{und} \quad X_A = 0,031, \quad X_B = 0,969$$

Das bedeutet, daß sich durch Verdünnung der Außenlösung um das 100fache das Verhältnis der Kationen im Adsorptionskomplex ($X_B/X_A = 31,26$) zugunsten der zweiwertigen Kationen verschiebt. Experimentelle Untersuchungen von SAYLES/MANGELSDORF (1979) zur Veränderung der Ionenbelegung von Flußsedimenten unter kontinentalen (süßwasserführenden) und marinen Bedingungen bestätigen die aufgezeigte Gesetzmäßigkeit. Als Folge des Wertigkeitseffektes auf den selektiven Entzug der Kationen aus der Lösung ist auch die unterschiedliche Zusammensetzung der Gleichgewichtslösung und der Ionenbelegung des Austauschkomplexes in einem Mehrkomponentensystem zu interpretieren (Tabelle 3.17).

Tabelle 3.17. Absolute und relative Zusammensetzung des Kationenbelages zwischen der Feststoffphase und der Bodenlösung nach Gleichgewichtseinstellung (REISSIG, 1982)

		Al^{3+}	Ca^{2+}	Mg^{2+}	Na^+	K^+	H^+	Summe
Bodenlösung	in mval/l	0,06	0,47	0,11	0,30	0,33	0,24	1,51
	in %	4	31	7	20	22	16	100
Feststoffphase	in mval/100 g	10,2	2,18	0,26	0,13	0,42	1,05	14,2
	in %	72	15	2	1	3	7	100

Tabelle 3.18. Energiekoeffizient EK und Hydratationsenergie H einiger Kationen im sorbierten bzw. gelösten Zustand

Kation	EK*) in kJ/mol	H**) in kJ/mol	$EK{-}H$ in kJ/Mol
Li^+	525,4	502	23,4
Na^+	482,3	419	63,3
NH_4^+	393,5	356	37,5
		(330,8)***)	($-62,7$)***)
K^+	461	356	105
Rb^+	450,5	335	115,5
Cs^+	450	314	136
Mg^{2+}	2177	1800	377
Ca^{2+}	1962	1570	392
Sr^{2+}	1833	1423	410
Ba^{2+}	1823	1340	483

*) nach FERSMAN, 1958
**) nach BERNAL/FOWLER, 1933
***) nach LEBEDEV, 1965

Der Einfluß des *Hydratationseffektes* auf die Austauschbarkeit der Kationen läßt sich wie folgt deuten. Um ein im Adsorptionskomplex gebundenes Ion A in die Lösung zu überführen, bedarf es einer Energie, die größer ist als die Bindungsenergie im Adsorbat, die nach LEBEDEV (1965) durch den von FERSMAN (1958) ermittelten Energiekoeffizienten EK charakterisiert wird (Tabelle 3.18). Beim Übergang in die Lösung wird andererseits Energie frei, die der Hydratationsenergie des Kations ($+H_A$) entspricht. Umgekehrt muß zur Sorption des in Lösung befindlichen Ions B Energie aufgewandt werden, die zunächst eine Dehydratation des Ions ($-H_B$) bewirkt. Gleichzeitig wird bei seiner Anlagerung am Feststoff Energie freigesetzt, die dem Energiekoeffizienten ($+EK_B$) entspricht. Ein Austausch des Ionenpaares $A_{\text{Sorbent}} - B_{\text{Lösung}}$ wird dann vonstatten gehen, wenn dieser Austausch energetisch günstig ist, d. h. wenn die Summe der für den Kationenaustausch verbrauchten und freigesetzten Energiemengen positiv ist. In verallgemeinerter Form läßt sich das Gesagte durch nachfolgende Beziehung erfassen:

$$E_A - E_B = E_{AB} \tag{3.43}$$

wobei $E_A = H_A - EK_A$ und $E_B = EK_B - H_B$

Ist $E_{AB} > 0$, dann wird bei primär gleichen Ausgangskonzentrationen gleichwertiger Kationen A solange gegen B der Lösung ausgetauscht, bis sich ein Gleichgewicht entsprechend Gl.(3.41) eingestellt hat. Das bedeutet gleichzeitig, daß der Selektivitätskoeffizient K_{AB} unmittelbar von der Energiebilanz im Austauschsystem abhängig ist. Entsprechend den in Tabelle 3.18 dokumentierten EK- und H-Werten verschiedener Kationen ergeben sich für den Austausch des sorbierten Natriums beispielsweise folgende Austauschbedingungen mit anderen Kationen:

$Na_S \rightleftharpoons K^+ \qquad E_{Na/K} = \quad 41,7\,\text{kJ/Mol}$

$Na_S \rightleftharpoons Li^+ \qquad E_{Na/Li} = -39,9\,\text{kJ/Mol}$

$Na_S \rightleftharpoons Rb^+ \qquad E_{Na/Rb} = \quad 52,2\,\text{kJ/Mol}$

$Na_S \rightleftharpoons Cs^+ \qquad E_{Na/Cs} = \quad 72,1\,\text{kJ/Mol}$

$Na_S \rightleftharpoons Mg^{2+} \qquad E_{Na/Mg} = 313,7\,\text{kJ/Mol}$

$Na_S \rightleftharpoons Ca^{2+} \qquad E_{Na/Ca} = 328,7\,\text{kJ/Mol}$

$Na_S \rightleftharpoons Sr^{2+} \qquad E_{Na/Sr} = 346,7\,\text{kJ/Mol}$

$Na_S \rightleftharpoons Ba^{2+} \qquad E_{Na/Ba} = 419,7\,\text{kJ/Mol}$

Das angeführte Beispiel bestätigt nicht nur die im Abschnitt 2. ausgewiesene Reihenfolge der Austauschbarkeit der Kationen:

$Li > Na > K > Rb > Cs; Mg > Ca > Sr > Ba$

Es ergibt sich auch die logische Schlußfolgerung, daß in einem Mehrkomponentensystem der Selektivitätskoeffizient keine Konstante ist, sondern ebenso wie die nahe Hydratation des Einzelions von der Gesamtmineralisation, der Temperatur sowie den Lösungsgenossen abhängig ist. Der Einfluß der Mineralisation der Lösung beschränkt sich nicht nur auf die Hydratation der Ionen. In höher mineralisierten Wässern ist die Stärke der diffusen GOUY-Schicht um die Kolloidpartikeln gegenüber süßen Wässern wesentlich kleiner, was u. a. mit einer Zunahme der Durchlässigkeit bindiger Gesteine verbunden ist (GOLDBERG/SKVORCOV, 1986). Untersuchungen von FÖRSTNER (1983) zeigen, daß eine Zunahme der Gesamtmineralisation (im speziellen der Chloride) sich negativ auf die Schwermetallsorption auswirkt.

Die Abhängigkeit des Selektivitätskoeffizienten $K_{Na/Ca}$ im Austauschsystem

$$Ca^{2+} + 2\,Na_S \rightleftharpoons 2\,Na^+ + Ca_S$$

wird nach PAČEPSKIJ/PONIZOVSKIJ (1981) von der Mineralisation der Lösung (ausgedrückt durch die Ionenstärke I) und den Anteil des Natriumions im Adsorptionskomplex X_{Na} durch folgende Beziehung charakterisiert:

$$K_{Na/Ca} = K_o \, \frac{10^{-aX_{Na}}}{I^m} \tag{3.44}$$

a, K_o und m sind empirische Koeffizienten. Auch ULRICH (1966) konnte eine gegenseitige Beeinflussung der Haftfestigkeit der Kationen im Austauschkomplex beobachten. Zwischen dem Selektivitätskoeffizient des Kalziumions mit anderen Ionen des Austauschsystems und dem Aluminiumgehalt des Austauschkomplexes besteht eine signifikante Beziehung, die sich darin äußert, daß bei niedriger Aluminiumbelegung Kalzium bevorzugt in der festen Phase angereichert wird, während es bei höheren Aluminiumgehalten wesentlich leichter austauschbar ist.

Kationenaustauschreaktionen führen nicht selten zu veränderten Löslichkeitsbedingungen in den Grund- und Sickerwässern. So kann z. B. durch den Austausch des Natriums der Lösung gegen Kalzium in einem Karbonatwasser die Löslichkeit des Kalziumkarbonats überschritten werden, wodurch es zu seiner Ausfällung kommt. Bei Fällungsreaktionen wird häufig ein bevorzugter substituierender Einbau bestimmter Kationen als eine spezifische Form der Chemisorption beobachtet. Bekannt sind diesbezügliche Wechselwirkungen beispielsweise zwischen Ca^{2+} und Cd^{2+} (WEDEPOHL, 1972). Auch der von BELICKIJ/ORLOVA (1968) registrierte erhöhte Strontiumentzug aus der Lösung im Beisein von Karbonationen ist sicher auf diesen Prozeß zurückzuführen. Die isomorphe Mitfällung der Kationen erfolgt um so stärker, je geringer ihr Löslichkeitsprodukt mit dem Anion der gefällten Verbindung ist (FEDOROVA, 1985). Austauschprozesse dieser Art mit diadochem Einbau ins Kristallgitter sind meist durch einen hohen irreversiblen Anteil gekennzeichnet. Mit der Bildung austauschindifferenter $CaSO_4$-Komplexe begründen PAČEPSKIJ / PONIZOVSKIJ (1981) die von ihnen und LOBANOV (1955) beobachtete intensivere Natriumsorption aus einer Sulfatlösung im Vergleich zu einer Chloridlösung (bei gleichen Ausgangsbedingungen).

Inwieweit die Erklärung im konkreten Fall angebracht ist, kann auf Grund fehlender Randinformationen schwer eingeschätzt werden. Grundsätzlich jedoch ist der entscheidende Einfluß der Zustandsform der Lösungsspezies auf ihre Eintauschbarkeit bzw. ihre Haftfestigkeit zu bekräftigen. Allein aus dem Wertigkeitseffekt leitet sich ab, daß mit zunehmender Komplexierung der Metallionen ihre Adsorbierbarkeit (bzw. Eintauschbarkeit) an die Feststoffoberfläche gehemmt wird (bzw. ihre Beweglichkeit in der Lösung steigt), d. h., ihre Haftfestigkeit entspricht der Reihenfolge:

$$Me^{n+} > MeL^{(n-1)+} > MeL_2^{(n-2)+} > \ldots > MeL_n^{(n-n)}$$

KRAJNOV/ŠVEC (1980) verweisen in diesem Zusammenhang darauf, daß eine Zunahme der Ligandenkonzentration in der Lösung eine Desorption der Metallionen aus dem Adsorptionskomplex bewirken kann. In scheinbarem Widerspruch dazu stehen die experimentellen Untersuchungen von HUANG u. a. (1977), die eine stärker ausgeprägte

Adsorption von Schwermetallen im Boden im Beisein von Anionen anorganischer und organischer Natur fanden. Aus den Abhängigkeitskurven der einzelnen Elemente vom pH-Wert geht jedoch deutlich hervor, daß dieser Einfluß auf pH-Wert-Bereiche unter 6 beschränkt bleibt. Für diese Bereiche (s. Tabelle 3.12) wird die variable Ladung an den Kolloidoberflächen häufiger positiv ausgebildet sein und kann durch die Anionen der Lösung entsprechend abgedeckt werden. Gleichzeitig wird damit den Kationen der Zugang zu den negativen Ladungsplätzen der permanenten Ladung erleichtert.

Das differenzierte Verhalten der Kationen in Austauschsystemen wird durch die Affinität bestimmter Austauscher gegenüber ausgewählten Ionen noch kompliziert.

Bereits 1935 wies WIEGNER die unterschiedliche Haftfestigkeit der Kationen in verschiedenen Austauschpositionen der Tonminerale experimentell nach. Auf die kalziumspezifische Affinität der Illite wurde bereits hingewiesen. Die aufweitbaren Dreischichtsilikate (z. B. Montmorillonit) bauen zweiwertige Kationen bevorzugt in den Zwischenräumen der Schichtpakete ein. Die Haftfestigkeit dieser Kationen ist im Vergleich zu denen an den äußeren Oberflächen sehr groß, da der Ladungsausgleich nach beiden Seiten der Silikatschichten (s. Bild 3.25) erfolgt. Verschiedene Autoren beschreiben einen bevorzugten Eintausch zweiwertiger Kationen in die Austauschkapazität organischer Substanzen. Wesentlich erscheint, daß das unterschiedliche Energieniveau in verschiedenen Oberflächenpositionen sich in einem differenzierten zeitlichen Ablauf der Austauschprozesse ausdrückt. NIKOLAEVA u. a. (1987) konnten deutlich zwei Etappen des Kationenaustausches bei Bewässerungsversuchen an Schwarzerdeböden beobachten. In der ersten Phase kommt es zu einem recht schnellen Austausch entsprechend den Aktivitätsverhältnissen der Lösungskomponenten bzw. des Adsorptionskomplexes, wobei etwa 90 bis 95 % der am Austausch beteiligten Gesamtmenge der Kationen ihre Stellungen wechseln und sich ein quasistationäres Austauschgleichgewicht zwischen flüssiger und fester Phase einstellt. Daneben werden an sogenannten Hochenergiepositionen (FÖRSTNER, 1983) bevorzugte Lösungskomponenten über den gesamten Versuchszeitraum ohne Erreichen eines Gleichgewichtszustandes angelagert. ABRAHAM/HÄFNER (1987) konnten ähnliche Beobachtungen in Versuchen mit Schwermetallen machen. Andere Autoren erklären die instationären Austausch- bzw. Sorptionsvorgänge durch den zeitlich differenzierten Aufbau eines mehrschichtigen Adsorptionskomplexes am Feststoffgerüst.

Als Beispiel für die qualitativen Unterschiede der Sorption vom Radionukliden in Abhängigkeit vom Mineralbestand mögen die Untersuchungen von SCHNEIDER (1970) stehen, der an monomineralischen Feinsanden einheitlicher Korngröße folgende spezifische Sorptionsaffinität der Minerale gegenüber den verschiedenen Radionukliden ermittelte:

Cs 137: Muskovit > Biotit > Montmorillonit > Kaolinit > Hornblende > Albit > Augit
         > Magnetit > Mikroklin > Quarz

Sr 85: Montmorillonit > Kaolinit > Muskovit > Biotit > Mikroklin > Albit
         > Magnetit > Quarz > Hornblende > Augit

Zn 65: Montmorillonit > Muskovit > Hornblende > Kaolinit > Biotit > Augit > Albit
         > Magnetit > Mikroklin > Quarz

P 32: Augit > Kaolinit > Montmorillonit > Hornblende > Biotit > Albit
         > Mikroklin > Quarz > Muskovit > Magnetit

J 131: Albit > Mikroklin > Biotit > Hornblende > Augit > Montmorillonit
         > Muskovit > Kaolinit > Quarz > Magnetit.

Kompliziert wird die Erfassung bzw. Prognose der Adsorptions- bzw. Desorptionsprozesse bestimmter Komponenten im Boden, wo neben den Tonmineralen sekundäre Mineralbildungen der Eisen-, Mangan- und Aluminiumoxide (-hydroxide) sowie insbesondere der hohe Anteil organischer Sorbenten den Prozeß beeinflussen. In Tabelle 3.19 wurden die Sorptionsraten (in %) von Sr 90 und Cs 137 an verschiedenen Substraten mit und ohne organische Substanz gegenübergestellt. Während der Strontiumentzug besonders im Feinsand-Grobschluff-Bereich vom Humusgehalt bestimmt wird, kann dessen Einfluß auf die Caesiumsorption vernachlässigt werden.

Wenn oben auf die unterschiedlichen Austauscheigenschaften der Komplexionen hingewiesen wurde, dann gilt es zu berücksichtigen, daß neben dem Redoxpotential der pH-Wert der entscheidende Faktor ist, der die Zustandsform der Ionen in der Lösung bestimmt. Vergleicht man z. B. die oft zitierte bevorzugte Sorption der Schwermetalle im pH-Wert-Bereich von 5 bis 6 (GRIFFIN u. a., 1977; JAMES/MACNAUGHTON, 1977; u. a.) mit ihrer Zustandsform entsprechend den Stabilitätsdiagrammen (s. z. B. Bild 2.10), so ergibt sich dieser Effekt als logische Konsequenz. Oberhalb des genannten pH-Wertes liegen die meisten Schwermetalle nicht als einfaches Kation, sondern als Metallkomplex geringerer Wertigkeit vor, währenddessen mit sinkendem pH-Wert der Anteil variabler positiver Ladungen auch an den Tonmineralflächen rasch ansteigt und somit einen Kat-

Tabelle 3.19. Sorptionsraten der radioaktiven Sr-90- und Cs-137-Isotopen an verschiedenen Bodenfraktionen (nach GULJAKIN, JUDINZEVA, 1973)

Bodenart	Fraktionen	Sr 90 in %		Cs 137 in %	
		mit org. Subst.	ohne org. Subst.	mit org. Subst.	ohne org. Subst.
aus Schwarz-erde	Feinsand	93,8	8,5	97,9	98,2
	grober Schluff	97,8	51,6	99,4	98,9
	mittl. Schluff	97,3	64,4	99,5	99,1
	feiner Schluff	97,8	83,6	99,7	99,4
	Staub (Ton)	98,4	87,5	99,8	99,8
aus Podsol-boden	Feinsand	77,1	13,2	98,7	96,0
	grober Schluff	89,8	21,2	99,4	97,7
	mittl. Schluff	95,2	25,5	99,4	97,6
	feiner Schluff	97,1	68,8	99,7	99,2
	Staub (Ton)	97,5	81,6	99,7	99,5

Tabelle 3.20. Verhältnis von gelösten zu suspendierten Schwermetallen in Abhängigkeit vom pH-Wert (nach JACKS, 1977)

Schwermetall	Verhältnis gelöste/suspendierte Schwermetalle	
	pH 4	pH 7
Zn	1000	10
Cd	100	10
Cu	100	1
Pb	100	0,3

ionenaustausch behindert. Tabelle 3.20 bestätigt augenscheinlich die veränderten Anteile austauschfähiger Schwermetalle in der Lösung in Abhängigkeit vom pH-Wert.

Noch stärker als der Kationenaustausch hängen Adsorption und Desorption der Anionen an Kolloiden vom pH-Wert des Reaktionssystems ab. Wie aus Tabelle 3.12 folgt, ist unter normalen pH-Wert-Bedingungen eine Anionensorption vorrangig an frisch gefällte Hydroxide und Oxide des Eisens und Aluminiums gebunden, d. h., sie beschränkt sich mehr oder minder auf die Verwitterungszone. Andere natürliche Kolloide sind erst unter extrem sauren Bedingungen, wie zum Beispiel im Einflußbereich saurer Schachtwässer, zum Anionenaustausch fähig. Während der Anionenaustausch im Grundwasserleiter sicher zu den vernachlässigbaren Prozessen zu zählen ist, kann er in der Bodenzone zu beachtlichen Beschaffenheitsveränderungen im Sickerwasser führen, wie die häufig beobachtete eingeschränkte Migrationsfähigkeit der Phosphate in dieser Zone bestätigt. Untersuchungen von ANTIPOV-KARATAEV und Mitarbeitern (1949) ergaben, daß fast alle Böden der UdSSR befähigt sind, Phosphationen zu adsorbieren. Ein besonders intensiver Entzug ist in Bodenhorizonten mit erhöhten Gehalten an Sesquioxiden (B_S-Horizonte) zu verzeichnen. Neben den Phosphationen werden auch Sulfationen adsorptiv an Bodenkolloide gebunden. Die genannten Autoren konnten im Anionenaustauschkomplex von Podsolböden bis zu 4 mval/100 g SO_4-Ionen bestimmen. Dagegen werden Nitrat- und Cloridionen nicht bzw. nur in geringen Mengen adsorptiv im Boden gebunden. Nach der Haftfestigkeit am Bodenkolloid läßt sich folgende Reihenfolge der Anionen aufstellen: (KOVDA, 1973; LIEBEROTH, 1982)

$$OH^- > PO_4^3 > SiO_3^{2-} > SO_4^{2-} > NO^-{}_3 \geq Cl^-$$

Die biotische Akkumulation der Lösungskomponenten kann im erweiterten Sinn als eine spezifische Sorptionsform angesehen werden. Die dabei aus dem Fluid entzogenen Nährstoffe werden zum größten Teil irreversibel in den Pflanzen und Lebewesen eingebaut. Erst nach Zerstörung der postmortalen organischen Substanz werden sie wieder dem Wasserkreislauf zugeführt. Im Abschnitt 4. wird den biologischen Prozessen und ihrem Einfluß auf die Beschaffenheitsentwicklung des Sicker- und Grundwassers breiter Raum gewidmet.

3.3.4. Kinetik der Sorptions- und Austauschprozesse

Die Spezifik der beschriebenen Wechselwirkungsreaktionen zwischen den Inhaltsstoffen der flüssigen Phase und der Festsubstanz des Grundwasserleiters besteht in der Vielfalt der Einflußgrößen auf den Reaktionsprozeß. Somit muß man sich bei einer mathematischen Beschreibung des Prozesses auf die wesentlichen Merkmale des Systems beschränken und einige Einschränkungen treffen, die in Anlehnung an LANGMUIR (1918) von BAROVIC (1979) wie folgt formuliert wurden:

– sämtliche besetzbaren Adsorptionsplätze sind energetisch gleichwertig,
– die Adsorption erfolgt nur bis zu einer monomolekularen Bedeckung der Oberfläche,
– die gegenseitige Beeinflussung der Ionen im Adsorptionskomplex bleibt unberücksichtigt.

Unter diesen Voraussetzungen kann die zeitliche Veränderung der Konzentration S eines Ions in der Feststoffphase in Abhängigkeit von seiner Konzentration c in der Lösung durch folgende Gleichung nach FREUNDLICH charakterisiert werden:

$$\frac{\partial S}{\partial t} = k_1 \, c^n - k_2 \, S \tag{3.45}$$

k_1, k_2 Geschwindigkeitskoeffizienten der Adsorption und Desorption,
n empirischer Koeffizient.

Für den Fall $n = 1$ und k_1 und $k_2 = $ const ergibt sich die lineare Sorptionsfunktion nach HENRY:

$$\frac{\partial S}{\partial t} = k_1 \, c - k_2 \, S \tag{3.46}$$

LANGMUIR (1918) berücksichtigte die veränderten Reaktionsbedingungen im Sorptionsprozeß, die sich aus der Verringerung der freien Sorptionsplätze $(S_0 - S)$ ergeben, in folgender Gleichung:

$$\frac{\partial S}{\partial t} = k_0 \, (S_0 - S) \, c - k_2 \, S \tag{3.47}$$

k_0 ist dabei die Geschwindigkeitskonstante der Adsorption zu Beginn des Prozesses, bei dem die Konzentration des Ions im Adsorptionskomplex S_0 beträgt.

In den Gln. (3.45) bis (3.47) wird die Veränderung der Konzentration des Ions in der Lösung ignoriert. Für die Berechnung der Stoffaustauschraten derartiger Wechselwirkungsprozesse schlagen CARNAHAN/REMER (1984) folgenden Ansatz vor:

$$\frac{\partial S}{\partial t} = k_F \, (S_0 - S) \, c - k_L \, (c_0 - c) \, S \tag{3.48}$$

k_L Austauschkoeffizient der Lösung
k_F Austauschkoeffizienten des Feststoffes
S_0 und c_0 Ausgangs- bzw. Sättigungskonzentrationen entsprechend im Feststoff bzw. in der Lösung

Die Gln. (3.45) bis (3.48) beschreiben reversible nichtstationäre Wechselwirkungsprozesse, wie sie im Grundwasserleiter vonstatten gehen, wenn die Fließgeschwindigkeit des Wassers die Geschwindigkeit des Austauschprozesses überschreitet. Die genannten Gleichungen verdeutlichen die experimentell bestätigte Schlußfolgerung, daß die Kinetik des Ionenaustausches durch einen Diffusionsansatz erfaßt werden kann. Häufig lassen sich die Wechselwirkungsprozesse zwischen Feststoffmatrix und Fluid jedoch mit ausreichender Genauigkeit durch eine quasistationäre Gleichgewichtsreaktion beschreiben. In diesem Fall wird $\partial S/\partial t = 0$ bei $t \rightarrow \infty$, und die Gln. (3.45) bis (3.47) können in folgende Sorptionsisothermen umgeformt werden:

HENRY-Isotherme:

$$S = k \, c \tag{3.49}$$

FREUNDLICH-Isotherme:

$$S = k \, c^n \tag{3.50}$$

Langmuir-Isotherme:

$$S = \frac{a + c}{1 + b\,c} \qquad\qquad (3.51)$$

wobei $k = k_1/k_2$, $b = k_0/k_2$ $a = b\,S_0$, k_0, k_1, $k_2 = $ const

Im Bild 3.28 sind die Beziehungen zwischen der Konzentration des Ions im Adsorbat und im Fluid nach der Henry- bzw. der Langmuir-Isotherme schematisch dargestellt. Aus dem Bild folgt u. a., daß der Koeffizient k der Henry-Isotherme als Gleichgewichtsverteilungskoeffizient K_d zwischen fester und flüssiger Phase aufgefaßt werden kann. Weiterhin ist ersichtlich, daß der Henry-Ansatz eine theoretisch unendlich große Sorptionskapazität der Feststoffkolloide gegenüber dissoziierten und nichtdissoziierten Inhaltsstoffen des Grundwassers beinhaltet, was als eine wesentliche Einschränkung seiner Gültigkeit berücksichtigt werden muß.

Eine bessere Anpassung an die am Phasenkontakt ablaufenden Ionenaustauschprozesse liefern u. U. nichtlineare Gleichgewichtsisothermen, beispielsweise der Langmuir-Form (Gl. (3.51)). Während sie im Bereich geringer Konzentrationen ($b\,c \ll 1$) praktisch mit der Henry-Isotherme identisch ist, berücksichtigt sie bei höheren Konzentrationen in der Lösung den Effekt der endlichen Aufnahmekapazität der monomolekularen Feststoffoberfläche (S_{SAT} – maximale Sättigungskonzentration). Ein Beispiel zur mathematischen Behandlung der Mehrschichtadsorption im Fluid-Feststoff-Gleichgewicht kann mittels der sogenannten BET-Isotherme (Brunnauer/Emmett/Teller) gegeben werden, die von Huang (1980) beschrieben wurde.

Eine gute Übereinstimmung mit den experimentell beobachteten Austauschprozessen der Schwermetalle konnten Abraham/Häfner (1987) durch eine Kombination der Nichtgleichgewichtsreaktion entsprechend Gl. (3.48) und der Henry-Isotherme feststellen. Dieses Herangehen entspricht weitestgehend den Bedingungen im Boden bzw. im Grundwasserleiter, wie sie z. B. von Nikolaeva u. a. (1987) beschrieben wurden.

Als eine nützliche Meßgröße für die Einschätzung der Mobilität eines Wasserinhaltsstoffs im jeweiligen Grundwasserleiter kommt dem bereits erwähnten Verteilungskoeffizienten K_d [cm^3 g^{-1}] große Bedeutung zu. Er ist ein Maß für die Gleichgewichtsverteilung einer Kationenart zwischen der Lösung und der festen Phase und kann laborativ über folgende Beziehungen ermittelt werden:

$$K_d = \frac{C_F/mg}{C_W/V_W} \quad \text{bzw.} \quad K_d = \frac{V_W}{mg}\left(\frac{C_0}{C_W} - 1\right) \qquad\qquad (3.52)$$

C_F von der festen Phase gebundene Kationenmenge in mval
C_W in der flüssigen Phase gelöste Kationenmenge in mval
C_0 spezifische Konzentration der Ausgangslösungen in mval
mg Masse der festen Phase in g
V_W Volumen der flüssigen Phase in cm^3

Damit ist der K_d-Wert eine Größe, die hauptsächlich von der Qualität des Adsorbens und der Art sowie Konzentration der konkurrierenden Kationen abhängt und jeweils nur für die gegebenen hydro- und physiko-chemischen Bedingungen im entsprechenden Sediment gilt. Seine Bestimmung erfolgt in der Regel durch verschiedenste BATCH-Versuche, deren prinzipieller Ablauf u. a. Abraham (1987) und Luckner/Schestakov (1986) zu entnehmen ist.

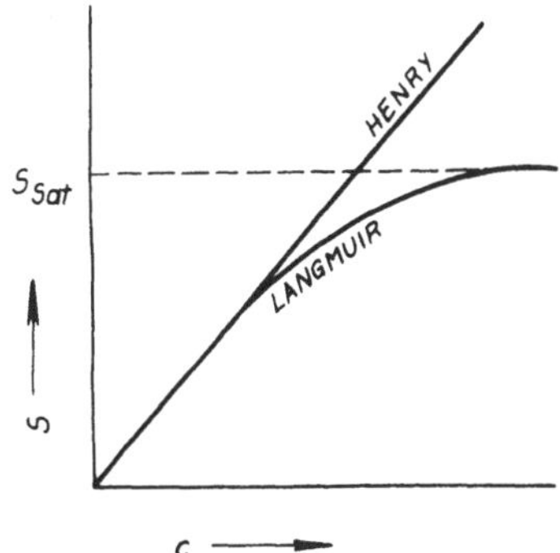

Bild 3.28. HENRY- und LANGMUIR-Isotherme der Konzentrationsverteilung im Adsorptionskomplex *(S)* und der Lösung *(C)*

Betrachtet man die zwischen dem Grundwasser und dessen Mineralisation einerseits und der Feststoff- bzw. Haftwasserphase auf der anderen Seite ablaufenden und eingangs charakterisierten vielfältigen Wechselwirkungsprozesse innerhalb des konvektiven Strömungsprozesses, so ist generell zu berücksichtigen, daß die Migrationsgeschwindigkeit von Wasserinhaltsstoffen, ausgedrückt als Abstandsgeschwindigkeit v_{aT} des Tracers im allgemeinen nicht identisch ist mit der hydraulisch definierten Porengeschwindigkeit ($v_p = v_f/n_e$). Es kommt zu einer Verzögerung, die durch den sowohl vom Tracer selbst als auch von der festen Matrix des Grundwasserleiters determinierten Retardationsfaktor R quantifiziert wird:

$$R = v_p/v_{aT} \tag{3.53}$$

Da das H_2O-molekülinterne Tritium in der Regel als Bezugstracer zur Ermittlung der Abstandsgeschwindigkeit des Wassers ($v_{a,H_2O} = v_f/n$) verwendet wird, diese aber kleiner ist, als die oben charakterisierte Porengeschwindigkeit, macht es sich erforderlich, die daraus resultierende »scheinbare Retardation« R_{3H} in die Betrachtungen einzubeziehen. Nach JORDAN u. a. (1985) ergibt sich der Retardationsfaktor R dann aus der multiplikativen Verknüpfung der scheinbaren Retardation R_{3H} mit R_D, dem u. a. von KLOTZ/HIRTH (1982) definierten, die sorptive Wechselwirkung mit der festen Phase berücksichtigenden Retardationsfaktor. Letzterer ist damit über Dichte und Porosität an den oben charakterisierten linearen Gleichgewichtsverteilungskoeffizienten K_d (Gl. (3.52)) gebunden.

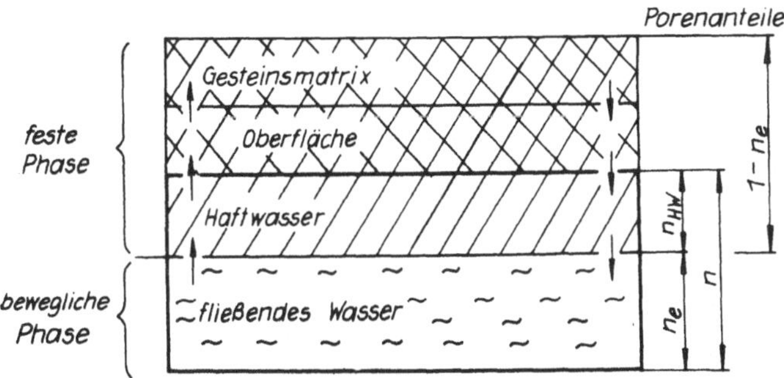

Bild 3.29. Darstellung der austauschenden Reservoire im Zweiphasensystem Feststoff-Fluid

Die entsprechenden formelmäßigen Zusammenhänge sind dem Bild 3.29 sowie den nachfolgenden Gleichungen zu entnehmen.

$$R = R_{3H}\, R_D \tag{3.54}$$

$$R_{3H} = \frac{n}{n_e} \tag{3.55}$$

$$R_D = 1 + \frac{(1-n)\,\varrho\, m}{n}\, K_D \tag{3.56}$$

ϱm Trockenrohdichte
n Gesamtporosität
n_e entwässerbare Porosität

# 4 Beschaffenheit des Grundwassers

Die Analyse der physikalisch-chemischen Prozesse im Sicker-Grundwasser zeigt, daß ihr Ablauf und ihre Intensität an Randbedingungen gebunden sind, die mehr oder minder typische Merkmale einer hydrogeologischen Struktur sind. Unter einer hydrogeologischen Struktur wird in Anlehnung an VASIL'EVSKIJ (1938) und TOLSTICHIN (1948) eine geologisch-tektonische Struktureinheit verstanden, die nach der Art der Grundwasserführung und der Beschaffenheit des Grundwassers ein charakteristisches Regime besitzt, dessen Entwicklung mit der Herausbildung der Struktur beginnt und das sich im Ergebnis der Einwirkung innerer und äußerer Faktoren auf das System »Wasser-Gestein-organische Substanz-Gas« ausgeprägt hat.

Die Spezifik des Systems besteht in seiner Dynamik und dies in doppelter Hinsicht, da nicht nur die Bewegung des Wassers als physikalischer Körper, sondern die Vielzahl der Wechselwirkungsprozesse zwischen den einzelnen Komponenten den Systemcharakter bestimmen, wobei das Ergebnis eines Prozesses oft die Voraussetzung für das Vonstattengehen eines anderen ist.

Aus der Strukturdefinition geht weiterhin hervor, daß die rezenten hydrodynamischen und hydrogeochemischen Bedingungen das Resultat einer Entwicklung sind, die in geologischen Zeiträumen gemessen wird. Unter diesem Aspekt gesehen, wies KAMENSKIJ (1947) folgende drei genetische Zyklen der Formierung der unterirdischen Wässer aus:

- Infiltrationszyklus
- Sedimentationszyklus
- Metamorphosezyklus (nach PINNEKER: vulkanisch-hydrothermaler Zyklus)

Der Infiltrationszyklus erfaßt vor allem die Grundwässer des oberen Teils der Erdkruste und entspricht im wesentlichen dem natürlichen, hydrologischen Wasserkreislauf. Bedingt werden die atmosphärischen Niederschläge als Ursprungsmedium der gerichteten Beschaffenheitsentwicklung im Untergrund angesehen. Auf Grund der Bedeutung der Wässer des Infiltrationszyklus für die Trinkwasserversorgung und ihrer besonderen Empfindlichkeit gegenüber anthropogenen Einflüssen werden sie in der vorliegenden Arbeit nachfolgend einer detaillierteren hydrogeochemischen Betrachtung unterzogen. Gemeinsam mit den Sedimenten nehmen große Mengen des Wassers der Ablagerungsbecken an ihrer dia-, kata- und epigenetischen Entwicklung teil. Ebenso wie die Gesteinskomplexe erfahren dabei die Beschaffenheitsmerkmale der Wässer des Sedimentationszyklus umfangreiche Veränderungen. Die Mehrzahl der tieferliegenden mineralisierten Grundwässer innerhalb hydrogeologischer Strukturen vom Tafeltyp lassen sich als Wässer mariner Genese identifizieren. Über die Möglichkeit der Diagnostizierung der Genese mineralisierter Grundwässer, über die Entwicklung der Porenlösungen im Sedimentationszyklus und über ihre spezifischen Beschaffenheitsmerkmale wurde in der DDR-Literatur ausführlich in den Arbeiten von LEHMANN (1974), VOIGT (1972, 1977), MÜLLER (1969), HÄHNE (1983), DIETRICH (1982, 1987) berichtet, so daß an dieser Stelle auf weitere Ausführungen verzichtet werden kann.

Nicht näher betrachtet werden kann auch die Beschaffenheitsentwicklung der Wässer im hydrothermalen Zyklus. In diesem Fall muß auf die einschlägige Fachliteratur zur Bildung hydrothermaler Erzlagerstätten verwiesen werden (BAUMANN/TISCHENDORF, 1976; KORMILICYN, 1973; u. a.).

4.1. Beschaffenheit der atmosphärischen Niederschläge

Obwohl die Bezeichnung Wasserkreislauf auf ein geschlossenes System hinweist, soll bedingt die Atmosphäre zum Ausgangspunkt der Betrachtung des Infiltrationszyklus der Grundwässer und der ihm eigenen hydrogeochemischen Zonalitäten gemacht werden. Die Atmosphäre stellt ein kompliziertes Dreiphasensystem dar, in dem alle drei Phasen unmittelbar an der Bildung der chemischen Zusammensetzung der Niederschläge (Depositionen) beteiligt sind. Die atmosphärischen Niederschläge sind einerseits quantitativ die absolute Quelle der sich erneuernden Grundwasservorräte und besitzen andererseits auch stofflich einen entscheidenden Einfluß auf die Boden- und Grundwasserbeschaffenheit. Die atmosphärischen Niederschläge unterteilt man in nasse (wet) und trockene (dry) Depositionen. »Nasse« Depositionen sind Regen, Schnee, Nebel, Tau, Reif einschließlich ihrer Stoffbestandteile, währenddessen unter trockener Deposition der direkte Transfer von Staub, Aerosolen und Gas aus der Atmosphäre zur Erd- bzw. Pflanzenoberfläche verstanden wird (GEORGIJ u. a., 1983).

Das »Ursprungsmedium« Atmosphäre ist jedoch nicht nur bezüglich der Zustandsform der Depositionen sehr heterogen, sondern auch die stoffliche Zusammensetzung der auf die Erdoberfläche einwirkenden Niederschläge ist von einer Vielzahl Faktoren abhängig.

Diese Faktoren lassen sich wie folgt systematisieren:

– stoffliche Quellen der Niederschlagsbestandteile
– Faktoren, die ihre Ausbreitung und Verteilung in der Atmosphäre bedingen
– Faktoren, die Ablagerung auf der Erd- bzw. Pflanzenoberfläche bestimmen.

4.1.1. Stoffliche Quellen der atmosphärischen Depositionen

Die stofflichen Quellen der atmosphärischen Depositionen können in »natürliche« und »anthropogene« untergliedert werden. Nachfolgend sollen lediglich die natürlichen skizziert werden, die anthropogenen Quellen werden im Abschnitt 5. beschrieben.

Von der Oberfläche der Ozeane und Meere werden durch den Wind zyklische Salze in die Atmosphäre befördert. Entsprechend der Zusammensetzung des Meerwassers enthalten maritim geprägte nasse Depositionen vorwiegend Chlorid, Natrium-, Magnesium- und Sulfationen.

Beim Übergang von Salzen aus dem Ozean (sogenannten zyklischen Salzen) in die Atmosphäre tritt jedoch eine gewisse Verschiebung der Ionenverhältnisse zueinander auf.

Diese Veränderung drückt sich u. a. in einer relativen Anreicherung der Sulfat-, Kalzium- und Magnesiumionen gegenüber den Chlorid- und Natriumionen aus. NEMERJUK (1964) führt diese Veränderungen auf das unterschiedliche Hydratationsverhalten der Ionen zurück. ALEKIN (1970) sieht in dem Differenzierungsprozeß den Beweis, daß die Salzbestandteile nicht nur durch Meeresspray in die Atmosphäre gelangen, sondern im Verdunstungsprozeß auch eine bestimmte Ionenmenge in das Verdunstungswasser (»Destillat«) übergeht.

Im Regenwasser einer meteorologischen Station im Norden der BRD bestimmten ULRICH und Mitarbeiter (1979) folgende Meerwasseranteile am Niederschlagswasser: 100 % Na, 81 % Cl, 47 % Mg, 8 % SO$_4$, 8 % K, 3 % Ca. Nach Angaben von MÖLLER (1986) beträgt der Anteil maritimer Komponenten an den durchschnittlichen jährlichen nassen Depositionen auf dem Gebiet der DDR 27 %, wobei den Einzelionen folgende Anteile zugeordnet werden: 100 % Na, 67 % Mg, 60 % Cl, 7 % K, 3 % SO$_4$, 1 % Ca. Charakteristischer Ausdruck der maritimen Niederschlagsquelle ist die Zunahme der Chlorid- und Natriumkonzentration mit zunehmender Annäherung an die Küste (Bild 4.1). Auf der Station Westerland (Sylt) wurden z. B. im Zeitraum 1958/1959 entsprechend folgende Depositionsmengen an Natrium und Chlorid im Niederschlag beobachtet:

Na = 155 kg/ha a
Cl = 345 kg/ha a (ULRICH u. a., 1979).

Doch bereits im küstennahen Bereich können andere Wirkungsfaktoren den Einfluß der maritimen Herkunftsquelle zurückdrängen, wie die Häufigkeitsverteilung der hydrochemischen Typen in Niederschlägen der Schwarzmeerküste zeigen (Bild 4.2). Andererseits wurden weit im Inneren der Kontinente (mehr als 500 km vom Meer entfernt) typische maritim geprägte Niederschläge beobachtet.

Die Anteile mariner Komponenten werden auf den Kontinenten besonders durch den aus der Winderosion des Bodens stammenden Eintrag von Stäuben und Aerosolen in die Atmosphäre zurückgedrängt. Die *pedogenen Anteile der Depositionen* werden einerseits durch die Zusammensetzung des Bodens und der anstehenden Gesteine be-

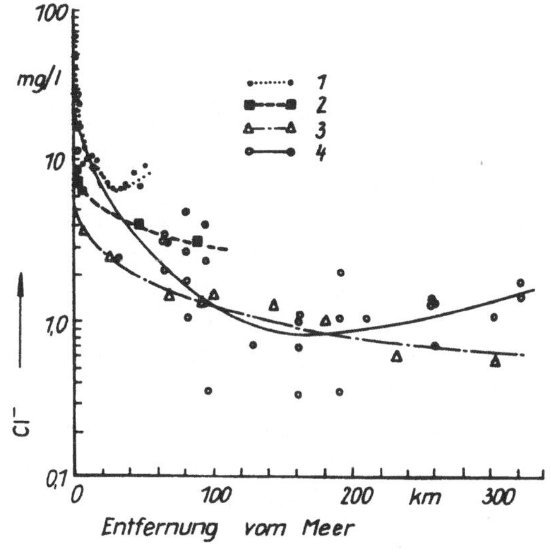

Bild 4.1. Zusammenhang zwischen Chloridkonzentration der nassen Depositionen und Entfernung vom Meer (nach JUNGE, 1963)

1 England
2 Holland
3 Schweden
4 Australien

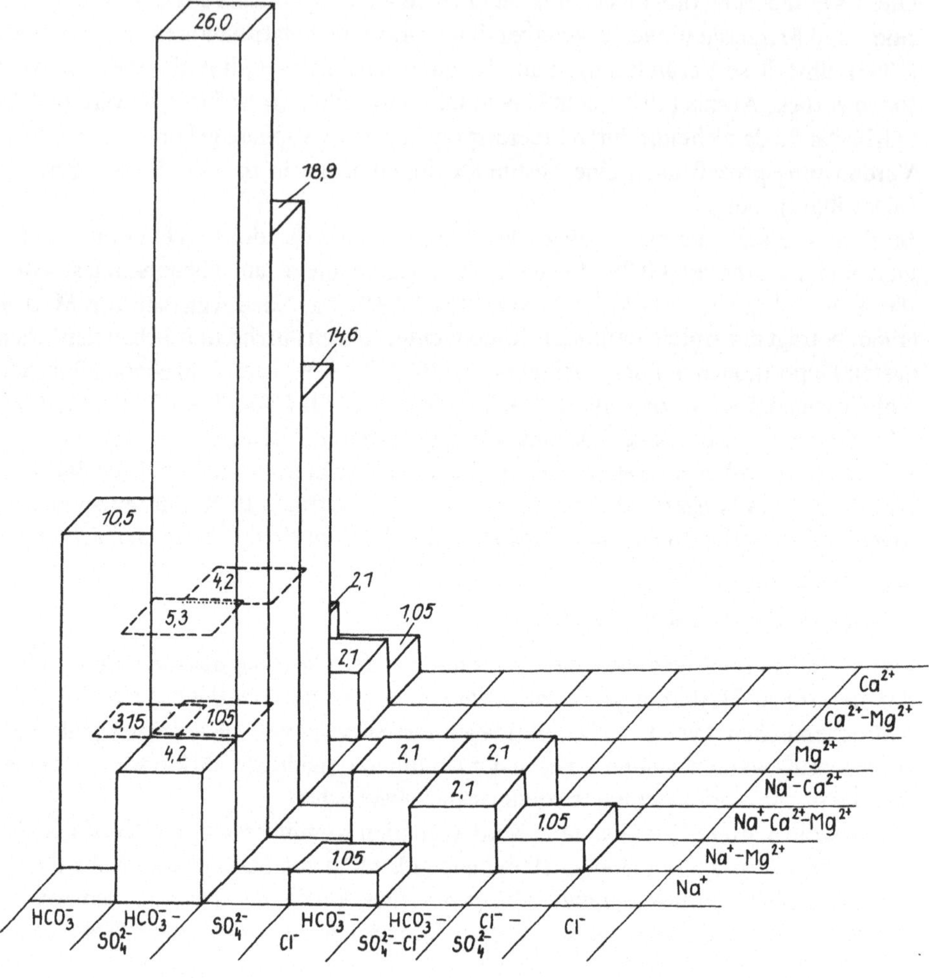

Bild 4.2. Häufigkeitsverteilung hydrochemischer Typen in Niederschlägen der Schwarzmeerküste (nach Daten von KOLODJAŽNAJA, 1963)

stimmt, andererseits hängt die Effektivität der Windverwehungen vor allem von der Bodenbedeckung (Vegetation, Bebauung, Schnee), der Windstärke und der Einwirkungsmöglichkeit des Windes ab.

Extremer Ausdruck der Windverwehungen von Bodenpartikeln in vegetationslosen bzw. -armen Gebieten sind Sand- und Staubstürme. Unter den heimischen Ackerböden werden besonders gut gepflügte, kalkhaltige Schwarz- und Braunerdeböden vom Winde verweht. Neben den typischen anorganischen pedogenen Komponenten der Depositionen wie Kalzium, Aluminium, Eisen, Karbonaten und Silikaten gelangen durch Bodenverwehungen auch organische Bestandteile in die Atmosphäre. Entsprechend der Größe der aufgewirbelten Staubteilchen erfolgt ihre lokale bzw. regionale Verlagerung über mehr oder minder große Entfernungen. Im Mai 1977 wurde z. B. im Süden der DDR roter Staub ausgeregnet, der aus der Sahara stammte (BLUME, 1977). Allgemein ist eine Abnahme der Staubteilchen mit zunehmender Höhe der Luftmassen über der

Erde zu verzeichnen, die nach ALEKIN (1970) durch folgende Gleichung beschrieben
werden kann:

$$N_Z = N_0 \cdot \exp\left(-\frac{V}{k} Z\right) \qquad\qquad (4.1)$$

N_Z und N_0 Konzentration (Anzahl) der Kondensationskerne in einem Milliliter Luft
         (bzw. in einem cm^3) in der Höhe Z und auf der Erdoberfläche
v Depositionsgeschwindigkeit
k Turbulenzkoeffizient

Die Abnahme der Staubpartikeln mit zunehmender Höhe findet ihren Ausdruck auch
in der Konzentration und der Zusammensetzung der nassen Depositionen, wobei eine
signifikante Veränderung erst im Hochgebirge beobachtet wird (NEMERJUK, 1964;
u. a.). Neben der Abnahme der Gesamtmineralisation des Niederschlages tritt eine
Veränderung der relativen Ionenanteile auf. Während die Erdalkali- und Alkalielemente sowie die Chloridionen erst in Höhen über 3 600 m merklich abnehmen, tritt eine
Abnahme der Schwefel- und Stickstoffverbindungen im Niederschlag bereits in geringe-
ren Höhen auf, so daß im Hochgebirgsniederschlag die Karbonate die dominierenden
Anionen bilden.
Sowohl Staubteilchen und Gase als auch Wasserdampf werden beim *Ausbruch von Vul-
kanen* in die Atmosphäre geschleudert, wobei hier die vertikale Verteilung der Staubteilchen anderen Gesetzmäßigkeiten unterliegt. Nach Angaben von POGOSJAN und TUR-
KETTI (1975) gelangten z. B. beim Ausbruch des Krakatau im Jahre 1883 etwa 150 Mil-
liarden Tonnen Staub, Asche und Gas bis in 32 km Höhe in die Atmosphäre und nah-
men dort Jahrzehnte an globalen atmosphärischen Zirkulationen teil. Die chemische
Zusammensetzung des Mehrphasengemischs vulkanischer Emanationen unterscheidet
sich in Abhängigkeit vom Stadium der Vulkanaktivität. Nach NABOKO (1963) werden im
Augenblick des Ausbruchs vorwiegend H_2O-Dampf, H_2, CO_2, H_2S, SO_2, HCl und HF
in die Atmosphäre geschleudert, während aus der Lava im Kraterbereich entsprechend
den vier nach ihnen benannten Stadien Halogenide, Schwefelverbindungen, Kohlen-
säureverbindungen und Wasserdampf in veränderten relativen Anteilen entweichen.
Die in der Umgebung des Vulkans fallenden nassen Depositionen sind allgemein sauer
und haben einen erhöhten Sulfatgehalt (POSOCHOV, 1968).
Unter den Herkunftsquellen der Bestandteile nasser und trockener Depositionen werden meist die *Stoffwechselprodukte* der Flora und Fauna vergessen. Auf diese Weise gelangen z. B. Ammonium, CH_4 und H_2S als Zersetzungsprodukte organischer Substanzen, CO_2 und O_2 als Produkte der Pflanzenatmung in die Atmosphäre. Auf die Wechselbeziehung der Vegetation mit der Atmosphäre wird bei der Betrachtung der Zusammensetzung der Depositionen näher eingegangen.
In den meisten Industrieländern der Erde wird die Niederschlagszusammensetzung vorrangig durch anthropogene Quellen geprägt (s. Abschnitt 5.1.1.), was vor allem auf die
äußerst geringe Konzentration der natürlichen nassen Niederschläge zurückzuführen
ist, die im Bereich einiger Milligramm je Liter schwankt, so daß sich bereits Spuren anthropogenen Ursprungs in den Konzentrationsverhältnissen bemerkbar machen. Dieser Einfluß ist bereits heute auch in industriell nicht erschlossenen Gebieten (z. B. der
Arktis) spürbar.

4.1.2. Verteilung und Ausbreitung der Emissionen in der Atmosphäre

Die Zusammensetzung der an einer bestimmten Stelle deponierten Niederschläge hängt in erster Linie von der *Lage des Untersuchungsstandortes* zu den genannten Herkunftsquellen der atmosphärischen Bestandteile ab. Entsprechend der Lage zu den Emissionsquellen und der Wirksamkeit dieser Quellen lassen sich regionale und lokale Zonalitäten im Niederschlagschemismus erkennen. Bespielsweise wird in der sowjetischen Fachliteratur (ALEKIN, 1970; DROZDOVA u. a.; 1964; MAKSIMOVIC/TJURINA, 1967; u. a.) oft die gesetzmäßige Veränderung der Niederschlagszusammensetzung vom Baltikum bis nach Mittelasien beschrieben, die sich nicht nur im mittleren Salzgehalt der Niederschläge, sondern auch in den Ionenverhältnissen der Niederschlagskomponenten ausdrückt. Auch für andere Territorien der Erde (z. B. USA, JUNG, 1963; Mitteleuropa, PANKRATH u. a. 1983) liegen Karten der Verteilung der mittleren jährlichen Gehalte atmosphärischer Bestandteile bzw. der Depositionen vor, die diese regionalen Zonalitäten verdeutlichen.

Die regionale und lokale Umverteilung der gasförmigen, flüssigen und festen Emissionen in der Atmosphäre hängt neben den spezifischen Faktoren des Emitanten vor allem von folgenden meteorologischen Faktoren ab:

– Anteil vertikaler und horizontaler Luftströmungen
– Windgeschwindigkeit und Windrichtung
– Luftfeuchtigkeit und damit verbundene Kondensations- und Depositionsprozesse
– Koagulation der Kondensationskerne
– Sonneneinstrahlung
– Ausbildung atmosphärischer Sperrschichten, die die Ausbreitung der bodennahen Luftströmungen nach oben begrenzen

Die genannten Faktoren stehen in direktem Bezug zum Großwettergeschehen, wobei KLAUS (1984) die folgenden 9 vorherrschenden Großwetterlagen für Mitteleuropa zitiert:

1. Nordostlagen mit kontinentalen arktischen Polarluftmassen
2. Südostlagen mit kontinentaler Tropikluft
3. Ostlagen mit kontinentalen Polarluftmassen bzw. kontinentaler Tropikluft
4. Südlagen mit maritimer Tropikluft bzw. kontinentalgealterter Polarluft
5. Südwestlage mit maritimer bzw. maritim gealterter Tropikluft
6. Nordwestlagen mit maritimer bzw. maritim gealterter Polarluft
7. Westlagen entweder mit maritim gealterter Polarluft oder maritim gealterter Tropikluft
8. Nordlagen mit maritimer arktischer bzw. maritimer Polarluft
9. Troglagen sowohl mit maritimer Polar- als auch Kaltluft

Der Einfluß der Großwetterlage kann an den folgenden Beispielen illustriert werden: In den Wintermonaten überwiegen in Mitteleuropa die Großwetterlagen der Typen 6 und 8, die durch heftige Winde und maritime Luftmassen geprägt werden. Entsprechend zeichnet sich in den nassen Depositionen in dieser Zeit eine deutliche Zunahme der maritimen Niederschlagskomponenten (Cl, Na) ab. Ähnliche Beobachtungen wurden in den USA (VONG et al, 1985) und der UdSSR (KOLODJAŽNAJA, 1963) gemacht.

Die Bedeutung der Großwetterlagen für die Niederschlagszusammensetzung und ihre regionale Variabilität zeigt KLAUS (1984) am Beispiel von Nord- und Ostlagen, die an der Station Waldhof (bei Uelzen/BRD) durch Reinluft gekennzeichnet sind. Im Schwarzwald sind die gleichen Großwetterlagen charakteristisch für anthropogen verunreinigte Niederschläge, da die o. g. Reinluft nach Überschreitung der westdeutschen Industriegebiete entsprechend belastet wird.

Die meteorologischen Faktoren bestimmen nicht nur den konvektiven Transport der Emissionen von ihrer Quelle zum Depositionsstandort, sie sind auch für physikalisch-chemische Prozesse in der Atmosphäre verantwortlich. Die physikalisch-chemischen Prozesse in der Atmosphäre werden vor allem durch die Oxydation der Stickstoff- und Schwefelverbindungen zu Salpetersäure und salpetriger Säure sowie zu Schwefelsäure charakterisiert. Begünstigt werden diese Prozesse durch die Existenz der Wassertröpfchen, die Sonneneinstrahlung sowie durch elektrochemische Entladungen. Die Wassertröpfchen der Wolken sind in der Lage, sowohl gasförmige als auch feste Bestandteile zu lösen. Das Auflösungsvermögen ist jedoch entsprechend den Temperatur- und Druckverhältnissen begrenzt. Dadurch konnte trotz zunehmender Belastung der Atmosphäre mit SO_2 in industriellen Ballungsgebieten der pH-Wert der Niederschläge in den letzten 100 Jahren nicht weiter absinken (SCHWELA, 1983; WINKLER, 1982).

Entsprechend dem konkreten Stoffangebot der gasförmigen und festen Bestandteile (Aerosole) bildet sich in der Wolke eine spezifische Lösung mit entsprechender Konzentration und Zusammensetzung.

4.1.3. »Rain out« und »Wash out«

Die Gesamtheit der Prozesse in einer Wolke zur Anlagerung und Aufnahme von Stoffen in die durch Kondensation entstandenen Wassertröpfchen wird allgemein als »Ausregnen des Wolkenwassers« (rain out) bezeichnet, währenddessen der Begriff Auswaschen (wash out) den Prozeß des Abfangens und Anlagerns von Aerosolen und Gasen beim Niederfallen des Wolkenwassers zur Erde beschreibt.

In allgemeiner Form kann die nasse Deposition durch folgende Gleichung beschrieben werden (ALEKIN, 1970):

$$K = K_1 + K_2 \tag{4.2}$$

wobei das erste Glied das Ausregnen des Wolkenwassers unter Berücksichtigung eines verdunstungsbedingten Korrekturfaktors f und K_2 den Anteil des Auswaschens an der Bildung der Konzentration der nassen Deposition K erfaßt.

Wolkenwasseranalysen liegen bisher nur in geringem Umfang und unvollständig vor. Tabelle 4.1 zeigt einige relativ vollständige Analysen, zusammengestellt von ALEKIN (1970).

Die ermittelten Konzentrationen sind vergleichbar mit den Niederschlagkonzentrationen an sogenannten »Reinluftstationen« nach Dauerregen. Als Beispiel sind in Tabelle 4.2 die mittleren Analysenergebnisse von sechs Stationen des Nationalen Niederschlagsmeßprogramms (NADP) der USA dargestellt, die im Zeitraum von März bis November 1979 beobachtet wurden. Der Konzentrationsanteil am Niederschlagswasser, der auf Auswaschung beruht, kann nach Junge (1963) durch folgende Gleichung beschrieben werden:

$$K_2 = \frac{\pi H}{r_c} \int \eta \, r^3 \, n \, (r) \, dr \qquad (4.3)$$

H Höhe der Wolke über der Erdoberfläche
r_c mittlerer Radius der Regentropfen
η Koeffizient, der die Auswaschbarkeit der Aerosole charakterisiert
   η ist von der Größe der Staubpartikeln abhängig
   für groben Staub $\eta = 1$
   für Aerosole mit einem Radius von 0,5 μm, $\eta = 0,5$
   bei r = 0,2 μm $\eta = 0,1$ (Alekin, 1970)
r Radius der Aerosole
$n(r)$ dr Häufigkeitsverteilung der Aerosolteilchen

Tabelle 4.1. Mittlere Zusammensetzung einiger Wolkenwässer (Alekin, 1970)

Entnahme-gebiet	Proben-anzahl	Komponente in mg/l									pH-Wert
		SO_4^{2-}	Cl^-	NO_3^-	HCO_3^-	Na^+	K^+	Mg^{2+}	Ca^{2+}	NH_4^+	
Leningrad	19	–	2,4	0,7	–	1,3	1,1	0,3	1,0	–	4,8
Archangelsk	1	1,0	0,74	0,1	–	0,22	0,21	–	0,2	–	5,8
Kiew-Dnepro-	7	1,0	0,99	0,08		0,37	0,33	0,14	0,30	0,08	4,9
petrowsk		8,8	3,19	0,46	3,78	1,43	1,35	0,68	2,37	1,71	6,3
Saratov-	22	5,0	2,02	0,67	–	1,16	0,74	0,21	1,76		5,6
Moskau			4,34	0,73		1,49	1,30	0,27	1,78		5,8
Europäischer Teil der UdSSR	31	5,44	2,20	0,59	–	1,06	0,92	0,37	0,93		
London		1,28	3,33			2,19	0,49	0,3	1,33		
		0,14	0,52			0,55	0,16	0,11	0,19		

Tabelle 4.2. Anorganische Komponenten in Niederschlägen von sechs Stationen im Mittelwesten der USA – Angaben in mg/l (Irving, 1983)

Kompo-nente	Station					
	Bondille IL	Dixon Spring IL	Kalamazoo M	Lamberton MN	Caldvell Ohio	Wooster Ohio
pH-Wert	4,28	4,29	4,28	5,29	4,15	4,21
H^+	0,052	0,052	0,052	0,005	0,071	0,061
Na^+	0,10	0,15	0,42	0,17	0,16	0,36
K^+	0,05	0,07	0,03	0,05	0,03	0,03
NH_4^+	0,60	0,37	0,55	0,72	0,24	0,48
Ca^{2+}	0,47	0,27	0,46	0,50	0,21	0,33
Mg^{2+}	0,06	0,04	0,09	0,06	0,04	0,06
Cl^-	0,16	0,22	0,14	0,13	0,15	0,16
SO_4^{2-}	3,897	3,289	4,241	2,339	3,987	4,632
NO_3^-	2,082	1,399	2,359	1,759	1,820	2,233

Für einen homogenen Aerosolstaub mit einem Radius r und n_0 Teilchen je Kubikmeter Luft fand Junge (1963) folgende Abhängigkeit der Wash-out-Konzentration von der Niederschlagshöhe (h)

$$K_2 = \frac{4\pi\, r^3}{3}\, H\, n_0 \left[1 - \exp\left(- \frac{3\,\eta\, h}{4\, r_c} \right) \right] \tag{4.4}$$

Beide Gleichungen beschreiben eine Reihe Gesetzmäßigkeiten, die bei der Erfassung und Auswertung von Beschaffenheitsuntersuchungen nasser Depositionen bestätigt werden konnten und die andererseits bei der Neueinrichtung eines Niederschlagsmeßnetzes zu beachten sind.

Aus den Gleichungen geht zunächst hervor, daß die Konzentration der »Wash-out«-Komponente der Niederschlagskonzentration K_2 direkt proportional der Anzahl (Konzentration) und der Größe der Aerosole in der ausgewaschenen Luftmasse, umgekehrt proportional dagegen dem Radius der Wassertropfen ist. Desweiteren ist zu erwarten, daß die Konzentration der nassen Deposition einer zeitlichen Veränderung in Abhängigkeit von der Niederschlagsmenge unterworfen ist.

Die Abhängigkeit vom Angebot an Aerosolen in den Luftmassen kommt indirekt in Bild 4.3 zum Ausdruck, in dem die Niederschlagskonzentration der Zeit zwischen den Niederschlagsereignissen gegenübergestellt wird. Deutlich erkennbar ist, daß, je größer die Pausen zwischen den Niederschlagsereignissen und damit je größer die zeitliche Voraussetzung zur Anhäufung entsprechender Staubmengen in der Atmosphäre ist, desto höher ist die zu erwartende Konzentration der Niederschläge. Andererseits müßten dementsprechend im Verlaufe eines Niederschlagsereignisses zu Beginn die höchsten Konzentrationen beobachtet werden (da ein entsprechendes Staubangebot vorhanden ist), die sich mit zunehmender Niederschlagsmenge asymptotisch der reinen »Rain-out«-Konzentration annähern.

Diese Gesetzmäßigkeit wurde an einer Vielzahl Niederschlagsmeßstationen in verschiedenen Teilen der Erde bestätigt. Stellvertretend für alle möge Bild 4.4 diese Abhängigkeit verdeutlichen. Aus diesem Bild ist jedoch gleichzeitig ersichtlich, daß die anderen Variablen der Gleichungen diese Abhängigkeit variieren können. Möglicherweise kann die Beobachtung von Mrose (1961) an der relativen »Reinluftstation« Wahnsdorf/DDR (in Schauern geringere Konzentrationen als im anhaltenden Landregen) dahingehend gedeutet werden, daß in diesem Fall der Einfluß der Tropfengröße des Niederschlags gegenüber dem der Staubauswaschung überwog. Die Veränderung der Konzentration der nassen Depositionen innerhalb eines Niederschlagsereignisses be-

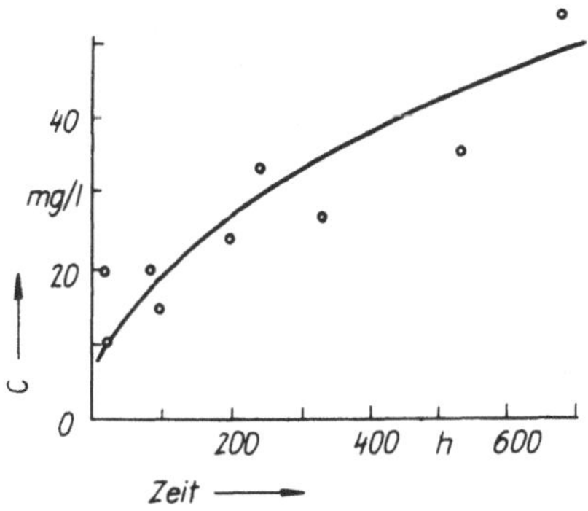

Bild 4.3. Abhängigkeit der Ionenkonzentration der Niederschläge von der Dauer der Trockenwetterperiode zwischen den Niederschlagsereignissen (nach Matveev, Basmakova, 1966)

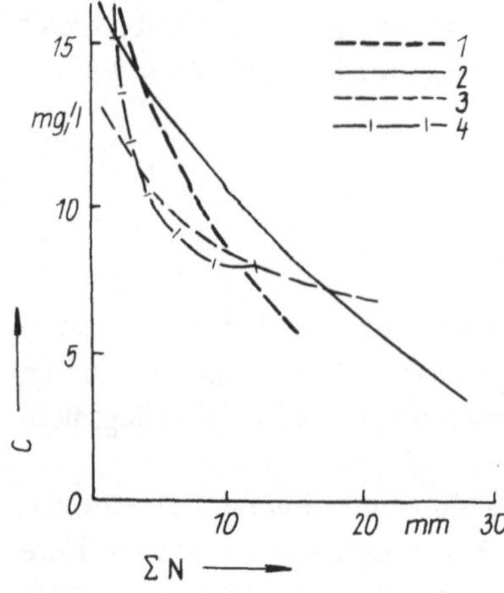

Bild 4.4. Zusammenhang zwischen der Konzentration und der Niederschlagshöhe (nach DROZDOVA u. a., 1964)

1 Station Vysokaja Dubrava
2 Vocjkovo
3 Kemeri
4 Mudjag

stätigen auch GEORGIJ und Mitarbeiter (1983). In einem Schauerregen wurden in den ersten 2 mm Niederschlag (18 % der Gesamtmenge des Niederschlagsereignisses = 11 mm) 5 mg Schwefel/m^2 ausgeregnet, das sind 31 % der Gesamtdeposition des Niederschlagsereignisses ($\triangleq$ 16 mg S/m^2).

Mit der Abnahme des »Wash-out«-Anteils innerhalb eines Niederschlagsereignisses ändern sich folglich auch seine Ionenverhältnisse in Abhängigkeit von der Zusammensetzung der Staubteilchen der Atmosphäre.

In Tabelle 4.3 ist die Veränderung der relativen Gehalte der Einzelkomponenten der Niederschlagsdauer gegenübergestellt, wobei der Gehalt zu Beginn des Niederschlagsereignisses gleich 100 % gesetzt wurde.

Am Beispiel der Station Wahnsdorf wurde auf den möglichen Einfluß der Größe der Wassertropfen auf den Chemismus hingewiesen. Eindeutig kommt diese Abhängigkeit im Vergleich der Konzentrationen des Regenwassers mit der von Nebel und Tau zum Ausdruck. Grundsätzlich ist mit abnehmender Tröpfchengröße bei gleichzeitiger Zunahme ihrer aktiven Oberfläche eine Zunahme des Stoffgehaltes der nassen Niederschläge zu verzeichnen.

Gegenwärtig ist die Anzahl der Analysen von Nebelwässern an zwei Händen abzählbar. Die an Einzelstationen ermittelten Nebelwasserkonzentrationen übersteigen jedoch

Tabelle 4.3. Zeitliche Veränderungen der relativen Ionenkonzentrationen im Niederschlag in % (MARQUARDT u. a., 1986)

Kompo-nente	< 10 min	10 bis 30 min	3 bis 6 h	6 bis 12 h	> 12 h
H^+	100	105	101	90	109
Na^+	100	51	54	95	86
K^+	100	82	80	78	38
NH_4^+	100	77	62	56	40
Ca^{2+}	100	65	58	50	28
Mg^{2+}	100	61	78	63	66
Cl^-	100	68	62	74	74
NO_3^-	100	76	69	59	47
SO_4^{2-}	100	78	70	73	48

alle um ein Vielfaches die im Regen, wie Tabelle 4.4 verdeutlicht. Dagegen weichen die Stoffkonzentrationen im Neuschnee nur wenig von den Gehalten im Regenwasser ab (Tabelle 4.5). PEUKERT (1974) fand im Schnee sogar geringere Stoffbestandteile als im Regenwasser und führt das auf das temperaturbedingt verminderte Lösungsvermögen zurück. Daneben beeinträchtigen der Standort der Probenahme und die Probenahmetechnik entscheidend das Analysenergebnis. Bei Schneeproben ist im Unterschied zu anderen Niederschlagsformen außerdem die Alterung der Deposition zu berücksichtigen. Schnee kann, begünstigt durch seine Porosität und seine große aktive Oberfläche, Aerosole und Gase aus der Luft adsorbieren, die zu einer Zunahme der Stoffkonzentration mit zunehmendem Alter führt. Getauter Altschnee kann somit erhebliche Stofffrachten in aquatische Ökosysteme eintragen, die sich im Gebirge u. a. durch Fischsterben bemerkbar machen (SCHMIDT, 1976). Tabelle 4.5 verdeutlicht gleichzeitig den Einfluß der Vegetation auf den Depositionsprozeß.

Tabelle 4.4. Vergleich der Konzentration einiger Lösungskomponenten im Regen- und im Nebelwasser (Angaben in mg/l, nach MROSE, 1961)

Komponente	Regen	Nebelwasser	
	Wahnsdorf	Geising	Kap Arkona
Ca^{2+}	3,1	10,0	61,0
Na^+	0,6	5,6	30,9
K^+	–	4,0	11,1
SO_4^{2-}	9,5	51,2	101,3
Cl^-	1,9	10,5	28,4
NH_4^+	2,1	20,5	95,4
NO_3^-	1,8	10,9	24,4

Tabelle 4.5. Stoffzusammensetzung eines drei Tage alten Schnees am Waldrand und im Waldinnern (Angaben aus LITTEK/TREFZ-MALCHER, 1985)

Komponente	Waldrand			Waldinneres			Maßeinheit
	Krone 1	Krone 2	Boden 3	Krone 4	Krone 5	Boden 6	
pH-Wert	3,86	3,88	4,63	3,77	3,97	4,22	
SO_4^{2-}	12,23	10,87	2,37	12,84	10,76	3,01	
NO_3^-	9,85	7,84	3,66	9,19	7,31	3,58	
Cl^-	7,99	5,72	2,67	7,05	5,22	2,33	mg/l
Ca^{2+}	3,82	2,84	1,44	2,72	3,11	0,81	
Na^+	3,93	2,56	0,80	2,90	2,12	0,82	
K^+	0,54	0,52	0,43	0,58	1,07	1,25	
NH_4^+	2,53	2,40	0,22	2,69	2,26	0,25	
Mg^{2+}	0,297	0,22	0,252	0,216	0,373	0,134	
P im PO_4^{3-}	78	57	22	64	64	59	
Mn^{2+}	32	23	5	27	35	14	µg/l
Zn^{2+}	194	133	35	181	128	29	
Pb^{2+}	66	57	11	66	44	14	

4.1.4. Einfluß der Vegetation auf die Niederschlagsbeschaffenheit

Der Einfluß der Vegetation ist jedoch nicht auf dem Schnee begrenzt. Besonders das Ausfiltern bzw. Auskämmen trockener Depositionen aus der Atmosphäre (das als Interzeption bezeichnet wird) hängt im entscheidenden Maße von der Pflanzenbedeckung ab. Im Wald ist eine Erhöhung der Depositionsgeschwindigkeit gegenüber Freilandstandorten zu verzeichnen, und entsprechend sind höhere Depositionsraten im Wald zu erwarten. Die gegenseitige Wechselwirkung der durch Interzeption trockener Depositionen aus der Atmosphäre entzogenen Stoffe und der nassen Niederschläge führt zu differenzierten Stoffzusammensetzungen im Freilandniederschlag, im Niederschlag unter Kronendächern und im Stammablauf von Bäumen. Diese Wechselwirkung wird nach TUREY und MORGAN (1962, zit. in ULRICH u. a., 1979) u. a. von folgenden Faktoren bestimmt:
– Zusammensetzung der Depositionen
– Lichtverhältnisse
– Temperaturverhältnisse
– Intensität, Form und Menge der nassen Depositionen
– Nährstoffsituation im Durchwurzelungsraum
– Art und Eigenschaften der Pflanze
– Alter der Bestockung und der Blätter im Speziellen
– Blatt- bzw. Nadelcharakteristika
– Ernährungszustand der Pflanze
– Gesundheitszustand der Pflanze

In Tabelle 4.6 werden die Mittelwerte langjähriger Untersuchungen der Lösungskomponenten im Freilandniederschlag, in Niederschlägen unter der Kronentraufe von Buchen und Fichten sowie im Stammablauf von Buchen gegenübergestellt. Deutlich ersichtlich sind die höheren Stoffkonzentrationen unter Nadel- gegenüber denen unter Laubbäumen. Ein entscheidender Grund dafür ist die ganzjährige aktive Filterwirkung der Nadelbäume gegenüber dem jahreszeitlich differenzierten Interzeptionsverhalten der Laubbäume. Setzt man die Konzentration der Lösungskomponenten im Niederschlag unter dem Kronendach ins Verhältnis zur Stoffkonzentration im Freilandniederschlag, so ergeben sich für die einzelnen Lösungsspezies unterschiedliche Anreicherungskoeffizienten.
Die nassen Depositionen unter dem Kronendach werden besonders mit Kalium, Kalzium, Magnesium, Sulfaten und Chloriden angereichert, währenddessen Natrium-, Stickstoff- und Phosphorverbindungen teilweise durch die Pflanze aus dem Niederschlag eliminiert werden und die Niederschläge unter dem Kronendach an diesen Elementen verarmt sind.
Maximale Anreicherungen der Stoffkomponenten des Niederschlags sind in den Stammabläufen zu verzeichnen. Die beschriebene Abnahme der Konzentration der Niederschläge mit zunehmender Niederschlagsmenge (Bild 4.4) ist in Stammabläufen noch signifikanter ausgeprägt (Tabelle 4.7).
Für die hydrogeochemischen Prozesse im Grund- und Bodenwasser sind die saisonbedingten Schwankungen der Niederschlagszusammensetzung auf Grund der unterschiedlichen Neubildungsanteile in den einzelnen Jahreszeiten von Bedeutung. Der Jahresgang der Schwefelverbindungen im Niederschlag zeigt an den meisten Meßstationen ein deutliches Wintermaximum (zurückzuführen auf den erhöhten Umsatz fossiler

Tabelle 4.6. Vergleich der Mittelwerte der Lösungskomponenten im Freilandniederschlag, im Niederschlag unter der Kronentraufe bei Laub- und Nadelbäumen sowie im Stammabfluß für den Zeitraum 1968–1974 im Solling (Ulrich u. a., 1979)

Komponente	Freilandniederschlag	Kronentraufe Buche	Stammabfluß Buche	Kronentraufe Fichte	Maßeinheit
H	0,090	0,127	0,485	0,473	
Na	0,874	1,62	2,79	2,59	
K	0,481	3,09	7,50	4,59	
Ca	1,56	3,96	5,27	6,31	mg/l
Mg	0,267	0,545	0,768	0,811	
Fe	0,191	0,174	0,384	0,336	
Mn	0,044	0,504	0,776	0,810	
Al	0,117	0,226	0,369	0,467	
Cr	1,2	1,2	2,9	2,8	
Co	0,7	0,6	0,8	1,2	
Ni	2,5	3,9	3,8	5,2	
Cu	33,0	17,0	18,0	30,0	
Zn	180,0	120,0	1720,0	350,0	μg/l
Cd	3,4	1,8	2,0	3,2	
Pb	29,0	33,0	78,0	70,0	
Sb	0,27	0,39	0,51	0,36	
Bi	0,033	0,033	0,10	0,065	
Hg	0,035	0,024	0,15	0,17	
Tl	0,11	0,11	0,16	0,17	
Cl	1,89	4,00	6,9	5,89	
S (im SO$_4$)	2,75	5,85	17,3	14,2	mg/l
P	0,090	0,080	0,028	0,13	
N	2,58	3,51	3,66	4,99	

Tabelle 4.7. Mittlere Konzentration der Niederschlagsinhaltsstoffe in Abhängigkeit von der Stärke des nassen Niederschlages (Periode März bis Mai 1983) im Vergleich von Stammablauf (a) zu Freilandniederschlag (b) (Glatzel, Puxbaum, 1983)

Regenklasse	Anzahl der Niederschlagsereignisse	Konzentration in mg/l												
		SO_4^{2-}		NO_3^-		Cl^-		Ca^{2+}		Mg^{2+}		K^+		H^+	
		a	b	a	b	a	b	a	b	a	b	a	b	a	b
0 … 3	6	74	6,3	109	9,2	23	2,0	36	10,8	4,3	1,3	11,0	1,1	0,42	0,01
3,1… 9	8	35	7,8	39	5,6	10	2,5	9,2	4,1	1,7	0,6	5,8	0,4	0,23	0,015
9,1…27	5	10	4,0	6	2,2	2	0,5	2,2	1,2	0,5	0,3	2,8	0,2	0,08	0,071

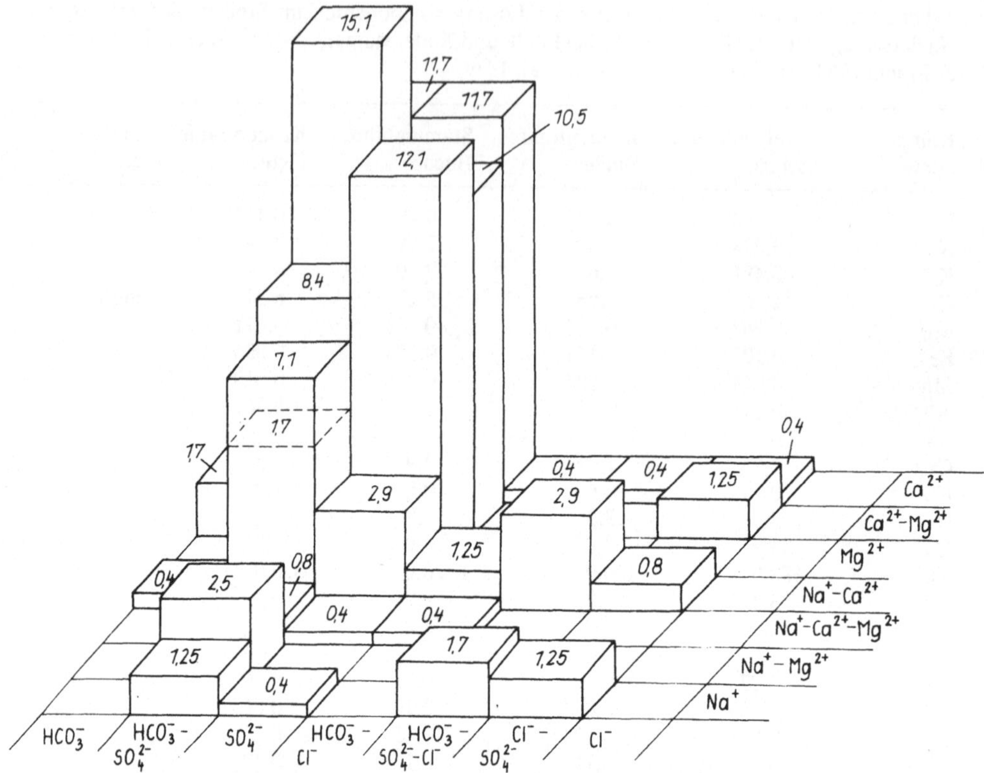

Bild 4.5. Häufigkeitsverteilung hydrochemischer Typen in Niederschlägen eines Industriegebietes im europäischen Teil der UdSSR (nach Daten von Kolodjažnaja, 1963)

Brennstoffe). Dagegen zeigen die landwirtschaftlich bedingten Stickstoffanreicherungen im Niederschlag (Vong et al, 1985) ein Maximum in der Frühjahr-Sommer-Periode. Die in der Literatur veröffentlichten Daten enthalten in den meisten Fällen keine Angaben zu den Kohlenstoffoxiden im Niederschlag. Dadurch ist eine Typisierung nach den in der Hydrogeologie üblichen Verfahren auf Grundlage der Hauptkomponenten der Lösung nur selten gegeben. Eine Ausnahme bildet die Arbeit von Kolodjažnaja (1963), in der die Einzelanalysen von Meßstationen aus einem Industriegebiet der UdSSR und von der kaukasischen Schwarzmeerküste fast vollständig über den Zeitraum eines Jahres wiedergegeben sind. Die daraus ermittelte Häufigkeitsverteilung der hydrochemischen Typen nach Scukarev (typbestimmend sind alle Anionen und Kationen mit einem Äquivalentprozentanteil > 25 %) für beide Regionen sind in den Bildern 4.2 und 4.5 dargestellt. Deutlich zeichnet sich die unterschiedliche Wirkung der eingangs beschriebenen Stoffquellen in der Niederschlagszusammensetzung ab.

Aus dem Dargelegten folgt, daß die Konzentration der Depositionen und ihre Einzelbestandteile sowohl starken räumlichen als auch zeitlichen Veränderungen unterworfen sind. Ihre Berücksichtigung in der Stoffbilanz der einzelnen Elemente des Infiltrationszyklus der Grundwässer erfordert die zielgerichtete Durchführung von Langzeitregimeuntersuchungen. Auf Grundlage derartiger Regimeuntersuchungen lassen sich, bezogen auf ein Grundwassereinzugsgebiet, spezifische Zonalitäten und zeitliche Trends ableiten sowie die mit dem Niederschlag in den Boden gelangenden Stofffrachten bilanzseitig abschätzen.

4.2. Beschaffenheit des Wassers in der Versickerungszone

Die Versickerungs- oder Aerationszone als oberster Teil der unterirdischen Hydrosphäre stellt das Bindeglied zwischen dem Grundwasser und der Atmosphäre dar. Der Anteil des Niederschlagswassers, der über die Versickerungszone bis zur Grundwasseroberfläche gelangt, wird entsprechend TGL 23989 als Grundwasserneubildung (GWN) bezeichnet. Mengenseitig ergibt sich die Grundwasserneubildung aus der Wasserhaushaltsgleichung wie folgt:

$$\text{GWN} = \overline{N} - \overline{V} - A_0 \tag{4.5}$$

$\overline{N}$ mittlere jährliche Niederschlagsmenge
$\overline{V}$ mittlere jährliche Evatranspiration
A_0 oberirdischer Anteil des Abflusses

In der hydrogeologischen Erkundungspraxis werden erfolgreich eine ganze Reihe direkter und indirekter Verfahren angewandt, die die Bestimmung der mittleren unterirdischen Abflußmenge für ausgewählte Bodenarten gestatten (GLUGLA/ENDERLEIN, 1975; SCHLINKER, 1969; KRAFT/SCHRAEBER, 1982; MATTHESS/UEBELL, 1983; u. a.). Obwohl die Mehrzahl der in den genannten Arbeiten beschriebenen Verfahren den Einfluß klimatologischer, pedogeologischer und geographisch-ökologischer Faktoren vor allem auf den Evapotranspirationsprozeß berücksichtigt, vernachlässigen die Methoden zwangsläufig (entsprechend ihrer praktischen Zielstellung) die innere Dynamik der Feuchteverteilung in der Aerationszone.

4.2.1. Zusammenhang zwischen Feuchtetransport und Beschaffenheitsentwicklung in der Aerationszone

Feuchtezufuhr durch Niederschläge und Feuchteentzug durch Verdunstung bewirken besonders in den oberen 1 bis 2 Metern der Aerationszone eine ständige, räumlich und zeitlich differenzierte Veränderung des Wasservorrates sowie unterschiedliche Verlagerungsmechanismen und entgegengesetzte Verlagerungsrichtungen der Bodenfeuchte. Das Verhältnis Niederschlag-Verdunstung bestimmt nicht nur mengenseitig die Grundwasserneubildung, sondern auch unmittelbar den Stoffgehalt des Sickerwassers. Als Maß für die Mineralisationszunahme der versickernden Niederschläge kann der Verdunstungskoeffizient K_V stehen, der das Verhältnis der eindringenden Niederschlagsmenge N_{eff} zur Grundwasserbildung (GWN)

$$K_V = \frac{N_{\text{eff}}}{\text{GWN}} \tag{4.6}$$

darstellt.
Zieht man beispielsweise die von SCHLINKER (1969) angegebenen Versickerungskoeffizienten zur Ermittlung des Verdunstungskoeffizienten heran, so müßten sich nachfolgende langjährige Mittelwerte für K_V im Lockergestein ergeben:

Sand ohne Humus   4
Sand mit Humus   5

Sand lehmig   6,7
Lehm, Geschiebemergel sandig 10
Lehm, Geschiebemergel tonig   20

Felduntersuchungen an Lysimeterabläufen bestätigten den Konzentrationseffekt, erbrachten andererseits jedoch einen höheren Wasserdurchlauf und somit geringere Verdunstungskoeffizienten (KÜHN/WELLER, 1977; SALAY u. a., 1985; VASAK et al., 1981).

Im Festgestein ohne bzw. mit geringmächtiger Verwitterungsdecke sind auf Grund der kurzen Verweilzeit der Niederschläge im Boden nur geringe Konzentrationseffekte durch die Verdunstung zu erwarten. Besonders gut läßt sich der Verdunstungseffekt in anthropogen nicht bzw. wenig beeinflußten Gebieten am Beispiel der Chloridionenverteilung im Sickerwasser erkennen. EICHINGER und SCHULZ (1984) konnten anhand dieser Verteilung nicht nur die Niederschlagsverteilung einzelner Jahre rekonstruieren, sondern es gelang ihnen, unter Ausnutzung dieses Zusammenhanges die Sickergeschwindigkeit des Bodenwassers in unterschiedlichen morphologischen Positionen zu ermitteln. Andere Lösungskomponenten des Sickerwassers, die im Unterschied zu den Chloridionen vielseitige Wechselwirkungen mit der Gesteinsmatrix, der Bodenluft, dem Pflanzenbewuchs sowie der Bodenlebewelt eingehen, zeigen ein weit differenzierteres Anreicherungsverhalten im Sickerwasser, wie Tabelle 4.8 verdeutlicht.
Obwohl die aus dem Verhältnis der eindringenden Niederschlagsmenge zur Abflußmenge der Lysimeter ermittelten Verdunstungskoeffizienten unter den aus den Ergebnissen von SCHLINKER ermittelten Werten liegen, läßt sich doch z. B. für die Sulfationen trotz teilweise erheblicher Verluste durch Pflanzenentzug in allen Lysimeterabläufen ein deutlicher Konzentrationsanstieg gegenüber dem Niederschlagswasser erkennen.
Eingangs wurden die Veränderungen aufgezeigt, die sich durch den Feuchteentzug im Evapotranspirationsprozeß im Sickerwasser ergeben. Auch ohne diese Komponente stellt die Teufenverlagerung der Niederschläge im Boden einen komplizierten Prozeß dar. Mittels Tracerversuche konnte nachgewiesen werden, daß sich die eindringenden Niederschläge nur teilweise als geschlossene Feuchtefront im Untergrund ausbreiten und daß diese Front durch fahnen-, rinnen- und zungenförmige Gebilde erhöhter bzw. verringerter Feuchte kompliziert wird.
Meist vereinigen sich die zungenförmigen Gebilde in einer bestimmten Teufe zu einer geschlossenen Feuchtefront, teilweise begünstigt durch horizontale Schichten geringerer Durchlässigkeit. Die Ausbreitung der Bodenfeuchte als geschlossene Front nach dem Prinzip des Piston-flow-Modells wird als Infiltration, die zungen- oder rinnenförmige Ausbreitung als Influktion bezeichnet (DMITRIEV u. a., 1985).
Influktionsprozesse wurden in der Literatur meist als hydraulische Phänomene bindiger Böden beschrieben. Bekannt wurden Grundwasserschadensfälle, die auf das Eindringen kontaminierter Wässer über Trocken- bzw. Frostrisse durch Geschiebemergelablagerungen zurückzuführen sind. Der Verlauf der Durchbruchskurven bei Tracerversuchen mit Bodenmonolithen führte auch HOLTHUSEN (1982) zu der Schlußfolgerung, daß hydraulische Kurzschlüsse (bzw. Influktionsprozesse) in bindigen Böden stärker ausgeprägt sind als in vorwiegend sandigen. Dieser Verallgemeinerung kann man jedoch nicht zustimmen. Eigene Freilanduntersuchungen zur Versickerung von Abwässern in homogenen Mittelsanden zeigten deutliche Influktionserscheinungen. Es wird eingeschätzt, daß sich Influktionsprozesse in allen Böden unterschiedlichster Substrateigenschaften bis in Teufen von etwa 2,5 m einstellen können. Ursachen dafür können sein:

– Ausbildung der bereits erwähnten Frost- und Trockenrisse in bindigen Erdstoffen, die z. T. bis in Bodentiefen von 1,5 m bis 2,0 m reichen
– struktur- und texturbedingte Eigenschaften des Erdstoffes, die sich in der Existenz bevorzugter Sickerbahnen auf zusammenhängenden und durchgängigen Porenkanälen äußern (Busch/Luckner, 1973)
– zusätzliche Sickerbahnen erhöhter Durchlässigkeit, hervorgerufen durch die Lebenstätigkeit der Bodenorganismen sowie durch abgestorbene Wurzeln (Bezrodov/Chalbaev, 1983; Blume u. a., 1966)
– abflußbestimmende Mikro- und Makroreliefeinflüsse der Bodenoberfläche, die zu einem unterschiedlichen Sickerwasser-Input führen
– unterschiedliche Benetzungswiderstände der an der Oberfläche lagernden Substrate (z. B. Rohhumus, Ehwald u. a., 1961)
– durch unterschiedliche Ursachen bedingte flächenhaft differenzierte Bodenfeuchteverteilung vor einem Niederschlagsereignis (wodurch in Gebieten mit primär höherer Feuchte die Versickerung begünstigt wird)
– zeitlich und flächenhaft unterschiedliches Auftauverhalten des Bodens (zusätzlich beeinflußt durch verschiedene äußere Faktoren), das zu einer heterogenen Sickerwasserbewegung in den Frühjahrsmonaten führt.

Obwohl die Influktion eine hydrodynamische Erscheinung ist, besitzt sie für die Beschaffenheitsbildung der Sickerwässer eine große Bedeutung und nicht nur aus grundwasserschutzseitigen Erwägungen. Die differenzierten Sickerwege des eindringenden Niederschlagswassers führen auch beschaffenheitsseitig zu einem unterschiedlichen Sickerwasser, da sowohl das Stoffangebot als auch die Kinetik der Wechselwirkung im System Sickerwasser-Gestein-Gas-organische Substanz bei beiden Sickerprozessen unterschiedlich ist.

4.2.2. Faktoren, die die Beschaffenheit des Sickerwassers bestimmen

Sowohl der Mengen- als auch der Stofftransport in der Versickerungszone ergibt sich somit als summarischer Effekt der Einwirkung einer Vielzahl von Faktoren des genannten dynamischen Systems. In Tabelle 4.9 wurde der Versuch einer Systematisierung dieser Faktoren unternommen.

Aus der Haushaltsgleichung folgt, daß die *atmosphärischen Niederschläge* die Ausgangsgröße darstellen, die sowohl mengen- als auch stofflicherseits die Bilanz im Sicker- und Grundwasser ursächlich bestimmen. Die nassen Depositionen sind dabei nicht nur Transportmittel, sondern gleichzeitig Lösungsmittel für die auf der Erde abgelagerten trockenen Depositionen der Atmosphäre, für die Bodenluft sowie die mineralisch-organischen Komplexe des Bodens und der tieferen Teile der Aerationszone. In Abhängigkeit von der zeitlichen und räumlichen Verteilung der Niederschläge, ihrer Intensität und Quantität, kommt es bei gleichzeitiger Einwirkung anderer Faktoren zu jahreszeitlich differenzierten Sickerwassermengen in den Untergrund (Tabelle 4.10). Berücksichtigt man dabei das unterschiedliche Stoffangebot zu den verschiedenen Jahreszeiten sowie die differenzierten Verdunstungsverhältnisse, so läßt sich bereits daraus eine jahreszeitlich veränderliche Beschaffenheit der Sickerwässer ableiten. Neben dem jahreszeitlich unterschiedlichen Niederschlagsangebot und den Verdunstungsbedingungen

Tabelle 4.8. Sulfat- und Nitratgehalte sowie ihre Jahresfracht im Niederschlags- und Sickerwasser (gewogene Mittelwerte an 15 Lysimetern in Hessen/BRD im Zeitraum von 1973 bis 1977) (nach SALAY u. a., 1985)

Station	Bodenart	Nutzung	K_V	C_s in mg/l		K_{VS}	C_N in mg/l		K_{VN}	M_S in kg/ha a		K_{BS}	M_N in kg/ha a		K_{BN}	Bilanz in kg/ha a	
				C_D	C_I		C_D	C_I		M_{DS}	M_{IS}		M_{DN}	M_{IN}		B_S	B_N
1	2	3	4	5	6	7	8	9	10	11	12	13	14	15	16	17	18
Grebenstein	Lehm	Getreide	3,4	32,7	149,3	4,6	27,3	114,8	4,2	192	260	1,35	160	200	1,25	+ 68	+ 40
Ziegenhagen	l. Sand	Weide, Mähwiese	2,4	27,0	33,9	1,2	36,1	1,0	0,03	202	107	0,53	270	3	0,01	− 95	− 267
Hübenthal	fs. Lehm	Getreide, Hackfrucht	2,2	36,5	106,1	2,9	48,2	18,3	0,4	203	266	1,31	268	46	0,17	+ 63	− 222
Rauisch-holzhausen	fs. Lehm	dto.	6,2	35,7	192,4	5,4	24,9	33,5	1,4	184	161	0,88	128	28	0,22	− 23	− 100
Walsdorf	mittel-schwerer Lehm	Getreide	2,3	17,4	45,1	2,6	18,2	34,9	1,9	83	93	1,12	87	72	0,83	+ 10	− 15
Gedern	Lehm	Weide	2,4	21,9	33,9	1,5	19,9	4,2	0,2	165	105	0,64	150	13	0,09	− 60	− 137
Nd. Erlen-bach	staub-sand. Löß	Getreide-Hackfrucht	41,2	27,5	126,9	4,6	36,8	32,8	0,9	152	17	0,11	203	44	0,22	− 135	− 159
Rüdigheim	Lehm	Getreide	7,1	35,8	93,6	2,6	49,3	8,0	0,2	190	70	0,37	262	6	0,02	− 120	− 256
Erbenheim	Lehm	Mähwiese ungedüngt	5,5	28,9	99,8	3,5	53,8	4,5	0,1	143	89	0,62	266	4	0,02	− 54	− 262
Eddersheim	s. Lehm	Getreide	7,4	27,3	123,9	4,5	39,7	40,4	1,0	154	95	0,62	224	31	0,14	− 59	− 193
Gr. Gerau	Lehm u. Kalk	Getreide-Hackfrucht	4,2	62,0	132,3	2,1	16,7	119,9	7,2	312	160	0,51	84	145	1,73	− 152	+ 61
Escholl-brücken	Sand	Getreide-Mais	2,6	37,3	208,5	5,6	25,0	96,3	3,9	201	431	2,15	135	199	1,47	+ 230	+ 64
Neunkirchen	Grus über Granit	Standweide	1,3	16,6	25,7	1,5	18,4	5,8	0,3	146	167	1,14	161	38	0,24	+ 21	− 123
Balkhausen	Lehm	Mähwiese	3,2	22,5	50,8	2,2	21,0	2,1	0,1	167	118	0,71	156	5	0,03	− 49	− 153
Alsbach-Sandwiese	Sand	Brache auf Spargel-acker	2,0	18,7	46,1	2,5	35,2	34,8	1,0	114	142	1,25	215	107	0,50	+ 28	− 108

Erläuterungen zu Tabelle 4.8:

$$K_V = \frac{\overline{N}}{A_V} = \text{Verdunstungskoeffizient} = \frac{\text{mittlere Niederschlagsmenge in mm}}{\text{mittlere Grundwasserneubildung in mm}}$$

C_S, C_N mittlere Konzentrationen der SO_4^{2-} bzw. NO_3^--Ionen, entsprechend im Niederschlag (C_D) und im Lysimeterablauf (C_I)

K_{VS}, K_{VN} Konzentrationskoeffizient $= \dfrac{C_I}{C_D}$ entsprechend für SO_4^{2-} bzw. NO_3^--Ionen

M_S, M_N mittlere Jahresfrachten an Sulfat- bzw. Nitrationen entsprechend im Niederschlag (M_D) und im Sickerwasser (M_I)

K_{BS}, K_{BN} Bilanzkoeffizient der Jahresfrachten $= \dfrac{M_I}{M_D}$

B_S, B_N Jahresbilanz der Sulfat- bzw. Nitratfracht $B = M_D - M_I$

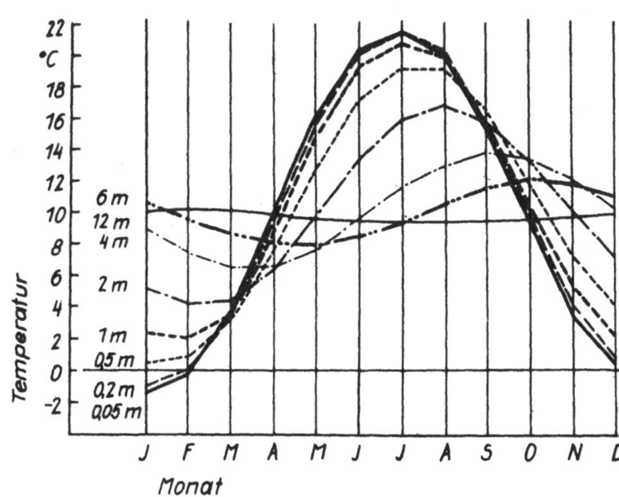

Bild 4.6. Jahresgang der Bodentemperatur in verschiedenen Bodentiefen eines Sandstandortes bei Potsdam (nach MÜLLER u. a., 1985)

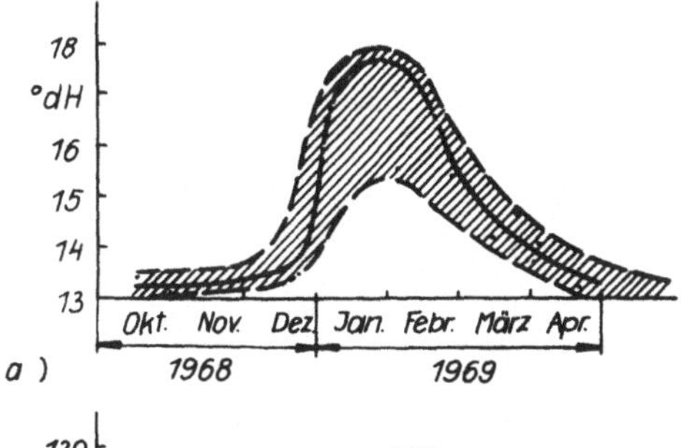

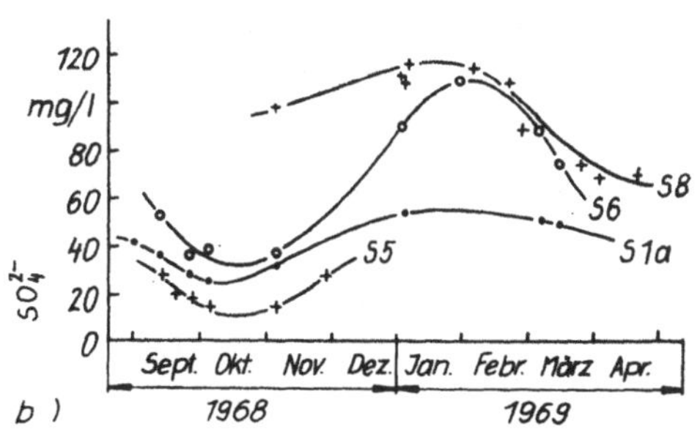

Bild 4.7. Jahreszeitliche Veränderung der Gesamthärte und des Sulfatgehaltes im Sickerwasser von Lysimetern (SCHULZ, 1969)

a) Gesamthärte der Abläufe von Lysimeter S8, aufgetragen in °dH über der Zeit

b) Sulfate im Sickerwasser von vier Lysimetern

S1a	Fichte auf Braunerde – Podsol
S5	Buche auf Braunerde
S6	Fichte auf Staunässegley
S8	Wiese auf Schwarzerde (Löß)

Tabelle 4.9. Systematisierung der Faktoren, die die Beschaffenheitsentwicklung im Sickerwasser bestimmen

Klimatische Faktoren	Physisch-geographische Faktoren	Geologische Faktoren
		lithologisch-strukturelle

1. Niederschlag
  – Niederschlagshöhe
  – regionale bzw. lokale Verteilung
  – zeitliche Verteilung (Periodizität, Dauer usw.)
  – Aggregatzustand
  – Zusammensetzung des Niederschlags
2. Strahlungsangebot
3. atmosphärische Verhältnisse
  – Temperatur
  – Druck
  – Windrichtung
  – Windstärke
	1. hydrologische Faktoren
	  – Gewässernetz
	  – Gewässerfläche
	  – Gewässerregulierung
	  – Wechselbeziehung Grundwasser – Oberflächengewässer
	2. morphologische Faktoren
	  – Oberflächenform
	  – Reliefenergie
	  – Hanglage
	  – Erosionsbasis
	3. Bodennutzung/Bodenbedeckung
	  – landwirtschaftliche Nutzfläche
	    Acker, Brachland, Weide
	    Fruchtfolge
	  – Wald
	    Art der Bestockung
	    Bestockungsalter
	  – Bebauung
	    (Urbanisierung)
		– Flurabestand des Grundwassers
		– Lagerungsverhältnisse (Schichtung, Homogenität, lithofazielle Veränderungen)
		– Bodenform (Struktur und Textur)
		– Verwitterungsgrad des Kompaktgesteins
		– tektonische Beanspruchungen

Tabelle 4.10. Jahreszeitliche Anteile der Sickerwassermengen S auf verschiedenen Bodenstandorten (WEISE, 1978 a)

Quartal	Parameter	Substrat			
		Sand	Lehm	Löß	Ton
I	S in % von N des Quartals ($N_{Quart.}$)	69	74	62	49
	S in % von Jahressickermenge (ΣS)	39	51	36	35
II	S in % von $N_{Quart.}$	31	22	22	24
	S in % von ΣS	25	24	32	41
III	S in % von $N_{Quart.}$	13	3	2	3
	S in % von ΣS	9	3	2	5
IV	S in % von $N_{Quart.}$	37	15	27	12
	S in % von ΣS	27	22	30	19
I…IV	ΣS in mm	202	128	143	88
	% von N (= 650 mm)	38	25	23	18

petrophysikalisch-	geochemische	Physikalisch-chemische Faktoren	Biologische Faktoren

– Kornverteilung
– Porosität
  Gesamtporosität
  effektive (dränbare)
– Klüftigkeit
– Permeabilität
– Wassersättigung
– Saugspannung
– kapillare Steighöhe
– Druckpotential
– Grundwasserdruck-
  regime
	– mineralogische Zu-
	  sammensetzung der
	  Ablagerung
	– Kapazität und Zusam-
	  mensetzung austausch-
	  fähiger Substanzen
	– Chemismus der Poren-
	  bzw. Sickerwässer
	– Gas- bzw. Luftzusam-
	  mensetzung
	– Gehalt und Zusammen-
	  setzung der organischen
	  Substanzen
		– Redoxverhält-
		  nisse
		– pH-Wert
		– Gasdruck
		– Temperatur
			– Arten und Gehalt
			  der Mikroorganis-
			  men
			– migrationsbeein-
			  flussende Fakto-
			  ren der Tätigkeit
			  von Bodentieren

wirken sich klimatische Faktoren auch anderweitig direkt und indirekt auf die Beschaffenheit des Sickerwassers aus. Erinnert sei an dieser Stelle an die direkte Abhängigkeit der Löslichkeit von der Temperatur. Bild 4.6 zeigt den mittleren Jahresgang der Bodentemperatur in verschiedenen Tiefen an einem Sandstandort im Bezirk Potsdam. Nicht zuletzt sind die klimatischen Verhältnisse maßgeblich für die Wachstumsprozesse in der Natur und die sich daraus ableitende unterschiedliche Bedarfs- bzw. Angebotssituation an Nährstoffen im Bodenökosystem verantwortlich.

In Bild 4.7 sind die jahreszeitlichen Veränderungen der Gesamthärte und des Sulfatgehaltes an Lysimeterabläufen dargestellt, die nach Meinung von SCHULZ (1969) auf direkte oder indirekte klimatische Einflüsse zurückzuführen sind. So erklärt er die Anomalie in der Gesamthärte im Winter durch ein erhöhtes Lösungsvermögen des Karbonatsystems im kalten Regen- bzw. Schneeschmelzwasser. Die Aufnahme der Sulfationen über die Pflanzenwurzeln in der Wachstumsphase führt zu einer Abnahme des SO_4-Gehaltes im Sickerwasser. Dagegen erfolgt ab Herbst die verstärkte Zufuhr der Sulfate mit dem Blätterfall in den Boden. Beim Verrotten der Blätter werden Sulfationen frei. Sie führen zu einem SO_4-Anstieg im Sickerwasser in den Wintermonaten, der durch das potentiell höhere Angebot an Schwefel im Niederschlag in dieser Periode noch begünstigt wird. Die aufgezeigten Tendenzen sind jedoch nicht zu verallgemeinern. Für jeden konkreten Standort sind die spezifischen Gesetzmäßigkeiten abzuleiten, die sich aus der Summe der einwirkenden Faktoren ergeben. Zum Beispiel zeigt die innerjährliche Dynamik der Beschaffenheitsveränderung der Lysimeterabläufe im Einzugsgebiet der

Tadenka (europäischer Teil der UdSSR) ein grundsätzlich anderes Bild als das von SCHULZ beobachtete. Danach richtet sich der Charakter der jährlichen Ionenverteilung im Sickerwasser vor allem nach der winterlichen Gefriertiefe des Bodens sowie nach der damit verbundenen unterschiedlichen Veränderung der Bodenwasservorräte und den Abflußanteilen (UCVATOV, 1985). Geringmächtiger Frost im Boden begünstigt Influktionsprozesse, die in dem konkreten Fall zu einer intensiven Sulfatauslaugung des Rohhumus und einem direkten Sulfateintrag ins Grundwasser führen. Bei großer Gefriertiefe erfolgt eine allgemeine Verdünnung der im Vorjahr konzentrierten Sickerwässer und ihre Verlagerung mit der gesamten Feuchtefront in die Tiefe. WEISE (1971) verweist ebenfalls auf die enge Korrelation der Beschaffenheit des Sickerwassers mit der jährlichen Sickerwasserdynamik. Seine Untersuchungsergebnisse zeigen gleichzeitig, daß sich die jahreszeitlichen Schwankungen in der Beschaffenheit des Sickerwassers nicht einem wiederholbaren Rhythmus unterwerfen.

Der Charakter des Sickerwasserregimes ist in verschiedenen klimatischen Zonen der Erde unterschiedlich. Während in humiden Gebieten Mitteleuropas die Anreicherungsphase der Lösungsspezies in der Trockenperiode durch eine intensive Auswaschungsphase in der Winter-Frühjahrs-Periode abgelöst wird und damit insgesamt (bei flurfernem Grundwasser) eine Abwärtsbewegung der Sickerwässer überwiegt, erfolgt in ariden Klimazonen auf Grund der hohen Verdunstungsrate eine begünstigte Aufwärtsbewegung mit einer entsprechenden Anreicherung der Salzkomponenten im Boden. Eine Erscheinung, die bei der Bewässerung in diesen Regionen zu ernsten Proble-

Tabelle 4.11. Chemische Zusammensetzung von Bodenlösungen in ariden Klimazonen (Angaben nach KOVDA, 1954; GARCIA et al. 1956; KURACEV, 1971)

Standort	Na^+	K^+	Ca^{2+}	Mg^+	Cl^+	HCO_3^-	SO_4^{--}	NO_3^-	Teufe in cm
1. Fergana-	85600	1220	6970	20310	31950	930	128800	–	–
Becken	570	340	880	1040	2200	300	4650	–	–
in mg/kg	190	60	640	330	130	200	3010	–	–
2. Hunger-	93400	7030	420	22800	145800	910	96400	–	–
steppe	44500	3790	630	5920	63100	630	36500	–	–
in mg/kg									
(Golod-	6930	140	930	1370	10500	260	7850	–	–
naja step)	320	170	640	320	130	460	3000	–	–
3. Quadal-	204	60	67	17	324	49	174	126	0…20
quivirtal	455	35	214	115	1285	27	229	93	20…40
Sapillo W	724	35	364	138	1228	29	1272	40	40…70
in mg/l									
4. Quadal-	120	17	46	70	256	32	206	99	0…10
quivirtal	260	183	90	56	426	41	341	149	10…20
Sapillo NE	419	82	56	70	674	4	293	56	20…40
in mg/l	141	720	46	61	280	32	221	90	40…60
5. Zentrale	395		6,4	9,6	46,8	809	175	–	11
Baraba	504		8,8	9,11	50,5	993	254	–	25
in mg/l	595		10,4	16,4	83,7	1100	344	–	40
	676		14,4	69,6	340,0	1300	200	–	75

men in Form der Salzbodenbildung führen kann (KOVDA, 1985). Beispiele von Bodenlösungen arider Gebiete zeigt Tabelle 4.11.

Aus der Gruppe der *physisch-geographischen Faktoren* sind es wie bereits teilweise erwähnt, besonders die Bodennutzung und Bodenbedeckung, die die Beschaffenheitsentwicklung des Sickerwassers maßgeblich beeinflussen, währenddessen sich der Einfluß der hydrologischen und morphologischen Faktoren vor allem auf den Mengentransport und erst indirekt auf den Sickerwasserchemismus bezieht.

Eingangs wurde auf die unterschiedliche Niederschlagszusammensetzung an Wald- und Freilandstandorten hingewiesen. Wie die Tabellen 4.8 und 4.12 zeigen, bleibt diese Differenzierung im Sickerwasser bestehen und verstärkt sich in Abhängigkeit von der Nutzungsart, der Fruchtfolge sowie den Maßnahmen zur Intensivierung der landwirtschaftlichen Produktion weiter. Die wesentlichen Unterschiede zwischen den Sickerwässern unter landwirtschaftlich und forstwirtschaftlich genutzten Beständen sind:

- Der Gehalt gelöster organischer Substanzen im Oberboden ist in Waldökosystemen um ein Vielfaches höher als im Sickerwasser gleichartiger Ackerböden.
- Der Anteil organischer Substanzen im Sickerwasser beträgt im Wald nicht selten 50 % und ist größenordnungsmäßig mit der Sulfatkonzentration vergleichbar.
- An Ackerstandorten ist ein wesentlich höherer Mineralisierungsgrad der organischen Substanzen zu verzeichnen, der sich in erhöhten Kalzium-, Kalium-, Nitrat-, Sulfat- aber auch Chloridgehalten ausdrückt.
- Das Verhältnis Sulfatkonzentration zum Gehalt organischer Substanzen ist unter vergleichbaren Bedingungen auf dem Acker eindeutig zugunsten der Sulfationen verschoben.
- Neben der Mineralisierung der gelösten organischen Substanz ist in vergleichbaren Ackerböden mit flurfernem Grundwasser gegenüber Waldstandorten ein allgemeiner Humusschwund im mineralisch-organischen Bodenkomplex zu verzeichnen, der 20 bis 40 % betragen kann.

Obwohl auf den meisten landwirtschaftlich genutzten Standorten der Einfluß der Düngung gegenüber anderen Faktoren überwiegt, wirkt sich dieser Einfluß im Verhältnis zur Bodennutzung unterschiedlich aus (entsprechend dem Nährstoffbedarf der Pflanzen). Von verschiedenen Autoren wird auf die spezifische Auswirkung von ganzjährigem Grünland (Weide) auf den Sickerwasserchemismus hingewiesen. Nach OBERMANN (1981) unterscheiden sich diese Sickerwässer gegenüber denen auf benachbartem Ackerland durch:

- einen erhöhten Anteil gelöster organischer Substanzen (hoher $KMnO_4$-Verbrauch, Gülleeinfluß)
- ein reduzierendes Milieu durch geringe Belüftung des Ober- und Unterbodens (relativ niedrige Eh-Werte)
- damit verbundene erhöhte Gehalte an Mangan, Eisen und Ammonium im Sickerwasser.

Der fast ganzjährige Entzug von Nährstoffen durch die Wiesengräser aus dem Sickerwasser führt auch auf Sandstandorten zu einem hohen Entzug der Düngemittel durch die Pflanzen, wie aus Tabelle 4.8 ersichtlich ist.

Neben den verschiedenen Interzeptionsaktivitäten der einzelnen Baumarten ist auch ihr Nährstoffhaushalt unterschiedlich. Tabelle 4.13 verdeutlicht, daß sich sowohl nach

120

Tabelle 4.12. Vergleich der Beschaffenheit der Sickerwässer unter Wald (W) und Acker(A) benachbarter Podsolbodenstandorte (BELOUSOVA/VOLOBUEVA, 1984)

Horizont	pH-Wert		Organische Substanzen in mg/l		Ca^{2+} in mg/l		Mg^{2+} in mg/l		K^+ in mg/l		Na^+ in mg/l		SO_4^{2-} in mg/l		Cl^- in mg/l	
	A	W	A	W	A	W	A	W	A	W	A	W	A	W	A	W
A0 (10 cm)		6,52		5,6		6,4		3,4		1,56		0,6		5,3		15,6
A2 (15 cm)		6,71		12,0		6,9		3,2		0,8		1,8		8,4		11,1
A_{Ack} (20 cm)	6,7		1,7		10		3,8		17,5		4,2		27,2		23,3	
Bhg (25 cm)		6,72		8,4		9,2		6,4		0,8					10,3		
Bhg (35 cm)	6,67		1,4		13,2		5,1		14,5		7,9		10,2		43,5	
B_m (60 cm)	6,45		0,0		19,5		8,2		3,3		8,0		11,0		25	

Tabelle 4.13. Mittlere Zusammensetzung von Bodenlösungen in mg/l unter verschiedenen
Waldtypen im Einzugsgebiet des Tadenka (europäischer Teil der UdSSR) (Ucvatov, 1985)

Standort	Teufe in cm	pH-Wert	HCO_3^-	Cl^-	SO_4^{2-}	Ca^{2+}	Mg^{2+}	Na^+	K^+	SiO_2	Fe_2O_3	Σ Ionen	C_{org}
1. Freiland	N	5,1	6,1	7,3	8,5	3,2	0,6	0,8	1,2	0,9	0,4	29,0	4,8
(Wiese,	3,5	4,5	10,6	6,2	6,3	4,0	1,3	0,7	3,1	3,9	3,8	39,9	21,8
Lichtungen)	10	4,8	6,6	6,8	7,9	2,9	1,8	1,0	2,1	3,4	19,3	51,8	60,8
	20	4,8	5,6	6,7	12,7	2,7	1,2	1,1	2,6	3,9	3,7	32,6	21,8
	50	5,1	6,1	8,5	9,4	2,8	1,7	1,4	1,2	3,7	0,7	35,5	3,6
2. Birkenwald	N	4,3	2,4	7,3	37,0	9,7	2,4	1,0	5,9	1,7	1,9	69,3	24,7
	3,5	5,6	18,5	8,0	24,1	10,7	4,2	1,3	9,0	1,6	20,0	97,4	53,0
	10	4,7	7,1	6,8	21,9	7,9	2,1	0,6	5,2	1,4	9,4	62,4	31,4
	20	4,6	6,9	6,9	18,7	14,6	2,0	1,1	5,6	3,6	2,8	62,2	18,0
	50	5,8	8,8	9,9	23,2	16,4	2,0	1,8	2,8	3,2	0,6	68,7	8,6
3. Kiefernwald	N	4,3	4,8	7,5	19,6	8,7	2,0	1,1	4,1	2,4	1,3	51,5	22,4
	3,5	4,6	14,6	12,8	13,2	8,8	0,5	1,3	5,1	0,8	28,0	85,1	87,4
	10	4,2	6,5	10,8	32,8	6,2	2,0	1,2	9,8	8,4	32,0	109,7	105,0
	20	4,4	8,3	7,1	35,2	4,8	0,6	2,1	6,5	4,0	12,0	80,6	51,5
	50	4,2	4,9	11,3	27,0	8,8	1,5	1,8	2,5	3,6	1,2	62,6	12,0
4. Tannenwald	N	4,0	3,5	11,8	96,1	22,9	4,7	2,7	11,3	3,7	2,1	158,3	50,3
	3,5	4,9	12,2	8,5	48,2	5,6	1,9	1,0	10,5	3,2	7,9	99,0	71,8
	10	4,5	4,9	8,5	126,6	8,8	1,0	3,8	18,0	4,0	16,2	191,8	95,2
	20	3,9	0	14,2	135,6	7,2	0,8	5,8	12,9	6,0	11,3	193,8	96,7
	50	4,0	0	8,5	100,2	10,4	1,5	0,6	5,8	4,0	5,2	136,2	36,0
5. Mischwald	N	6,2	14,0	7,8	6,6	4,2	1,4	0,5	4,8	1,3	0,9		10,1
	3,5	6,8	30,4	7,1	12,5	23,2	2,4	1,2	5,2	3,4	1,2	86,6	13,2
	10	6,7	30,9	6,1	10,5	28,8	8,6	2,0	1,3	7,6	1,2	97,0	17,2
	20	7,0	30,0	7,0	14,5	32,4	11,2	2,6	1,1	3,9	1,2	103,7	9,6
	50	7,6	214,0	7,1	18,5	84,0	35,0	2,0	0,9	3,4	0,4	365,3	3,6

Standorte 1 bis 4   Sanderflächen mit flurfernem GW   N = Niederschlagswasser
Standort 5   Flußaue mit flurnahem GW   Meßzeitraum Frühjahr bis Herbst 1978

der Summe als auch nach den Gehalten der einzelnen gelösten Bestandteile die Beschaffenheit der Sickerwässer unter benachbarten Waldstandorten wesentlich unterscheiden. Maximale Konzentrationen der Lösungsspezies werden in Tannenwäldern beobachtet, die den höchsten Interzeptionseinfluß bei relativ geringem Nährstoffbedarf besitzen. Zu beachten ist bei derartigen Vergleichen, daß der unterschiedliche Wasser- und Nährstoffbedarf in Abhängigkeit vom Alter der Bestockung abhängig ist. Jungbaumbestände benötigen in der Regel die doppelte bis dreifache Wasser- und Nährstoffmenge gegenüber Altbeständen, wobei die altersabhängige Phytomasseproduktion der verschiedenen Baumarten unterschiedliche Gesetzmäßigkeiten aufweist (SCHULZ, ALBERTSEN, 1981; LÜTZKE, SIMON, 1981; ULRICH, 1981; u. a.).
Auch für die *geologische Faktorengruppe* gilt die Grundregel, daß sich die Faktoren sowohl auf den Feuchtetransport als auch auf die Beschaffenheitsentwicklung der Sickerwässer auswirken. Der Flurabstand der Grundwasseroberfläche limitiert den Weg, den das Sickerwasser in der lufterfüllten Zone zurücklegen muß und damit die Möglichkeiten der komplexen Wechselwirkung zwischen fester, gasförmiger und flüssiger Phase.

Tabelle 4.14. Pedohydrogeologische Kennwerte einiger Bodenformen im Bereich der Nord- und Mittelbezirke der DDR (nach WEISE, 1978 b)

Bodenform	T in %	FZ und MZ in %	n in %	n_e in %	FK in %	n FK in %	Σ Bd	BWG in mm
Sand-Rosterde								
grobsandig	3	5	40	32	8	6,5	105	46/ 95
mittelsandig	5	7	40	31	9	6,5	102	58/115
feinsandig	6	8	40	29	11	8,5	95	66/136
Bändersand-Rosterde	5	10	39	28	12	8,5	100	63/148
Sandtieflehm-Fahlerde	5 (bis 7 dm) 20 (7 … 10)	8 (bis 7 dm) 15 (7 … 10)	39	22	17	12	85	84/202
Lehm-Parabraunerde	17	15	36	11	25	17	60	133/275
Sand-Bleystaugley	8	8	36	20	16	11	85	79/190
Salmtieflehm-Braunstaugley	7 (bis 5 dm) 18 (5 … 10)	16 (bis 5 dm) 15 (5 … 10)	36	12	24	17	65	124/262
Lehm-Staugley								
– durchgeh. sL	17	16	35	8	27	18	50	140/286
– Oberboden sL	18	20 (bis 3 dm)	35	6	29	18	50	148/305
Unterboden L		15 (3 … 10 dm)						
– durchgeh. L	20	dto.	35	4	31	19,5	45	158/317

T Tongehalt
FZ Feinschluff
MZ Mittelschluff
n Porosität
n_e dränbare Porosität

Σ Bd Summe der Bodentrockentage April – September
n FK nutzbare Feldkapazität
sL sandiger Lehm
L Lehm

BWG mittlerer maximaler Bodenwassergehalt (Frühjahrsfeuchte) differenziert in Bereich bis 5 dm/Bereich 5 … 10 dm

Der Flurabstand ist gleichzeitig ein das Neubildungsregime bestimmender Faktor. Auch in humiden Klimazonen überwiegt bei Flurabständen unter 1 bis 1,5 m die Verdunstungsrate gegenüber der Neubildungsrate. Im hydrogeologischen Sinn stellen diese Gebiete Entlastungs- bzw. Zehrgebiete dar, in denen der Niederschlags-Input im Grundwasser nicht wirksam wird. Bei Flurabständen von 2 bis 5 m stellen sich instationäre Feuchtetransportverhältnisse ein, die von den eingangs erläuterten Faktoren saisonbedingt beeinflußt werden. Dieses Teufenintervall wird maßgeblich von der Durchwurzelungstiefe der Vegetationsdecke bestimmt. In Teufen größer 5 m liegen in der Aerationszone quasistationäre Sickerverhältnisse vor.

Das aufgezeigte »allgemeine Feuchteprofil« der Aerationszone wird durch den strukturellen Aufbau der Verwitterungszone modifiziert. Sowohl für den Versickerungsprozeß als auch für die hydrogeochemischen Prozesse spielen dabei Struktur und Zusammensetzung der Bodenzone als oberster und belebter Teil der Aerationszone eine entscheidende Rolle.

Die Bodenstruktur findet ihren Ausdruck in der sogenannten Bodenform, die sich sowohl aus den Substrateigenschaften als auch der Horizontabfolge ableitet. Für einige Hauptbodenformen, die etwa 80 % der Fläche der Nord- und Mittelbezirke der DDR bedecken, wurden von WEISE (1978) pedohydrologische Kennwerte katalogisiert (Tabelle 4.14). Die Bodenformen beinhalten nicht nur petrophysikalische Kennwerte, sondern sie umfassen einen Komplex von mehr oder weniger miteinander korrelierenden Bodeneigenschaften einschließlich eines bestimmten pedochemischen Status (ASMUS, THIERE, 1967). So können z. B. für Podsolböden folgende Merkmale verallgemeinert werden (MÜLLER u. a., 1985; PONOMAREVA, 1973; u. a.):

- Podsole sind typische Böden unserer Klimazone. Sie entwickeln sich bevorzugt auf durchlässigen, nährstoffarmen Nadelwaldstandorten.
- In der Auflagehumusschicht A_0 bilden sich niedermolekulare, wasserlösliche organische Säuren, die bei ihrer Verlagerung in die darunterliegenden Horizonte die Verwitterung des Mineralbodens entscheidend fördern (Tabelle 4.15).
- Auf Grund der primären Auswaschung der relativ gut löslichen Karbonate und anderer Erdalkaliverbindungen kommt es zu einer starken Versauerung im Oberboden A, die nur langsam im Unterboden B abgebaut wird und teilweise bis in den von der Bodenbildung wenig beeinflußten Untergrund (C-Horizont) erkennbar ist.
- Eisen, Aluminium und andere Elemente werden als gelöste metallorganische Komplexe bzw. Sesquioxide in die Tiefe verlagert und teilweise im Unterboden ausgefällt. Die Umlagerung der Eisenverbindungen kann zur Bildung von sogenannten Ortsteinhorizonten führen, eine Erscheinung, deren versickerungshemmende Wirkung mehrfach im Zuge der Erkundung von Grundwasseranreicherungsanlagen beobachtet werden konnte.

Analog lassen sich für andere Bodenformen charakteristische pedogeochemische Besonderheiten ableiten. So wurden von ASMUS/THIERE (1967) sowie von MORGENSTERN (1967) an Beispielsgebieten horizontspezifische pedochemische Kennwerte für verschiedene Bodenformen auf Geschiebemergel und Löß herausgearbeitet (Tabelle 4.16). Auch unterhalb der Bodenzone setzt sich der Einfluß lithologisch-struktureller Besonderheiten der Aerationszone auf das Sickerwasserregime fort. Bereits geringmächtige

Tabelle 4.15. Chemische Zusammensetzung in mg/l von Lysimeterabläufen aus Podsolböden des Leningrader und Kalininer Gebietes (PONOMAREVA, 1973)

Komponente	Sand-Podsol				Stark podsolierte Fahlerde				
	Horizont								
	A_0	A_1A_2	A_2	Bh	A_0	A_1	A_2	A_2B_1	BC_1
pH-Wert	4,27	4,6	4,76	5,01	4,06	4,74	4,94	5,91	6,17
C_{org}	30,0	17,0	11,5	3,5	66,0	19,5	30,0	19,0	8,0
N	1,41	0,98	1,13	0,4	2,75	1,35	1,58	0,88	0,5
Säuren									
– organisch	0,42	0,3	0,21	0,12	0,89	0,36	0,35	0,19	0,01
– anorganisch	0,14	0,17	0,14	0,16	0,23	0,21	0,26	0,58	1,34
$KMnO_4$-Verbrauch	56,9	31,6	22,1	6,3	129,6	55,3	56,9	36,3	15,8
HCO_3^-	7,47	10,0	8,22	9,13	13,3	18,9	16	27,6	65,9
SO_4^{2-}	13,2	11,6	12,9	13,8	69,0	33,6	48,9	36,6	29,4
Cl^-	3,51	4,36	3,4	5,28	7,07	6,57	6,96	8,07	8,1
HPO_4^{3-}	0	0	0	0	0,015	0,003	0	0	0
Ca^{2+}	5,5	4,3	4,0	3,8	26,3	8,8	10,2	8,7	16,6
Mg^{2+}	0,97	1,0	0,84	1,4	8,3	4,5	6,7	6,6	10,7
Na^+	1,67	1,75	1,9	2,3	2,64	2,38	3,09	3,1	7,78
K^+	2,2	1,7	1,0	0,2	13,0	3,2	4,72	2,55	1,0
Fe^{3+}	2,24	2,5	2,86	5,66	4,88	3,64	5,23	11,5	5,0
Al^{3+}	1,14	1,04	0,78	1,14	2,01	1,4	1,3	3,61	2,33
SiO_2	7,11	14,3	11,8	15,8	14,0	15,9	11,6	22,0	51,7
Summe	45,0	52,6	47,8	58,5	160,0	98,9	115,0	130,0	199,0

schluffige bzw. bindige Zwischenschichten können zu einer Aufspaltung des Sickerwasserstromes in eine vertikale und eine horizontale Abflußkomponente bis hin zur Staunässebildung führen. In hydrogeochemischer Hinsicht wirken die staunässebildenden bindigen Einlagen als Barriere. Es kommt auf Grund des relativen Sauerstoffmangels u. a. zur Ausscheidung von Eisen- und Manganverbindungen.

Im Unterschied zum Lockergestein werden im Festgestein die hydrodynamischen und hydrogeochemischen Bedingungen in der Versickerungszone vor allem durch den Grad der Verwitterung, die Substrateigenschaften des Verwitterungsproduktes sowie die Mächtigkeit und morphologische Ausbildung der Verwitterungszone bestimmt. Diese Faktoren ihrerseits sind in starkem Maße von der petrographisch-mineralogischen Zusammensetzung des Ausgangsgesteins und dem Grad der tektonischen Beanspruchung des Gesteinsmassivs abhängig.

Zwischen der lithologischen Ausbildung der Lockergesteine und ihren petrophysikalischen Eigenschaften bestehen enge korrelative Wechselbeziehungen. Substratspezifische Parameter, die den Transport- und Speicherprozeß der Feuchte in der Aerationszone bestimmen, sind die Porosität, ihr dränbarer Anteil, das Wasserhaltevermögen und die Wasserleitfähigkeit sowie die zeitlichen Variablen Saugspannung bzw. Wasser-

Tabelle 4.16. Chemische Kennzeichnung ausgewählter Bodenformen auf landwirtschaftlichen Nutzflächen des Nord- und Mittelteils der DDR (nach Asmus, Thiere, 1967)

Bodenform Standort	Hori-zont	pH-Wert (KCl)	AK in mval/ 100 g T-Wert	S-Wert	% AK vom S-Wert				Gesamtinhalt in %						Organische Sub-stanzen in %
					Ca	Mg	K	Na	P_2O_5	K_2O	CaO	MgO	Fe_2O_3	N	
Lehm-Rendzina Lietzen, Krs. Seelow	Ap	7,2	9,0	n. b.	94	4	1	1	0,06	2,04	1,15	1,89	2,56	0,076	1,1
	C	7,3	8,0	n. b.	87	11	1	1	0,06	1,52	15,39	4,99	1,96	0,023	0,4
Lehm-Para-braunerde Carmzow, Krs. Prenzlau	Ap	7,6	6,4	n. b.	80	16	3	1	0,08	1,99	0,57	0,25	2,03	0,085	1,3
	Bt	7,2	13,4	n. b.	93	4	2	1	0,08	2,25	0,45	0,28	5,2	0,053	0,6
	C	7,7	7,1	n. b.	94	4	1	1	0,08	2,36	6,92	0,52	3,85	n. b.	0,3
Tieflehm-Fahlerde Carmzow	Ap1	6,0	5,3	3,9	61	30	6	3	0,07	1,92	0,53	0,20	1,51	0,067	1,2
	Ap2	6,5	3,7	3,6	54	40	3	3	0,05	1,85	0,36	0,16	1,24	0,031	0,5
	A1	6,6	4,1	3,8	79	16	3	2	0,03	2,01	0,37	0,12	1,83	n. b.	0,3
	Bt	7,0	13,4	n. b.	87	10	1	2	0,07	2,61	n. b.	0,62	6,51	0,043	0,5
	C	7,7	9,6	n. b.	92	6	1	1	0,11	2,46	n. b.	1,84	2,62	n. b.	0,3
Tieflehm-Parabraun-erde Broderstorf, Krs. Rostock	Ap	6,1	6,5	4,8	88	4	7	1	0,1	1,76	0,43	0,44	1,46	0,079	1,4
	Bv1	6,1	3,8	3,4	79	12	7	2	0,08	1,84	0,41	0,11	1,53	0,051	0,7
	Bv2	6,2	4,2	2,7	81	10	8	1	0,08	1,97	0,40	0,12	1,83	n. b.	0,4
	Bt1	6,0	7,0	4,2	72	18	9	1	0,05	2,09	0,38	0,13	2,73	0,026	0,2
	Bt2	5,7	6,3	5,5	76	16	7	1	0,06	2,11	0,38	0,09	3,08	0,026	0,2
Sand-Rosterde Lichterfelde, Krs. Ebers-walde	Ap	4,0	2,4	0,8	57	21	19	3	0,05	1,21	0,20	0,013	0,72	0,042	0,8
	Bsv	4,4	3,0	n. b.	60	19	18	3	0,04	1,21	0,20	0,013	0,76	0,022	0,4
	C	4,7	1,5	0,3	62	20	15	3	0,03	1,21	0,20	0,013	0,72	n. b.	0,1

sättigung. In den meisten Fällen wird im Versickerungsprozeß auch bei scheinbar voller Wassersättigung nicht der gesamte Porenraum ausgefüllt. Die Verdrängung der Bodenluft durch die eindringende Feuchtefront wird besonders durch den Humusgehalt und den Gehalt quellfähiger Bestandteile im Erdstoff gehemmt. Im Abhängigkeitsdiagramm der Saugspannung von der Wassersättigung kommt diese Erscheinung u. a. im Hysteresiseffekt der Saugspannungs-Sättigungskurven zum Ausdruck (Bild 4.8). Die Kornverteilung, der Humusgehalt sowie die chemisch-mineralogische Zusammensetzung (z. B. der Kalkgehalt) des Untergrundes kontrollieren gleichzeitig sein Wasserhaltevermögen (Bild 4.9). Die genannten Faktoren sowie die Porenstruktur bestimmen nicht nur den Feuchtetransport, sondern sind auch für die mechanische und physikalisch-chemische Filterwirkung des Erdstoffes gegenüber suspendierten, emulgierten, gasförmigen und gelösten Stoffen verantwortlich.

Die Spezifik der Beschaffenheitsentwicklung der Sickerwässer in der Aerationszone besteht in der Existenz eines dynamischen Dreiphasensystems. Sowohl der organisch-mineralische Bodenkomplex als auch die Bodenluft und die Bodenlösungen sind zeitlich sowie räumlich veränderliche, voneinander abhängige Größen. Nimmt man den Zeitraum eines Jahres zum Maßstab, so ist die Zusammensetzung der Gesteinsmatrix an einem bestimmten Standort im Vergleich zur Beschaffenheit der Bodenluft und der Bodenlösung relativ konstant. Der mineralisch-organische Fond des Untergrundes ist sei-

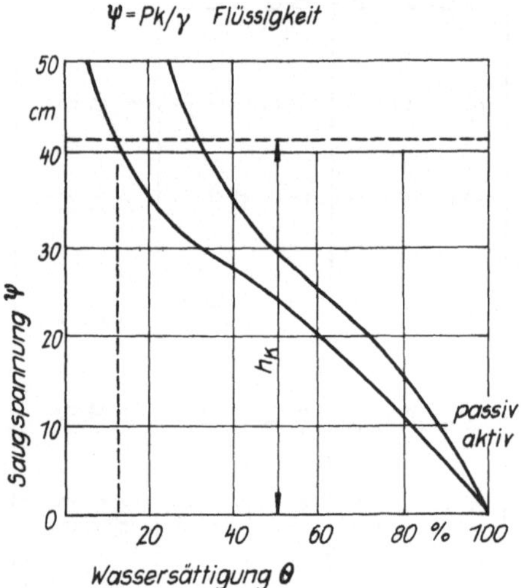

Bild 4.8. Saugspannungs-Sättigungskurve eines Erdstoffes, der Luft und Wasser enthält (nach BUSCH, LUCKNER, 1973)

h_K kapillare Steighöhe

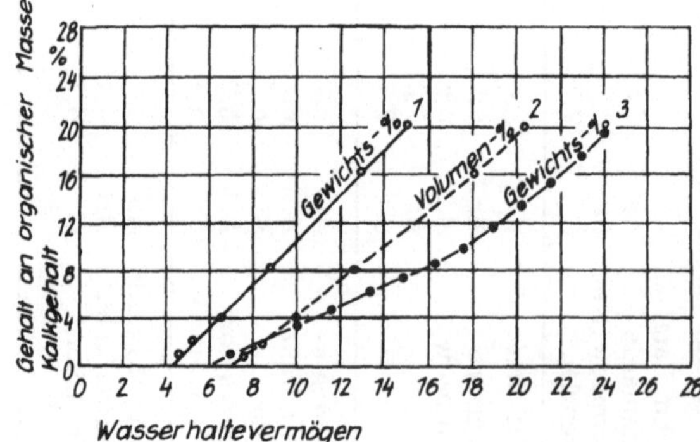

Bild 4.9. Abhängigkeit des Wasserhaltevermögens vom Anteil an organischer Substanz und vom Kalkgehalt (nach BUSCH, 1956)

1 und 2 Abhängigkeitskurven vom Kalkgehalt
3 Abhängigkeitskurve vom Gehalt an organischer Substanz

126

nerseits das Produkt dieser Wechselbeziehung und Stofflieferant für die komplexen Zerfalls-, Lösungs-, Umbildungs- und Austauschprozesse, die unter aktiver Beteiligung der Bodenorganismen unter Einbeziehung der Bodenluft vonstatten gehen und die den Chemismus der Bodenlösungen prägen.

Ausdruck der Jahrhunderte währenden Verwitterungsprozesse ist eine Verarmung der Bodenzone an leicht löslichen Bestandteilen sowie die Ausbildung eines gesteinsspezifischen Verwitterungs- und Umlagerungsprofils, wie das Beispiel der Podsolierung verdeutlicht.

Auch unterhalb der belebten Bodenzone läßt sich dieser Zusammenhang verfolgen. OHSE (1983) ermittelte an einem Sanderstandort in Niedersachsen bei 15 bis 18 m unter Gelände die Kalzitlösungstiefe, oberhalb derer die Sickerwässer kalkunter- und darunter kalkübersättigt sind. Bis zur Grundwasseroberfläche in einer Teufe von etwa 30 m sind im gesamten Lockergesteinsprofil Entkalkungserscheinungen erkennbar. Die schwerer löslichen Feldspäte zeigen unter dem Rasterelektronenmikroskop auf der Mineraloberfläche deutliche Verwitterungsspuren in Form von Stufen, Furchen und Gruben. Bis in Tiefen von 20 m ist die verwitterungsbedingte Umbildung von Montmorillonit zu Illit fortgeschritten, darunter nimmt der Montmorillonitgehalt im Tonmineralbestand rasch die Vormachtstellung ein.

Die hydrolytische Verwitterung der Silikate wird in allgemeiner Form durch die Reaktionsgleichung (3.23) beschrieben, die entsprechend für die Minerale Albit, Anorthit und Adular wie folgt spezifiziert werden kann:

$$NaAlSi_3O_8 + H_2O + CO_2 \rightarrow HAlSi_3O_8 + NaHCO_3 \tag{4.7}$$
(Albit)

$$CaAl_2Si_2O_8 + 2\,H_2O + CO_2 \rightarrow H_2Al_2Si_2O_8 + Ca(HCO_3)_2 \tag{4.8}$$
(Anorthit)

$$2\,KAlSi_3O_8 + H_2O + 2\,H^+ \rightarrow Al_2Si_2O_5(OH)_4 + 4\,SiO_2 + 2\,K^+ \tag{4.9}$$
(Adular)

Wie aus den Reaktionsgleichungen hervorgeht, wird die Verwitterung der Feldspäte durch die Anwesenheit von CO_2 und freien Wasserstoffionen begünstigt. Grundlage für die Anreicherung der Kohlensäure im Wasser ist der gegenüber der Atmosphäre um ein Vielfaches höhere CO_2-Gehalt der Bodenluft. Nach MATTHESS (1973) entsprechen den durchschnittlichen CO_2-Gehalten der Bodenluft zwischen 0,2 und 5 Vol.-% bei einer Temperatur von 10 °C Gleichgewichtskonzentrationen von 4,6 bzw. 115,9 mg/l im Bodenwasser. Die Anreicherung des Kohlendioxids steht in direkter Beziehung zum Gehalt organischer Substanzen im Untergrund und deren mikrobiellem Abbau. Beim aeroben Abbau der in vielfältiger Form im Boden vorliegenden organischen Substanzen (Zellulose, Stärke, Fette, Huminstoffe, Lignin, Glukose u. a.) benötigen die Mikroorganismen Sauerstoff, der entweder direkt aus der Bodenluft bzw. der Bodenlösung aufgenommen wird oder durch Reduktion von Sauerstoffverbindungen (z. B. Nitrat) gewonnen wird (s. Abschnitt 3.4.). Aus diesem Grund verhalten sich Sauerstoff und Kohlendioxid in der Aerationszone antagonistisch. ALBERTSEN (1977) beobachtete die Gegenläufigkeit sogar bis hin zu jahreszeitlichen und täglichen Schwankungen. Seine zweijährigen Regimeuntersuchungen ergaben, daß die Zunahme der CO_2-Konzentration von der biologisch aktiven Bodenzone ausgeht und sich von dort diffusions- und gravitationsbedingt in die Tiefe ausbreitete. Diese Erkenntnis deckt sich mit der Veränderung der Beschaffenheit der Bodenlösungen in den verschiedenen Bodenhorizonten. Die Mineralisierung der organischen Substanzen, die im A-Horizont beginnt, bedingt die Umwandlung der hochmolekularen Verbindungen in niedere, wobei als Hauptprodukte Huminstoffe entstehen. Auf den verschiedenen Zwischenstufen des Zerfalls der organischen Substanzen reichern sich daneben andere Verbindungen biophiler Elemente (VERNADSKIJ, 1936) z. B. des Kohlenstoffes, des Schwefels und des Stickstoffs in der Bodenluft und in den Bodenlösungen an. Die konkreten Zerfallsprodukte werden vorrangig von der Verfügbarkeit des Sauerstoffs und der Ausgangszusammensetzung der organischen Substanzen bestimmt. An dieser Stelle sei an die intensiveren Umbildungsprozesse in gut belüfteten Ackerböden gegenüber Wiese- und Waldstandorten erinnert.

Der Gasaustausch zwischen Bodenluft und Atmosphäre bietet nicht nur die Voraussetzung für den Sauerstoffnachschub im Boden und die sich daraus ableitenden mikrobiellen und physiko-chemischen Prozesse. Im Ergebnis dieses Austausches kann es zur direkten Lösung anderer Luftbestandteile wie SO_2 im Bodenwasser kommen. Nach FALLER/HERWIG (1969/70) kam es bei 24stündiger Einwirkung der Luft, die SO_2 in einer Konzentration von $0,2\,mg/m^3$ enthielt, zu einer Anreicherung von 60 bis 230 kg/ha Schwefel. Die differenzierte Interzeption der gasförmigen Depositionen der Atmosphäre ist auf Unterschiede im Wassergehalt des Bodens, auf die Kalk-Pufferkapazität des Gesteins sowie auf die mineralogische Zusammensetzung der Tonminerale zurückzuführen. Die Abhängigkeitskurven der SO_2-Aneignung vom Wassergehalt des Bodens zeigen ein ausgeprägtes Maximum, bei dem das Verhältnis Luft-Wasser optimale Reaktionsbedingungen bietet.

Eine optimale Bodenfeuchte ist neben dem Nährstoffangebot und den Temperaturverhältnissen ein entscheidender Faktor für die Aktivität der Mikroorganismen und damit für das Vonstattengehen der obengenannten mikrobiellen Abbaureaktionen organischer Substanzen. Von den Abbauprodukten sind es besonders die Huminstoffe, die in mehrfacher Hinsicht hydrogeochemisch bedeutsam sind. Diese Bedeutung ist u. a. in der Eigenschaft der Huminstoffe begründet, mit mehrwertigen Kationen Komplexverbindungen einzugehen, die im Unterschied zu den Metallionen migrationsfähig sind. Die Bildung metallorganischer Komplexe im Boden ist die Voraussetzung für die Umlagerung der Schwermetalle in tiefere Bereiche der Aerationszone, ein Prozeß, der besonders im Zusammenhang mit der Schwermetallbelastung der Umwelt zu beachten ist.

Eine weitere beschaffenheitswirksame Eigenschaft der Huminstoffe besteht in ihrer hohen Sorptionskapazität. Die Sorptionseigenschaften der Huminstoffe beruhen auf ihrem Kolloidcharakter sowie der Existenz freier Radikale in den heteropolymeren Ringsystemen, die den Einbau bzw. die Anlagerung anderer Verbindungen erleichtern (BRÜMMER, 1978). Die höhere Wirksamkeit der organischen Komponente an der Gesamtaustauschkapazität verschiedener Bodenarten im Vergleich zur Austauschkapazität der Mineralfraktionen weisen die Tabellen 3.15 und 3.16 eindeutig aus.

Wasserlösliche Huminstoffe besitzen Säurecharakter. Ihre Dissoziation erhöht das Wasserstoffionenangebot in der Bodenlösung und aktiviert die chemische Verwitterung der Feldspäte nach dem oben aufgezeigten Reaktionsschema.

Nach der Löslichkeit der Huminstoffe im Wasser unterscheidet man Fulvosäuren, Huminsäuren und Humine. Fulvosäuren bilden wasserlösliche Komplexverbindungen, wogegen die Huminsäuren nur in bestimmten pH-Wert-Bereichen wasserlöslich sind. Gleiches gilt für ihre Humate. Gut wasserlöslich sind z. B. die Alkali- und Ammoniumhuminsäurekomplexe. Dagegen sind die Humate der Erdalkali- und Schwermetallelemente schwer wasserlöslich (MATTHESS, 1973). Humine bilden keine wasserlöslichen Komplexe. Ihre hydrogeochemische Bedeutung beschränkt sich auf die Adsorptionseigenschaften sowie auf die Funktion als Stofflieferant bei mikrobiellen Aktivitäten.

Die eindringenden sauren Niederschläge, die Auswaschung leichtlöslicher Karbonate, der Pflanzenentzug basisch wirkender Kationen sowie die Bildung organischer Säuren im Mineralisierungsprozeß der organischen Substanzen können unter den humiden Klimabedingungen unserer Region zu einer Versauerung des Bodens führen. Besonders sandige Waldstandorte neigen zur Bodenversauerung, wie z. B. Bild 4.11 zeigt. Diese schafft günstige Bedingungen für die Migration von Metallionen in der Bodenlösung, die in dieser Form pflanzenverfügbar sind. Das bei der Silikatverwitterung freiwerdende bzw. durch Austausch in die Bodenlösung gelangende Aluminium stellt dabei auf Grund seiner Phytotoxizität eine besondere Gefahr für die Pflanzen dar.

Die meisten natürlichen Bodenstandorte besitzen eine hohe Pufferwirkung gegenüber dem Wasserstoffionenangebot, d. h., sie sind in der Lage, die natürliche Aziditätszufuhr durch Neutralisation aufzuheben. Eine neutralisierende Wirkung übt auch die oben beschriebene Verwitterung der Silikate aus, bei der nach ULRICH et al. (1979) jährlich etwa 0,14 bis 0,2 kmol/ha Wasserstoffionen verbraucht werden. Eine hohe Aziditätspufferung ist in tonreichen Böden zu verzeichnen, die sich durch erhöhte Austauschkapazitäten (bei vorwiegender Kalziumbelegung) sowie durch erhöhte Kalkgehalte auszeichnen. Sandige kolloidarme Bodenarten sind jedoch gegenüber einer Aziditätszufuhr anfällig. In der landwirtschaftlichen Produktion wird die Versauerung des Akkerbodens durch Zugabe von Kalkdünger entgegengewirkt. Entsprechend den genannten Ursachen für die Bodenversauerung sind maximale Wasserstoffionenanreicherungen im Auflagehorizont bzw. im Oberboden zu erwarten, währenddessen mit der Tiefe der pH-Wert des Bodens ansteigt (Bild 4.10).

Im Gegensatz zum pH-Wert nimmt das Redoxpotential (Eh-Wert) der Bodenlösungen vor allem auf Grund des Sauerstoffverbrauchs bei der Mineralisierung der organischen Substanzen mit zunehmender Bodentiefe ab. Bild 4.11 zeigt die Veränderung und Gegenläufigkeit beider Parameter an einem Sanderstandort. Beide Parameter bestimmen gemeinsam die Zustandsform der Ionen in der Bodenlösung und damit ihr Migrationsvermögen. Zur Verdeutlichung sei nochmals auf die Fällung des Eisens über staunässebildenden Zwischenschichten infolge der Abnahme des Redoxpotentials hingewiesen.

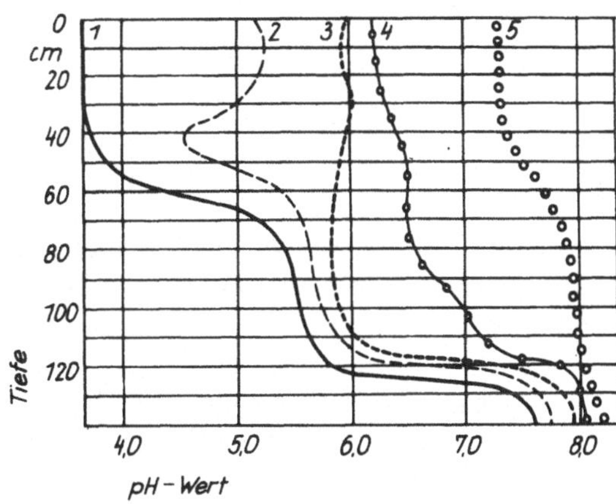

Bild 4.10. pH-Werte einiger Lößbodenprofile (nach LIEBENROTH, 1969)

1 Normalerde – Wald
2 dto. Jungacker
3 Parabraunerde – Altacker
4 Kalkschwarzerde – Altacker
5 Normalschwarzerde – Altacker

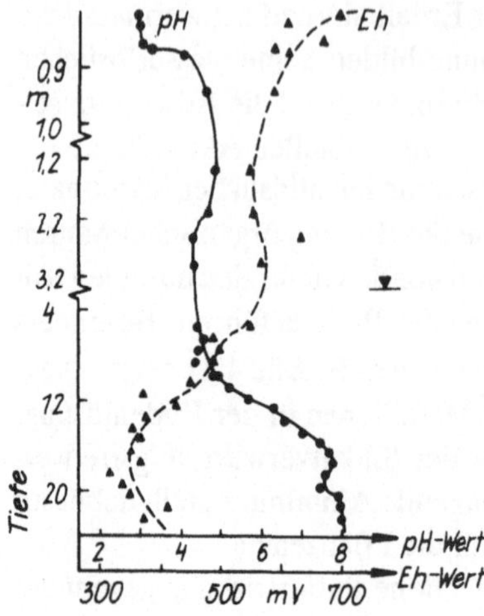

Bild 4.11. pH-Eh-Profil der Porenlösungen an einem Sandstandort (OHSE, 1983)

Das Beispiel zeigt auch, daß innerhalb des Bodenprofils eine starke Differenzierung der Redoxverhältnisse und somit der Migrationsbedingungen anzutreffen ist.

Ein hervorragendes Merkmal der Aerationszone und der Bodenzone im besonderen ist die hohe hydrogeochemische Aktivität der lebenden Organismen, die nicht nur die Umwandlung der postmortalen organischen Substanzen induzieren bzw. aktivieren, sondern auch den Ionenkreislauf insgesamt in dieser Zone maßgeblich steuern. Die *Bodenorganismen* sind sowohl tierischer als auch pflanzlicher Natur. Die pflanzlichen Bodenorganismen sind u. a. durch Algen, Pilze, Actinomyceten und Bakterien vertreten; tierische werden vor allem durch Protozoen und aus der Gruppe der Metazoen durch Nematoden, Enchytraiden, Milben, Regenwürmer u. a. repräsentiert. Nach ihrer Körpergröße unterscheidet man:

Mikrofauna: 1 bis 200 μm (u. a. Protozoen, Nematoden)
Mesofauna: 200 μm bis 2 mm (z. B. Anthropen, Enchytraiden)
Makrofauna: 2 bis 20 mm
Megafauna: > 20 mm

Eine Vorstellung über die Besiedlungsdichte der Bodenorganismen liefern die folgenden von DUNGER (1964) ermittelten Werte (je Quadratmeter in 0,3 m Tiefe):

– Nematoden   1 000 000
– Milben   100 000
– Collembolen   50 000
– Enchytraiden   10 000
– Anthropoden   500
– Regenwürmer   50

Durch die Tätigkeit der Bodenlebewesen wird das Bodengefüge ständig verändert. In Böden Schleswig-Holsteins konnten bis zu 100 Regenwurmröhren je Quadratmeter beobachtet werden. Dadurch werden stets neue Migrationsbahnen für die Sickerwässer geschaffen sowie gleichzeitig die Bodenbelüftung und damit der Gasaustausch mit der Atmosphäre gefördert. Eine gute Bodenbelüftung, ein optimales Temperatur- und Feuchteregime sowie ein entsprechendes Nährstoffangebot sind ihrerseits die Voraussetzungen für hohe Produktionsleistungen der Bodenflora (BRÜMMER, 1976). Bild 4.12 zeigt

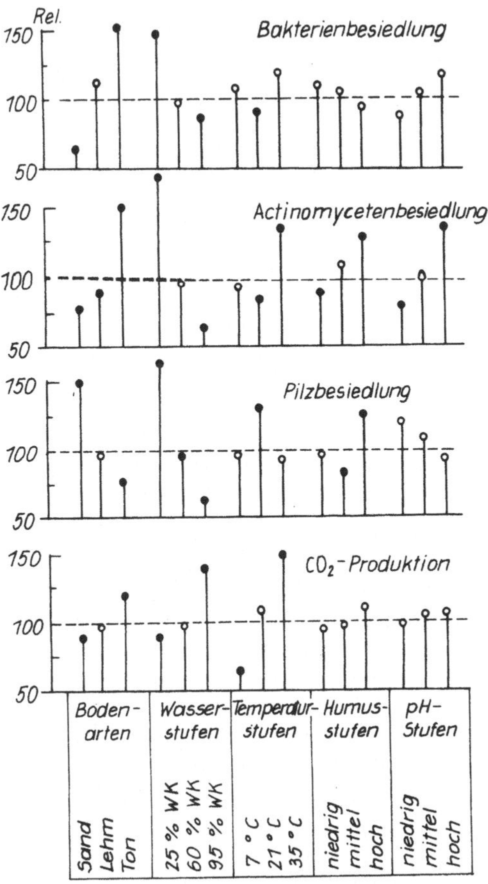

Bild 4.12. Besiedlungsdichte und CO_2-Produktion der Bodenorganismen in Abhängigkeit von den Standortbedingungen (nach MÜLLER u. a., 1985)

die Abhängigkeit der Besiedlungsdichte und der CO_2-Produktion von den konkreten Standortbedingungen. Die Abhängigkeit ist jedoch für verschiedene Bodenorganismen von unterschiedlichem Charakter, wie auch am Beispiel der Nitrifikation gezeigt werden kann.

BERGEY (1974, zit. in MÜLLER, 1985) bestimmte etwa 200 bis 300 Arten von Bodenbakterien, die aktiv an Stoffumwandlungsprozessen im Boden beteiligt sind. Nach der Art des Stoffwechsels werden die Bakterien in zwei Hauptgruppen gegliedert – autotrophe und heterotrophe. Während autotrophe Bakterien in einem reinen mineralischen Milieu lebens- und vermehrungsfähig sind, benötigen heterotrophe Bakterien für ihre Vermehrung organische Substanzen als Energiequelle (SAMARINA, 1977). Eine Mittelstellung zwischen beiden nehmen prototrophe Bakterienarten ein.

Der entscheidende und vielschichtige Einfluß der mikrobiellen Tätigkeit der Bodenorganismen auf den Sickerwasserchemismus soll kurz am Beispiel des Stickstoffs illustriert werden, da die Stickstoffverbindungen und insbesondere die Nitrate in den letzten Jahren eine unerwünschte Popularität bei der Beschaffenheitsanalyse der Grundwässer erfahren haben. Die wichtigsten Stickstoffumwandlungen in der Bodenzone sind in Bild 4.13 dargestellt. Der Stickstoffumwandlungsprozeß im Boden kann in folgende Teilphasen gegliedert werden, die eng miteinander verbunden sind (BECK, 1979; u. a.):

- N_2-Fixierung aus der Atmosphäre
- Stickstoffentzug aus dem Boden durch höhere und niedere Pflanzen
- Stickstoffüberführung in die Bodenlösung durch Mineralisation postmortaler organischer Substanzen
- Nitrifikation und Denitrifikation anorganischer Stickstoffverbindungen

Die Fixierung des Luftstickstoffes im Boden und seine Umwandlung in eiweißartige Substanzen erfolgt durch Mikroben der Gattungen Azotobacter, Amylobacter u. a., bzw. durch Bakterien vom Typ der Rhizobium, die in Symbiose mit Leguminosen leben. Bei der direkten Stickstoffbindung durch Mikroben werden durchschnittlich etwa 8 bis 10 kg/ha a Stickstoff aus der Atmosphäre entzogen. Für die Interzeption des Stickstoffs gilt ebenso wie für die des SO_2, daß gute Durchlüftungsbedingungen sowie ein optimales Temperatur- und Feuchteregime den Prozeß fördern (HÜSER, 1970). Wesentlich mehr Stickstoff wird durch die in Symbiose z. B. mit Luzerne lebenden Bakterien gebunden. Die jährliche Interzeptionsrate kann hierbei 150 kg N/ha erreichen. Das ist eine Menge, die etwa dem durchschnittlichen Stickstoffbedarf höherer Pflanzen entspricht. Wie aus der jährlichen Stickstoffbilanz von Lysimeterabläufen (s. Tabelle 4.8) hervorgeht, schwankt der Stickstoffentzug durch die Pflanzen in einem breiten Spektrum, wobei Werte bis zu 260 kg N/ha a erreicht werden. Der vorwiegend über die Wurzeln aufgenommene Stickstoff wird in der Pflanze zu Eiweiß assimiliert. Laubfall und Ernterückstände garantieren die Rückführung eines Teils des in organischer Bindung vorliegenden Stickstoffs.

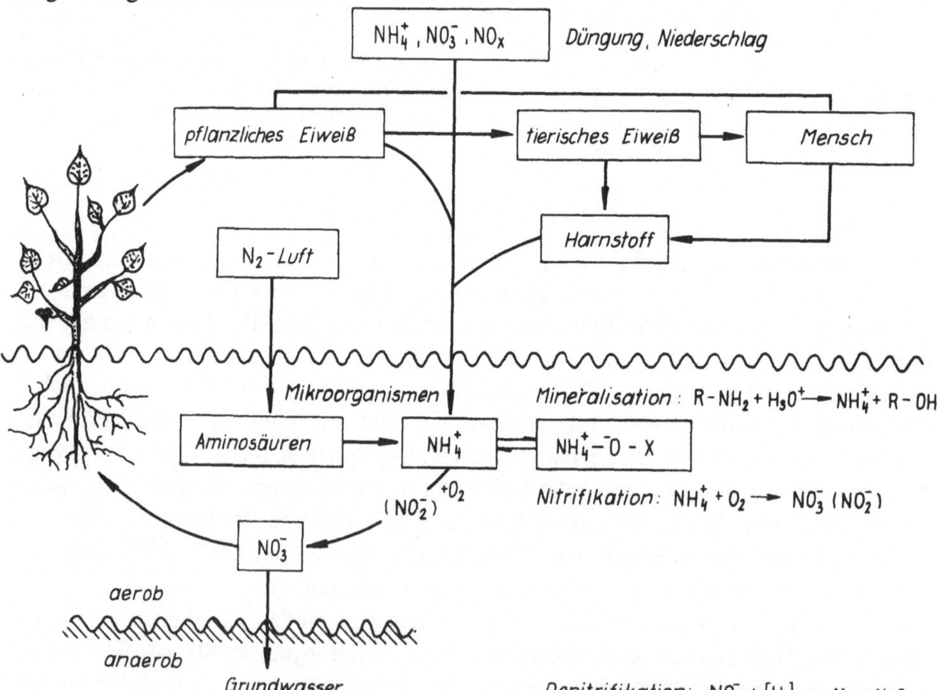

Bild 4.13. Die wichtigsten N-Stoffumwandlungen in der Bodenzone (nach HÜBNER, 1981)

Der Eiweißabbau wird durch die Enzyme heterotropher Bakterien gesteuert und führt zur Bildung von Aminosäuren bzw. im Zuge der erweiterten Mineralisierung der postmortalen organischen Substanzen zur Anreicherung von NH_4^+ in der Bodenlösung. Die Bedeutung der Mineralisierung für den Stickstoffhaushalt in den Bodenlösungen kommt dadurch zum Ausdruck, daß im Eiweiß der postmortalen organischen Substanzen nach unterschiedlichen Literaturquellen etwa 95 bis 99 % des Gesamtstickstoffs des Bodens gebunden sind.

Ein Teil des Ammoniums wird in den Adsorptionskomplex der Bodenkolloide eingebaut, der größte Teil durch Bakterien der Familie Nitrobacteracea oxydiert. Die Nitrifizierung des Ammoniums erfolgt in den folgenden zwei Teilstufen, wobei die erste Phase durch die Bakterien der Gattung Nitrosomonas und die zweite durch Nitrobacter gesteuert wird:

$$NH_4^+ + 1\,{}^1/_2\,O_2 \rightarrow NO_2^- + H_2O + 2\,H^+ \tag{4.10}$$
$$NO_2^- + {}^1/_2\,O_2\ \rightarrow NO_3^-$$

Im Unterschied zu anderen Mikroorganismen bewirkt eine Zunahme des Nährstoffangebots nur bis zu einer bestimmten Menge eine Aktivierung der Nitratproduktion. Aus den Ergebnissen von MEYERHOF (1916, zit. in BECK, 1979) geht hervor (Bild 4.14), daß eine zunehmende Nitratanreicherung im System die mikrobielle Tätigkeit von Nitrobacter stark einschränkt. In gut entwässerbaren Sandböden, in denen die sich bildenden Nitrate mit dem Sickerwasser relativ schnell in größere Tiefen verlagert werden, ist deshalb mit höherem Ammoniumumsatz zu rechnen als in bindigen Böden. Obwohl nach Meinung von SCHULZ (1969) bereits in den tieferen Teilen der Aerationszone ein Teil des entstandenen Nitrats durch anaerobe Bakterien denitrifiziert wird, ist die Nitratein-

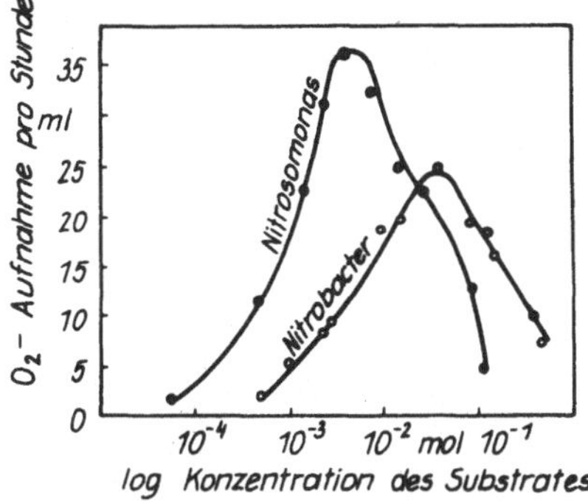

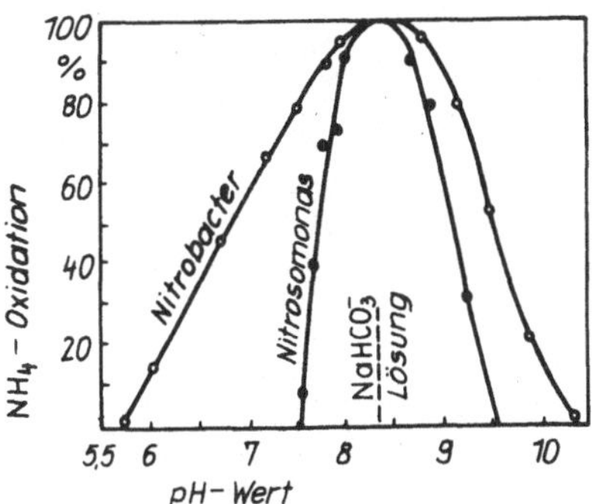

Bild 4.14. Abhängigkeit der Oxydation von Ammoniak und Nitrit von der Substratkonzentration (oben) und dem pH-Wert des Bodens (unten) (MEYERHOF, 1916; aus BECK, 1979)

waschung in das Grundwasser besonders im Zusammenhang mit erhöhten Düngergaben zu einem weltweiten Problem geworden (s. Abschnitt 5.).

Ähnlich wie andere Bakterienfamilien lieben die stickstoffoxydierenden ein neutrales bis schwach alkalisches Milieu, währenddessen Pilze sich bevorzugt unter sauren Bedingungen entwickeln.

Die allgemeinen Gesetzmäßigkeiten der Stickstoffwandlung in der Aerationszone finden ihren Niederschlag auch in den Ergebnissen von Labor- und Felduntersuchungen zur Verteilung und Zusammensetzung der Bodenlösungen (Tabelle 4.17). So konnten z. B. nach ALBERTSEN u. a. (1980) im Versuchsfeld Segeberger Forst die in Bild 4.15 ausgewiesenen Transportraten der Hauptelemente der Bodenlösungen ermittelt werden. Deutlich erkennbar ist die durch hohe biologische Aktivität im Auflagehorizont bedingte Anreicherung von Kohlenstoff-, Schwefel- und Stickstoffverbindungen im Wasser. Letztere setzen sich in diesem Bodenbereich noch zu 80 % (im Nadelwald) aus organisch gebundenem Stickstoff sowie Ammonium zusammen. Im Buchenwald, in dem die Verrottung schneller erfolgt, beträgt der Anteil der genannten Verbindungen im A-Horizont nur 20 %. Bereits im B-Horizont gehen im Ergebnis der mikrobiellen Nitrifikation auch im Nadelwald die Anteile des gelösten organischen Stickstoffs und des Ammoniums unter 10 % aller Stickstoffverbindungen zurück. Bei einer Reduzierung der Gesamtstickstofffracht um das 10fache (durch Pflanzenentzug) dominiert im B-Horizont zu 90 % das Nitration. Insgesamt jedoch sind mit Ausnahme des Natriums die Stoffbilanzen der Lösungsspezies als Differenz der Transportraten des Input und des Output aus dem Bodenhorizont negativ, d. h., der Pflanzenentzug der Elemente überwiegt am gegebenen Standort gegenüber der Stofffreisetzung durch Mineralisierung und Verwitterung. Das bedeutet jedoch nicht, daß die Mineralisation des Sickerwassers im Boden zurückgeht, da die Mengenbilanz des Wassers ein größeres Defizit aufweist. Aus Bild 4.16, das die Veränderung der Zusammensetzung des Sickerwassers am gleichen Sandstandort dokumentiert, ist weiterhin erkennbar, daß sich erst unterhalb der Bodenzone eine deutliche Mineralisationszunahme abzeichnet.

Zusammenfassend läßt sich verallgemeinern, daß die Vielfalt der Einflußfaktoren auf das Mehrphasensystem der Aerationszone zu einer sehr unterschiedlichen Beschaffen-

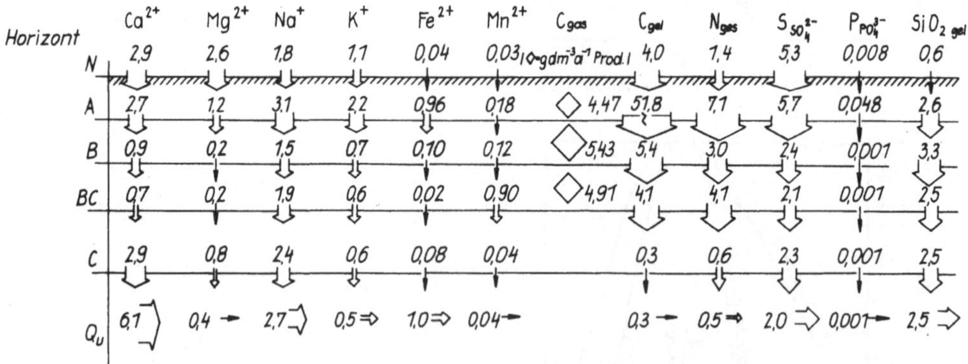

Bild 4.15. Transportraten einiger Beschaffenheitsmerkmale der Sickerwässer sowie CO_2-Produktion in den Bodenhorizonten durch die untersuchten Grenzflächen (nach ALBERTSEN et al., 1980) Massenbilanz der chemischen und biologischen Verwitterung im Segeberger Forst [◇ I 1,0 g/m² a]

Tabelle 4.17. Chemismus von Sickerwässern in mg/l an Lysimetern nordwestdeutscher Böden (nach HÖLL, 1970)

Komponente	Leichter Ackerboden		Schwerer Ackerboden		Leichter Heideboden		Sand-Waldstandort (Kiefer)	
	März	Oktober	Februar	Dezember	März	September	Februar	September
$Na^+ + K^+$	–	23,5	–	–	–	–	18,4	–
NH_4^+	0,15	3,8	0,4	1,35	0,04	0,01	0,05	0,03
Ca^{2+}	21,4	22,8	98,1*)	216,0*)	6,9	5,1	35,7	34,3
Mg^{2+}	11,3	67,4	s. Ca*)	s. Ca*)	7,7	9,0	4,8	10,8
Fe^{2+}	3,05	0,65	0,01	2,25	1,5	0,03	n. n.	0,35
Mn^{2+}	0,75	1,0	3,8	4,5	0,55	0,75	0,15	0,3
Cl^-	7,0	139,0	86,5	234,5	6,0	12,5	6,7	15,2
HCO_3^-	18,3	12,2	24,4	8,7	12,2	30,5	81,9	54,5
NO_2^-	0,88	0,9	2,0	1,1	0	0	2,0	1,6
NO_3^-	60,0**)	245,0**)	148,0**)	285,0**)	0,3	0,3	105,0	46,0
SO_4^{2-}	48,0	24,5	38,0	121,0	28,0	27,0	41,2	78,8
PO_4^{3-}	0,03	0	0,02	0,001	0	0,01	0,015	0
fr. CO_2	20,0	66,0	30,0	66,0	16,6	18,8	–	61,5
pH-Wert	5,8	6,9	6,9	5,4	6,51	–	6,55	4,74

*) Ca berechnet aus der Summe Ca + Mg
**) Düngereinfluß

heit der Sickerwässer führen kann. Vergleicht man z. B. die Häufigkeitsverteilung hydrochemischer Typen der Sickerwässer allein von Podsolstandorten (Bild 4.17) mit der der Niederschläge im vorangegangenen Abschnitt, so ist diese Differenziertheit augenscheinlich. Es empfiehlt sich deshalb ebenso wie für die Niederschläge, die gebiets- und bodenformenspezifischen Abhängigkeiten des Sickerwasserchemismus unter Beachtung der beschriebenen Wirkungsmechanismen der Einzelfaktoren zu ermitteln.

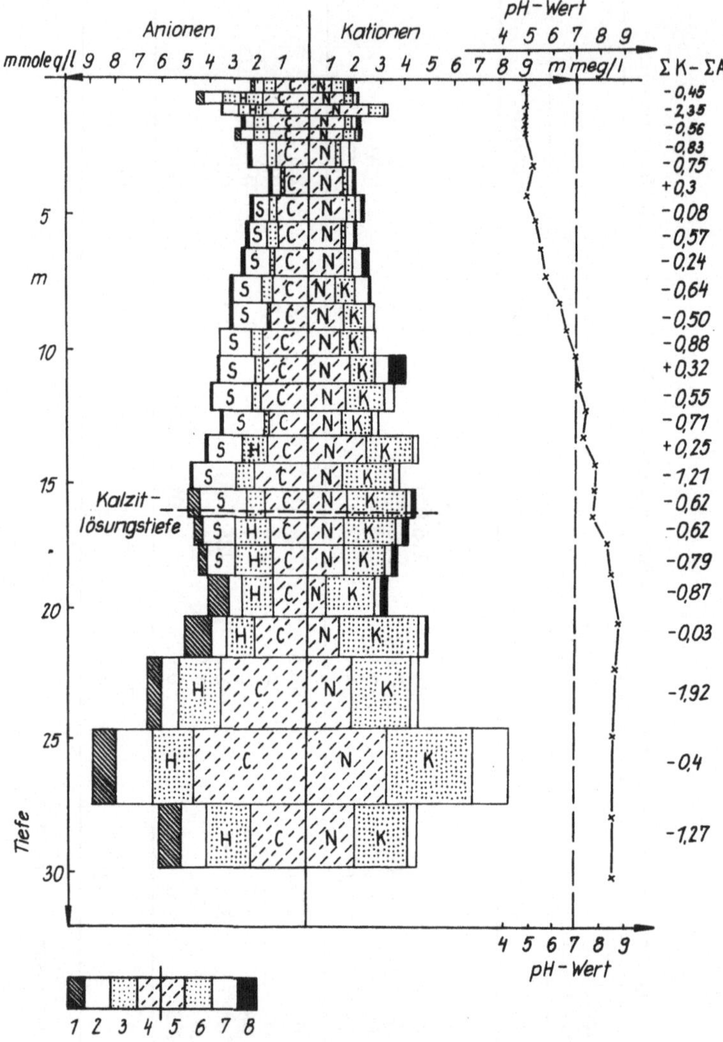

Bild 4.16. Abhängigkeit der Zusammensetzung des Sickerwassers (mmol eq/l) und des *p*H-Wertes von der Eindringtiefe (nach Daten von OHSE, 1983)
Die typbestimmenden Ionen (nach SCUKAREV) sind durch Einschreibung markiert

1 SiO$_2$	*5* Na + K (N)
2 SO$_4$ (S)	*6* Ca (K)
3 HCO$_3$ (H)	*7* Mg (M)
4 Cl (C)	*8* Al + Fe + Mn

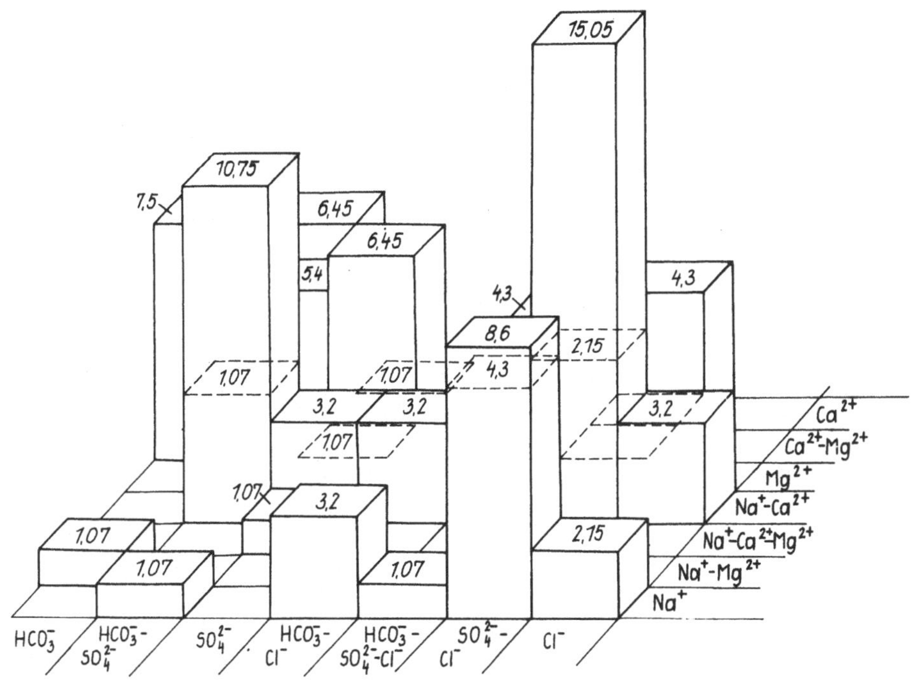

Bild 4.17. Häufigkeit hydrochemischer Typen in den Sickerwässern an Podsolstandorten

1 $SO_4 - Cl - Na - Ca$	15,05 %	
2 $SO_4 - HCO_3 - Na - Ca$	10,75 %	
3 $SO_4 - Cl - Na$	8,6 %	
4 $HCO_3 - Ca - Mg$	7,53 %	
5 $SO_4 - HCO_3 - Ca$	6,45 %	
6 $SO_4 - Ca - Mg$	6,45 %	
7 $SO_4 - HCO_3 - Ca - Mg$	5,4 %	

8 $SO_4 - Cl - Ca$	4,3 %
9 $SO_4 + HCO_3 + Cl - Ca + Mg$	4,3 %
10 $SO_4 + HCO_3 + Cl - Na + Ca$	4,3 %
11 $SO_4 - Na + Ca$	3,2 %
12 $HCO_3 + Cl - Mg + Ca$	3,2 %
13 $Cl - Na + Ca$	3,2 %
14 $HCO_3 + Cl - Na$	3,2 %

4.3. Formierung der Grundwasserbeschaffenheit im Infiltrationszyklus

Die Mehrphasenströmung der Feuchtefront in der Aerationszone geht im Bereich des Kapillarsaumes in eine gesättigte Filterströmung über, wobei gleichzeitig die vorwiegend vertikale Sickerbewegung durch eine horizontale Komponente ergänzt und unterhalb der Grundwasseroberfläche durch diese abgelöst wird. Im Grundwasser setzt sich die in der Versickerungszone vorgeprägte Beschaffenheitsentwicklung folgerichtig fort. HAFFENNEGGER-KELLER (1951) räumt sogar der Beschaffenheitsentwicklung in der Aerationszone eine vorrangige Stellung ein. Diese Auffassung basiert auf Beschaffenheitsuntersuchungen im flurnahen Grundwasser des Rheintals. Auch die im Zuge der Nitratbelastung durchgeführten umfangreichen Erkundungsmaßnahmen bestätigen, daß sich der in der Aerationszone angenommene Chemismus über weite Strecken im obersten Grundwasserleiter verfolgen läßt, wobei eine deutliche vertikale Zonierung sowohl nach Beschaffenheitsmerkmalen als auch nach der Altersstruktur des Wassers erkennbar ist (OBERMANN, 1981; u. a.).
Die Mehrzahl der Faktoren, die die Beschaffenheitsentwicklung sowie die Bewegung

des Wassers in der Versickerungszone bestimmen (Tabelle 4.9), beeinflussen diese auch im Grundwasser. Stärker jedoch macht sich der Einfluß der hydrogeologischen Struktur auf die Grundwasserführung, seine Beschaffenheit und Dynamik bemerkbar. Entsprechend den in Abschnitt 3. erläuterten kinetischen Gesetzmäßigkeiten hängt die Intensität der Anreicherung der Lösungskomponenten von folgenden Kriterien ab:

– Größe des thermodynamischen Ungleichgewichtes zwischen den Phasen, d. h. der Differenz der chemischen Potentiale
– Größe der aktiven Oberfläche der wechselwirkenden Phasen sowie Menge des durch das Gestein strömenden Wassers
– Dauer der Wechselwirkungsprozesse zwischen den einzelnen Phasen
– geochemische Besonderheiten der beteiligten Phasen (Löslichkeit, Charakter des Lösungsvorganges – inkongruente bzw. kongruente Lösung, u. a.)

4.3.1. Beschaffenheit des Grundwassers im hydrogeologischen Massiv

Im hydrogeologischen Massiv ist die Grundwasserführung ausschließlich an Klüfte und Spalten gebunden. Hohe Fließgeschwindigkeiten, kleine Kontaktflächen, ein geringes Angebot leichtlöslicher Minerale,ein permanentes chemisches Ungleichgewicht zwischen den gelösten Grundwasserkomponenten und der mineralischen Zusammensetzung der Kompaktgesteine sind die charakteristischen Randbedingungen für die Beschaffenheitsentwicklung innerhalb dieses hydrogeologischen Strukturtyps. Der dominierende hydrogeochemische Prozeß ist die Verwitterung der Silikate, in deren Ergebnis sich meist weiche, kalkaggressive, kieselsäurereiche Wässer mit geringen Gehalten an gelösten Komponenten bilden. Die Tabellen 4.18 und 4.19 vereinigen einige ausgewählte Analysen von Grundwässern saurer und basischer Magmatite sowie ausgewählter Metamorphite. Die Analysenergebnisse der Tabelle 4.18 bestätigen sowohl im Vergleich zu den theoretischen Verwitterungskurven von KAZIK/KARPOV (s. Bilder 3.17 bis 3.19) als auch unter Verwendung des Verwitterungskoeffizienten R_E von TARDY (1971)[*)] einen zunehmenden Verwitterungsgrad gleichartiger Gesteine vom Norden zum Süden als Ausdruck des klimatischen Faktors.

Aus den Tabellen 4.18 und 4.19 sowie der Höffigkeitsverteilung hydrochemischer Typen (nach SCUKAREV) für etwa 100 Analysen von Grundwässern aus hydrogeologischen Massiven unterschiedlicher Regionen der Erde und verschiedener Gesteinszusammensetzung (Bild 4.18) lassen sich folgende Erkenntnisse ableiten: Im Anionenkomplex der Wässer hydrogeologischer Massive dominiert das Hydrogenkarbonation, dessen Gehalt unmittelbar vom Angebot organischer Substanzen in der Verwitterungszone sowie vom pH-Wert der Niederschlagswässer abhängt. Der Einfluß der Niederschlagswässer ist in vielen Fällen noch deutlich erkennbar, wie ein Vergleich mit den Bildern 4.2 und 4.5 bestätigt. Sie sind vor allem für die Sulfationen- und Chloridionengehalte der Wässer im Kompaktgestein verantwortlich. Teilweise können erhöhte Sulfatgehalte auch auf Oxydationsprozesse von Sulfiden zurückzuführen sein, wie sie z. B. im Alaunschiefer des Thüringer Schiefergebirges angetroffen werden. In diesen Fällen wird in den Spurenelementgehalten der Wässer die Beziehung zur Sulfidvererzung bestätigt.

$$*)\quad R_E = \frac{m\ 6\,Na_2O + m\ 6\,K_2O + m\ 2\,CaO - SiO_2}{m\,Na_2O + m\,K_2O + m\,CaO} \qquad m\ \text{molare Konzentration im Wasser}$$

Tabelle 4.18. Vergleich der mittleren Zusammensetzung von Grundwässern in Graniten und basischen Kompaktgesteinen in einem Nord-Süd-Profil (nach TARDY, 1971)

Probenahmeort	Gesteine	pH-Wert	Komponenten in mg/l							
			HCO_3^-	Cl^-	SO_4^{2-}	SiO_2	Na^+	K^+	Ca^{2+}	Mg^{2+}
Norwegen	Granite	5,4	4,9	5,0	4,6	3,0	2,6	0,4	1,7	0,6
	basische Magmatite	5,5	5,0	3,5	4,8	3,4	3,5	0,5	1,7	0,9
Frankreich Vogesen	Granite	6,1	15,9	3,4	10,9	11,5	3,3	1,2	5,8	2,4
	basische Magmatite	6,1	19,3	2,2	5,8	9,2	2,3	0,6	4,5	1,5
Zentralmassiv	Granite	7,7	12,2	2,6	3,7	15,1	4,2	1,2	4,6	1,3
	basische Magmatite	8,2	57,0	12,6	7,4	30,5	13,1	7,1	12,8	9,4
Korsika	Granite	6,7	40,3	22,0	8,6	13,2	16,5	1,4	8,1	4,0
	basische Magmatite	7,1	16,5	33,0	13,7	21,4	20,5	1,58	16,0	13,7
Sahara	Granite	6,9	30,4	4,0	20,0	9,0	30,0	1,8	40,0	–
	basische Magmatite	6,8	30,0	10,6	16,1	14,5	6,9	4,4	31,6	3,9
Senegal	Granite	7,1	43,9	4,2	0,8	46,2	8,4	2,2	8,3	3,7
	basische Magmatite	7,0	198,0	4,1	1,6	55,0	24,0	2,5	24,0	23,0
Elfenbeinküste	Granite	5,5	6,1	<3,0	0,4	10,8	0,8	1,0	1,0	0,10
	basische Magmatite	7,3	597,0	3,0	0,4	120,0	37,0	1,5	52,0	50,0
Malagasy	Granite	5,7	6,1	1,0	0,7	10,6	0,95	0,62	0,40	0,12
	basische Magmatite	6,1	18,0	5,5	2,4	16,2	4,3	0,4	2,8	1,4

Tabelle 4.19. Einige ausgewählte Analysen von Grundwässern in Magmatiten und Metamorphiten (Angaben in mg/l)

Probenahmeort	Gesteine	pH-Wert	HCO_3^-	Cl^-	SO_4^{2-}	SiO_2	Na^+	K^+	Ca^{2+}	Mg^{2+}	Fe gesamt	Al^{3+}
SR Vietnam	Kontakthof Granite Schiefer	6,7	110	7,3	4,8	17,4	9,4	–	29,4	6,2	0,62	0,86
Jenisei-Gebirgs-land	Granitgneise	6,8	96,3	6,8	2,5	10,3	8,9	1,6	20,1	5,3	0,35	0,13
Guinea	Granitgneise	5,5	33,5	4,2	0,0	n. b.	14,6**)	–	0,7	0,15	0,03	n. b.
	Syenite	5,3	19,4	5,5	0,7	4,0	7,9**)	–	0,5	0,47	0,07	0,29
North-Carolina (USA)	Diorite	7,1	127,0	14,0	17,0	32,0	11,0**)		38,0	12,0	0,2	
New Mexico (USA)	Rhyolite	7,2	42,0	2,0	1,9	55,0	11,0	1,2	4,4	1,4	0,08	0,1
Nevada (USA)	Rhyolite	7,9	131,0	16,0	22,0	52,0	62,0	2,0	8,0	1,0	0,22	0,0
North-Carolina (USA)	Gabbro	6,8	203,0	13,0	10,0	56,0	25,0	1,1	32,0	16,0	0,06	n. b.
Maryland (USA)	Gabbro	6,7	37,0	1,0	9,2	39,0	6,2	3,2	5,1	2,3	5,1	0,0
Idaho (USA)	Andesite	7,7	38,0	0,0	6,3	8,9	1,8	2,6	12,0	0,5	0,0	0,0
New York (USA)	Syenite	7,6	38	2,1	2,8	19,0	2,8	0,6	9,5	2,3	0,14	0,0
Washington (USA)	Basalte	7,7	88,0	6,9	4,9	49,0	6,6	2,8	13,0	9,0	0,04	
Oregon (USA)	Basalte	7,7	156,0	15,0	1,6	50,0	12,0	5,3	24,0	15,0	0,43	

Idaho (USA)	Basalte	8,0	220,0	8,0	19,0	33,0	16,0	3,2	48,0	14,0	0,0	0,0
Vogelsberg (BRD)	Basalte	7,8	154,4	11,2	3,15	34,8	7,54	1,19	25,55	16,36	0,036	0,024
Utah (USA)	Quarzite	6,5	8,0	0,8	3,4	3,6	1,0	1,8	2,6	0,4	0,0	0,0
Panama	Quarzite	7,1	80,0	8,0	13,0	17,0	4,5	3,8	25,0	5,1	1,6	0,0
Michigan (USA)	Schiefer (Slate)	7,4	212,0	5,2	128,0	8,2	13,0	10,0	101,0	5,6	0,12	0,0
North-Carolina (USA)	Schiefer	6,9	45,0	2,5	3,0	26,0	5,5	1,0	10,0	1,6	2,6	0,0
Maine (USA)	Quarzit-Schiefer	8,0	183,0	7,9	28,0	13,0	35,0	3,6	29,0	9,7	0,09	0,0
New York (USA)	Gneise	7,4	108,0	7,0	15,0	23,0	1,1**)	–	33,0	7,2	0,4	0,0

**) Na + K

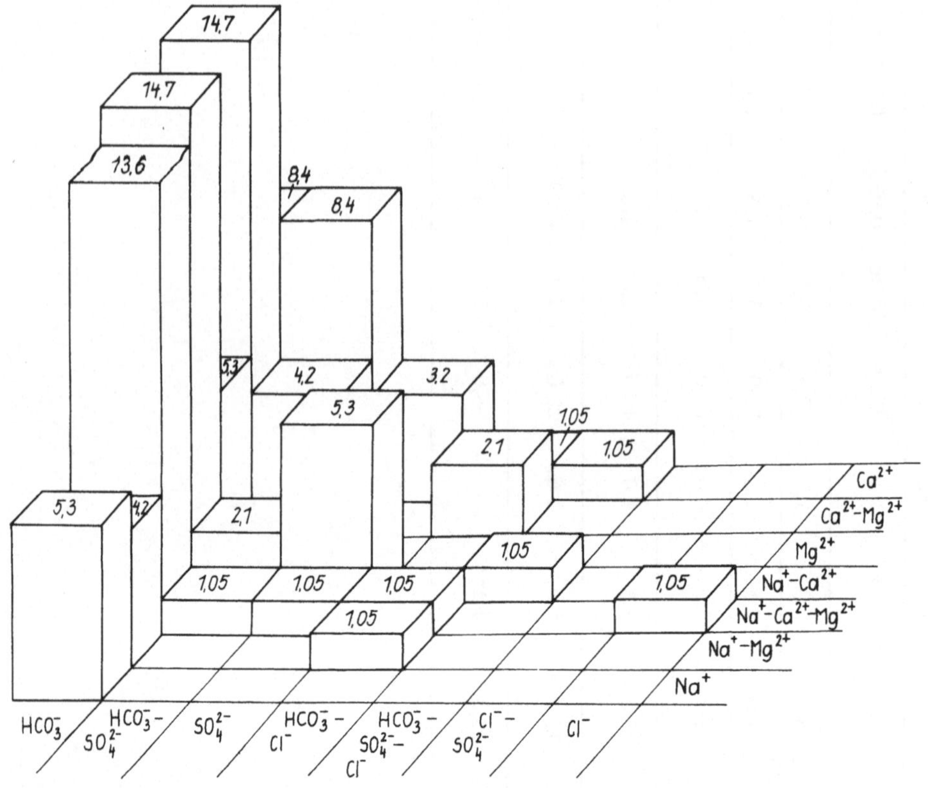

Bild 4.18. Häufigkeitsverteilung hydrochemischer Typen im Grundgebirge

1	$HCO_3 - Na - Ca$	14,7 %	*7*	$HCO_3 - Na$	5,3 %
2	$HCO_3 - Ca - Mg$	14,7 %	*8*	$SO_4 - Na - Ca$	5,3 %
3	$HCO_3 - Na - Ca - Mg$	13,6 %	*9*	$HCO_3 - SO_4 - Ca - Mg$	4,2 %
4	$HCO_3 - Ca$	8,4 %	*10*	$HCO_3 - Na - Mg$	4,2 %
5	$HCO_3 - SO_4 - Ca$	8,4 %	*11*	$SO_4 - Ca$	3,2 %
6	$HCO_3 - Mg$	5,3 %		$n = 95$	

Je zerklüfteter das Massiv, um so tiefer können die Wässer in das Massiv eindringen. Die zeitlich differenzierte Zirkulation der Wässer im Massiv äußert sich sowohl im Abflußgeschehen der Quellen als auch in der Beschaffenheit des Quellwassers. Vergleicht man den Chemismus saisonbedingt und ständig schüttender Quellen, so zeigt sich, daß mit Ausnahme der durch den Niederschlag geprägten Komponenten Cl^- und SO_4^{2-} der Gehalt der verwitterungsbedingten Komponenten im Wasser der ständig schüttenden Quellen um mehr als das Doppelte höher ist. Besonders der SiO_2-Gehalt kann zur Bewertung der Tiefenzirkulation der Wässer herangezogen werden. Die Konzentration der Kieselsäure im Wasser erreicht Gehalte bis zu 60 mg/l.

Neben dem Einfluß des Niederschlags und der Verwitterung der Silikate im Massiv kann der geochemische Charakter der Grundwässer im Kompaktgestein durch Auflösungsprozesse von Karbonaten aus den periglazialen Deckschichten (z. B. Löß) oder durch Lösung der Spaltenfüllungen geprägt werden. Das hohe Karbonatangebot in den Gesteinen des Thüringer Schiefergebirges ist z. B. die Ursache für eine weite Verbreitung von Kalzium- und Magnesiumhydrogenkarbonat-Wässern in dieser Region (HECHT, 1974).

Die mineralische Zusammensetzung des Gesteins findet ihren Ausdruck vor allem im Kationenbestand der Wässer im hydrogeologischen Massiv. Während bei der Verwitterung von sauren Magmatiten vorrangig natrium(kalium)- und kalziumbetonte Wässer entstehen, sind die Wässer in Basalten und anderen basischen Gesteinen relativ magnesiumangereichert, währenddessen die Alkalielemente zurücktreten. Die von GARRELS (1967) berechneten Ionenverhältnisse in Verwitterungslösungen sind in den Bildern 4.19 und 4.20 dargestellt. Diese Ergebnisse stimmen recht gut mit der in der Natur beobachteten Wasserbeschaffenheit überein.

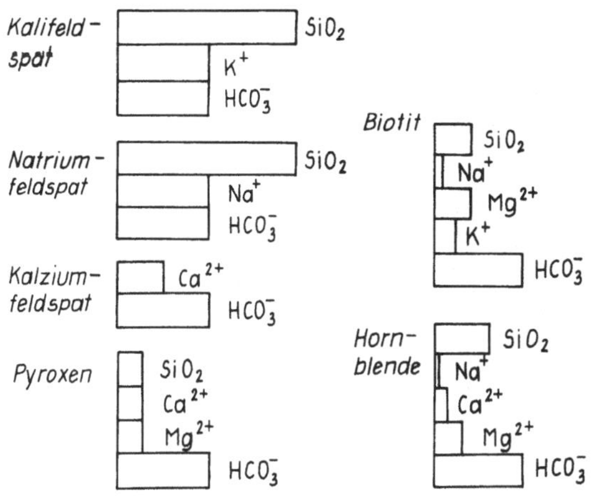

Bild 4.19. Berechnete Zusammensetzung von Verwitterungslösungen bei der Kaolinisierung verschiedener Silikatminerale, dargestellt wurden die Molverhältnisse der Komponenten zum HCO_3^--Ion (GARRELS, 1967)

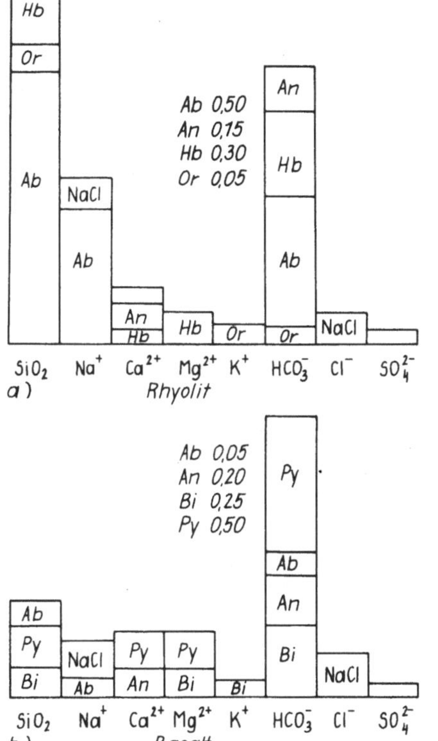

Bild 4.20. Theoretische Zusammensetzung der Verwitterungslösung (Verhältnis der Mole der Einzelkomponenten zum HCO_3^--Ion) von Rhyoliten (a) und Basalten (b) (GARRELS, 1967)

Ab Albit
An Anortit
Or Orthoklas
Bi Biotit
Hb Hornblende
Py Pyroxen

143

4.3.2. Beschaffenheit des Grundwassers innerhalb hydrogeologischer Strukturen vom Tafeltyp

Im Unterschied zum hydrogeologischen Massiv ist die Grundwasserführung innerhalb hydrogeologischer Strukturen vom Tafeltyp an bestimmte Grundwasserleiter gebunden. In Abhängigkeit vom Grad der Verfestigung der Gesteine, ihrer Klüftigkeit, Porosität und Durchlässigkeit sowie dem Schichtaufbau und der tektonischen Beanspruchung können die infiltrierenden atmosphärischen Niederschläge sowohl in horizontaler Richtung innerhalb der einzelnen Grundwasserleiter (-komplexe) als auch in vertikaler Richtung in unterschiedlicher Stärke in die Struktur eindringen. Von diesen Wasseraustauschbedingungen leiten sich in entscheidendem Maße auch die Intensität und die gerichtete Entwicklung der Grundwasserbeschaffenheit im Infiltrationszyklus ab, die gleichzeitig in enger Wechselbeziehung zur mineralisch-organischen Zusammensetzung des Gesteinskomplexes steht. Ausdruck dieser Wechselbeziehung ist die Veränderung der chemischen Beschaffenheit des Grundwassers mit zunehmendem Salzgehalt, die im Bild dargestellt ist. Aus Bild 4.21 ist leicht erkennbar, daß diese Veränderung von der Löslichkeit der Salze der Hauptkomponenten des Grundwassers kontrolliert wird (vgl. dazu Abschnitte 2. und 3.1.). Daraus leitet sich gleichzeitig die Schlußfolgerung ab, daß sich bei entsprechendem Angebot der löslichen Bestandteile im Gesteinskomplex eine den hydrodynamischen Bedingungen entsprechende hydrogeochemische Zonalität im Grundwasser herausbildet, die ihren Ausdruck im Übergang eines Beschaffenheitstyps in einen anderen findet.

Das von SULIN (1948) aufgezeigte allgemeine Schema der Beschaffenheitsänderung (s. Abschnitt 3.1.) unterliegt innerhalb konkreter hydrogeologischer Strukturen spezifi-

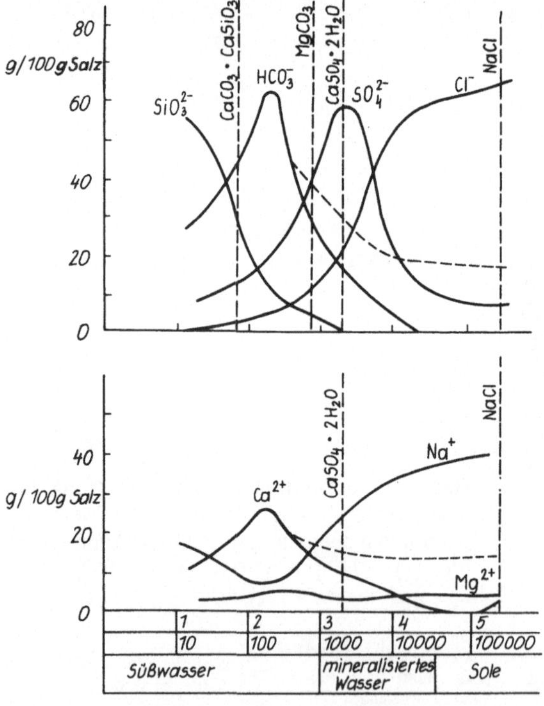

Bild 4.21. Veränderung der Beschaffenheit des Grundwassers (VALJAŠKO, 1965)

schen Abweichungen. Eines der wesentlichsten Kriterien sowohl für den Wasseraustausch als auch für die Entwicklung der hydrogeochemischen Verhältnisse in den Tafelstrukturen auf dem Gebiet der DDR ist die Mächtigkeit und Verbreitung känozoischer Lockergesteine. Dieses Kriterium veranlaßte VOIGT (in JORDAN, WEDER, 1987) zu einer Untergliederung der hydrogeologischen Strukturen vom Tafeltyp in Strukturen ohne und in Strukturen mit flächenhaft ausgebildeter Lockergesteinsbedeckung. Als typischer Vertreter des ersten Strukturtyps kann das Thüringer Becken, des zweiten die Norddeutsch-polnische Senke stehen.

Obwohl ähnlich wie im hydrogeologischen Massiv die Grundwasserbewegung in den verfestigten Tafelablagerungen hauptsächlich auf Klüften und Spalten erfolgt und nur in Sandsteinen eine bemerkenswerte Porenwasserführung zu verzeichnen ist, unterscheidet sich die Grundwasserführung durch ihre Grundwasserleiterbezogenheit wesentlich von der im Massiv. Im Widerspruch zu dieser grundsätzlichen Aussage steht nicht, daß sich vereinzelt durch tektonische Störungen blockartige Verschiebungen, sogenannte »heterogene Mischaquifere«, herausbilden (KANZ, SCHNITZER, 1978). Auch können tektonische Störungen als hydraulische Barriere wirken, die sich wie folgt äußern:

– in einer Entlastung tiefliegenderer, höher mineralisierter Grundwässer bzw. umgekehrt in einer Infiltration süßer Grundwässer in tiefere Grundwasserleiter in Abhängigkeit von der geomorphologischen Position des Störungssystems,
– in der Ausbildung eines selbständigen Kluftwassersystems im Bereich der tektonischen Störungszone, das über weite Strecken wirksam ist und sich durch hohe Fließgeschwindigkeiten auszeichnet, wie in Tracerversuchen nachgewiesen wurde. (als Beispiel für ein derartiges, tektonisch vorgeprägtes, seperates Fließsystem kann die Küllstedt-Erfurter-Störungszone stehen).

Das breite Angebot an Karbonat-, Sulfat- und Chloridablagerungen sowie die disperse Verteilung der Karbonate, Sulfate und Chloride als Bindemittel bzw. als Einschaltungen in die anderen Sedimente der betrachteten hydrogeologischen Struktur stellen eine wesentliche Randbedingung für die Beschaffenheitsentwicklung der Grundwässer dar. So ist generell eine Zunahme der Mineralisation der Wässer von ihrem Speisungs- zum Entlastungsgebiet zu verzeichnen. Verstärkt wird die Zunahme des Salzgehaltes durch die sich verschlechternden Wasseraustauschbedingungen mit zunehmender Bedeckung des Grundwasserleiters. Oft ist nur im Ausstrichbereich des entsprechenden Grundwasserleiters an die Erdoberfläche (z. B. Grundwasserleiter des Rotliegenden) bzw. im Verbreitungsgebiet des von der Erdoberfläche betrachteten obersten Grundwasserleiterkomplexes eine Erschließung und Förderung süßer Trinkwasserressourcen möglich, da mit zunehmender Tiefe bzw. zunehmender Entfernung vom Alimentationsgebiet versalzene Grundwässer auftreten.

Diese allgemeinen Tendenzen treffen auch auf den im thüringischen, fränkischen und hessischen Raum weitverbreiteten Grundwasserkomplex des unteren und mittleren Buntsandsteins einschließlich der Solling-Folge zu. Bereits BECKSMANN (1956) konnte in den Grundwässern der Sandsteine eine deutliche hydrogeochemische Zonierung in Abhängigkeit vom hydrodynamischen Regime beobachten. Sie äußert sich u. a. darin, daß die Quellen oberhalb der lokalen Erosionsbasis Wässer schütten, die als »Prototyp der Buntsandsteinwässer« (BECKSMANN, 1956) angesehen und durch folgende Merkmale charakterisiert werden: relativ arm an gelösten Substanzen, mit Sauerstoff gesättigt, weich bis sehr weich, ausgesprochen aggressiv, eisenfrei bzw. eisenarm. Dagegen werden unterhalb des Vorflutniveaus mittelharte bis harte Wässer mit Gesamthärten bis zu 24 °dH bei allgemein erhöhter Gesamtmineralisation angetroffen.

Diese Erkenntnisse wurden bis heute vielerorts bestätigt, u. a. auch von HECHT (1966, 1974) für die Buntsandsteinwässer des Thüringer Beckens. Die qualitativen und quantitativen Veränderungen in der Beschaffenheit der Wässer in Abhängigkeit von den Austauschbedingungen wird durch Tabelle 4.20 dokumentiert. Die Untersuchungsergebnisse von HECHT bekräftigen gleichzeitig die enge Beziehung zwischen Grundwasserbeschaffenheit und Mineralbestand des Bindemittels. Bei Vorhandensein von sulfatischem Bindemittel kann die Gesamthärte der Wässer auf Werte bis zu 30 °dH ansteigen. Einem zusätzlichen Einfluß sind die Buntsandsteinwässer durch die im Hangenden und Liegenden anzutreffenden Salz- und Gipsablagerungen des Röt bzw. Zechstein ausgesetzt. Der Einfluß der Rötfolge macht sich z. T. bis in die Sandsteine der Hardegsen-Folge bemerkbar (Bild 4.22). Eine Aufhärtung der Buntsandsteinwässer ist nicht nur unterhalb der Rötablagerungen, sondern auch unter Lößbedeckung festzustellen.

Die genannten Einflußfaktoren bewirken, daß die Beschaffenheit der Wässer allein im Bereich unter 1 g/l Gesamtmineralisation ein breites Spektrum sowohl im Salzgehalt als auch in den Ionenbeziehungen aufweist, wenngleich sich die überwiegende Mehrheit (etwa 79 %) der Wässer nach der Klassifikation von SCUKAREV drei Beschaffenheitstypen zuordnen läßt (Bild 4.23). Diese Vielfalt ist auch für andere Sandsteingrundwasserleiter charakteristisch, wie aus Tabelle 4.21 ersichtlich ist. Sie reicht von extrem süßen, kieselsäurereichen Na-Ca-HCO_3-Wässern bis zu hochkonzentrierten $NaCl$-Solen in tieferen Teilen der Beckenstrukturen.

Ebenso wie die Grundwässer in Sandsteinen sind die Wässer in Karbonatgesteinen vorrangig den Beschaffenheitstypen HCO_3-SO_4-Ca-Mg; HCO_3-Ca-Mg und HCO_3-SO_4-Ca zuzuordnen (Bild 4.24). Daneben erlangen vor allem in reinen Kalksteinen HCO_3-Ca-Wässer zunehmend an Bedeutung. Trotz dieser scheinbaren Übereinstimmung im Be-

Tabelle 4.20. Vergleich typischer Analysen in mg/l von Buntsandsteinwässern im Einzugsgebiet der Fränkischen Saale über (*a*) und unter (*b*) Vorflutniveau (nach GEORGOTAS/UDLUFT, 1978)

Komponente	Unterer Buntsandstein		Mittlerer Buntsandstein		Oberer Buntsandstein	
	a	*b*	*a*	*b*	*a*	*b*
Na^+	2,20	3,90	3,80	5,75	5,85	10,40
K^+	3,60	4,80	2,05	5,40	3,05	3,60
Mg^{2+}	2,00	23,10	0,84	7,80	6,55	30,00
Ca^{2+}	14,80	48,60	9,60	40,20	24,20	123,00
Fe^{2+}	–	–	0,04	0,03	0,04	0,05
Cl^-	6,00	4,00	4,39	10,80	13,85	31,40
SO_4^{2-}	15,80	42,10	22,75	23,00	18,25	138,00
NO_3^-	–	0,50	1,70	2,00	20,00	38,00
HCO_3^-	32,20	241,10	10,37	130,10	64,68	310,00
Summe	76,60	368,10	55,54	225,08	156,47	648,45

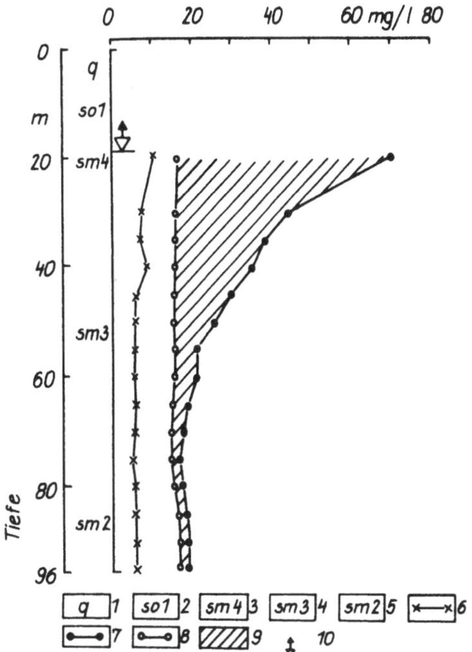

Bild 4.22. Vertikale Veränderung des Grundwasserchemismus in einer Bohrung im Einflußbereich des Rötgipses (nach HECHT, 1966)

1 Quartär
2 Unterer Rötmergel mit Basisgips
3 Solling-Folge
4 Hardegsen-Folge
5 Detfurth-Folge
6 Chloridgehalt
7 Gesamthärte
8 Karbonathärte
9 Nichtkarbonathärte
10 Beginn des artesischen Überlaufs

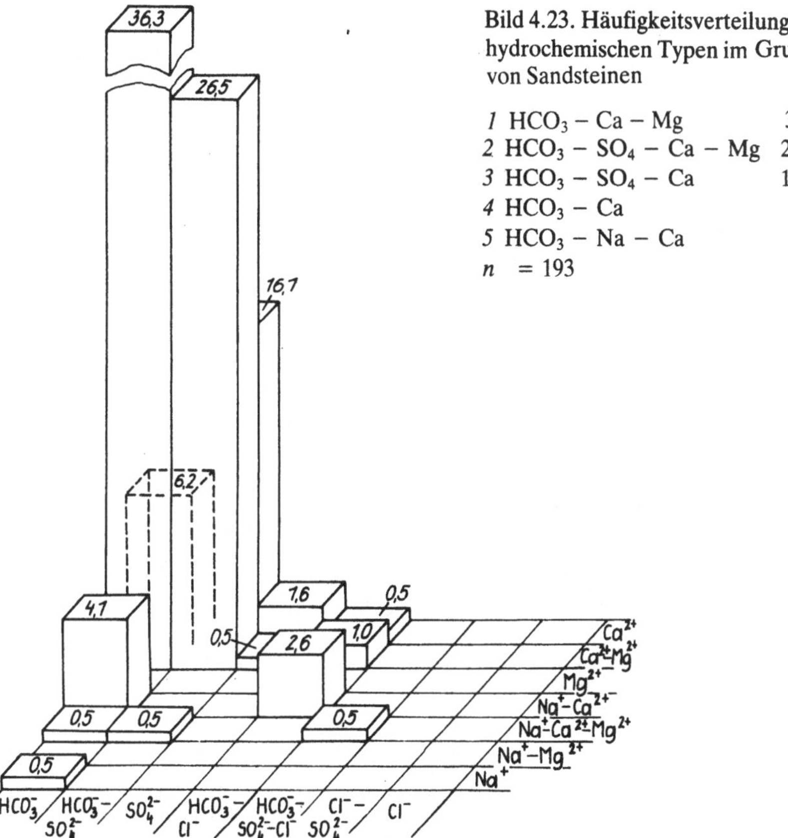

Bild 4.23. Häufigkeitsverteilung der hydrochemischen Typen im Grundwasser von Sandsteinen

1 $HCO_3 - Ca - Mg$	36,3 %
2 $HCO_3 - SO_4 - Ca - Mg$	26,5 %
3 $HCO_3 - SO_4 - Ca$	16,1 %
4 $HCO_3 - Ca$	6,2 %
5 $HCO_3 - Na - Ca$	4,1 %
n = 193	

Tabelle 4.21. Einige ausgewählte Analysen von süßen Grundwässern in Sandsteinen der USA (nach WHITE/HEM/WARING, 1963)

Komponente in mg/kg	Catahoula-sandstein, Mississippi	Arkose-sandstein, Colorado	Caseyville-sandstein, Kentucky	Trias-sandstein, Conneticut	St. Peter Sandstein Arkansas	Franconia Sandstein Minnesota	Kambrium-sandstein Wisconsin	Sylvania Sandstein Michigan
SiO_2	25,0	35,0	9,4	14,0	12,0	20,0	6,9	14,0
Al	0,2	0,3	0,1	0,1	0,2	–	0	0,2
Fe	0,41	0,2	4,2	0,08	0,06	0,58	0,72	0,71
Mn	0	0	0,21	0,1	0	0,34	0,07	0
Ca	2,4	9,6	16,0	27,0	50,0	78,0	157,0	153,0
Mg	0,5	1,9	6,4	10,0	6,0	51,0	21,0	63,0
Na	2,6		13,2	2,3	2,4	26,0	14,0	24,0
K	2,0	5,1	2,2	0,8	3,0	3,4	4,6	3,8
HCO_3	18,0	38,0	98,0	80,0	184,0	490,0	241,0	330,0
SO_4	1,4	7,4	14,0	31,0	2,1	60,0	330,0	362,0
Cl	2,5	1,8	3,0	5,6	1,8	1,5	8,0	30,0
NO_3	0	1,5	1,0	18,0	6,5	2,4	0,3	0,1
Gesamt-mineralisation	55,0	101,0	168,0	189,0	268,0	733,0	806,0	982,0
pH-Wert	6,2	6,7	7,2	7,8	67,4	8,0	7,3	7,6

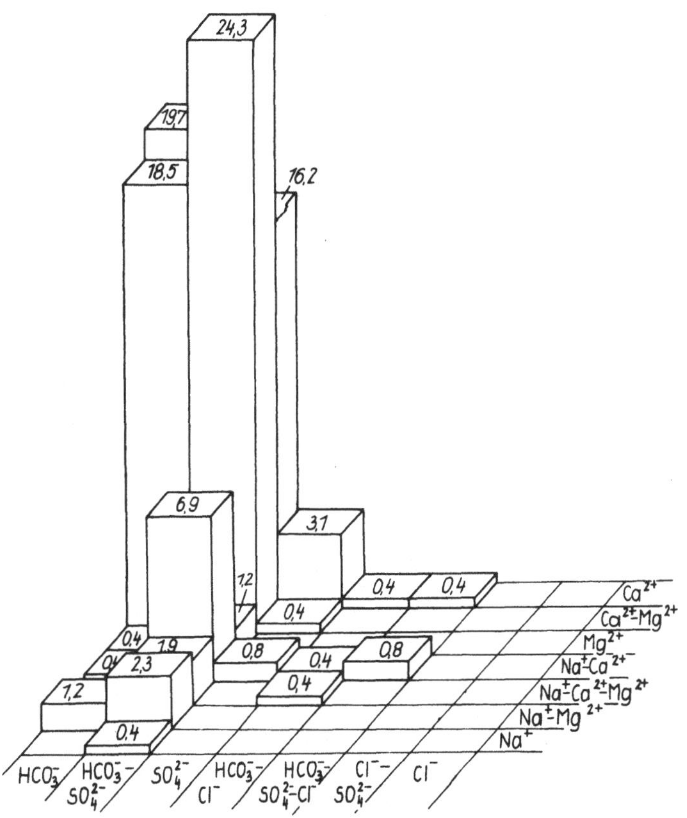

Bild 4.24. Häufigkeitsverteilung der hydrochemischen Typen im Grundwasser von Karbonatgesteinen

1 HCO$_3$ – SO$_4$ – Ca – Mg	24,3 %	4 HCO$_3$ – SO$_4$ – Ca	16,2 %
2 HCO$_3$ – Ca	19,7 %	5 HCO$_3$ – SO$_4$ – Na – Ca	6,9 %
3 HCO$_3$ – Ca – Mg	18,5 %	6 SO$_4$ – Ca	3,1 %

schaffenheitstyp unterscheiden sich die Grundwässer in den Karbonatgesteinen wesentlich von denen in Sandsteinen. (Dieser Widerspruch zeigt deutlich die Grenzen der Typisierung von ŠČUKAREV.) Im Unterschied zu den Sandsteinwässern liegt die Gesamtmineralisation selbst in reinen Kalksteinwässern nur in wenigen Ausnahmefällen unter 100 mg/l. Dagegen sind Gesamtkonzentrationen über 600 mg/l normal und Salzgehalte bis zu 1000 mg/l keine Seltenheit (Tabelle 4.22). Liegt der *p*H-Wert der Grundwässer in Sandsteinen durchschnittlich unter 7, so sind für die Wässer in den Karbonatformationen des Muschelkalks und des Keupers im Thüringer Becken Werte über 7 charakteristisch. Diese und andere Unterschiede in der Beschaffenheit der Wässer von Karbonat-Gips- und Sandsteingrundwasserleitern liegen in den hydraulischen und physiko-chemischen Randbedingungen der Verwitterung auslaugungsfähiger Gesteine begründet, die im Abschnitt 3.1. beschrieben wurden. Im Unterschied zu den Sandsteinen sind Spalten und Klüfte für Karbonat- und Sulfatgesteine eine unbedingte Voraussetzung für eine Grundwasserführung. Kalksteine und Dolomite neigen bei tektonischer Beanspruchung zur Kluft- und Spaltenbildung. Diese tektonisch bedingten Fließbahnen werden durch Auslaugung erweitert und bilden ein System von Spalten-, Kluft- und Karstwässern. Die spezifische Art der Grundwasserführung in auslaugungsfähigen Ge-

Tabelle 4.22. Einige ausgewählte Analysen von Grund(Quell-)wässern aus Karbonatformationen

| Komponente | Thüringer Becken (DDR) | | | Pahasapa Kalkstein Süddakota USA | Copper Ridge Dolomit Alabama USA | Niagara Dolomit Wisconsin USA |
| | Kalksteine des Muschelkalks | | | | | |
	Quelle im Ermtal mg/l	Quelle im Hebetal mg/l	Bohrung bei Freiburg mg/l	in mg/kg	in mg/kg	in mg/kg
Mg^{2+}	19,3	13,9	40,0	37,0	14,0	35,0
Na^+	4,8	4,5	} 17,0	5,9	2,0	28,0
K^+	0,5	1,8		4,9	0,6	1,3
Ca^{2+}	154,8	157,8	133,1	92,0	34,0	35,0
Fe_{gesamt}	0,08	0,06	–	0	0,34	0,39
HCO_3^-	313,9	351,0	278,0	207,0	160,0	241,0
SO_4^{2-}	91,2	88,0	202,4	214,0	3,7	88,0
Cl^-	14,0	9,9	56,0	1,8	2,5	1,0
NO_3^-	–	–	19,9	0,3	3,2	1,2
Gesamt-minerali-sation	–	–	638,0	587,0	230,0	448,0
pH-Wert	–	7,05	–	7,4	7,5	8,2
Literaturquelle	HECHT, 1966			WHITE/HEM/WARING, 1963		

mu	Unterer Muschelkalk
mo	Oberer Muschelkalk
ku	Unterer Keuper
Vorfl.	Vorfluter

steinen findet ihren Ausdruck vor allem im Abflußregime der Quellen. Während z. B. die Schichtquellen des Muschelkalks oberhalb des Vorflutniveaus in ihrer Schüttungsmenge großen Schwankungen unterworfen sind[*], zeichnen sich die Spaltenquellen des »Tieferen Karstes« durch ein wesentlich stabileres Abflußregime aus. Das differenzierte Abflußregime der Quellen spiegelt die enge Wechselbeziehung zur Niederschlagsverteilung und -intensität wieder und zeigt gleichzeitig die Bedingungen auf, die sich für die Entwicklung der Grundwasserbeschaffenheit ergeben. Diese Bedingungen werden neben der Abhängigkeit von der Quantität und Qualität der Sickerwässer (Niederschlagswässer) von dem großen Angebot auslaugungsfähiger Gesteine, den hohen Fließgeschwindigkeiten sowie dem relativ geringen Sorptions(Ionenaustausch-)vermögen der Grundwasserleiter bestimmt.

Die Anreicherung der Niederschlagswässer mit CO_2 bei ihrer Bodenpassage begünstigt die Auflösung der Karbonate erheblich (s. auch Abschnitt 3.1.). Da eine ständige Zufuhr des CO_2 über den Gasaustausch mit der Bodenluft gegeben (offenes System) und ein entsprechendes Angebot an Karbonaten im Gestein vorhanden ist, tritt bereits auf kurzen Fließstrecken eine Sättigung des Grundwassers mit Karbonaten auf, d. h., die

---

[*] Nach HOPPE (1962) beträgt die Niedrigstschüttung einiger Muschelkalkschichtquellen in Thüringen etwa 10 % ihrer Höchstschüttung.

Einzugsgebiet Fränkische Saale (BRD)

Kalk-Mergel-Stein		Kalk-Mergel-Stein		Kalkstein
mu über Vorfl. in mg/l	mu unter Vorfl. in mg/l	ku über Vorfl. in mg/l	ku unter Vorfl. in mg/l	mo über Vorfl. in mg/l
18,4	33,6	20,0	42,7	45,7
4,32	6,5	4,8	65,0	6,9
2,95	2,3	2,7	7,5	2,1
124,0	118,3	131,7	94,0	107,7
0,03	0,01	–	0,01	–
363,07	379,5	372,2	536,9	429,6
43,5	50,5	52,8	79,9	41,8
16,34	29,6	27,6	32,0	35,8
36,5	29,9	27,9	13,0	23,0
608,85	650,21	639,7	871,01	692,6
7,6	7,4	6,9	7,2	7,3

GEORGOTAS/UDLUFT, 1978

Wässer erreichen das Kalk-Kohlensäure-Gleichgewicht bzw. liegen geringfügig darunter (GEORGOTAS, UDLUFT, 1978).

Die kontrollierende Wirkung des CO_2-Partialdruckes auf die Löslichkeit des Karbonatsystems scheint auch der Grund für die häufig beobachtete Erscheinung zu sein, daß die Grundwässer in Kalksteinen oberhalb der Vorflut höher mineralisiert sind als unterhalb (KANZ u. a., 1978). In den tieferen Teilen des Grundwasserleiterkomplexes ist der Wasseraustausch und damit die CO_2-Zufuhr mit den Infiltrationswässern eingeschränkt, wodurch sich die Bedingungen immer mehr denen eines geschlossenen Systems annähern, für das ein geringes Kalklösungsvermögen charakteristisch ist (Bild 4.25).

Eng verbunden mit der Spezifik der Grundwasserführung in Karbonatgesteinen sind auch die beobachteten Schwankungen in der Beschaffenheit der Quellwässer. Diese lassen sich nach KANZ u. a. (1978) folgenden beiden Typen zuordnen:

– Schwankungen in der Beschaffenheit, die auf Verdünnungseffekte zurückzuführen sind

– Schwankungen, die auf anthropogene Einwirkungen zurückzuführen sind.

Aus der letzten Gruppe lassen sich besonders landwirtschaftliche Einflüsse eindeutig diagnostizieren (s. dazu auch Abschnitt 5.1.). Die Beziehung zur Niederschlagsintensi-

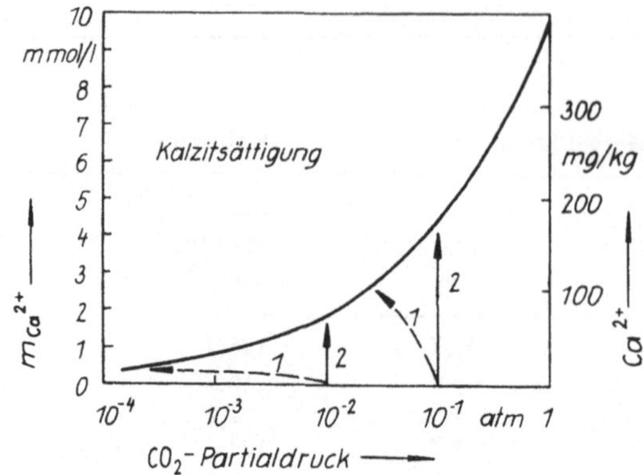

Bild 4.25. Anreicherungsbedingungen des Kalziums im Karbonatsystem unter den Bedingungen eines hinsichtlich CO_2 geschlossenen bzw. offenen Systems (nach HOLLAND u. a., 1964)

1 geschlossenes System
2 offenes System
1 atm = 0,1 MPa

tät kommt in der Quellwasserbeschaffenheit besonders im Kalzium- und Hydrogenkarbonationengehalt sowie im pH-Wert zum Ausdruck. Die Schwankungen können für die Kalzium- und Hydrogenkarbonationen 2 bis 4 mval/l erreichen. Besonders interessant erscheinen die Beobachtungen von SCHRAFT (1983), der trotz der ausgezeichneten Puffereigenschaften der Karbonate eine signifikante Abnahme des pH-Wertes im Wasser in den niederschlagsreichen Wintermonaten beobachtete.

Die sich im Beschaffenheitstyp widerspiegelnden hohen Sulfatgehalte der Wässer erklären sich einerseits aus dem hohen Anteil von Gips bzw. Anhydrit an den auflösungsfähigen zwischenkristallinen Ablagerungen innerhalb der Karbonatgesteine (Tabelle 4.23) und andererseits aus der weiten Verbreitung von Gips- und Anhydritfolgen innerhalb verfestigter Tafelablagerungen. Im Thüringer Becken z. B. sind in dieser Hinsicht für die Wässer in den Karbonatgrundwasserleitern von Muschelkalk und Keuper vor allem die Evaporite des Mittleren Muschelkalks und Mittleren Keupers von Bedeutung. Verbunden mit diesen Ablagerungen ist nicht selten in den Wässern des hangenden Grundwasserleiters eine Zunahme des Chloridgehalts (Bild 4.26). Für die liegenden Grundwasserleiter ist die Bedeckung durch die genannten Ablagerungen gleichbedeutend mit ihrer Versalzung. Das Verhältnis Kalzium-Magnesium im Wasser spiegelt mehr oder minder die Anteile der beiden Elemente im Gestein wider (HEM, 1970).

Die besondere Stellung der hydrogeologischen Struktur vom Tafeltyp mit mächtiger flächenhaft ausgebildeter Lockergesteinsbedeckung leitet sich u. a. daraus ab, daß in den Grundwasserleitern des Lockergesteins bedeutende Süßwasserressourcen gespeichert sind, die beispielsweise in der DDR etwa 80 % der Gesamtvorräte betragen. Die Grundwasserführung in diesen Grundwasserleitern ist dabei ausschließlich an den Porenraum der Lockergesteine gebunden, woraus sich ein spezifisches Grundwasserfließregime mit langen Verweilzeiten ableitet.

Tabelle 4.23. Durchschnittliche Gehalte an löslichen Salzen in Kalken und Dolomiten in Gewichtsprozenten des Gesteins (nach LAMAR/SCHRODE, zit. in MATTHESS, 1973)

	Na^+	K^+	Ca^{2+}	Mg^{2+}	HCO_3^-	SO_4^{2-}	Cl^-	Summe
Kalksteine	0,008	0,003	0,017	0,003	0,014	0,038	0,012	0,093
Dolomitsteine	0,013	0,004	0,004	0,026	0,051	0,028	0,045	0,172

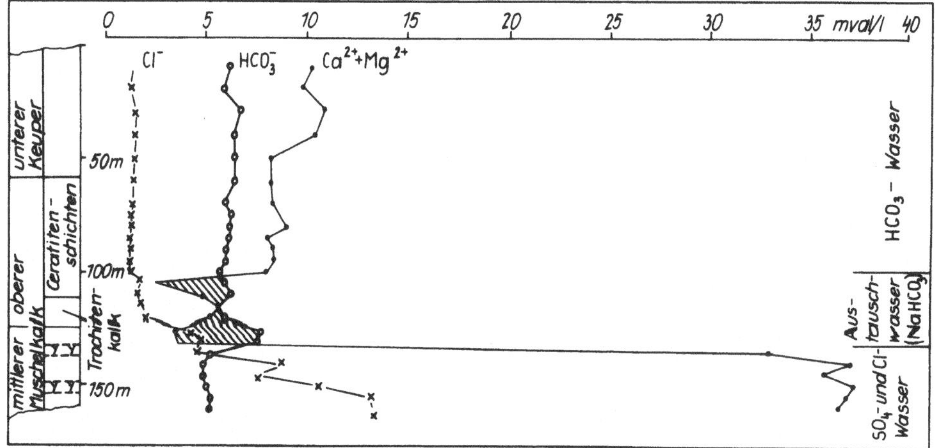

Bild 4.26. Einfluß der salzführenden Ablagerungen des Mittleren Muschelkalkes auf die Grundwasserbeschaffenheit in den hangenden Grundwasserleitern (HECHT, 1972)

Obwohl allgemein mehrere Grundwasserleiter süße Grundwässer führen, ist auch innerhalb der Norddeutsch-polnischen Senke auf dem Territorium der DDR die Verteilung der süßen Grundwasserressourcen im wesentlichen auf den obersten Grundwasserkomplex beschränkt, der auf Grundlage der komplexen Analyse der paläohydrogeo-
logischen, hydrodynamischen und hydrogeochemischen Verhältnisse die Ablagerungen des Jungtertiärs und Quartärs erfaßt. Der mitteloligozäne Rupelton bildet über
weite Gebiete die natürliche Grenze zwischen süßem und versalzenem Grundwasser.
Als Wässer des Infiltrationszyklus können auch die versalzenen Grundwässer des
Grundwasserkomplexes Rät-Oligozän diagnostiziert werden, während die Solen der
tieferliegenden Grundwasserkomplexe typische Merkmale salinarer Reliktwässer auf-
weisen.
Das Hauptalimentationsgebiet der tieferen Grundwasserkomplexe der genannten
Struktur befindet sich auf dem Territorium der VR Polen, wo z. B. im Bereich der Łód-
źer Mulde süße Grundwässer bis in einer Tiefe von 1000 m nachgewiesen wurden. Auf
das Gebiet der DDR greifen lediglich die westlichen Ausläufer des Speisungsgebietes
über (VOIGT/ZIESCHANG, 1977). Von hier aus dringen die Infiltrationswässer mit unterschiedlicher Stärke in die verschiedenen Grundwasserleiter des Beckens ein. Obwohl
der Einfluß der Infiltrationswässer noch im Präzechstein bemerkbar ist, bleibt ihre late-
rale Verbreitung unbedeutend.
Grundwasserneubildung und Entlastung hängen hauptsächlich von den Speichereigen-
schaften der Grundwasserleiter und der Verbreitung der regionalen und lokalen Grundwasserstauer ab. Das Fehlen des Rupeltons in der Niederlausitz zum Beispiel sowie der
teilweise Übergang der tonig-mergeligen Bildungen der Oberkreide in sandige Partien
schaffen günstige Bedingungen für das Eindringen von Infiltrationswässern in diesem
Raum. Die berechneten reduzierten Schichtdrücke der mineralisierten Wässer bestätigen diesen Prozeß. Sie weisen jedoch gleichzeitig aus, daß sich die Hauptmasse der eindringenden Infiltrationswässer im alimentationsnahen Bereich wieder entlastet. GAVIĆ
(zit. in VOIGT, 1970) bezeichnet ein derartiges Grundwasserfließsystem als artesischen
Hang mit geschlossener bzw. halbdurchlässiger Berandung. Die Vielzahl oberflächen-
naher Mineralwasseranomalien in den Urstromtälern (Berliner und Baruther Urstrom-

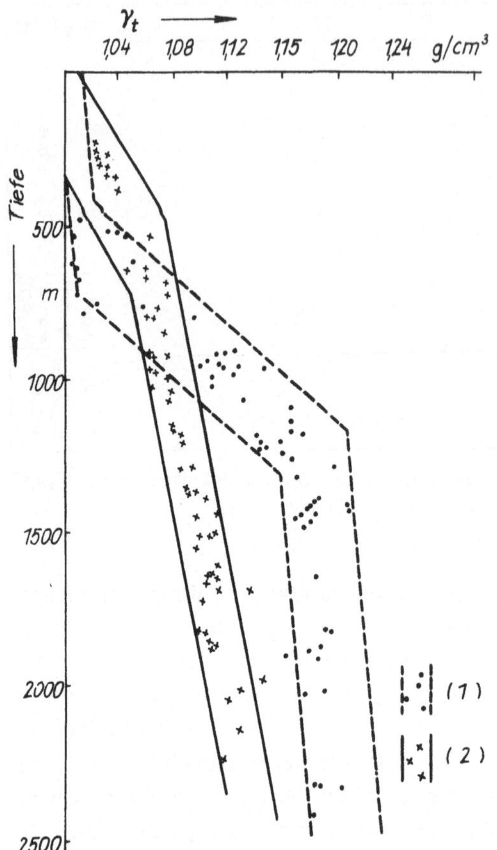

Bild 4.27. Veränderung der Dichte der Wässer der Grundwasserkomplexe Trias (1) und Rät-Oligozän (2) mit der Teufe

tal) sowie die weite Verbreitung sulfatbetonter Süßwässer in den Niederungsgebieten der unteren Havel, der Spree und der Nuthe (ZIESCHANG, 1974) stützen das aufgezeigte regionale hydrodynamische Schema.

Ein weiteres Entlastungsgebiet mineralisierter Grundwässer zeichnet sich am Nordrand der Norddeutsch-polnischen Senke ab. Hier wird die Entlastung der Tiefenwässer vor allem durch das Fehlen des Rupeltons, der tonig-mergeligen Ablagerungen der Oberkreide sowie der Salzfolgen des Röt begünstigt. Die fast vollständige Verbreitung des Rupeltons im Bereich der Mecklenburger Seenplatte ist andererseits die Ursache dafür, daß sich diese regionale Grundwasserscheide süßer Grundwässer nicht auf die hydrodynamischen und entsprechend hydrogeochemischen Verhältnisse des Rät-Oligozän-Komplexes und der darunterliegenden Grundwasserkomplexe auswirkt. Die hydrogeochemischen Verhältnisse in den Grundwasserkomplexen Trias, Rät-Oligozän und Jungtertiär-Quartär spiegeln die aufgezeigten regionalen hydrodynamischen Bedingungen wider.

Eine lang andauernde Senkungsperiode des Zentralteils der Norddeutsch-polnischen Senke (bis zur Unterkreide) sowie die Verbreitung des Rötsalinars waren die wesentlichen Voraussetzungen für die Erhaltung der in die Speicherhorizonte des Buntsandsteins eingedrungenen salinaren Reliktlösungen. Für diese sind folgende hydrogeochemischen Merkmale typisch:

- Salzgehalt um 300 g/l und darüber
- hohe Kalziumkonzentrationen, die bis zu 40 % der Kationenzusammensetzung betragen und von einem hohen Metamorphosegrad zeugen
- hohe Werte des Br/Cl-Koeffizienten, der ebenso wie der r Na/r Cl-Koeffizient dem Ausfällungsstadium des Steinsalzes entspricht
- nach der Klassifikation von SČUKAREV sind die Wässer dem Na-Ca-Cl-Typ zuzuordnen.[*]

Der Infiltrationseinfluß am Südrand des Beckens macht sich nicht nur in einer Abnahme der Gesamtmineralisation (und entsprechend in der Dichte, wie Bild 4.27 zeigt) bemerkbar, sondern auch in einer Veränderung des hydrochemischen Typs, der zum Beckenrand über einen Cl-Na-Typ in einen Cl-SO_4-Na-Ca bzw. HCO_3-SO_4-Ca-Typ übergeht.

Im Unterschied zum Grundwasserkomplex Trias findet man im Grundwasserkomplex Rät-Oligozän, dessen Wässer dem Infiltrationstyp zugeordnet werden können, ein vielgestaltiges hydrogeochemisches Bild. Dieses ist in erster Linie auf den Ablauf folgender Prozesse zurückzuführen:

- Infiltration atmosphärischer Niederschläge,
- Auslaugung an Salzstrukturen,
- Entlastung tieferliegender Schichtwässer.

Ihr Anteil an der Bildung der chemischen Zusammensetzung der Wässer bestimmt die lokalen und regionalen hydrogeochemischen Gesetzmäßigkeiten des Grundwasserkomplexes. Auf dem Änderungsdiagramm der rNa/rCl-Koeffizienten vom Chloridgehalt mit den aufgetragenen Analysen der Buntsandstein- und Rät-Oligozän-Wässer wurde schematisch die Mischung der drei Ausgangslösungen dargestellt (Bild 4.28). Dieses Diagramm wurde im Ergebnis laborativer Untersuchungen konstruiert.
Innerhalb des Grundwasserkomplexes Rät-Oligozän treten unterschiedliche Varianten der Mischung der für die drei Prozesse typischen Ausgangslösungen auf, wobei sie jedoch in der Mehrzahl nicht zu einer Veränderung des Wassertyps führen. Fast überall sind Mineralwässer vom Na-Cl-Typ (bzw. Cl-A-Typ nach LEHMANN) verbreitet, und nur im Norden, wo der Anteil der entlastenden Buntsandsteinwässer bis zu 50 % betragen kann, treten Wässer vom Na-Ca-Cl-Typ (Cl-B-Typ) auf. Im Unterschied zum Grundwasserkomplex Trias erreichen die Schichtwässer des Rät-Oligozän-Wasserkomplexes nicht den Sättigungsgrad von Steinsalz (Bild 4.27). Zum Beckenrand ist eine gesetzmäßige Abnahme der Gesteinsmineralisation zu verzeichnen. Die am Beispiel der Norddeutsch-polnischen Senke aufgezeigte vertikale hydrogeochemische Zonalität kann als Muster für hydrogeologische Strukturen stehen, deren hydrogeochemisches Regime durch die Verbreitung salzführender Ablagerungen geprägt wird. Ähnliche Verhältnisse werden z. B. im Angara-Lena-Becken in Ostsibirien (PINNEKER, 1966; VALJASKO u. a., 1965; OIGT, 1970) sowie in den Sedimentationsbecken Noramerikas (BILLINGS u. a., 1969) angetroffen.
Die Entlastung der mineralisierten Wässer des tieferen Untergrundes hat nicht nur einen Einfluß auf den Grundwasserchemismus des oberen, süßwasserführenden

---

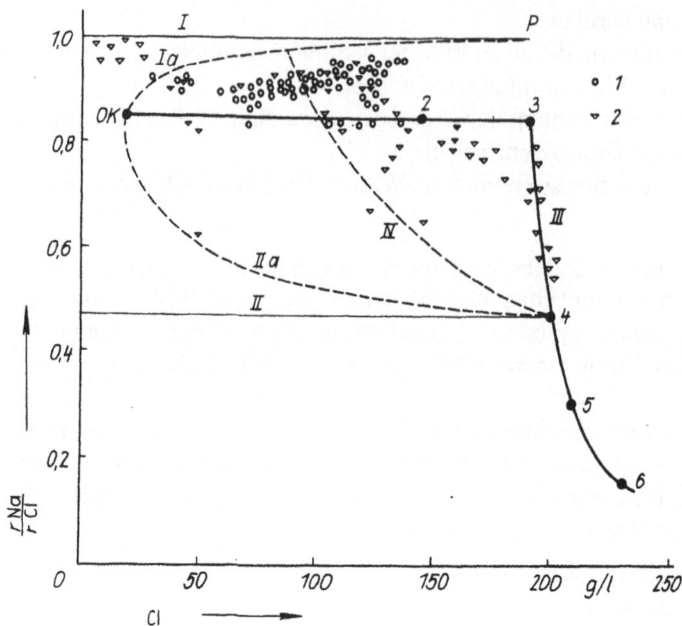

Bild 4.28. Diagramm der Veränderung des r Na/r Cl-Koeffizienten der Wässer in Abhängigkeit vom Chloridgehalt

1 Grundwasserkomplex Trias
2 Grundwasserkomplex Rät-Oligozän
Kurven:
I Auslaugungskurve von Steinsalz (P)
II Verdünnungskurve der Mutterlauge
III Eindunstungskurve Meerwasser

OK Meerwasser
die Punkte *2* bis *6* entsprechen den Salzausfällungsstadien
Mischkurven:
Ia Meerwasser-Steinsalz
IIa Meerwasser-Mutterlauge
IV Mutterlauge-Meerwasser-Steinsalzauslaugungslösung

Grundwasserkomplexes, sondern ist vor allem von praktischem Interesse, da die Immigration von Salzwasser einen beschränkenden Faktor bei der Gewinnung von Grundwasser für die Trinkwasserversorgung darstellt.

Die Möglichkeit der Vorhersage potentieller Salzwasserimmigrationen mittels hydrogeochemischer Kennwerte war deshalb Gegenstand mehrerer Veröffentlichungen (SCHLINKER, 1968; LÖHNERT, 1966; MICHEL, 1968).

Die genannten Autoren sehen vor allem in der Zunahme des Natriumhydrogenkarbonatgehaltes zum Süß-Salzwasser-Kontakt hin ein Kriterium für die Präsenz von Salzwasser im tieferen Untergrund. Das Auftreten und die Bildung der NaHCO$_3$-Wässer in den Locker- und Festgesteinen unterschiedlicher Struktureinheiten stellt zweifellos bis heute eines der interessantesten Probleme der Hydrogeochemie süßer bzw. schwach mineralisierter Grundwässer dar. Zu den NaHCO$_3$-Wässern werden die Wässer gezählt, deren Äquiavalentgehalt an Hydrogenkarbonationen die Summe der Äquivalentmengen der Kalzium- und Magnesiumionen übersteigt.

$$rHCO_3^- > rCa + rMg \qquad (4.11)$$

bzw. deren aus dem Hydrogenkarbonationengehalt berechnete scheinbare Karbonathärte größer als die Gesamthärte ist. Erst in letzter Zeit konnten NILLERT u. a. (1987) in einem interessanten Feldtest die Veränderungen im Grundwasserchemismus beim Salzwasseraufstieg beobachten. Die Bildung von Na-Ca-Cl-Wässern durch Kationenaus-

tausch beim Eindringen von Na-Cl-Lösungen in einen Grundwasserleiter, dessen Austauschkapazität kontinental geprägt ist, kann z. B. für die genetische Deutung kalziumreicher Solen im Buntsandstein herangezogen werden.
In der Desorption der eingetauschten Natriumionen bei nachfolgender Verdrängung des Salzwassers durch kalziumbetonte süße Wässer sehen SCHWILLE (1955), LÖHNERT (1966) und SCHLINKER (1968) die Ursache für die Bildung der NaHCO$_3$-Wässer. Ausgehend von dem Gedanken, daß sich die Salzwasserimmigration wiederholen könnte, sehen sie in den NaHCO$_3$-Wässern ein Warnzeichen für einen derartigen Prozeß.
Natriumdominanz im Austauschkomplex besteht jedoch auch in Sedimenten, die unter brackischen und marinen Bedingungen abgelagert wurden. Wenn deren syngenetische Wässer in geologischen Zeiträumen durch eindringende Infiltrationswässer verdrängt wurden, können ebenfalls NaHCO$_3$-Wässer entstehen. NaHCO$_3$-Wässer dieses genetischen Typs sind z. B. in den tertiären Ablagerungen des Großen Ungarischen Beckens (RONAI, 1978), des Wiener Beckens und des Po-Beckens (ENGELHART, 1960) weit verbreitet. Wie am Beispiel der Wässer hydrogeologischer Massive gezeigt werden konnte, bilden sich NaHCO$_3$-Wässer auch im Zuge der Verwitterung saurer Magmatite.
Die Auflösung von Albit und Glaukonit unter Freisetzung von Natriumionen geht auch in terrestrischen Sanden vonstatten. Der Prozeß wird jedoch auf Grund der geringen Lösungsrate und der langen Reaktionszeiten sowie bei einem entsprechenden Angebot leichter löslicher Verbindungen (z. B. CaCO$_3$) in den Sanden meist in den Hintergrund gedrängt. Sind jedoch entsprechend lange Kontaktmöglichkeiten gegeben und fehlen im Gesteinsverband leichtlösliche Verbindungen, wie z. B. in den jungtertiären Ablagerungen der Norddeutsch-polnischen Senke die Karbonate, sind günstige Bedingungen für die Bildung von NaHCO$_3$-Wässern durch Silikatauflösung gegeben. Die mehrfach beobachtete Zunahme NaHCO$_3$-haltiger Wässer mit sich verschlechternden Filtrationseigenschaften der Gesteine, die Vorherrschaft derartiger Wässer in den jungtertiären Lockergesteinsablagerungen des Nordteils der DDR und die gesetzmäßige Zunahme der NaHCO$_3$-Wässer mit der Teufe (Bild 4.29) sind eindeutige Kennzeichen, die auf Silikatverwitterung hindeuten. Für das im Bild 4.29 dargestellte Beispiel wurden

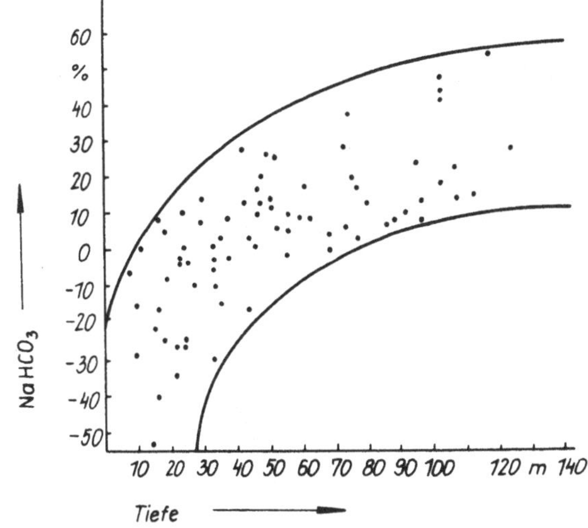

Bild 4.29. Prozentualer Anteil des NaHCO$_3$-Gehaltes an der Kationenzusammensetzung in Abhängigkeit von der Teufe

$$r\mathrm{NaHCO_3}\,\% = (r\mathrm{HCO_3^-} - r\mathrm{Ca^{2+}} - r\mathrm{Mg^{2+}})\,100/r\mathrm{Na^+} + r\mathrm{Ca^{2+}} + r\mathrm{Mg^{2+}}$$

Analysen ausgewählt, bei denen rezente Salzwasserbeeinflussung ausgeschlossen werden kann.

Die Existenz von $NaHCO_3$-Wässern ist, wie aus Gl.(4.22) folgt, nicht gleichbedeutend mit dem gleichnamigen hydrochemischen Typ nach Ščukarev. So ist die Mehrzahl der $NaHCO_3$-Wässer zum Ca-HCO_3-Typ zu zählen, da ihr Gehalt an Natriumionen 25 % der Gesamtkationenäquivalentmenge selten überschreitet. Trotzdem ist aus der Häufigkeitsverteilung der hydrochemischen Typen im Nordteil der DDR (Bild 4.30) erkennbar, daß der Anteil der Wässer, in denen das Natriumion typbestimmend ist, vom oberen zum unteren Grundwasserleiter zunimmt. Vergleicht man die Häufigkeitsverteilung der süßen Grundwässer des Nordteils (Tabelle 4.24) und des Zentralteils der DDR (Bild 4.31) einerseits mit der der Litauischen SSR andererseits (Bild 4.32), so ergeben sich einige interessante Aspekte, die sowohl die eingangs erläuterten hydrodynamischen Gesetzmäßigkeiten bestätigen als auch zeigen, daß für jede Region die spezifischen Faktoren der Beschaffenheitsentwicklung des Grundwassers herausgearbeitet werden müssen. Es ist z. B. unschwer zu erkennen, daß im Unterschied zu den Grundwässern im Lockergestein der DDR die Wässer auf dem Gebiet der Litauischen SSR

Tabelle 4.24. Häufigkeitsverteilung hydrochemischer Typen (nach Ščukarev) in den süßen Wässern der Lockergesteinsgrundwasserleiter der Litauischen SSR (nach Daten von Kondratas, 1969) und des Nord- und Zentralteils der DDR

Typ	Häufigkeit in Prozent		
	Litauische SSR	Nordteil DDR	Zentralteil DDR
HCO_3-Ca	30,8	55,0	40,5
$HCO_3-Ca-Mg$	41,1	0,8	4,75
$HCO_3-Ca-Na$	6,8	17,8	3,9
$HCO_3-Ca-Na-Mg$	8,2	0	0
$HCO_3-Na-Mg$	0,7	0	0
HCO_3-Na	0,7	2,3	1,0
HCO_3-SO_4-Ca	0,7	14,0	22,4
$HCO_3-SO_4-Ca-Mg$	1,4	0	1,4
$HCO_3-SO_4-Ca-Na$	0	1,5	6,0
HCO_3-SO_4-Na	0	0	1,0
SO_4-Ca	0	0	1,6
$SO_4-Ca-Mg$	0	0	0,8
$HCO_3-Cl-Ca$	2,05	0,8	1,9
$HCO_3-Cl-Ca-Mg$	3,4	0	0,3
$HCO_3-Cl-Ca-Na$	2,05	3,9	3,1
$HCO_3-Cl-Ca-Na-Mg$	1,4	0	0
$HCO_3-Cl-Na$	0	1,5	1,0
$HCO_3-SO_4-Cl-Ca$	0,7	2,3	1,6
$HCO_3-SO_4-Cl-Ca-Mg$	0	0	0,3
$HCO_3-SO_4-Cl-Ca-Na$	0	0	2,7
$SO_4-Cl-Ca$	0	0	1,0
$Cl-Na$	0	0	3,7

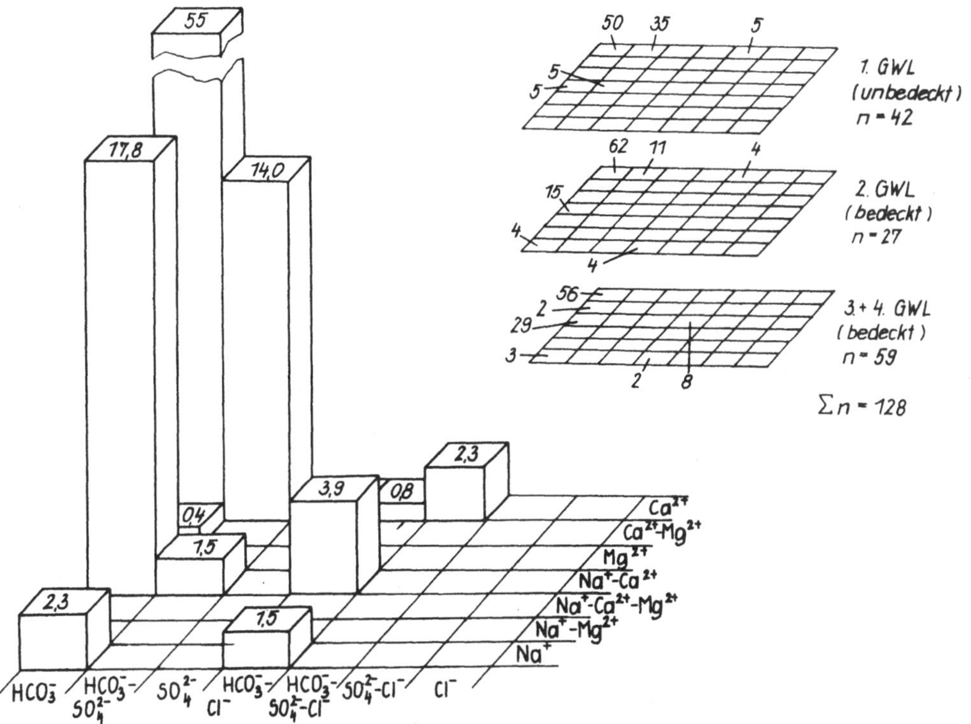

Bild 4.30. Häufigkeitsverteilung der hydrochemischen Typen im Grundwasser pleistozäner Lockergesteine im Nordteil der DDR (Gesamtverteilung und grundwasserleiterbezogene Verteilung)

wesentlich stärker magnesiumbetont sind, was auf die mineralogische Zusammensetzung der dispers verteilten Karbonate (stärker dolomitisch) in den pleistozänen Ablagerungen, verbunden mit dem unterschiedlichen Herkunftsort der glazigenen Ablagerungen, zurückzuführen ist.

In Übereinstimmung mit den regionalen hydrodynamischen Bedingungen im Becken ist im Zentralteil der DDR der Anteil sulfathaltiger Wässer wesentlich größer als im Nordteil. Ursache für die hydrogeochemische Besonderheit der Region ist die Entlastung und Vermischung tieferliegender Wässer in den pleistozänen Grundwasserleitern.

Sulfatreiche Wässer treten auch im Nordteil der DDR auf. Wie aus Bild 4.30 ersichtlich, bleibt jedoch ihr Hauptanteil auf den obersten, unbedeckten Grundwasserleiter beschränkt. WANDT (1960), der diese Erscheinung erstmalig in den Grundwässern Schleswig-Holsteins beobachtete, schlug daraufhin vor, den sogenannten Härtequotienten Hq als Maß für ein luftbedecktes bzw. gespanntes Wasser zu verwenden, wobei er als Grenzwert einen Quotienten von 2,8 angibt (Hq = Karbonathärte/Nichtkarbonathärte).

Die Beurteilung der Wässer nach WANDT hat sich in breiten Fachkreisen nicht durchgesetzt. Das ist vor allem darauf zurückzuführen, daß häufig keine signifikante Veränderung des Härtequotienten mit der Teufe beobachtet werden kann, da zu viele Faktoren die Veränderung des Quotienten (und der anderen von ihm ausgewiesenen Koeffizienten) bestimmen. Derartige Faktoren sind u. a.:

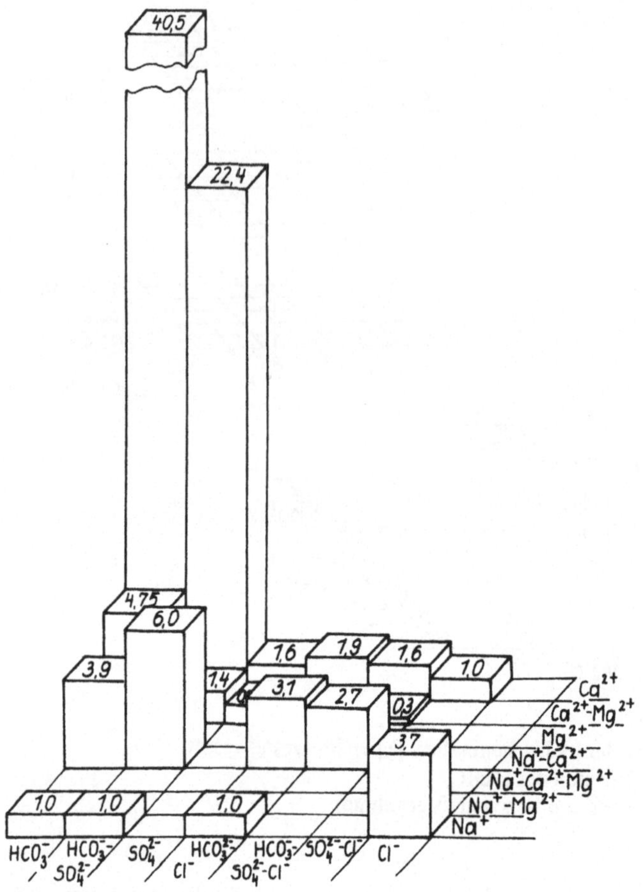

Bild 4.31. Häufigkeitsverteilung der hydrochemischen Typen im Grundwasser
pleistozäner Lockergesteine im Zentralteil der DDR

- Fazieswechsel im unbedeckten Grundwasserleiter, die zu Staueffekten, Sauerstoffzehrung und Sulfatreduktion führen
- unterschiedliche $C_{org.}$-Gehalte in der Aerationszone und im Grundwasserleiter innerhalb des betrachteten Gebietes
- unterschiedliche Neubildungsbedingungen entsprechend der Stellung des Meßpunktes im Einzugsgebiet (Speisungs-, Transit- bzw. Entlastungsgebiet)
- anthropogene Einflüsse u. a.

So konnte z. B. für ein Grundwassergroßeinzugsgebiet im Norden der DDR keine signifikante Korrelation zwischen Härtequotient und Teufe gefunden werden, wogegen im
Zentralteil der DDR die Regressionsgeraden eine höhere statistische Sicherheit haben
(Bild 4.33). In Einzelbohrungen mit Mehrfachpegelausbau im unbedeckten Grundwasserleiter ist die gesetzmäßige Abnahme des Sulfatgehaltes und die gleichzeitige Zunahme des Hydrogenkarbonatgehaltes mit der Tiefe augenscheinlich. Als Hauptursache für die Abnahme des Sulfatgehaltes mit der Teufe kann die mikrobielle Sulfatreduktion bei gleichzeitiger Oxydation der im Grundwasserleiter vorhandenen organischen
Substanzen angesehen werden. Die Sulfatreduktion setzt dann ein, wenn die zugeführte

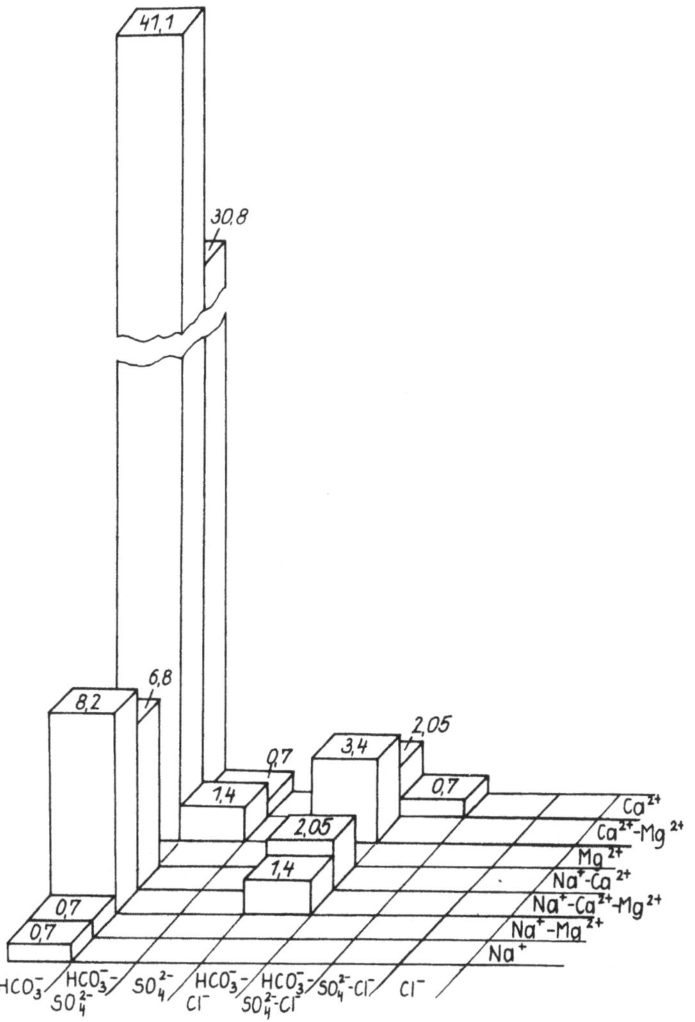

Bild 4.32. Häufigkeitsverteilung der hydrochemischen Typen im süßen Grundwasser der Litauischen SSR (Daten nach KONDRATAS, 1969)

$n = 146$

Sauerstoffmenge durch das Sickerwasser aufgezehrt ist. Insofern ist die Ansicht von WANDT berechtigt, daß eine Zunahme des Härtequotienten auf sich verschlechternde Austauschverhältnisse hinweist. Fehlen jedoch im Grundwasserleiter die für die Redoxreaktion notwendigen organischen Substanzen, können Sulfatwässer auch bis in größere Teufen beobachtet werden.

Bei gleichzeitigem Auftreten von Nitrat- und Sulfationen werden zunächst die Nitrationen reduziert. Dabei kann es zu einem zeitweiligen Anstieg der Sulfationenkonzentration kommen, da die mikrobielle Denitrifikation an eine Oxydation sulfidischer Eisenverbindungen als Elektronendonatoren gebunden sein kann, wie sie BÖTTCHER/STREBEL (1985) beschreiben. Bei zu hohen anthropogenen Nitratbelastungen reicht häufig das Angebot an Oxydationsmitteln nicht aus, um eine vollständige Reduktion der Nitrate zu bewirken.

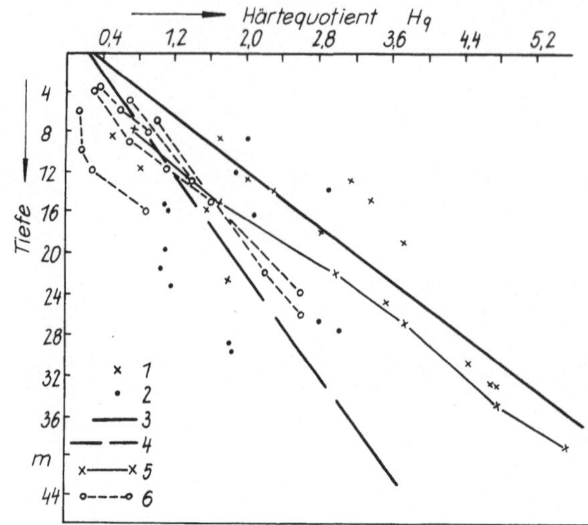

Bild 4.33. Veränderung des Härtequotienten (Hq = Karbonathärte/Nichtkarbonathärte) mit der Teufe in unbedeckten Grundwasserleitern

1 und *2* Analysenergebnisse aus pleistozänen Grundwasserleiten im Zentralteil der DDR
3 und *4* entsprechende Korrelationskurven
5 Veränderung des Koeffizienten in einer Bohrung mit Mehrfachpegelausbau
6 dto. nach Angaben von WANDT (1960)

Zusammenfassend sei nochmals betont, daß die Beurteilung der Beschaffenheitsentwicklung des Sicker- und Grundwassers die Berücksichtigung bzw. quantifizierte Umsetzung der in Tabelle 4.9 ausgewiesenen Faktoren erfordert. Von vorrangiger Bedeutung ist dabei jedoch die Einordnung des konkreten Meßpunktes und der entsprechenden hydrogeochemischen Verhältnisse des Grundwassereinzugsgebietes bzw. Grundwasserkomplexes in das hydrodynamische Regime der entsprechenden hydrogeologischen Struktur.

5 Anthropogene Veränderungen der Grundwasserbeschaffenheit

In der durch die Ständige Kommission Geologie des RGW bestätigten »Methodische Anleitung zum Schutz des Grundwassers vor Verschmutzung« (1979) wird der Begriff *Grundwasserkontamination* als *»die durch die menschliche Tätigkeit hervorgerufene Qualitätsveränderung des Grundwassers (seiner physikalischen, chemischen und biologischen Eigenschaften), die es teilweise oder vollständig für eine Nutzung ungeeignet macht bzw. machen kann«* definiert. Abgesehen von geringfügigen sprachlichen Variationen gibt es zu dieser Definition in breiten Fachkreisen eine einheitliche Meinung. Aus der Definition geht hervor, daß der Kontaminationsprozeß bedingt in zwei Etappen untergliedert werden kann. Die Phase der anthropogen bedingten Veränderung der Grundwasserbeschaffenheit, die unterhalb der gesetzlich vorgeschriebenen Grenzwerte für verschiedene Nutzungsarten erfolgt, sowie die Phase, in der es auf Grund der Überschreitung des einen oder anderen Grenzwertes zu einer Nutzungseinschränkung kommt. Für die zweite Etappe schlägt Lindorf (1979) den Terminus Verschmutzung (englisch Pollution) vor.

Tabelle 5.1 zeigt die Grenzwerte für einige Komponenten des Wassers, die seine Verwendung als Trinkwasser limitieren, in einigen Ländern Europas bzw. die Empfehlungen der WHO. Die ausgewiesenen Kennwerte und vor allem die Unterschiede sprechen in erster Linie davon, daß für viele Beschaffenheitskomponenten des Wassers nur unzureichende Kenntnisse über ihre Verträglichkeit bzw. ihren Bedarf im menschlichen Organismus vorliegen. Das wird dadurch unterstrichen, daß nur in wenigen Ländern für organische Stoffe im Trinkwasser hygienisch bzw. toxisch relevante Grenzwerte festgelegt wurden.

Daraus folgt, daß eine Beschränkung des Begriffes Grundwasserkontamination auf Grenzwertüberschreitungen einen relativen Zustand ausdrückt, der nicht dem Wesen des Prozesses entspricht.

5.1. Ursachen der Grundwasserkontamination

Aus den Darlegungen in Abschnitt 4. geht hervor, daß die Beschaffenheitsentwicklung des Grundwassers auf allen Etappen seiner Formierung, beginnend in der Atmosphäre bis hin zu den tiefsten Grundwasserleitern, das Ergebnis komplizierter, voneinander abhängiger oder zufälliger, in jedem Falle den natürlichen Bedingungen entsprechenden Prozessen darstellt. Gleichzeitig wurde deutlich gemacht, daß sich Eingriffe bzw. Einwirkungen des Menschen auf den einzelnen Etappen der Beschaffenheitsentwick-

Tabelle 5.1. Einige Anforderungen an die Trinkwasserqualität in verschiedenen Ländern (Grenzwerte)

Komponente	Einheit	WHO Europa	UdSSR GOST-2874 + Ergänzungen	DDR TGL 22433	ČSSR	VR Bulgarien
Abdampfrückstand	mg/l	–	1000	1500	1000	1000
pH-Wert (Normative)		–	6,5...8,5	6... 9	6 ...8	6,5...8,5
Gesamthärte	mval/l (°dH)	2... 10	7	(40)	2,9...4,3	10
O_2-gelöst	mg/l	5	–	4... 14	3,0	2,6
Cl^-	mg/l	200...600	350	350	350	250
SO_4^{2-}	mg/l	250	500	400	250	250
PO_4^{3-}	mg/l	–	3,5	7*)	–	–
NO_3^-	mg/l	50...100*)	4	40...150*)	50	44
NH_4^+	mg/l	0,05**)	–	0,1	–	–
Fe-gesamt	mg/l	0,1	0,3	0,3	0,3	0,2
Mn^{2+}	mg/l	0,05	0,1	0,1	0,1	0,1
As^{3+}	µg/l	50	50	50	50	50
Cd^{2+}	µg/l	10	1	10	–	–
Cr^{6+}	µg/l	50	100	50	50	50
Cu^{2+}	µg/l	50	1000	1000	–	–
Hg-gesamt	µg/l	1	0,5	1	1	1
Pb^{2+}	µg/l	100	30	50	–	50
Zn^{2+}	µg/l	5000	1000	5000	5000	3000
Cyanid (CN^-)	µg/l	50	–	10	–	–
F^-	µg/l	1700*)	700...1500	1300	1500	1000...7000
monozyklische aromatische Kohlenwasserstoffe (KW)	µg/l	2	10...300	5	–	–
polyzyklische aromatische KW	µg/l	–	10...300	1	–	–
aromatische Amine	µg/l	–	10...300	5	–	–
Tenside	µg/l	–	100...700	1000	–	–
Phenole	µg/l	1	1...250*)	3	–	–
$KMnO_4$-Verbrauch	mg/l	5	–	20	–	–

*) entsprechend gesondert geregelter Bedingungen
**) in oberflächennahem Grundwasser

lung, z. B. auf die Versickerungszone oder die Atmosphäre, potentiell auf das Grundwasser auswirken können.

Aus dem gegenwärtigen Kenntnisstand werden folgende Ursachen als Hauptquellen einer potentiellen Grundwasserkontamination angesehen, die in vielen Fällen eng miteinander verknüpft sind:

164

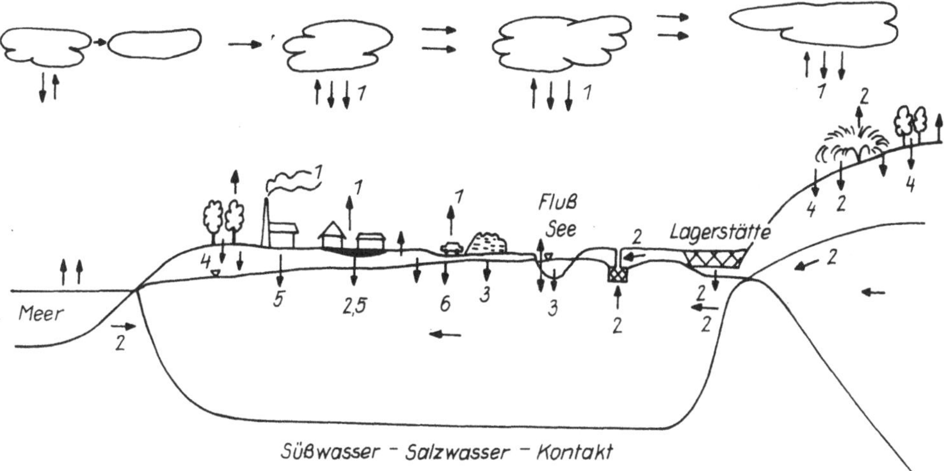

Bild 5.1. Ursachen der Grundwasserkontamination und ihre Stellung im Wasserkreislauf

1 Verschmutzung der Atmosphäre
2 Eingriffe in den Grundwasserhaushalt
3 Entsorgung von Abprodukten
4 Tätigkeit der Land- und Forstwirtschaft
5 Havarien bei Transport, Umgang und Lagerung von Wasserschadstoffen
6 Straßenverkehr

- Verschmutzung der Atmosphäre
- Eingriffe in den Grundwasserhaushalt
- Entsorgung von industriellen, landwirtschaftlichen und kommunalen Abprodukten
- agrochemische Tätigkeit der Land- und Forstwirtschaft zur Intensivierung der Produktion
- Havarien bei Umgang, Lagerung, Umschlag und Transport von potentiellen Wasserschadstoffen

Die genannten Ursachengruppen einer GW-Kontamination wurden schematisch in Bild 5.1 dargestellt.

5.1.1. Grundwasserverunreinigung durch atmosphärische Depositionen

Atmosphärische Niederschläge bilden im humiden Klimabereich die Basis für die Erneuerung des natürlichen Grundwasserdargebotes. Allein daraus leitet sich die Bedeutung der Verschmutzung der Atmosphäre für die Grundwasserbeschaffenheit ab. Im Unterschied zu anderen Kontaminationsursachen besteht die Spezifik der Grundwasserkontamination durch atmosphärische Depositionen vor allem in

- ihrer Langzeitwirkung
- ihrem regionalen und flächenhaften Charakter (diffuse Kontamination)
- ihrer Komplexität durch die kausale Verkettung mit den ökologischen Kompartimenten Atmosphäre-Biosphäre-Hydrosphäre-Lithosphäre

Der Beginn großräumiger Luftverschmutzung ist mit der industriellen Revolution in der zweiten Hälfte des 19. Jahrhunderts anzusetzen. Seitdem haben die bis zur Gegenwart ständig zunehmende Emission industrieller Abgase (Bild 5.2) sowie ihre Ableitung

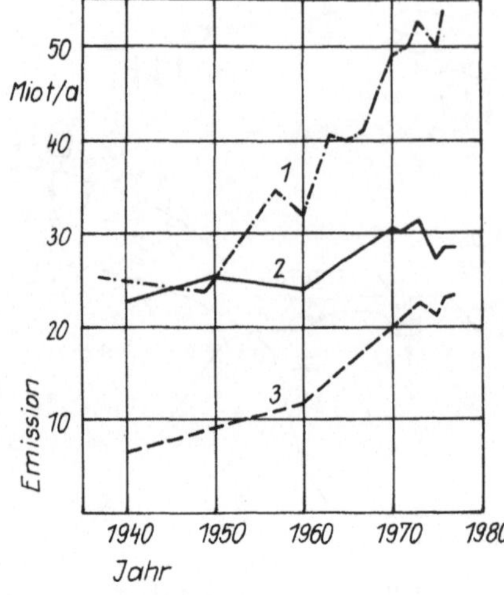

Bild 5.2. Entwicklung der Emissionen (nach PAUK-KE/BAUER, 1979)

1 SO_2 in Europa einschließlich europäischer Teil der UdSSR
2 SO_2 in den USA
3 NO_n in den USA

über höhere Schornsteine, die Chemisierung und Intensivierung der Land- und Forstwirtschaft, die Motorisierung usw. in den entwickelten Staaten Europas und Nordamerikas vor allem dazu geführt, daß die Luftverschmutzung aus begrenzten Ballungsräumen heraus regionalen Charakter angenommen hat. Der anthropogene Anteil an der atmosphärischen Fremdstoffbelastung hat bezüglich einiger Komponenten im globalen Maßstab bereits Ausmaße erreicht, die über 10 % der natürlichen Emissionen betragen (Tabelle 5.2). In den Ballungsräumen selbst übersteigt der Anteil der anthropogenen Luftverschmutzung den naturbedingten oft um Größenordnungen.

Tabelle 5.3 gibt einen Überblick über die Herkunft und die Hauptbestandteile anthropogener Emissionen. Der überwiegende Teil der emittierten Stoffe (etwa 80 %) entsteht bei Verbrennungsprozessen. Fossile organische Brennstoffe, wie Steinkohle, Braunkohle, Erdöl, Erdgas u. a. stellen gegenwärtig und in der nächsten Zukunft die Hauptenergiequelle der Zivilisation dar. Diese Rohstoffe sind primär (vom Ausgangssubstrat) und sekundär (durch nachfolgende physiko-chemische Prozesse) mit Schadstoffen angereichert, unter denen Schwefel dominiert. Nach SPENGLER (1969) werden etwa 56 bis 80 % des Schwefelgehaltes der Braunkohle und 55 bis 70 % bei Heizöl als

Tabelle 5.2. Globale Emissionen – Stand: Ende der 70er Jahre (HÄBERLE, 1982)

Emittierter Stoff	Natur	Mensch	Anthropogener Anteil
	in $10°$ t/a	in $10°$ t/a	in %
Kohlendioxid (CO_2)	600000	22000	3,5
Kohlenmonoxid (CO)	3800	550	13
Kohlenwasserstoffe (C_nH_m)	2600	90	3
Feinstäube	3700	246	6
Stickoxide ($NO + NO_2$) als			
NO_2 gerechnet	770	53	6,5
Distickstoffoxid (N_2O)	145	4	3
Ammoniak (NH_3)	1200	7	0,6
Schwefelverbindungen als			
SO_4^{2-} gerechnet	400	150	27

Tabelle 5.3 Anthropogene Emissionen – Herkunft und Hauptbestandteile

Herkunft	Bestandteile der Emissionen
Kraftwerke	SO_2, NO_2, CO_2, Kohlenwasserstoffe (u. a. Benzpyren, Phenole), Asche, Staub, Fluoride, Chloride
Baustoffindustrie	Kalkstaub, SO_2, Chloride, NO_2, NO, CO_2
chemische Industrie	Stickstoff- u. Schwefelverbindungen, Chloride, Kohlenwasserstoffe, (u. a. Phenole, chlorierte KW, u. a.) Fluoride, Spurenelemente, Staub, HCl u. a. Säuren
Metallurgie	SO_2, NO_2, CO_2, Staub, Schwermetalle und andere Spurenelemente, H_2S, HF
Müllverbrennungs-anlagen	Kohlenwasserstoffe, Stickstoffverbindungen, Chloride, Fluoride, Phosphorverbindungen
Hausbrand	SO_2, NO_2, CO_2, Asche, Schwermetalle und Spurenelemente, Kohlenwasserstoffe
Zellulosefabrikation bzw. Zellstoffindustrie	SO_2, H_2S, Kohlenwasserstoffe
Landwirtschaft	PSM*), MSP*), Phosphor-, Schwefel- u. Stickstoffverbindungen
Straßenverkehr und städtische Emissionen außer Hausbrand	Blei, Cd, CO_n, Staub (Silikate, Sulfate, Eisenoxyde, u. a.), Kohlenwasserstoffe, Mo_n
Kernwaffentests	Staub, radioaktives Spaltergemisch

*) PSM   Pflanzenschutzmittel
    MSP   Mittel zur Steuerung biologischer Prozesse

Schwefeldioxid (SO_2) in die Atmosphäre abgegeben; das entspricht bei einem Braunkohlenkraftwerk mit einer installierten Leistung von 3 000 MW einer jährlichen Schwefeldioxidemission von etwa 200 000 t. Daneben werden durch ein derartiges Kraftwerk unter anderem 200 000 t Staub, 40 Mio. t CO_2, 100 bis 200 kg Fluor und 30 bis 50 kg Benzpyren im Jahr emittiert (HILDEBRAND, 1979).
Die bei Verbrennungsprozessen entstehenden Stickoxide (NO_x) stammen zu einem Teil aus den brennstoffeigenen Stickstoffen und zum anderen Teil aus der Luft. Die Oxydation des Luftstickstoffs ist an hohe Verbrennungstemperaturen (1 300 bis 1 500 °C, wie sie z. B. in Viertaktmotoren von Kraftfahrzeugen auftreten) gebunden. Darum wird dieser auch als »thermisches NO_x« bezeichnet. In der Landwirtschaft gelangen große Mengen Stickstoffverbindungen durch Verwehung von Dünger, durch gasförmige Emanationen aus Stallungen und bearbeiteten Bodenflächen sowie durch Verdunstung von Gülle in die Atmosphäre. Diese Emissionen sind jedoch hauptsächlich auf den Nahbereich der Mastanlagen (bis etwa 1 000 m) beschränkt (POLJAK, 1981). Ihr Eintrag in den Boden ist hier mit einer jährlichen Düngergabe von 150 kg N/ha vergleichbar.
Als Illustration für den regionalen Charakter der Luftverunreinigung mögen die langjährigen Regimeuntersuchungen von GALLOWAY/WHELPDALE (1980) dienen, nach de-

nen 38 % der Schwefelemissionen der USA als nasse und 32 % als trockene Deposition (s. Abschnitt 4.1.) auf den nordamerikanischen Kontinent zurückkehren. 30 % der Schwefelemissionen jedoch gelangen in höhere Schichten der Atmosphäre und nehmen an globalen Luftbewegungen teil.

Halogenierte Kohlenwasserstoffe erlangen in den letzten Jahrzehnten zunehmende Bedeutung als Umweltgifte. Bei der Verbrennung fossiler organischer Energieträger in Fahrzeugmotoren und Kraftwerken bildet sich ein breites Spektrum leichtflüchtiger Kohlenwasserstoffe. Auch infolge zunehmender Chemisierung der Landwirtschaft gelangen Kohlenwasserstoffe in die Atmosphäre und von hier mit der nassen Deposition in den Boden und in die Gewässer (s. auch Abschnitt 5.1.4. und 5.1.5.). Ein besonderes Merkmal vieler Kohlenwasserstoffe ist ihr ausschließlich synthetischer Charakter, d. h., sie kommen in der Natur nicht vor. Deshalb findet in den Ökosystemen meist nur ein begrenzter und in vielen Fällen überhaupt kein biologischer Abbau statt. Das Selbstreinigungsvermögen der Umwelt gegenüber derartigen Stoffen beschränkt sich meist auf den »Verdünnungseffekt«.

TROUWBORST (1981) berichtet erstmalig über eine regionale Grundwasserkontamination in den Niederlanden durch chlorierte Kohlenwasserstoffe, die auf Emissionen zurückzuführen ist. In der Mehrzahl der Brunnen werden über $10\mu g/l$ Tri- und Perchloräthylen angetroffen. NEUMAYR u. a. (1981) bestätigten in Laborversuchen die ausgeprägte Mobilität und hohe Persistenz der genannten Verbindungen sowohl während der Migration im Boden, in der Aerationszone als auch im Grundwasserleiter.

BABELEK u. a. (1987) berichteten von erhöhten Gehalten polyzyklischer aromatischer Kohlenwasserstoffe in den Mineral- und Heilwässern der Sudeten (VR Polen), die auf die Fernwirkung der Emission von Kohlekraftwerken in der VR Polen (Turoszów), der ČSSR (Most) und der DDR (Hirschfelde) zurückgeführt werden.

Schwefeldioxid und Stickoxide werden in der Atmosphäre durch verschiedene und komplexe Reaktionsmechanismen oxydiert und hydrolysiert und wandeln sich dabei in starke Mineralsäuren (Schwefel- bzw. Salpetersäure) um:

$$\left.\begin{array}{l} SO_{2(g)} \\[4pt] NO_{x(g)} \end{array}\right\} \ \xrightarrow{O_2;\,H_2O} \ \left\{\begin{array}{l} H_2SO_{4(aq)} \leftrightarrows H^- + SO_4^{2-} \\[4pt] HNO_{3(aq)} \leftrightarrows H^+ + NO_3^- \end{array}\right. \qquad (5.1)$$

Die Vollständigkeit und Intensität dieser Reaktionen ist vor allem vom Angebot säurebildender Gase wie SO_2 und NO_x, von der atmosphärischen Feuchte und ihrer spezifischen Oberfläche sowie anderen meteorologischen Faktoren abhängig. Diese Reaktionen führen bei Ausbleiben eines entsprechenden Äquivalents an basischen Stoffen zur Versauerung der Niederschläge (in der Öffentlichkeit auch häufig als »saurer Regen« bezeichnet). Da basische Komponenten in der Atmosphäre häufig in Partikelform (als Stäube) existieren, unterliegen diese einer schnelleren Deposition als die säurebildenden Gase. Hieraus erklärt sich vor allem das Phänomen der Fernwirkung saurer Niederschläge. Neben basischen Stäuben wirkt Ammonium (NH_4^+) in sauren Niederschlägen als Puffer:

$$NH_{3(g)} \rightarrow NH_{3(aq)} + H^+_{(aq)} \rightleftarrows NH_4^+{}_{(aq)} \qquad (5.2)$$

Diese Pufferwirkung verkehrt sich jedoch beim Eintrag des Ammoniums in den Boden und der hier gewöhnlich erfolgenden Nitrifikation in das Gegenteil, weil sich bei diesem Prozeß eine schwache Base (NH_4^+) in eine starke Säure (NO_3^-) umwandelt.

Unterschätzt wurde auch in vielen Fällen der Anteil der trockenen Deposition von Schwefeldioxid (SO_2) und Stickoxiden (NO_x), die sich im Boden ebenfalls in entsprechende starke Mineralsäuren umwandeln und einen wesentlichen Anteil an der Gesamtdeposition von Säuren haben. Aus den genannten Gründen wird häufiger der Begriff »saure Deposition« gebraucht.

Zur Relativierung der eingetretenen anthropogenen Veränderungen der Niederschlagsbeschaffenheit mögen folgende semiquantitative Vergleiche stehen:

- In Mitteleuropa war Ende der 60er Jahre die anthropogene Deposition von Säuren bis zu 100mal größer als die natürliche; in den USA stieg sie ungefähr um das 40fache (ULRICH, 1982; LIKENS/BUTLER, 1981).
- In der BRD wurde Ende der 70er Jahre ein durchschnittlicher pH-Wert der Niederschläge von 4,1 ermittelt (HÄBERLE, 1982).
- In Schweden ist vor allem seit Mitte der 60er Jahre eine zunehmende Niederschlagsversauerung festzustellen (JACKS u. a., 1984).

In Industriezentren, Ballungsgebieten und deren näherer Umgebung werden teilweise neutrale bis basische Niederschläge beobachtet, deren Ursache im hohen Staubanteil mit basischem Charakter an der Deposition zu sehen ist. Besonders in der Umgebung von Kalk- und Zementwerken ist eine außerordentlich hohe alkalische Belastung der Niederschläge und Böden zu verzeichnen. Allgemein kann die Gesamtmineralisation der atmosphärischen Niederschläge hier in Extremfällen einen Mineralisationsgrad erreichen, der bis an die Grenze seiner Eignung zu Trinkwasserzwecken führt (bis 1000 mg/l).

Die Umgebung von Kaliwerken ist einer besonders hohen Belastung durch Salze (vorrangig NaCl, MgCl u. a.) und Salzsäure (HCl), die bei der Verarbeitung über Schornsteine und auf anderen Wegen in die Atmosphäre entweichen, ausgesetzt. Die ökologischen Folgen sind hier durch Vegetationsblößen besonders deutlich auszumachen (DÄSSLER, 1985).

Im Umfeld von Hüttenwerken und metallverarbeitender Industrie erlangt der fall-out von Schwermetallen, anderen Metallen und begleitenden Komponenten (z. B. Fluorverbindungen) ökologische Bedeutung.

Kontaminierte atmosphärische Niederschläge können folgende Beschaffenheitsveränderungen im Sickerwasser bewirken:

- erhöhte Stofffracht (Mineralisation)
- Kontamination mit Spurenstoffen (halogenierte Kohlenwasserstoffe, Schwermetalle, Fluor u. a.)
- Auslösung bzw. Intensivierung physiko-chemischer Prozesse (Säure-Base-Reaktionen, Redoxprozesse, Ionenaustauschprozesse, Lösungs- und Fällungsprozesse usw.)

Das Problem der Umweltbeeinträchtigung durch saure Depositionen nimmt auf Grund genannter Spezifika gewissermaßen eine Schlüsselstellung ein, zumal andere Formen der atmosphärischen Kontamination kausal mit dieser Erscheinung gekoppelt sind. Aus dieser Sicht scheint es erforderlich, auf das Säure-Base-Konzept der terrestrischen Süßwasserressourcen einzugehen.

Natürliche Wässer enthalten eine Reihe von Säuren bzw. Basen, die sich wie folgt einteilen lassen (s. Tabelle 5.4):

– starke Säuren
– schwache nichtflüchtige Säuren
– schwache flüchtige Säuren

Diese Einteilung läßt sich auch auf Basen ausdehnen. Unter Berücksichtigung der BRÖNSTEDschen Säure-Base-Theorie sind stets die entsprechenden Säure-Base-Paare zu sehen, wenn im folgenden oft nur von Säuren gesprochen wird. Dabei wird die Grenze zwischen starken und schwachen Säuren bzw. Basen bei pH $= 3$ bzw. pH $= 11$ festgelegt, da das Spektrum der in Naturwässern zu beobachtenden pH-Werte im Bereich von 3 bis 11 liegt. Folglich gelten die Säuren bzw. Basen als stark, die im genannten pH-Wert-Bereich vollständig bzw. nahezu vollständig dissoziiert vorliegen. Schwache Säuren bzw. Basen besitzen demgegenüber die Eigenschaft, daß ihre dissoziierten und nichtdissoziierten Anteile vom pH-Wert abhängig sind. Als flüchtig sind Säuren bzw. Basen anzusehen, die entsprechend ihren Eigenschaften und den äußeren thermodynamischen Bedingungen in der Lage sind, aus dem gelösten Zustand in die Gasphase zu entweichen bzw. umgekehrt.

Für die Beurteilung von Versauerungsprozessen ist die inhaltliche Unterscheidung zwischen dem pH-Wert als Maß der Wasserstoffionenaktivität wäßriger Lösungen und der Acidität als Gesamtsäurelast eines Gewässers gegenüber einem definierten Normzustand (Referenzwert) wesentlich.

Der pH-Wert ist als der negative dekadische Logarithmus der Wasserstoffionenaktivität definiert:

$$p\text{H} = -\lg(\text{H}^+)$$

Stark dissoziierende Säuren		Schwach dissoziierende Säuren	
		nichtflüchtige Säuren	
H_2SO_4/HSO_4^-	$pK < 0$		
HNO_3/NO_3^-	$pK < 00$	HSO_4/SO_4^-	$pK = 1{,}9$
HCl/Cl^-	$pK < 0$	$H_3PO_4/H_2PO_4^-$	$pK = 2{,}1$
		HF/F^-	$pK = 3{,}2$
		organische Säuren (R-COOH/ R-COO$^-$)	
			$pK = 3\ldots6$
		$H_2PO_4^-/HPO_4^{2-}$	$pK = 7{,}2$
		Phenole	$pK = 4\ldots9$
		NH_4^+/NH_3	$pK = 9{,}3$
		flüchtige Säuren	
		H_2CO_3/HCO_3^-	$pK = 6{,}4$
		H_2S/HS^-	$pK = 6{,}9$
		HCO_3^-/CO_3^{2-}	$pK = 10{,}3$

Tabelle 5.4. Säuren natürlicher Wässer (als Säure-Base-Paare nach dem BRÖNSTED-Konzept dargestellt)

$pK = -\lg(K)$; K Gleichgewichtskonstante

Die Acidität stellt die Differenz zwischen den äquivalenten Anteilen der Anionen starker Säuren und der Kationen starker Basen dar (STUMM u. a., 1983):

$$ACI = 2[SO_4^{2-}] + [NO_3^-] + [Cl^-] + \ldots - [Na^+] - [K^+] - 2[Ca^{2+}] - 2[Mg^{2+}] \qquad (5.3)$$

Diese Größe kann folglich auch negative Werte annehmen. In solchen Fällen ist es jedoch zweckmäßiger, den komplementären Begriff der Alkalität zu verwenden:

$$ALK = -ACI \qquad (5.4)$$

Ausgehend vom Prinzip der Ladungsneutralität wäßriger Lösungen lassen sich die Acidität bzw. Alkalität auch durch die äquivalenten Anteile schwacher Basen und schwacher Säuren darstellen. Für Bereiche pH > 5 mit folgenden relevanten Komponenten gilt:

$$ALK = [HCO_3^-] + 2[CO_3^{2-}] + [R\text{-}COO^-] + [OH^-] + \ldots - [NH_4^+] - [H^+] \qquad (5.5)$$

Für niedrige pH-Bereiche sind andere Komponenten dominant:

$$ACI = [H^+] + [NH_4^+] + 3[Al^{3+}] + \ldots - [R\text{-}COO^-] \qquad (5.6)$$

Aus den Gln. (5.3) und (5.5) bzw. (5.6) folgen die wesentlichen Unterschiede zwischen pH-Wert und Acidität. Die Acidität eines Gewässers ist ausschließlich an den Gehalt starker Säuren (bzw. Basen) gebunden, während der pH-Wert eine Funktion verschiedener innerer und äußerer thermodynamischer Größen darstellt:

$$p\text{H} = f(ACI; T; p; n; \ldots) \qquad (5.7)$$

T Temperatur
p Druck (Gaspartialdrücke flüchtiger Komponenten)
n gelöste Anteile anderer schwacher Säuren und Basen

Da man in der internationalen Fachliteratur den Begriff der Umweltversauerung unterschiedlich verwendet, wird folgende Definition vorgeschlagen: Unter Versauerung ökologischer Kompartimente ist die langfristige Verringerung ihres Säurepuffervermögens, meßbar als Zunahme der Acidität bzw. Abnahme der Alkalinität, sowie deren mögliche Konsequenzen für die Wasserbeschaffenheit (z. B. die Verringerung des pH-Wertes) zu verstehen (UHLMANN, 1988). Die Fähigkeit der terrestrischen Wasserressourcen, der Versauerung durch atmosphärische Depositionen entgegenzuwirken, wird als Puffervermögen bezeichnet. In Abhängigkeit vom dominierenden und somit das hydrogeochemische System weitgehend bestimmenden Prozeß werden sogenannte Puffersysteme definiert (ULRICH, 1981). In Oberflächengewässern spielen vor allem homogene Puffer, Hydrogenkarbonat- und Organikpuffer u. a. eine Rolle, während für den Boden und das Grundwasser heterogene Puffer, d. h. Säure-Base-Reaktionen zwischen Porenlösung und Mineralsubstrat, entscheidende Bedeutung erlangen. Hierzu gehören:

- Humuspuffer (im Oberboden)
- Karbonatpuffer
- Alumosilikatpuffer (Verwitterung primärer Alumosilikate)
- Austauschpuffer (Kationen- und z. T. Anionenaustausch)
- Aluminiumpuffer (Tonmineralzerstörung, Auflösung pedogener Aluminiumoxide und -hydroxide)
- Eisenpuffer (Auflösung pedogener Eisenoxide und -hydroxide)

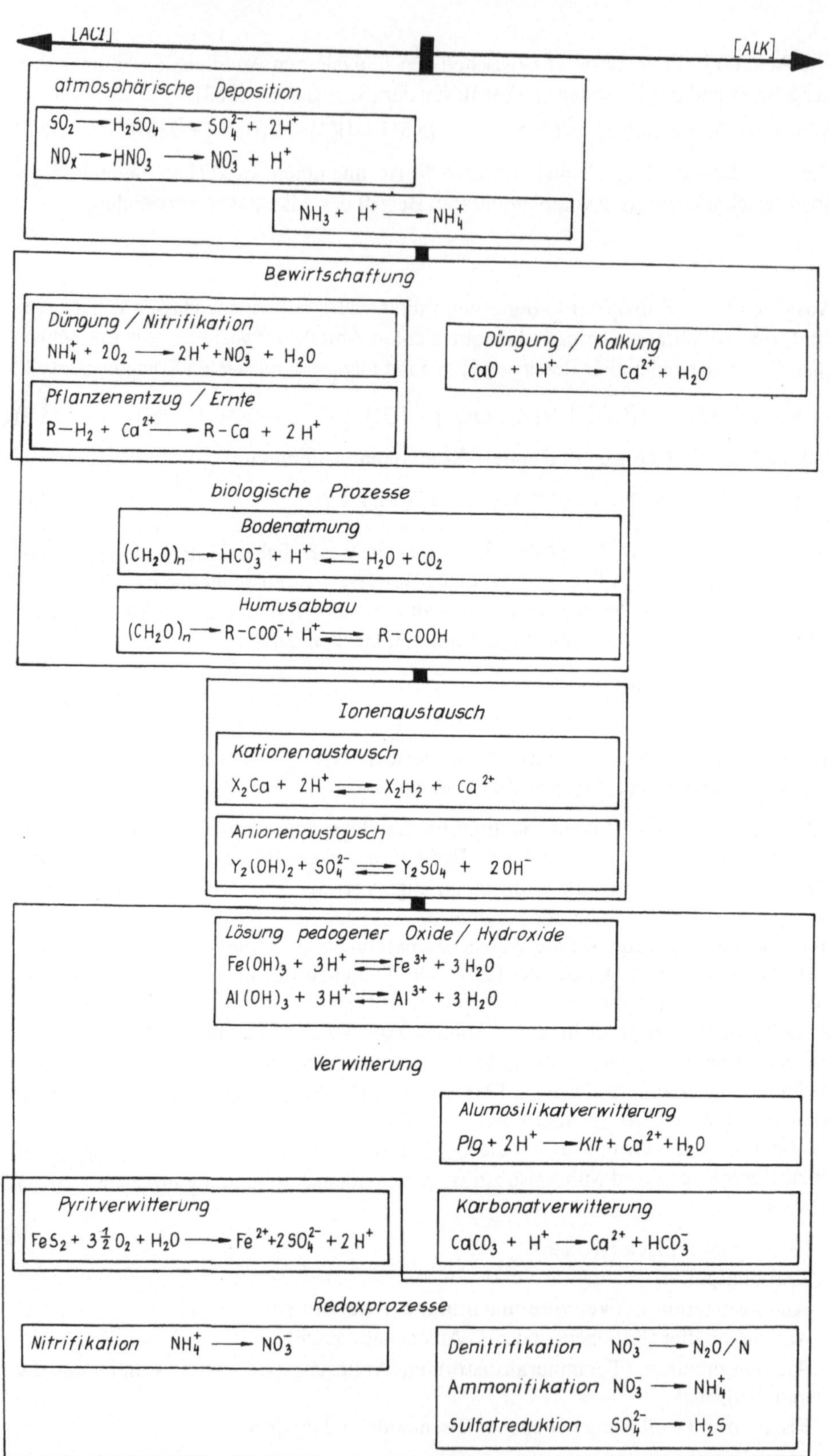

Bild 5.3. Säure-Base-Metabolismus im Boden und im Grundwasser

Auf den Säure-Base-Metabolismus vor allem im Grundwasserbereich haben des weiteren Redoxprozesse Einfluß. Reduktionsreaktionen wirken alkalisierend und damit auch als Säurepufferprozeß. Die in Bild 5.3 schematisch dargestellten Puffersysteme sind in unterschiedlichem Maße zur Pufferung in der Lage; sie kennzeichnen außerdem verschiedenartig fortgeschrittene Versauerungszustände. Nach STUMM u. a. (1983) läßt sich die Versauerung aquatischer Systeme als natürliche Titrationsreaktion im großen Maßstab verstehen. Bei Kenntnis der im betrachteten System ablaufenden Prozesse und der Möglichkeit ihrer mathematischen Erfassung sind diese »Titrationsreaktionen« nachvollziehbar bzw. lassen sich als Prognose der bei Versauerung zu erwartenden Veränderungen der Gewässerbeschaffenheit nutzen. In Bild 5.4 sind als Beispiel die Gleichgewichtsreaktionen mehrerer aquatischer Systeme (Niederschlag, Oberflächenwasser, Bodenwasser) gezeigt.

In Böden mit hohem Karbonatgehalt bzw. mit hoher Austauschkapazität, d. h. mit guten Puffereigenschaften, werden durch saure Depositionen vor allem die Verwitterungs- und Austauschprozesse intensiviert. Dabei nimmt die Mineralfracht des Sickerwassers besonders durch freigesetztes Kalzium und Magnesium zu, wodurch eine Aufhärtung des Grundwassers erfolgt. Langzeitige Versauerungsprozesse in ausreichend gepufferten Medien lassen sich deshalb durch Zunahme der Relation

$$R_1 = \frac{2\,([\mathrm{Ca}^{2+}] + [\mathrm{Mg}^{2+}])}{([\mathrm{HCO}_3^-] + 2\,[\mathrm{CO}_3^{2-}])} \tag{5.8}$$

selbst bei geringfügigen und in den meisten Fällen nicht eindeutig erkennbaren Veränderungen des pH-Wertes identifizieren (JACKS u. a., 1984; NORDBERG, 1985). Parallel dazu findet jedoch eine Basenauslaugung vor allem der oberen Bodenschichten statt (Verringerung der Alkalität des Mineralsubstrats). Für karbonatreiche Böden und Ge-

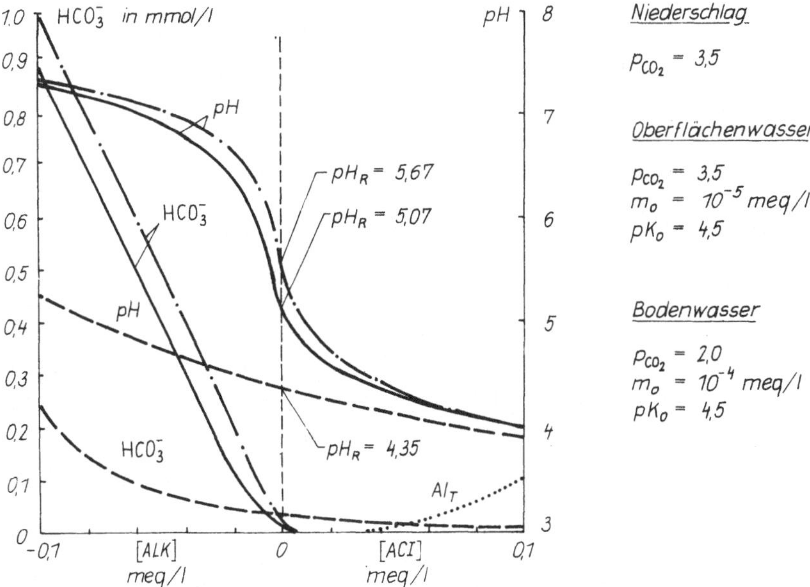

Bild 5.4. Acidität [ACI] und Alkalität [ALK] verschiedener aquatischer Systeme im Gleichgewicht mit dem atmosphärischen CO₂

steine mit einem nahezu unerschöpflichen Basenvorrat stellt sich in relativ kurzer Zeit ein neuer Gleichgewichtszustand ein. Basenarme Substrate können jedoch bis zu einem Grad ausgelaugt werden, der eine weitere Pufferung im ursprünglichen pH-Wert-Bereich unmöglich macht. Derart ausgelaugte Gesteine, alle ursprünglich karbonatfreien und tonarmen Sedimente (Sandsteine, Quarzite u. a.) und fast ausschließlich alle Magmatite (Granit, Basalt, Porphyre usw.) sowie die meisten Metamorphite (Gneise, Schiefer u. a.) sind hauptsächlich dem Alumosilikatpuffersystem zuzuordnen. Hier werden über kurze Zeiträume vor allem homogene Puffer (Hydrogenkarbonatpuffer) und bei längerem Gesteinskontakt die Silikatverwitterung als Pufferprozeß wirksam. Bei starker Säurelast verschiebt sich das System in den Aluminiumpuffer. Der Versauerungsgrad der Sicker- und Grundwässer in diesen Gesteinen spiegelt sich in ihrem Chemismus direkt wieder. Bei vorrausgesetzter Äquivalenz der marinen Anteile (Cl^-, Na^+) lassen sich folgende Versauerungsstadien anhand der Anteile der Hauptkomponenten unterscheiden (KRIETER/HABERER, 1985):

(1) ohne Versauerung $2\,\{[Ca^{2+}] + [Mg^{2+}]\} \approx [HCO_3^-]$
(2) pH $> 5{,}0$ $2\,\{[Ca^{2+}] + [Mg^{2+}]\} \approx [HCO_3^-] + 2\,[SO_4^{2-}]$
(3) pH $= 4{,}0 \ldots 5{,}0$ $2\,\{[Ca^{2+}] + [Mg^{2+}]\} \approx 2\,[SO_4^{2-}]$
(4) pH $< 4{,}0$ $[H^+] + 3\,[Al^{3+}] + 2\,\{[Ca^{2+}] + [Mg^{2+}]\} \approx 2\,[SO_4^{2-}]$

Aus den genannten schematischen Klassifizierungsvarianten versauernder Sicker- und Grundwässer läßt sich ableiten, daß die Verringerung des Verhältnisses der äquivalenten Anteile der Gesamthärte zum Sulfat bzw. Nitrat

$$R_2 = \frac{2\,([Ca^{2+}] + [Mg^{2+}])}{2\,[SO_4^{2-}] + [NO_3^-]} \tag{5.9}$$

neben einer oft signifikanten Verringerung des pH-Wertes und unter besonderen Umständen dem völligen Verschwinden von Hydrogenkarbonat recht deutlich langfristigen Versauerungseinfluß widerspiegelt.

Von PUHE/ULRICH (1985) konnte durch umfangreiche Quellenbeprobungen im Kaufunger Wald (Mittlerer und z. T. Unterer Buntsandstein) der Beweis des maßgeblichen Einflusses atmosphärischer Depositionen auf die Grundwasserbeschaffenheit durch eindeutige Zuordnung der einzelnen Quellen zur immissionsbeeinflußten bzw. zur immissionsgeschützten Hanglage angetreten werden. Auch das in Bild 5.5 dargestellte Beispiel bestätigt die aufgezeigten Gesetzmäßigkeiten der Beschaffenheitsentwicklung des Grundwassers in hydrogeologischen Massiven unter Einwirkung saurer Depositionen. Der Zusammenhang zwischen geologischem Untergrund (kristalline Gesteine, Kluftwasserleiter usw.) und Versauerungsgrad wurde von FAUTH (1984) durch eine weitestgehend flächenbedeckende Gewässerkartierung der BRD nachgewiesen.

Die beschriebenen Versauerungsprozesse sind vorrangig auf süße Wässer (M < 300 bis 500 mg/l) im Oxydationsmilieu beschränkt. Als potentielle Gefährdung für die Nutzung der Grundwasserressourcen zu Trinkwasserzwecken infolge von Versauerung sind

- eine erhöhte Löslichkeit autochthoner und allochthoner Metalle bzw. anderer Spurenstoffe bei verringertem pH-Wert
- erhöhte Löslichkeit autochthoner und allochthoner Metalle bzw. anderer Spurenstoffe bei verringertem pH-Wert
- erhöhte Mobilität genannter Stoffgruppen durch den vermehrten Eintrag komplexbildender Substanzen (SO_4^{2-}, F^- u. a.)

174

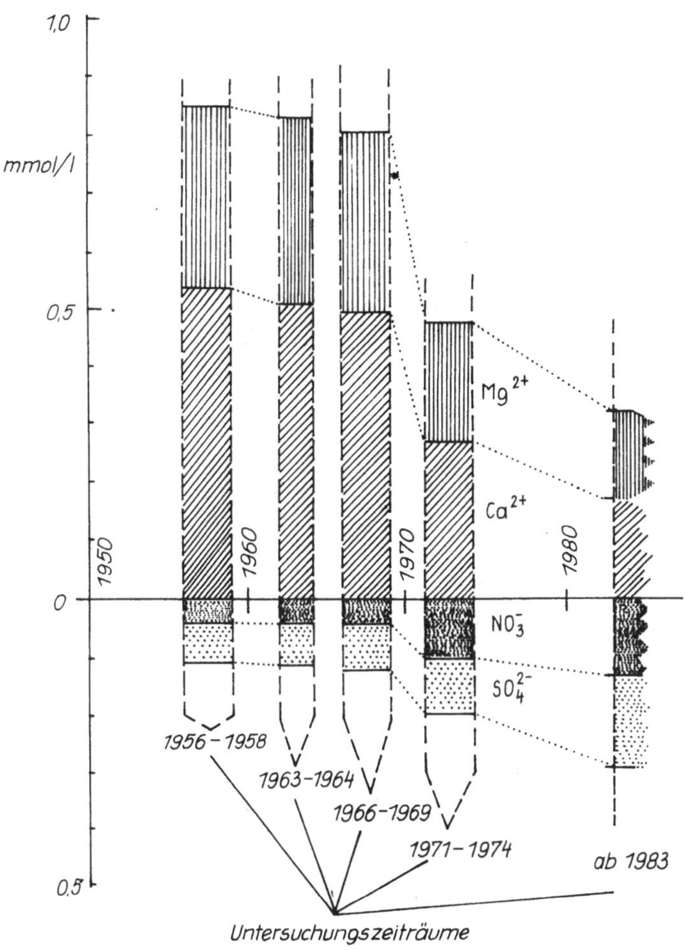

Bild 5.5. Zeitliche Veränderung des Chemismus im oberflächennahen Grundwasser einer Sicker-
galerie im Taunus/BRD (KRIETER, 1981)

Tabelle 5.5. Ausgewählte Beispiele der Auswirkungen atmosphärischer Verunreinigungen auf
das Grundwasser

Ort/Land	Emittend	Wir-kungs-dauer	Stoff	Geographisch-hydrogeolo-gische Bedin-gungen	Grad der GW-Kontamination	Lit.-Quelle
Nieder-lande	Industrie-komplexe	n. b.	chlorierte KW	Grundwasser im Locker-gestein	z. T. > 10 µg/l	TROUW-BROST, 1981
Emma-boda/ Schweden	globale Verunreini-gung	mehrere Jahr-zehnte	Säuren	Grundwasser in oberflächen-nahen Kluft-gesteinen	Zunahme der Relation GH/ALK von 1949 bis 1980	JACKS u. a., 1984

Tabelle 5.5 (Fortsetzung)

Ort/Land	Emittend	Wirkungs-dauer	Stoff	Geographisch-hydrogeologische Bedingungen	Grad der GW-Kontamination	Lit.-Quelle
Süd-schweden	globale Verunreinigung	mehrere Jahrzehnte	SO_2, H_2SO_4	Grundwasser in oberflächennahen Kluftgesteinen	Zunahme der Sulfatgehalte in 75 % der örtlichen Versorgungsbrunnen	JACKS u. a., 1984
Kaufunger Wald/ BRD		n. b.	Säuren	Quellwässer aus Metamorphiten bzw. aus dem Buntsandstein (T1)	Versauerung: pH 3,3…4,4 hohe Metallgehalte: Al 0,9…7,9 mg/l Zn 0,1…3,5 mg/l geringe Alkalinität	PUHE/ ULRICH
Großbritannien	n. b.	n. b.	SO_2, H_2SO_4	Grundwasser in oberflächennahen karbonatreichen Gesteinen	erhöhte Sulfatgehalte bis 200 mg/l	FOSTER u. a., 1985
Hunsrück, Taunus/ BRD	n. b.	n. b.	SO_2, H_2SO_4	Hydrogeologisches Massiv aus Metamorphiten	erhöhte Sulfatgehalte: Oberflächenabfluß 20…60 (…80) mg/l, hypod. Abfluß 20…40 mg/l, flaches GW 13…25 mg/l, tiefes GW (unbeeinflußt) 3…5 mg/l	KRIETER/ HABERER, 1985
Krakow/ VR Polen	Aluminiumhütte	n. b.	Fluoride	n. b.	Fluoridkontamination Bodenwässer ⌀ 19 mg/l flaches GW 0,2…6,0 mg/l	PIETRAS u. a., 1985
Sudety/ VR Polen	Braunkohlenkraftwerke in der VR Polen, ČSSR und DDR	n. b.	polycyklische aromatische Kohlenwasserstoffe (PAK)	Hydrogeologisches Massiv	erhöhte Gehalte an PAK in Mineral- und Heilwässern sowie Oberflächengewässern	BABELEK, et al., 1987

zu sehen. Tabelle 5.5 vereinigt einige Beispiele nachgewiesener Veränderungen der Grundwasserbeschaffenheit im Ergebnis atmosphärischer Verschmutzung. Nicht ausweisbar sind gegenwärtig die Auswirkungen saurer Depositionen auf das Grundwasser, die als Folgeerscheinungen der gestörten Lebensbedingungen der Mikroorganismen und höheren Pflanzen sowie durch die verstärkte Mineralisierung der postmortalen Substanzen auftreten können.

5.1.2. Eingriffe in den Grundwasserhaushalt

Während sich die Verunreinigung der Atmosphäre unmittelbar auf die Beschaffenheit der Depositionen und die der in den Untergrund eindringenden Infiltrationswässer auswirkt, sind Veränderungen in der Grundwasserqualität durch Eingriffe in den Wasserhaushalt einer Grundwasserlagerstätte meist sekundäre Erscheinungen. Eine Ausnahme bildet die Grundwasseranreicherung, bei der auf Grund der Belastung des Oberflächenwassers eine direkte Schadstoffzufuhr zum Grundwasser erfolgen kann.*) Neben der künstlichen Grundwasseranreicherung können folgende grundwasserhaushaltsregulierende bzw. -beeinflussende Maßnahmen eine Grundwasserkontamination hervorrufen:

- Entwässerungsmaßnahmen zur Gewährleistung eines sicheren Lagerstättenabbaus
- unsachgemäße Bewirtschaftung einer Grundwasserlagerstätte
- meliorativ bedingte Veränderung der Grundwasserneubildung
- Veränderungen des hydrogeologischen Regimes durch Baumaßnahmen u. a.

Die genannten Maßnahmen bewirken im wesentlichen folgende Störungen im System Grundwasser(Sickerwasser)-Gestein-Gas-organische Substanz:

- Veränderung der Redox- und pH-Wert-Verhältnisse und dadurch bedingte veränderte Migrationsbedingungen
- Veränderungen der natürlichen Schutzwirkung des Untergrundes gegenüber eindringenden Schadstoffen
- Veränderungen der Druckverhältnisse im Grundwasserleiter bzw. der hydraulischen Verhältnisse zwischen den Grundwasserleitern und damit verbundenes Eindringen »nicht konditionsgerechter« Grundwässer.

Auf Grund seiner volkswirtschaftlichen Bedeutung sowie seiner regionalen Ausmaße besitzt der Braunkohlenbergbau in der DDR einen vorrangigen Stellenwert. Da er gegenwärtig ausschließlich im Tagebau erfolgt, müssen gewaltige Mengen Grundwasser gehoben werden, um einen Lagerstättenabbau zu ermöglichen. Die Auswirkungen des Braunkohleabbaus auf das regionale hydrogeologische Regime verdeutlichen folgende Zahlen: 1980 betrug die Grundwassermenge, die durch den Braunkohlenbergbau gehoben werden mußte 1,7 Mrd. m^3/a (JORDAN, 1982), das sind etwa 10 % des Gesamtabflusses unseres Territoriums, die der Größenordnung der Kapazität aller Grundwasserwerke der DDR entsprechen. Bereits 1975 betrug die Fläche der durch die Grundwasserhebung beeinflußten Absenkungstrichter etwa 2500 km^2 (BUSCH/STRZODKA, 1975). Wäh-

---

*) Nicht in die Betrachtung dieses Ursachenkomplexes einbezogen wird die Grundwasseranreicherung mit Abwasser, die in erster Linie eine Entsorgungsmaßnahme darstellt.

rend 1980 noch etwa 6 m^3 Wasser pro Tonne Kohle gehoben werden mußten, wird diese Relation bereits Ende dieses Jahrhunderts 9:1 betragen. Wie Bild 5.6 zeigt, nimmt, bedingt durch die zunehmende Aufschlußtiefe der Tagebaue auf Teufen von 100 bis 120 m (BILKENFORTH u. a., 1987) sowie die immer komplizierter werdenden geologischen Bedingungen, neben der zu hebenden Wassermenge auch die Abraummenge ständig zu, was zusätzliche Belastungen für die hydrogeologischen Verhältnisse der Abbauregionen zur Folge hat.

Ausdruck dieser regionalen Veränderungen des hydrogeologischen Regimes sind vor allem die durch die Verschiebung der Redoxgrenze in größere Tiefen bedingte Oxydation von Sulfiden und die damit verbundene Anreicherung von Eisen, Mangan und anderen Schwermetallen in den gehobenen Grundwässern. Gleichzeitig ist eine Abnahme des pH-Wertes zu verzeichnen, der nach Auflassen der Braunkohlengruben eine Neutralisierung des Wassers der sich bildenden Tagebauseen erfordert, wie Bild 5.7 verdeutlicht. Auf Grund des bereits seit Jahrzehnten betriebenen Braunkohlenbergbaus im Leipziger Raum hat in diesem Gebiet der anthropogen beeinflußte Grundwasserchemismus bereits regionalen »natürlichen« Charakter. Auch für die relativ eisenreichen tertiären Ablagerungen des Lausitzer Reviers sind Eisengehalte von 40 bis 50 mg/l im

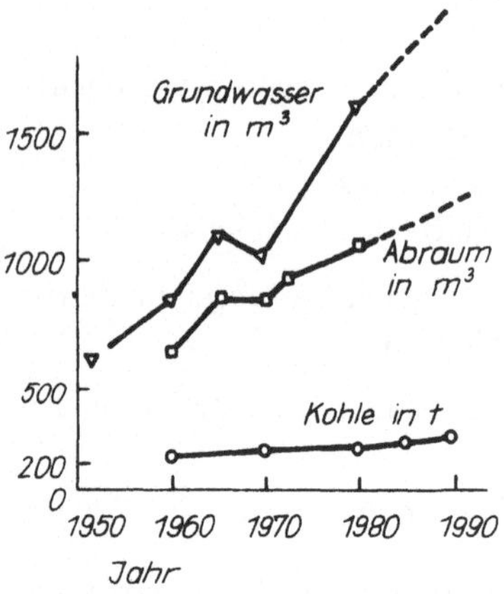

Bild 5.6. Entwicklung der Braunkohlenförderung, des dabei zu bewegenden Abraumvolumens und der zu hebenden Grundwassermengen (JORDAN, 1982)

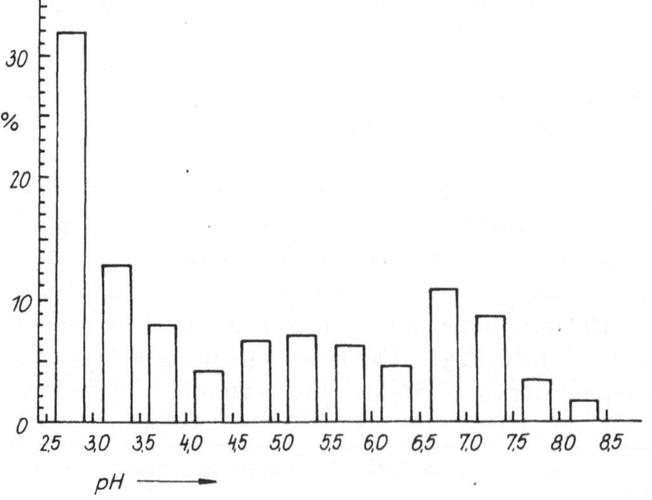

Bild 5.7. Häufigkeitsverteilung des pH-Wertes in 219 Tagebauseen des Lausitzer Braunkohlenreviers (nach PIETSCH, 1979)

Grundwasser bei einem pH-Wert von 4 bis 5 und Sulfatgehalten um 250 mg/l und darüber keine Seltenheit (Tabelle 5.6). SCHENK (1980) zeigt am Beispiel des Erftgebietes die zeitlichen Veränderungen, die sich in der Beschaffenheit des Brunnenwassers eines Wasserwerkes, bedingt durch das Überströmen des Grundwassers, aus dem oberen Grundwasserleiter in den tertiären ergeben (Bild 5.8). Neben Mischprozessen haben Redoxprozesse und die Mobilisierung organischer Substanzen einen entscheidenden Anteil an der Beschaffenheitsentwicklung des Grundwassers. Größere Probleme als im aufgezeigten Beispiel ergeben sich, wenn durch die nutzungsbedingte Absenkung der

Tabelle 5.6. Vergleich typischer, durch den Braunkohlenabbau beeinflußter Grundwasseranalysen aus dem Halle-Leipziger- und dem Niederlausitzer Revier (nach BUSCH, 1960)

Komponente	Halle-Leipzig	Niederlausitz	Einheit
pH-Wert	4 ... 5	2,8 ... 3,4	
Abdampfrück-stand	924,0	537,0	mg/l
davon organische Bestandteile	256,0	124,0	mg/l
Fe	2,0	59,0 ... 120,0	mg/l
Mn	Spuren	0,2 ... 1,8	mg/l
Ca	174,0	n. b.	mg/l
Mg	51,0	n. b.	mg/l
Cl	16,0	10,0 ... 16,0	mg/l
SO_4	300,0	270,0	mg/l
Gesamthärte	36,2	12,3 ... 15,7	°dH
$KMnO_4$-Verbrauch	28,0	24,0 ... 60,0	mg/l

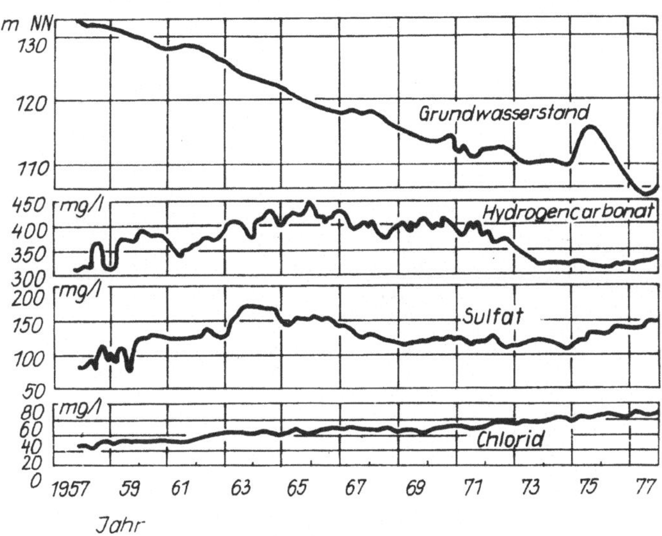

Bild 5.8. Entwicklung der Grubenwasserbeschaffenheit in einem durch Braunkohlenabbau beeinflußten Grundwasserleiter des Erft-Gebietes/BRD (SCHENK, 1980)

Grundwasseroberfläche ein Überströmen von Salzwasser aus dem tieferen Untergrund hervorgerufen wird. So berichtet YOUNG (1981) über eine Grundwasserkontamination in East Kent (Großbritannien) auf einer Fläche von 27 km², wo in Folge von Absenkungsmaßnahmen im Bergbau ein Chloridanstieg des Grundwassers bis zu 5000 mg/l zu verzeichnen ist. Erhöhte Lösungsaktivitäten durch veränderte Gleichgewichtsbedingungen im System Grundwasser-Gestein-Luft bestimmen auch die anthropogen-geogenen Veränderungen der Grundwässer in durch Tiefbau beeinflußten Gebieten, wobei jedoch das Ausmaß der Beeinflussung lokaler begrenzt ist. Als Beispiele mögen die Schachtwässer einiger Sulfiderzlagerstätten der USA (Tabelle 5.7) sowie Grubenwässer aus dem Erzgebirge stehen (Tabelle 5.8). Bemerkenswert sind die extrem hohen Sulfatgehalte in den kalifornischen Schachtwässern, die die Anreicherung der Kalziumionen auf Grund der Überschreitung des Löslichkeitsproduktes des Gipses beschränken, wodurch das Ca/Mg-Verhältnis zu Gunsten des Magnesiums verschoben ist.
Die Auswirkungen des Lagerstättenabbaus von Steinen und Erden auf den Grundwasserchemismus sind in der Phase der Förderung meist auf lokale biologisch-bakterielle Einwirkungen beschränkt. Ihre Bedeutung für den Grundwasserschutz besteht vorrangig darin, daß durch den Lagerstättenabbau die Mächtigkeit der schützenden hangenden Deckschichten reduziert oder gänzlich beseitigt wird, wobei besonders die biologisch aktive Bodenzone zerstört wird. Die Kontaminationsgefahr für das Grundwasser erhöht sich nach Aufgabe der Kies- und Tongruben (besonders dann, wenn die Grundwasseroberfläche angeschnitten wurde), da sie auf Grund ihrer prädestinierten morphologischen Lage zu einer unkontrollierten Abfallbeseitigung verleiten. Die Bedeu-

Tabelle 5.7. Ausgewählte Schachtwasseranalysen sulfidischer Erzlagerstätten der USA (nach Daten von NORDSTROM u. a., 1977/1985)

Gebiet/ Komponente	Shasta County Kalifornien	Alpine County Kalifornien	Balakla Mine Kalifornien	Clear Creek County Colorado	Louisa County Virginia
pH	1,1	1,8	1,8	2,7	2,0
Eh-Wert	0,612	0,465	0,709	0,731	–
Al in mg/l	1400,0	430,0	168,0	5,9	–
Cd in mg/l	13,0	0,21	1,39	0,11	1,5
Ca in mg/l	173,0	140,0	125,0	290,0	560,0
Cr in mg/l	–	2,6	–	0,02	–
Co in mg/l	–	4,9	–	–	–
Cu in mg/l	340,0	5,3	290,0	6,4	516,0
Fe II in mg/l	9050,0	1440,0	358,0	15,6	–
Fe ges. in mg/l	11700,0	1570,0	2380,0	175,0	16200,0
K in mg/l	128,0	17,0	2,55	2,8	0,1
Mg in mg/l	685,0	41,0	135,0	60,0	1600,0
Mn in mg/l	11,7	11,0	12,5	105,0	54,0
Na in mg/l	92,5	29,0	10,6	17,0	3,7
Pb in mg/l	3,0	0,22	–	0,03	–
Zn in mg/l	1880,0	1,4	255,0	40,0	400,0
Cl in mg/l	–	8,4	–	2,7	–
SiO_2 in mg/l	120,0	110,0	89,0	39,0	–
SO_4 in mg/l	10200,0	7500,0	12050,0	2200,0	–
Leitfähigkeit in µS	65000,0	–	12000,0	–	–

Tabelle 5.8. Ausgewählte Analysen von Schachtwässern in mg/l aus dem Erzgebirge (nach PACES, 1969; LEUTWEIN/WEISE, 1962)

Komponente	Jachymov			Schneeberg*	Freiberg*	
	1120 m (5. Sohle) Metamorphite	1490 m (10. Sohle) Metamorphite	1620 m (12. Sohle) Granite	(Marx-Semmlerniveau) Metamorphite	Davidsschacht Metamorphite	Rothschönberger Stollen Metamorphite
Na	50,0	51,0	105,0	5,4	50,8	17,0
K	14,5	4,0	4,5	2,35	6,7	3,3
Li	0,5	0,15	0,17	–	–	–
Mg	171,5	71,5	8,5	14,9	60,6	14,0
Ca	531,1	256,5	38,1	39,7	200,6	30,7
Fe ges.	Spuren	Spuren	Spuren	0,47	17,6	1,55
Sr	6,2	3,8	0,49	0,07	–	0,75
Zn	0,0678	0,04	0,0008	–	127,0	7,5
U	–	9,0	0,076	–	–	–
Cl	17,7	10,6	5,3	13,6	56,2	21,5
HCO_3	237,9	183,1	367,9	–	–	–
SO_4	1852,6	862,9	54,3	141,1	983,3	92,7
H_2SiO_3	18,7	23,9	70,2	21,5	40,3	13,0
F	1,3	0,92	3,0	–	–	–
AR	2894,5	1463,9	653,97	292,3	–	–
pH-Wert	6,8	7,15	7,8	6,7	4,4	5,5
Eh-Wert in mV	+ 60,0	+ 57,0	– 89,0	–	–	–
Meßzeitraum	–	–	–	Mai – Juni 1957	Nov. 1955 bis Mai 1956	Sept. 1955 bis Juli 1956

*) Durchschnittswerte

181

tung dieser Kontaminationsquelle wird dadurch unterstrichen, daß 1976 im BRD-Land Hessen 1,1 Mio DM zur Beseitigung wilder Deponien in alten Erdaufschlüssen und für deren Sanierung ausgegeben werden mußten (Tätigkeitsbericht Hessisches Landesamt für Bodenkunde Nr. 106, 1978.) Analog einzustufen, jedoch punktförmig begrenzt, ist die Veränderung der hydrodynamischen Verhältnisse im Ergebnis von unsachgemäß abgeteuften, ausgebauten bzw. verfüllten geologischen Such-, Erkundungs- und Erschließungsbohrungen. MINKIN (1972) beschreibt eine Grundwasserkontamination im Bereich eines Chemiebetriebes bei Tambow, wo auf Grund einer unsachgemäß verfüllten Erkundungsbohrung ein Überströmen des kontaminierten oberflächennahen Grundwassers in den tieferliegenden »geschützten Haupt-Grundwasserleiter« ermöglicht wurde.

Die unsachgemäße Bewirtschaftung der Grundwasserlagerstätten wird immer häufiger als eine Ursache fortschreitender Grundwasserkontamination genannt. Dabei ist das Heranziehen von Salzwasser in den Küstenregionen bei Förderung von Grundwassermengen, die das natürliche Grundwasserdargebot übersteigen, seit langem bekannt. Mit zunehmender Erschließungstiefe und steigender Wasserentnahme erhöht sich auch in anderen Gebieten die Gefahr der Grundwasserversalzung. In Bild 5.9 ist die Beziehung zwischen steigendem Chloridgehalt und zunehmender Grundwasserabsenkung (trotz zeitlicher Schwankungen, hervorgerufen durch saisonbedingte Spitzenförderung in den Sommermonaten) gut erkennbar, obwohl die Absenkungsbeträge relativ gering sind (im Unterschied zu Bild 5.8).

Analog zu den hydrogeochemischen Prozessen, die bei regionalen Grundwasserabsenkungen in Braunkohlenrevieren ablaufen, können veränderte Redoxverhältnisse im Bereich des Absenkungstrichters von Wasserfassungen zur Mobilisierung von Eisen- und Manganverbindungen besonders in Niederungsgebieten bei gleichzeitigem Auftreten organischer Liganden führen. Die teilweise Trockenlegung des Grundwasserleiters

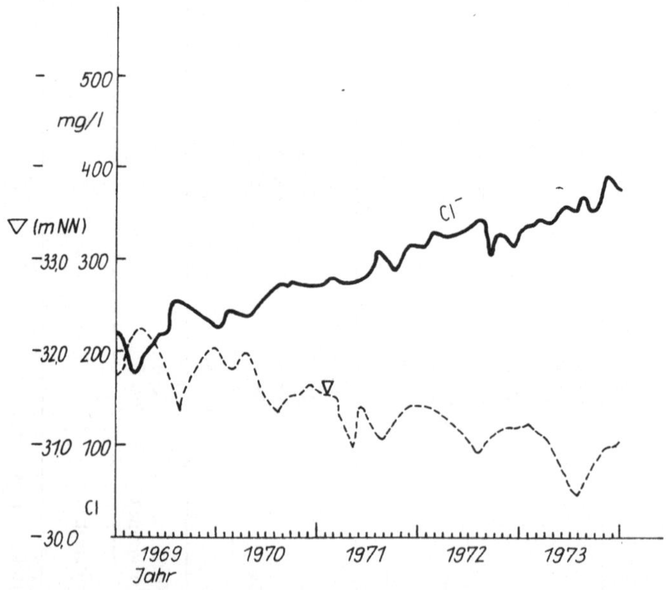

Bild 5.9. Zeitliche Entwicklung des Chloridgehaltes und der Grundwasseroberfläche im Brunnen eines Wasserwerkes

fördert die chemische Verwitterung des Gesteins und hat in den meisten Fällen eine zunehmende Aufhärtung des Grundwassers zur Folge.

Die Deckung des steigenden Wasserbedarfs der Industrie, der Landwirtschaft und der Bevölkerung erfordert die Erhöhung des natürlichen Grundwasserdargebotes durch Anreicherung mit Oberflächenwasser. Neben der Vermehrung des nutzbaren Grundwasserdargebots sollen sowohl die indirekte Grundwasseranreicherung durch Uferfiltration als auch die direkte über Gräben, Becken, Teiche oder über Schluckbrunnen zu einer Qualitätsverbesserung des Oberflächenwassers bei der Bodenpassage führen. Die Erfahrungen beim Betreiben von Anreicherungsanlagen zeigen jedoch, daß neben den positiven Reinigungs- und Speicherungseffekten, bedingt durch die Belastung der Oberflächenwässer, auch negative Erscheinungen im Sinne der Untergrundkontamination hervorgerufen werden können. Betrachtet man die chemische Zusammensetzung der Hauptkomponenten im Wasser einiger Flüsse Europas (Tabelle 5.9), so entsprechen diese Gehalte allgemein den gültigen Trinkwassernormen. Das trifft mit wenigen Ausnahmen auch auf die Schwermetallkonzentrationen im Flußwasser zu (Tabelle 5.10). Berücksichtigt man jedoch, daß die Schwermetallgehalte der Flußsedimente um mehr als das 10000fache größer sind, als die des Flußwassers, wird die potentielle Gefahr erkennbar, die diese Schadstoffgruppe für die Uferfiltratgewinnung darstellt. Nach den Analysenergebnissen 10jähriger Beobachtungen am Rhein (MALLE, 1985) sind für die einzelnen Schwermetalle folgende mittleren Konzentrationsverhältnisse der ungelösten und gelösten Form charakteristisch (alle Werte x 1000):

$Pb = 125,3; Cr = 40,9; Cd = 36,6; Hg = 34,7; Cu = 24,8; Zn = 24,5; Ni = 9,6.$

Sicherlich sind diese Verhältniszahlen nicht ohne weiteres auf andere Fließgewässer

Tabelle 5.9. Chemische Zusammensetzung einiger europäischer Flüsse in mg/l

Kompo-nente	Elbe bei Lovosice 1976	Rhein 1969–1976	Donau bei Wien 1977–1978	Donau 1983 (?) Jugoslawien	Neckar 1972 bis 1978	Havel 1976–1977
Na	34,6	68,0	–	13,0	79,0	16,0 … 22,5
K	7,7	6,0	–	4,0… 5,0	4,6	3,8 … 5,0
Mg	9,6	11,0	8,3… 18,0	12,0… 16,0	17,2	6,5 … 12,1
Ca	57,7	79,0	39,4… 68,1	47,0… 48,0	151,0	66,5 … 88,6
Fe gesamt	0,43	0,75	0,0… 1,5	0,0… 0,5	0,061	0,53… 1,18
Mn	–	0,25	0,0… 0,28	–	0,053	0,0 … 0,11
Cl	40,1	200,0	12,0… 28,5	11,0… 21,0	222,0	30,0 … 33,0
NO_3	18,6	–	5,0… 20,5	3,5… 5,0	–	1,3 … 3,2
HCO_3	98,1	–	140,0…240,0	146,0…189,0	289,0	122,0 …213,0
SO_4	104,1	90,0	15,3… 51,3	39,0… 70,0	113,0	65,0 …132,0
SiO_2	8,6	7,2	–	–	–	1,0 … 7,0
PO_4	–	6,2	–	–	–	0,0 … 0,29
Phenole	–	–	max. 0,01	0,004…0,011	–	0,0 …0,017
$KMnO_4$	–	–	14,0… 43,0	–	–	23,8 … 29,7
Lit.-Quelle	PACES, 1982	SONT-HEIMER, 1977	FRISCHHERZ, 1979	VUCIC, 1984	FÖRSTNER/ MÜLLER, 1975	

Tabelle 5.10. Schwermetallgehalte einiger europäischer Flüsse in µg/l

Komponente	Trinkwasser TGL 22433	Neckar 1972–1973	Rhein 1976 km 852	Ruhr 1972–1978 km 82,4	Odra 1971–1972 bei Chalupki		Freiberger Mulde 1974	Zwickauer Mulde 1974	Wisla 1985 Tychy	Donau 1983 Jugoslawien
As	50	–	7,2	–	–		–	–	–	–
Cd	10	0,9	2,3	2,3	–		6,0	26,0	1,5	–
Cr	50	3,5	11,5	20,0	10,0…	80,0	13,0	25,0	6,0	20,0
Cu	1000	5,6	36,0	44,0	10,0…	50,0	18,0	31,0	90,0	170,0
Co		–	–	–	–		7,0	10,0	–	–
Hg	1	–	0,6	0,07	–		–	–	–	–
Ni		14,0	7,1	62,0	–		19,0	55,0	75,0	–
Pb	50	4,3	16,3	17,0	10,0…	25,0	18,0	27,0	13,0	10,0
Se		–	2,6	–	–		–	–	–	–
Zn	5000	42,8	256,0	226,0	550,0…1030,0		330,0	280,0	94,0	90,0
Lit.-Quelle		FÖRSTNER/ MÜLLER, 1975	SONTHEIMER, 1977	IMHOFF u. a., 1980	MANCZAK in BÖHNKE, 1973		KAEDING u. a.,1976		HELIOS- RYBICKA, 1986	VUCIC, 1984

übertragbar, hängt doch die Schwermetallanreicherung im Schwebstoff bzw. Sediment von einer Reihe äußerer Faktoren, wie z. B. dem Vorhandensein entsprechender Liganden zur Komplexionenbildung, dem Schwebstoffgehalt der Gewässer, der Fließgeschwindigkeit, der Temperatur, den Eh- und pH-Wert-Verhältnissen der Gewässer u. a. ab. Besonders Eh- und pH-Wert bestimmen entscheidend die Migrationsform (s. Abschnitt 2.) und damit die Möglichkeiten der Anreicherung in der festen oder flüssigen Phase.

Physiko-chemische Veränderungen im Gewässer können zur Remobilisierung der Schwermetalle aus den Sedimenten und zu ihrer Migration im Uferfiltrat bis hin zur Brunnenfassung führen. Derartige Veränderungen werden u. a. verursacht durch:

- zeitlich begrenzte Aciditätserhöhung im Fluß- oder Bachwasser, z. B. als Ergebnis der Schneeschmelze
- großräumige pH-Wert-Absenkungen durch saure Depositionen in Gebieten mit geringer Pufferkapazität (FÖRSTNER, 1983).

  Aus Schweden ist folgender Fall bekannt: Ein See, der ehemals durch quecksilberhaltige Abwässer derartig verunreinigt war, daß ein Badeverbot ausgesprochen werden mußte, hatte sich in den 60er Jahren qualitätsseitig so erholt, daß nicht nur das Badeverbot aufgehoben, sondern auch Fischzucht betrieben werden konnte. Die beachtliche Zunahme saurer Depositionen seit Anfang der 70er Jahre in dieser Region hat jedoch zu einem Absinken des pH-Wertes im Seewasser geführt, wodurch die Quecksilberkontamination reaktiviert wurde.

- Erhöhung der Salzfracht der Flüsse.

  Nach SALOMONS (1980) wirkt sich eine Chloriderhöhung besonders auf das Sorptionsverhalten des Cadmiums aus, das bei erhöhten Cl-Gehalten gut remobilisiert wird, währenddessen Zn, Cu, Ni, Pb auf Salinitätsveränderungen nicht reagieren.

- verändertes Angebot organischer Liganden als Komplexbildner für migrationsfähige metallorganische Verbindungen.

Schwermetalle sind essentielle Spurenstoffe, die eine ausgeprägte Wirkung auf das Wachstum von Organismen, im speziellen der Algen, ausüben. Erhöhte biologische Aktivitäten sind in den Sommermonaten zu verzeichnen, die mit Algenmassenentwicklung und -absterben verbunden sind. Beim Absterben der Algen werden die Schwermetalle durch algenbürtige Stoffe (z. B. Aminosäuren, Kohlenhydrate, Glycerin u. a.) remobilisiert. Diese Remobilisierung drückt sich unter anderem im Auftreten erhöhter Gehalte an Cu, Pb, Cd und Zn in den Sommermonaten in den Wässern der Uferfiltratfassungen aus (SCHÖTTLER, 1980).

Nach übereinstimmenden Untersuchungsergebnissen an verschiedenen Uferfiltratfassungen sind die Hauptveränderungen in der Beschaffenheit des Wassers unmittelbar in der ufernahen Zone zu beobachten. Als Beispiel möge Tabelle 5.11 stehen. In einem 40 m vom Ufer entfernten Brunnen sind die Gehalte an Ni, Cr, Zn, Cu, Pb und Cd um mehr als 50 % gegenüber denen des Neckarwassers reduziert. Mit zunehmender Entfernung vom Fluß wird der Schadstoffabbau geringer, gleichzeitig wird der Chemismus der Brunnenwässer zunehmend von der Grundwasserbeschaffenheit geprägt. Die Sorption der Schwermetalle im ufernahen Bereich korreliert dabei gut mit der Verringerung der organischen Belastung des infiltrierenden Flußwassers.*) Ein Teil der organischen Substanzen wird durch mikrobiologische Prozesse oxidiert, wodurch sich zwischen Fluß-

---

*) Das ausgezeichnete Reinigungsvermögen der Grundwasseranreicherungsanlagen (GWA) gegenüber suspensierten und gelösten organischen Substanzen bestimmt maßgeblich die Effektivität gegenüber der direkten Flußwasseraufbereitung.

bett und den Fassungsbrunnen anaerobe Bedingungen im Wasser einstellen. Neben einer deutlichen Abnahme der Sulfat- und Nitratgehalte werden diese reduzierenden Verhältnisse durch eine erhöhte Karbonathärte sowie durch hohe Mangan- und Eisenkonzentrationen belegt. Während eine Zunahme der Mangangehalte bei der Uferfiltration fast in allen Anlagen beobachtet wird, hängt die Eisenanreicherung von der Größe des negativen Redoxpotentials sowie dem Eisenangebot im Untergrund ab.

Der wesentlichste Unterschied zwischen der Grundwasseranreicherung über Sickerbecken bzw. -gräben und der Uferfiltration besteht darin, daß bei der Beckenfiltration die aeroben Bedingungen der Versickerungszone zur Qualitätsverbesserung des Infiltrats gezielt genutzt werden. Der Reinigungseffekt wird in Pflanzenbecken durch den Entzug von Nährstoffen (z. B. N, P u. a.) aus dem Rohwasser noch erhöht (MAGMEDOV, 1987). Besonders zu beachten ist die hydrogeochemische «Verträglichkeit« (TUTJUNOVA, 1976) des Infiltrats mit dem natürlichen Grundwasser. Kolmationserscheinungen im Grundwasserleiter auf der einen Seite, Mobilisierungsprozesse von Schwermetallen, erhöhte Lösungsaktivitäten auf der anderen Seite können bei Nichtbeachtung dieser Verhältnisse die Grundwassernutzung wesentlich beeinträchtigen (Künstliche Grundwasseranreicherung..., 1985).

Hydrotechnische Maßnahmen an Oberflächengewässern können eine Erhöhung des Uferfiltratanteils in den Grundwasserfassungen bewirken. PLOTNIKOV (1980) führt in diesem Zusammenhang das Beispiel einer biologischen Kontamination des Brunnenwassers an, wo nach Errichtung einer Talsperre in den benachbarten Grundwasserwerksbrunnen bis zu 31 Arten von Wasserflora (u. a. Ammoniumbildner) beobachtet wurden.

Tabelle 5.11. Veränderung der Beschaffenheit des Wassers bei der Uferfiltration am Beispiel einer Wasserfassung am Neckar (FÖRSTNER/MÜLLER, 1975)

Komponente	Neckar	Brunnen bei 40 m	Brunnen bei 80 m	Brunnen bei 120 m	Grundwässer
pH-Wert	7,5	7,6	7,6	7,4	7,2
ϑ in °C	13,8	13,2	12,8	14,1	13,2
HCO_3 in mg/l	289,0	366,0	347,0	377,0	416,0
Cl in mg/l	222,0	231,0	229,0	216,0	202,0
SO_4 in mg/l	113,0	87,0	96,0	99,0	152,0
Ca in mg/l	151,0	165,0	160,0	171,0	175,0
Na in mg/l	79,0	83,0	88,0	84,0	99,0
Mg in mg/l	17,2	19,5	20,4	22,0	25,8
K in mg/l	4,6	4,4	4,3	4,5	5,7
O_2 in mg/l	6,1	0,8	0,8	1,1	1,0
Fe in mg/l	61,0	1066,0	1233,0	127,0	113,0
Mn in mg/l	53,0	588,0	761,0	798,0	138,0
Ni in mg/l	14,0	5,8	5,7	6,5	9,1
Cr in mg/l	3,5	1,8	1,3	1,4	1,2
Zn in mg/l	42,8	14,1	18,3	24,9	30,5
Cu in mg/l	5,6	1,3	1,6	2,8	3,5
Pb in mg/l	4,3	1,7	2,0	2,2	3,1
Cd in mg/l	0,9	0,3	0,3	0,5	0,4

Der gleiche Autor verweist auf den großen Einfluß der mineralisch-organischen Boden-
komplexe bei der Eliminierung organischer Schadstoffe. Derartige Kontaminanten
werden in zunehmendem Maße durch Industrie, Landwirtschaft und den kommunalen
Sektor in die Umwelt eingetragen. Beispielsweise sind Pflanzenschutzmittel heute in allen Oberflächengewässern analytisch nachweisbar (Tabelle 5.12). Im Bild 5.10 sind
die Anteile verschiedener organischer Stoffgruppen im Rhein in Abhängigkeit von der
Wasserführung dargestellt. Als besonders problematisch für die Trinkwasseraufbereitung werden dabei die halogenierten Kohlenwasserstoffe eingeschätzt, die teilweise
auch im Zuge der Aufbereitung ins Trinkwasser gelangen können, wie Tabelle 5.13

Tabelle 5.12.   Pestizide in Oberflächenwässern
(HEINISCH u. a., 1976)

Fluß/Ort	Wirkstoff	Gehalt in (ppt)	
		∅	von – bis
Elbe bei Ham-	Lindan	252	125 ... 430
burg (BRD)	α-HCH	810	n. n. ... 1500
Weser bei	Lindan	23	5 ... 60
Bremen (BRD)			
Rhein (BRD)	Lindan	211	50 ... 535
	α-HCH	851	111 ... 2400
Regnitz bei	Lindan		140*) Einzelwerte
Erlangen	α-HCH		170*)
(BRD)	Heptachlor		20*)
	Endsulfan		10*)
	DDT		100*)
Teltow-Kanal	Lindan	1106	60 ... 7100
Berlin (West)	α-HCH	686	135 ... 1700
	Parathion	4	n. n. ... 65
	DDT	17	n. n. ... 135
	DDD	1888	n. n. ... 830
	DDE	13	n. n. ... 85
Havel	α-HCH	73	n. n. ... 190
Berlin (West)			
Havel (DDR)	Lindan	240	20 ... 670
	DDT	650	n. n. ... 3200
	DDE	40	n. n. ... 190
	DDD	150	n. n. ... 500
Havelneben-	Lindan	80	10 ... 250
gewässer	DDT	120	n. n. ... 400
(DDR)	DDE	240	n. n ... 980
	DDD	50	n. n. ... 300

*) Einzelwerte

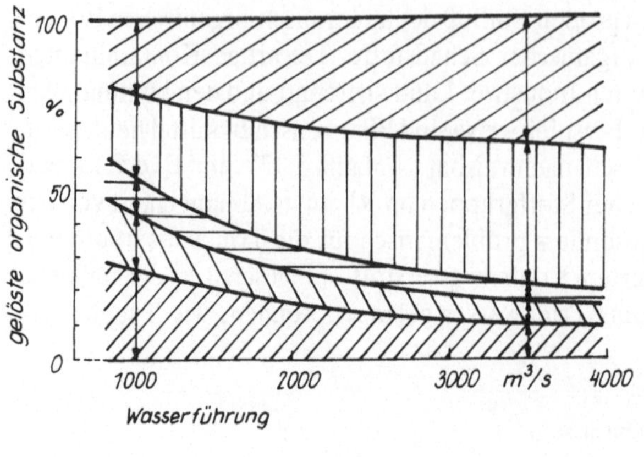

Bild 5.10. Aufteilung der organischen Wasserinhaltsstoffe im Rhein in Abhängigkeit von der Wasserführung (nach SONTHEIMER, 1976)

1 abbaubare Stoffe
2 Huminsäuren
3 chlororganische Verbindungen
4 Sulfonsäuren ohne LS
5 Ligninsulfonsäuren (LS)

Tabelle 5.13. Quantitative Analyse einiger flüchtiger Kohlenwasserstoffe im Rheinwasser und im Uferfiltrat von drei Wasserwerken (1976) (nach STIEGLITZ u. a., 1976)

Substanz in ng/l	Wasserwerk A		Wasserwerk B		Wasserwerk C		Trinkwasser aufbereitet
	Rhein	Uferfiltrat	Rhein	Uferfiltrat	Rhein	Uferfiltrat	
$CHCl_3$*)	1100	3800	750	370	1100	2000	**2800**
CH_3-CCl_3	n. b.	3300	n. b.	n. b.	n. b.	n. b.	
C_6H_6 (Benzol)	160	200	260	80	750	150	160
CCl_4**)	300	1500	1400	160	3300	800	**2600**
Trichloräthylen	900	2500	820	770	600	450	550
Toluol	730	400	670	120	1900	> 100	200
Heptanon	600	–			n. b.	n. b.	
$CHCl_2-CHCL_2$***)	2300	1000	n. b.	n. b.	600	350	**1350**
$C_4H_2Cl_4$****)	1500	500	90	–	200	20	n. b.
Hexachloräthan	560	> 20	n. b.	n. b.	n. b.	n. b.	n. b.
Pentachlorbutadien	800	150	n. b.	n. b.	n. b.	n. b.	n. b.
Dichlorbenzol	n. b.	n. b.	530	40	2100	600	80

*)   Chloroform
**)   Tetrachlormethan
***)   1,2-Dichloräthan
****) Tetrachlorbutadien

zeigt. Vergleichende Untersuchungen zur Eliminierung der Organo-Halogen-Verbindungen bei der Untergrundpassage haben gezeigt, daß sie wesentlich vom Gehalt organischer Verbindungen im Untergrund abhängig sind (MÜHLHAUSEN, 1986). Entsprechend konnten in Uferfiltratanlagen höhere Eliminierungsraten als in GWA mit Bekkeninfiltration beobachtet werden (Tabelle 5.14), wobei die Sorptionsprozesse ähnlich wie bei den Schwermetallen auf den ufernahen Bereich mit erhöhten Gehalten an organischen Substanzen (C_{org} > 0,1 %) beschränkt sind.

Tabelle 5.14. Eliminierungsraten in % chlorierter Kohlenwasserstoffe bei der Uferfiltration bzw. der Grundwasseranreicherung über Becken von Rheinwasser (nach Mühlhausen, 1986)

Substanz	Ausgangs-konzentration in µg/l	Beckenfiltration	Uferfiltration
schwerflüchtige Cl-KW	–	47	64
1,4-Dichlorbenzol	–	Zunahme	81
1,2-Dichlorbenzol	–	+76	86
4-Chlornitrobenzol	–	–	bis 99
1,2,3-Trichlorbenzol	–	63	91
1,3,5-Trichlorbenzol	–	83	95
1,2,4-Trichlorbenzol	–	27	72
Pentachlorbenzol	12	20	bis 99
γ-HCH	–	62	97
HCB	–	+11	94
leichtflüchtige Cl-KW		35	91
$CHCL_3$ (Chloroform)	6,2	–	52 … 97
C_2HCl_3 (Trichloräthen)	0,8	20	90
CCl_4 (Tetrachlormethan)	1,6	n. b.	96
C_2Cl_4 (Tetrachloräthen)	1,1	67	78

Das Abbauverhalten der einzelnen organischen Substanzen ist sehr differenziert, wie aus der Literaturzusammenstellung von Ginzel (1984) in Tabelle 5.15 hervorgeht. Für unpolare Schadstoffe ist eine höhere Eliminierungsrate mit zunehmendem Oktanol-Wasser-Verteilungskoeffizienten festzustellen (Haberer, 1983).

Bild 5.11 gibt einen zusammenfassenden Überblick über die bei der Grundwasseranreicherung auf die einzelnen Beschaffenheitskomponenten einwirkenden Reinigungsmechanismen.

Be- und Entwässerungsmaßnahmen beeinflussen nicht nur entscheidend die Grundwasserneubildungsverhältnisse, sie sind auch eine potentielle Ursache unerwünschter Veränderungen der Grundwasserbeschaffenheit. Das Ausmaß meliorativer Eingriffe in das Grundwasserregime läßt sich aus folgenden Zahlen ableiten: Die meliorativ behandelten Flächen in der Welt betrugen 1980 230 Mio ha, wovon 100 Mio ha entwässert wurden (Glazovskij, 1986). Im Ergebnis intensiver Entwässerungsmaßnahmen in der Belorussischen SSR ist z. B. die Grundwasserneubildung um 25 % zurückgegangen, was zu großräumigen Absenkungen der Grundwasseroberfläche führte (Fomin, Tolstichin, 1978).

Hydrochemisch haben diese Maßnahmen in Gebieten mit erhöhten Anteilen organogener Ablagerungen (Torf) zu folgenden Veränderungen geführt:
– Senkung des Redoxpotentials auf schwach positive Werte
– Beibehaltung der für diese Gebiete bereits vorher typischen pH-Werte in schwach saurem Bereich
– Erhöhung der Stofffracht des Grundwassers.

Diese Erscheinungen sind das Ergebnis der verstärkten Mineralisierung der organogenen Ablagerungen, bei der sich u. a. organische Säuren bilden. Diese führen zu einer stärkeren Komplexbildung des Eisens bei einem hohen Anteil schwer aufbereitbarer Eisen-Humin-Komplexe (KRAJNOV/SVEČ, 1987), so daß im Grundwasser Eisengehalte bis zu 30 mg/l auftreten können.
In den meliorierten Gebieten der Belorussischen SSR ist des weiteren ein Anstieg der Gesamtmineralisation der Grundwässer um mehr als 50 % zu verzeichnen, wobei im Ergebnis der verstärkten Oxydation sulfidischen Materials in den trockengelegten Torfen

Tabelle 5.15. Wiederfindungsklassen organischer Substanzen nach Ufer- und Brunneninfiltration (nach GINZEL, 1984)

Stoffgruppe	Wiederfindungsklasse	Stoffe
nichtaromatische	5 %	Oktan
Kohlenwasserstoffe	60 %	n-Heptan, Undekan, n-Undekan und Dodekan
	etwa 100 %	Cyclohexan
aromatische Kohlen-	15 %	o-Xylol, Biphenyl, Naphthalin
wasserstoffe	50 %	Toluol, 1-Methylnapthalin 2-Methylnaphthalin
	20 ... 100 %	Benzon, m-Xylol, p-Xylol, Styrol
leichtflüchtige	5 %	1,2-Dichlorpropan
Halogenkohlenwasser-	50 %	Tetrachlorkohlenstoff
stoffe	0 ... 75 %	Dichloräthan
	35 ... 100 %	Tetrachloräthylen
	50 ... 100 %	Chloroform
	60 ... 100 %	1,1,1-Trichloräthan, Trichloräthylen
weitere Halogen-	5 %	Chlortoluol, m-Chlortoluol
kohlenwasserstoffe	15 %	1,3 Dichlorbenzol, o-Chlortoluol 1,2,3 Dichlorbenzol, 1,2,3,4,-Tetrachlorbenzol, Hexachlorbenzol, Pentachlorbuten, Hexachlorbuten, PCB
	75 %	Chlorbenzol, 1,2-Dichlorbenzol, Trichlorbenzol, 1,2,3,5-Tetrachlorbenzol, Dichlortoluol, Tetrachlorbuten, Tetrachlorbutadien, Pentachlorbutadien
	5 ... 100 %	Dichlorbenzol, 1,4-Dichlorbenzol 1,2,4-Trichlorbenzol, Pentachlorbenzol, Hexachlorbutadien
	70 ... 100 %	Trichlortoluol
	etwa 100 %	1,3,5-Trichlorbenzol, Tetrachlorbenzol
sauerstoffhaltige,	5 %	Tolyäther
org. Verbindungen	40 %	Dichlorpropyläther, Diphenyläther
	etwa 100 %	Dichlorisopropyläther
stickstoffhaltige	5 %	Nitrotoluol
org. Verbindungen	40 %	3,4-Dichloranilin N-Acetyl-N-Etylanilin
	75 %	Anilin, 4-Chloranilin, Trifluormethylanilin
	etwa 100 %	2-Chloranilin

Komponente	chemisch-biologisch nicht abbaubar / physikalisch-chemisch nicht eliminierbar	chemisch-biologisch nicht abbaubar, Entzug durch Anlagerung am Korngerüst möglich	chemisch-biologisch abbaubar und/oder physikalisch eliminierbar	remobilisierend	remobilisierbar	Filtration	Adsorption	Ionenaustausch	Fällung	Hydrolyse	biotische Akkumulation	aerober Abbau	anaerober Abbau
Schwebstoffe			+			+	+	+		+			
Chlorid	+			+									
Nitrat	+ −		+ −							•			+
Sulfat	+ −		+ −									+	+
Phosphat			+				+	+	+	+			
Eisen		+			+		+	+	+	+	+	+	
Mangan		+			+		+	+	+	+	+	+ −	
Schwermetalle		+			+		+	+	+	+	+	+ −	+ −
Ammonium			+				+	+				+	+
Kohlenwasserst. 1)			+ −		+ −		+				+	+	+
polyzyklische Aromaten 1)		+			+	+ −	+				+	+	+
Phenole 1)			+ −	+	+		+				+	+	+
organische Halogenverbindungen 1)	+ −	+			+	+ −	+				+		
Humin-Lignin-säuren	+ −	·		+			+ −					+ −	+ −
Bakterien				+	+ −	+	+			A	+	+	+
Viren							+			A	+		

Bild 5.11. Überblick über die bei der Untergrundpassage einiger Wasserinhaltsstoffe wirkenden Reinigungsmechanismen (nach GINZEL, 1984)

+ zutreffend
+ − teilweise zutreffend
A Autolyse
1) Einzelheiten s. Tabelle 5.15

eine Verschiebung des hydrochemischen Typs, vom HCO_3-Ca- zum SO_4-Ca-Typ erfolgte.

Bewässerungsmaßnahmen führen in der Regel ebenfalls zu einer Erhöhung des Anteils an gelösten Bestandteilen im Sickerwasser. Verstärkt durch die intensive Verdunstung kann es in ariden Gebieten sogar bei der Verwendung von sehr gering mineralisierten Süßwässern für Bewässerungszwecke zur Bodenversalzung kommen (KOVDA, 1986). Doch auch für humide Gebiete werden in einer Vielzahl von Veröffentlichungen Beispiele zunehmender Grundwasserbelastung durch Bewässerungsmaßnahmen beschrieben (KADEN, 1979; u. a.). Besonders in Kombination mit Dünger- und Biozideinsatz kommt es durch Beregnungsmaßnahmen zu einem verstärkten Schadstoffeintrag in das Grundwasser, wie Bild 5.12 verdeutlicht. Durch die veränderten hydraulischen Verhältnisse zwischen den Grundwasserleitern kann es bei Entwässerungsmaßnahmen analog zu Grundwasserhaltungen im Bergbau zur Entlastung von Salzwasser in die hangenden Grundwasserleiter kommen. Ein historisches Beispiel soll das belegen:

Bereits im Mittelalter wurde versucht, in der Siedlung bei Beelitz ein Salzwerk zu errichten. Die aus dieser Zeit überlieferten Unterlagen weisen auf einen lokal begrenzten Entlastungsherd aufsteigender Salzwässer hin. Nach Abschluß intensiver Meliorationsarbeiten für die landwirtschaftliche Erschließung der sich über etwa 5 km erstreckenden Niederung kam es im vorigen Jahrhundert zu einer räumlichen Ausdehnung der oberflächennahen Grundwasserversalzung auf die gesamte Niederung.

Veränderungen im Grundwasserregime in Stadtgebieten können nicht nur negative bautechnische Folgen haben, sie können im Komplex mit anderen Faktoren die Grundwasserbeschaffenheit beeinflussen.

Infolge Kriegseinwirkung ging z. B. die Wasserförderung in den Berliner Wasserwerken in den 40er Jahren stark zurück. Verbunden damit war ein erheblicher Grundwasseranstieg zu verzeichnen, der 1946 etwa dem Stand von 1885 entsprach. Der hohe Wasserstand, der die Auflösung von Gips und anderem Trümmermaterial, das z. B. zum Auffüllen von Bombentrichtern verwendet wurde, begünstigte, führte zu einer erheblichen Aufhärtung des Grundwassers (KOMAROV, persönliche Mitteilung). Ähnliche Erscheinungen in einer niederrheinischen Stadt beschreibt KELLER-HAFFENEGGER (1951) (Bild 5.13).

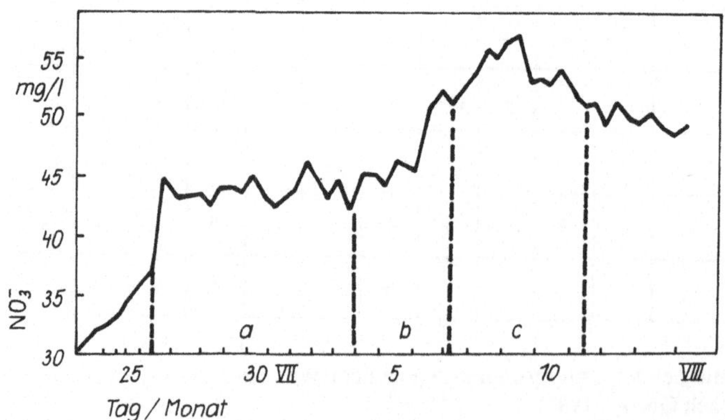

Bild 5.12. Zeitliche Veränderung der Nitratkonzentration im Grundwasser im Ergebnis der Getreideernte mit anschließendem Umpflügen und Neuaussaat (a), Düngereintrag (b) und Zusatzbewässerung (c) (aus Memoir of IAH Symposium Praha 1982, part II)

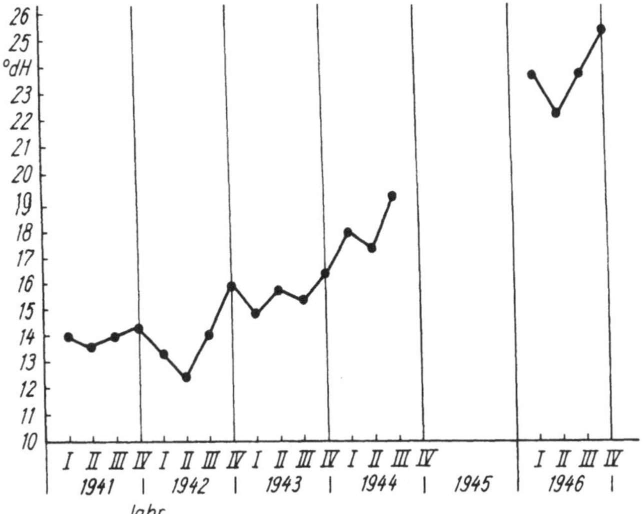

Bild 5.13. Einfluß der Stadtzerstörung im 2. Weltkrieg auf die Härte des Grundwassers in einer niederrheinischen Stadt (nach Daten von KELLER-HAFFENEGGER, 1951)

5.1.3. Entsorgung industrieller, landwirtschaftlicher und kommunaler Abprodukte

Bereits MARX und ENGELS wiesen auf die Bedrohung des dynamischen Gleichgewichts »Gesellschaft-Umwelt« durch die sogenannten »Produktionsexkremente« hin. Diese Bedrohung hat sich in der Gegenwart in eine akute Umweltgefährdung verwandelt. Zu den »Produktionsexkrementen« haben sich, bedingt durch den steigenden Lebensstandard der Bevölkerung, in immer größerem Umfang Abfälle aus dem kommunalen Sektor gesellt, die man auch als »Konsumtionsexkremente« bezeichnen kann.

Immer stärker setzt sich jedoch in allen Bereichen der Volkswirtschaft der Standpunkt durch, in jedem Abprodukt einen potentiellen Sekundärrohstoff zu sehen. Die Entsorgung sollte deshalb stets unter dem Gesichtspunkt der Wiederverwendung im Reproduktionsprozeß (Recycling) erfolgen. Dieser Forderung wird gegenwärtig jedoch noch zu wenig Aufmerksamkeit geschenkt, so daß jährlich Millionen Tonnen Abprodukte in die Umwelt gelangen. Die Mehrzahl der Abprodukte nimmt nicht nur nutzbare Bodenfläche ein und verunstaltet die Landschaft, sondern enthält auch Schadstoffe, die eine Gefährdung des natürlichen Ökosystems darstellen. Die Bedeutung der Abprodukte als Kontaminationsursache des Grundwassers kommt u. a. darin zum Ausdruck, daß etwa 70 % von 91 ausgewerteten Grundwasserschadensfällen in den USA (LINDORFF, 1979) auf Abprodukte zurückzuführen waren, wobei industrielle Abprodukte als Hauptursache ermittelt wurden. Eine besondere Gefahrenquelle für das Grundwasser sind flüssige Abprodukte. Feste Abprodukte müssen zunächst aktiviert werden, um die Schadstoffkomponente migrationsfähig zu machen. Nachfolgend sollen deshalb Abwässer und feste Abprodukte gesondert betrachtet werden.

Als *Abwasser* wird das durch häuslichen, gewerblichen, landwirtschaftlichen und industriellen Gebrauch verunreinigte Wasser sowie das in der Kanalisation gefaßte Regen-, Schmelz- und Straßenschmutzwasser bezeichnet (BUSCH, 1960). In der DDR fallen jährlich etwa 6,9 km^3 Abwasser an, wovon nach KRAMER u. a. (1986) 16 % auf den kommunalen Sektor, 82 % auf die Industrie und nur 2 % auf die Landwirtschaft entfallen. Nicht erfaßt sind hierbei die Güllemengen der Kombinate industrieller Mast (KIM), die 1980 etwa 77 Mio t betrugen.

Die Abwässer sind entsprechend ihrer Herkunft sehr unterschiedlich beschaffen. Als Vergleichswert der organischen Belastung eines Abwassers wird daher der sogenannte Einwohnergleichenwert (EGW) verwendet, der einem biologischen Sauerstoffbedarf von 54 g O_2 entspricht.

Kommunale bzw. häusliche Abwässer sind Bestandteile des städtischen Abwassers, in das weiterhin das Abwasser von Handwerksbetrieben sowie das in der Kanalisation gesammelte Niederschlags- und Straßenreinigungswasser einbegriffen sind. In Abhängigkeit vom Anteil dieser Abwasserkomponenten ändert sich seine chemische Zusammensetzung. Besonders deutlich wird das beim Vergleich der Beschaffenheit des städtischen Abwassers (Tabelle 5.16) mit dem ländlicher Gemeinden (Tabelle 5.17). Obwohl auch im städtischen Abwasser der Gehalt an organischen Bestandteilen sowie an Stickstoff- und Phosphorverbindungen relativ hoch ist, liegt dieser im ländlichen Abwasser noch um ein Vielfaches darüber. Die Konzentrationen von Schwermetallen im städti-

Tabelle 5.16. Beschaffenheit städtischen Abwassers

Komponente	Schladen BRD	Braunschweig BRD	Wolfsburg BRD	Berlin (West)	Berlin Hauptstadt DDR	Leipzig DDR	Magdeburg DDR
Na in mg/l	320,0	260,0	108,0	180,0	–	–	–
K in mg/l	34,0	18,0	23,0	24,0	21,0	–	–
$N-NH_4$ in mg/l	55,0	31,9	54,8	20… 90	35,0	42,6	50,0
Ca in mg/l	94,8	63,2	51,1	–	71,0	–	–
Mg in mg/l	6,5	6,0	9,8	–	12,0	–	–
Fe in mg/l	0,17	0,36	3,04	–	–	–	–
Mn in mg/l	n. n.	0,65	0,13	–	0,27	–	–
Cl in mg/l	208,0	126,0	141,8	220,0	–	194,0	280,0
SO_4 in mg/l	–	138,2	137,4	–	–	203,0	300,0
NO_3 in mg/l	1,5	2,1	–	0,0	–	–	–
org. N in mg/l	–	55,0	–	10… 20	15,0	21,9	35,0
PO_4 in mg/l	–	37,0	31,9	10… 70	6,0	–	–
$KMnO_4-V.$ in mg/l	–	–	–	–	–	266,0	368,0
Cd in µg/l	12,0	8,0	–	1… 4	–	–	–
Cr in µg/l	40,0	20,0	–	20… 50	–	–	–
Cu in µg/l	10,0	80,0	–	75…150	120,0	–	–
Ni in µg/l	–	–	–	20… 50	–	–	–
Pb in µg/l	6080,0	n. n.	–	20… 50	–	–	–
Zn in µg/l	70,0	90,0	–	180…400	680,0	–	–
Lit.-Quelle	KAYSER u. a. in BÖHNKE, 1973		FASS-BENDER u. a., 1978	NESTLER u. a., 1987 MILDE u. a., 1981	HÜBNER/ METZ, 1986	BUSCH, 1960	

Stoff	Rohabwasser mg/l	Klärgrubenwasser mg/l
KMnO$_4$-Verbrauch	1410	495
BSB$_5$	895	360
Ls µS/cm	2815	2420
Abdampf-rückstand	2015	745
NH$_4$	265	210
NO$_3$	7	6
NO$_2$	5	5
PO$_{4t}$	55	53
PO$_{4l}$	45	44
K	190	185

Tabelle 5.17. Zusammensetzung ländlichen Rohabwassers und Klärgrubenwassers (nach KRETZSCHMAR, 1978)

schen Abwasser werden vor allem durch den Abwasseranteil der Handwerksbetriebe bestimmt.

Vielfältiger in ihrer Zusammensetzung sind die Abwässer der Industrie. Je nach Herkunft der Industrieabwässer stellen unterschiedliche Inhaltsstoffe die Hauptgefahr für die Umwelt dar. Besonders verwiesen sei neben ihren mineralischen, organischen und bakteriellen Inhaltsstoffen auf die thermische Kontamination von Kühlwässern aus Wärmekraftwerken sowie auf die radioaktive Belastung der Abwässer von Kernkraftwerken. Tabelle 5.18 zeigt die Gehalte ausgewählter radioaktiver Isotope in Abwässern von Kernkraftwerken bzw. Kernaufbereitungsanlagen in Westeuropa.

Mit fortschreitender Industrialisierung der Tier- und Pflanzenproduktion erfolgt auch eine Zunahme der Abwassermengen. Eine zentrale Stellung nimmt die in den Anlagen der industriellen Tierhaltung anfallende Gülle ein.

In Abhängigkeit von der Tiergruppe und der Art der Viehhaltung treten unterschiedliche Güllemengen auf (Tabelle 5.19). Die substantielle Zusammensetzung der Güllearten ist aus Tabelle 5.20 ersichtlich. Neben der hohen Belastung an organischen Substanzen, Stickstoff, Kalium- und Phosphorverbindungen ist auch der erhöhte Gehalt an Spurenelementen zu beachten. Die organischen Bestandteile werden zum größten Teil aus Harnstoffen gebildet. Bild 5.14 vermittelt eine Vorstellung von der Größe des biologischen Sauerstoffbedarfs (BSB) der landwirtschaftlichen Abwässer im Vergleich zum häuslichen Abwasser. Eine besondere Gefahr für die Gewässer stellen die bei der Konservierung von Futtermitteln entstehenden Silosickersäfte dar. Sowohl Anfallmenge als auch der BSB der Silosickersäfte verschiedener Siloeinlagen unterliegen starken Schwankungen (Tabelle 5.21). Die organischen Verbindungen der Silosickersäfte werden vor allem durch Ameisen-, Essig- und andere Gärsäuren gebildet. Neben der Gülle und den Silosickersäften sind vom Standpunkt des Gewässerschutzes besonders Pflanzenschutzmittelrestbrühen zu beachten. In der DDR fallen in den über 200 Agrochemischen Zentren (ACZ) jährlich etwa 400000 m^3 PSM-Restbrühen an (SCHMIDT/BEITZ, 1979). Sie entstehen beim Reinigen von Gerätschaften und Maschinen bzw. bei der Beseitigung überlagerter Pflanzenschutzmittel (PSM) und Mittel zur Steuerung biologischer Prozesse (MSP) (Nähere Ausführungen zu den genannten Stoffgruppen s. Abschnitt 5.1.4.).

Tabelle 5.18. Aktivitätsabgaben ausgewählter Radionuklide mit dem Abwasser von Kernkraftwerken und Wiederaufbereitungsanlagen (Angaben aus Ruf u. a., 1976)

Bezeichnung	Zeitraum	Sr 89	Sr 90	Ru 103	Ru 106	Cs 134	Cs 137	Ce 144	H 3	Co 58	Co 60	J 131
Kernkraftwerke Angaben in mCi/a KKW Obrigheim/BRD (Druckwasserreaktor)	1974	5,6	1,0	–	–	398,0	613,0	–	149000	644	275	82,6
KKW Grundremmingen/ BRD (Siedewasserreaktor)	1974	529	51,6	0,3	–	58,6	$\dot{1}$16,0	3,7*)	215000	57,1	40,4	115,0
KKW Stade/BRD (Druckwasserreaktor)	1974	1,1	0,4	0,9	–	12,9	40,7	3,2*)	32300	13,4	14,6	0,7
KKW Biblis/BRD (Druckwasserreaktor)	2. Halbjahr 1974	0,28	0,018	–	–	–	–	–	16520	80,0	6,4	2,4
Wiederaufbereitungsanlagen Angaben in mCi/a Nuclear Fuel Service/ USA (900 t/a)**)	1969	–	$10,1 \cdot 10^3$	–	$104 \cdot 10^3$	$4 \cdot 10^3$	$16 \cdot 10^3$	$0,32 \cdot 10^3$	–	–	–	–
Windscale/UK (1800 t/a)	1972	$1080 \cdot 10^3$	$15200 \cdot 10^3$	$1160 \cdot 10^3$	$305500 \cdot 10^3$	$5820 \cdot 10^3$	$24800 \cdot 10^3$	$13700 \cdot 10^3$	–	–	–	–
Asse/BRD***) (1500 t/a geplant)	ab 1982	$1000 \cdot 10^3$	$1500 \cdot 10^3$	$4000 \cdot 10^3$		$8500 \cdot 10^3$	$1000 \cdot 10^3$	$1500 \cdot 10^3$	$1000 \cdot 10^3$			

*) Summe Ce 134 und Ce 137
**) Kapazität
***) projektierte Abgabemenge

$1 \, \text{mCi} = 0,04 \cdot \text{GBq}$

Tabelle 5.19. Menge und organische Belastung der Gülle verschiedener Typen industrieller Tierhaltung (KRAMER u. a., 1977)

Anlagentyp	Tiergruppe	Gülleanfall in t/a · Anlage	Einwohnergleichenwert
JRA 4480	Jungrinder	59 000	etwa 30 000
MVA 1930	Milchvieh	90 000	etwa 25 000
RMA 15 000	Mastrind	164 000	200 000
SZA 5600	Zuchtschweine	320 000	10 000
SMA 25 000	Mastschweine	95 000	75 000
S 110	Schweine	500 000	n. b.

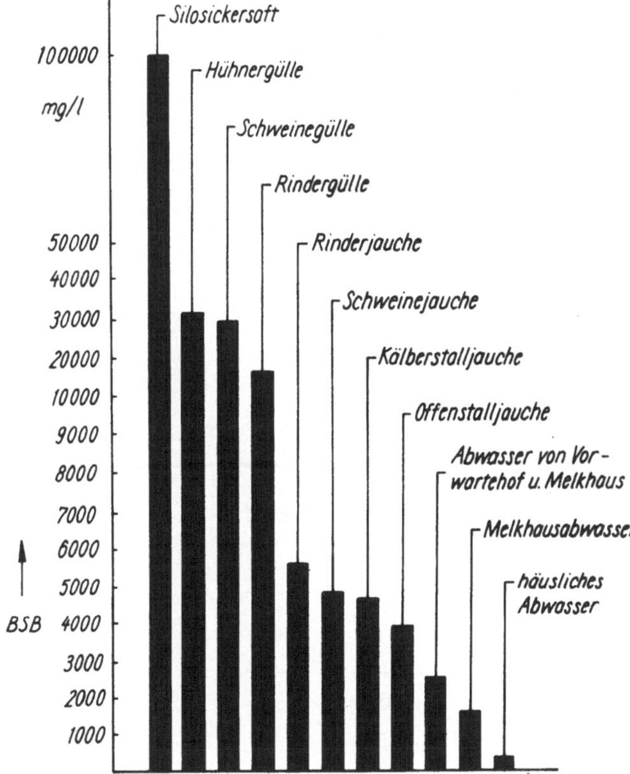

Bild 5.14. Biochemischer Sauerstoffbedarf (BSB) verschiedener landwirtschaftlicher Abwässer und Abprodukte (ANTKOWIAK/EILING, 1981)

Die Hauptquellen einer Kontamination des Grundwassers durch Abwässer sind u. a.:

- Rieselfelder und Beregnungsflächen
- »wilde« unkontrollierte Abwasserbeseitigung
- Versickerungsbecken, Sinkgruben
- Ableitung in Oberflächenwässer, die hydraulisch mit dem Grundwasser verbunden sind
- nicht abgedichtete Klärbecken und Schlammabsatzbecken
- defekte Aufbereitungsanlagen und Abwasserleitungen (Kanalisation)
- unzureichend dimensionierte Speicherbecken des Abwassers

Tabelle 5.20. Inhaltsstoffe von Rinder- und Schweinegülle in mg/l (nach Literaturangaben)

Komponente	Rindergülle	Schweinegülle
$N-NH_3$	500...7800	300...82000
Na	315...2600	400... 770
K	250...8300	2700... 7700
Ca	100...2900	1500... 2600
Mg	60... 600	6000... 700
PO_4	155...1850	220... 2800
SO_4	400... 500	500... 3000
HCO_3	3800**)	−
Cl	120...2400	150... 2060
$S-H_2S$	110... 300	40... 120
CO_2	5000...9000	550... 2860
N org.	−	260... 3600
B	3,6*)	3,6*)
Mn	31,4*)	27,3*)
Mo	0,17*)	0,18*)
Cu	3,7*)	6,9*)
Zn	19,2*)	36,8*)
*p*H-Wert	6,0 ... 7,8	6,8... 8,5
Bakterien		
Mrd/ml	0,04...55,0	20 ...51
Coli-Titer	$10^{-5} ...10^{-9}$	$n \cdot 10^{-8}$
Enterokokken	−	$n \cdot 10^6$
Salmonellen	vereinzelt	−

*) Durchschnittswerte in einer Einzelveröffent-
lichung
**) Einzelangaben

Tabelle 5.21. Silosickersaftmenge und biologischer Sauerstoffbedarf (BSB_5) verschiedenen Siliergutes (nach MEYBIER/KOLLATSCH, 1974; ANTKOWIAK/EILING, 1981)

Einlage	Trockensubstanzgehalt	1 l Silosaft/t Einlage	BSB_5
Rübenblatt	15	200...350	85000*)
Futterroggen	17	150...210	−
Gras, Klee,			
Luzerne	−	120	43000*)
Mais	20	80...120	−
Erbskraut	−	−	30000... 40000
Kartoffeln	−	−	90000...110000

*) Mittelwert

In Tabelle 5.22 wurden ausgewählte Beispiele einer Grundwasserkontamination durch Abwässer unterschiedlicher Herkunft dargestellt. Die Tabelle gibt einen Überblick über die Vielfalt der Kontamination des Grundwassers sowohl vom Gesichtspunkt der Kontaminationsart, der Untergrundbeschaffenheit, als auch der räumlichen Ausdeh-

nung und der zeitlichen Wirksamkeit der Kontamination im Untergrund. Häufig macht sich die Grundwasserkontamination erst nach Dutzenden von Jahren in einem Versorgungsbrunnen bemerkbar, wobei z. T. die primäre Kontaminationsursache bereits beseitigt wurde. In den meisten Großstädten Mitteleuropas werden seit fast 100 Jahren die Abwässer auf Rieselfelder geleitet, wodurch sich im Untergrund spezifische hydrogeochemische Verhältnisse eingestellt haben, die vor allem durch einen hohen Anteil an organischen Substanzen sowie durch ein reduzierendes Milieu gekennzeichnet sind. Verbesserte Aufbereitungstechnologien und erweiterte Kapazitäten der Aufbereitungsbetriebe machten es möglich, von der direkten Abwasserbeseitigung zur gezielten Grundwasseranreicherung mit mechanisch und biologisch geklärtem Abwasser überzugehen. Bild 5.15 zeigt die hydrogeochemischen Verhältnisse im Einflußbereich eines Rieselfeldes. Gleichzeitig werden die Veränderungen des Cl- und NH_4-Gehaltes, der Härte und des $KMnO_4$-Verbrauchs des Grundwassers dargestellt, die sich nach 6jähriger Bewirtschaftung des Rieselfeldes mit geklärtem Abwasser ergeben haben.
Deutlich erkennbar sind die unterschiedlichen Effekte, die durch die Vermischung des Infiltrats mit dem kontaminierten Grundwasser, in den Gehalten der einzelnen Inhaltsstoffe des Wassers auftreten. Während die Verteilung des reaktionsinerten Chloridions die differenzierten Verdrängungs- bzw. Vermischungsprozesse im Grundwasserleiter widerspiegelt, sind anhand der Gehalte der anderen Komponenten die vielfältigen Wechselwirkungsprozesse ableitbar, die zwischen den einzelnen Phasen des Systems ablaufen. Die Oxydation der gelösten und dispers verteilten organischen Stoffe sowie die Remobilisierung des adsorbierten Ammoniums dürften dabei eine wesentliche Rolle spielen. Der Anstieg der Gesamthärte (z. B. in den Beobachtungsbrunnen C und D) stützen diese Annahme. Das Beispiel veranschaulicht weiterhin, daß nach Liquidierung der primären Kontaminationsquelle der Boden bzw. der Grundwasserleiter noch lange als sekundäre Kontaminationsquelle wirksam werden kann.
Obwohl durch das Grundwasser übertragene Krankheiten relativ selten sind, erfolgt in den meisten Ländern die Abgrenzung von Trinkwasserschutzzonen nach seuchenhygienischen Gesichtspunkten. Man geht dabei davon aus, daß nach 50 Tagen Fließzeit im Durchschnitt 99,9 % der Colibakterien eliminiert sind. Die zunehmende Belastung der städtischen und landwirtschaftlichen Abwässer mit Viren, die durch Chlorierung nicht abgetötet werden, sowie die Unterschreitung der Fließzeit von 50 Tagen in Uferfiltratanlagen waren der Ausgangspunkt gezielter Forschungen zum Verhalten pathogener Viren und Bakterien im Grundwasser. Die Untersuchungen haben ergeben, daß die Lebensdauer der Krankheitserreger im Wasser sehr unterschiedlich ist (Bild 5.16). Die Persistenz der pathogenen Mikroorganismen im Grundwasser wird neben der natürlichen Alterung, den ökologischen Bedingungen (einschließlich der Summe der biologischen, chemischen und physikalischen Faktoren im Untergrund) von ihrer Ausgangskonzentration im Abwasser bestimmt (Tabelle 5.23). Beispiele für den Einfluß der verschiedenen Faktoren auf die Persistenz der Mikroorganismen sind im Bild 5.17 und Tabelle 5.24 zu entnehmen. Die Ergebnisse von KOKINA und Mitarbeitern (1977) zeugen von erhöhten Lebenserwartungen der Mikroorganismen in schwach kontaminierten Wässern (Wasserprobe Nr. 3) mit erhöhten Gehalten organischer Substanzen.
Organische Substanzen und Tenside wirken meist stimulierend auf die Mikroorganismen. Dagegen üben die anorganischen Lösungskomponenten einen sehr unterschiedlichen Einfluß auf die Lebenstätigkeit der Bakterien und Viren aus. Die Vielfalt der Einflußfaktoren und ihre artspezifischen Auswirkungen sind sicher die Ursache dafür, daß

Tabelle 5.22. Beispiele nachgewiesener Grundwasserkontaminationen durch Abwässer unterschiedlicher Herkunft

Abwasserart	Lit.-Quelle	Ort	Zeit und Größe d. Einwirkung	Kontaminationsquelle	Untergrundbeschaffenheit	Beobachtete Grundwasserkontamination/Ausdehnung und qualitative Veränderungen
Städtisches bzw. kommunales Abwasser	1	Long Island/ USA	1900 – 1975	Sinkgruben, Rieselfeld	Sand, Kies	Qualitätsentwicklung im WW von 1910 – 1975 1910 1975 NO_3^- 0,0 9,2 mg/l HCO_3^- 18,0 94,0 mg/l Cl^- 5,9 44,0 mg/l Gesamtmin. 51,0 249,0 mg/l
	2	USA	unbekannt	Rieselfeld	Sand	in 300 Fuß Entfernung und 100 Fuß Tiefe wurden Viren nachgewiesen
	3	Raum Köln/ BRD	seit 2. Hälfte 19. Jahrhundert	Sinkgruben	Rheinschotter	Grundwasserqualitätsverschlechterung führte zur Stillegung einer Reihe von WW 1898 1937 1954 Cl 15,0 45,0 80,0 mg/l AR 360,0 – 880,0 mg/l NO_3 9,0 15,0 48,0 mg/l GH 12,5 26,0 34,0 °dH KH – 16,0 16,0 °dH
	4	DDR	etwa 50 Jahre	Abwasserbecken	Mittelsand	Schadstoffeinbruch in Versorgungsbrunnen in etwa 2 km Entfernung: NH_4 46,0 mg/l PO_4 6,7 mg/l Cl 130,0 mg/l

Landwirtschaftliche Abwässer	5	Moskauer Gebiet/ UdSSR	4 Jahre	Gülleverregnung auf Wiesen	unbedeckter Grundwasserleiter mit Flurabstand <2 m	nach 4 Jahren u. a. folgende Veränderungen im Grundwasser: AR von 483,0 auf 558,0 mg/l Cl von 40,0 auf 81,5 mg/l NO_3 von 6,0 auf 22,0 mg/l BSB_5 von 1,1 auf 10,0 mg/l
	6	Lit. SSR/ UdSSR		Gülleverregnung 100 m^3/ha landwirtschaftl. Nutzfläche	unbedeckter Grundwasserleiter Flurabstand 3 bis 4 m	Nitratanstieg auf Maximalwerte bis zu 250 mg/l
	7	Lit. SSR/ UdSSR	1977 einige 1 000 m^3/ha · a mit 300 kg/ha Stickstoff	Gülleverregnungsflächen Acker	Geschiebemergel über Sand	in allen untersuchten 15 Flächen konnten Grundwasserbeeinträchtigungen festgestellt werden
	8	DDR	1971 – 1973	Gülleverregnung, Grünland bzw. Kiesgrube	Hangendsand auf Geschiebemergel und Hauptgrundwasserleiter	im Hangendsand: $KMnO_4$ 32,0 ... 170,0 mg/l CSV-Mn 8,1 ... 43,0 mg/l CSV-Cr 26,7 ... mg/l im Hauptgrundwasserleiter: $KMnO_4$ 18,6 ... 54,7 mg/l CSV-Mn 4,7 ... 13,8 mg/l CSV-Cr 17,9 ... 60,5 mg/l
	9	Crosby/ USA	1904 bis heute	Jauchegrube	Sand	in Versorgungsbrunnen nachgewiesen: AR 2 176,0 mg/l SO_4 846,0 mg/l NO_3 150,0 mg/l Cl 164,0 mg/l
Industrieabwässer Galvanikbetrieb	10	Long Island/ USA	1940 – 1960 (ab 1949 aufbereitet)	Abwasserteich	Sand, Kies Grundwasserspiegel bis 5 m unter Gelände	4000 Fuß lange, 1 000 Fuß breite, 70 Fuß tiefe Kontaminationszone Mittelwert Maximalwert Cr^{6+} 2,5 14,0 ppm Cd 0,3 3,5 ppm

Tabelle 5.22 (Fortsetzung)

Abwasserart	Lit.-Quelle	Ort	Zeit und Größe d. Einwirkung	Kontaminationsquelle	Untergrundbeschaffenheit	Beobachtete Grundwasserkontamination/Ausdehnung und qualitative Veränderungen
	11	Gyal und Maglod/ VR Ungarn	1963−1966	Abwasserteich	Sand	nach 1,5 Jahren Kontamination 100 bis 200 m gewandert: Ni bis 1,0 mg/l Cr^{4+} bis 24,0 mg/l CN bis 31,0 mg/l AR bis 3 280,0 mg/l
Erdölbegleitwasser	12	Garland City, Arkansas/ USA	1955 4 Mio. Barrel	Abwasserteiche	Sand (fluviatil)	0,5 bis 49,0 g/l Cl in einem kontaminierten Gebiet von 7 000 Fuß Länge und 500 Fuß Breite
Eisenerzaufbereitung	13	UdSSR	65 000 m³/d Schlammwasser	Schlammabsatzbecken	klüftige Diorite	in 1,5 km Entfernung sind Auswirkungen von organischen Kontaminanten (Butylxantogenat u. a.) nachweisbar
chem. Betrieb zur synthetischen Kautschukherstellung	14	UdSSR	200…300 m³/ha Abwasseranfall	Versickerungsbecken	Sand (fluviatil)	Totalausfall WW: bis in 30 m Teufe AR 3 500,0 mg/l Cl 1 300,0 mg/l SO_4 600,0 mg/l (Deterg.) 300…500 mg/l Leikanol, Stirol, Trilon B u. a. $KMnO_4$ bis 132,0 mg/l Kontamination erstreckt sich bis 5 km stromab
Kernkraftwerk Abwasser	15	Chalk-River/ Kanada	1952−1954	Sickergräben	Feinsand	von den eingebrachten Aktivitäten konnten in der Kontaminationswelle nachgewiesen werden: Sr-90 (zu 83 % der Ausgangsaktivität) bis in etwa 200 m und Cs 137 bis in etwa 80 m Entfernung vom Herd

pharmazeutischer Betrieb	16	Moskauer Gebiet/ UdSSR	1948–1949	Klärteich, Versickerungsbecken, vorbehandelte Abwässer	Sand, Ton z. T. erodiert, Kalkstein	oberer und unterer Hauptgrundwasserleiter kontaminiert $KMnO_4$-V. bis 103,0 mg/l Cl bis 600,0 mg/l Fe bis 30,0 mg/l
Metallveredlungsbetrieb	16	Moskau/ UdSSR	bis 1967	Klärteich z. T. rekultiviert, zugeschüttet	fluviatile Sande auf Ton und Kalkstein	oberer und unterer Grundwasserleiter kontaminiert Fe 50,0 . . . 100,0 mg/l
Zuckerfabrikabwasser	17	BRD	3 Monate 4800 m³/d	Versickerungsfläche	Sand	unterhalb des Versickerungsgeländes im Grundwasser Veränderungen: von auf GH 26,0 33,0 ... 75,0 °dH K 1,0 11,0 ... 37,0 mg/l NH_4 0,04 0,9 ... 11,4 mg/l Fe 0,22 7,5 ... 28,5 mg/l Mn 0,11 1,56... 5,37 mg/l HCO_3 420,0 632,0 ...1110,0 mg/l Cl 38,0 80,0 ... 443,0 mg/l
Metallurgie- und Chemiebetrieb	18	Mailand/ Italien	unbekannt	unkontrollierte Versickerung von Abwasser	unbekannt	Chlororganische Verbindungen im Grundwasser: wie Tri- und Tetrachloräthylen, Chloroform, durch Dauerpumpversuch konnte Kontamination nicht behoben werden

Anmerkung: 1 Fuß = 0,305 m
Literaturverzeichnis:

1   SULAM, 1977
2   WOLF u. a., 1979
3   SCHNEIDER, 1973
4   ZAJONTZ u. a., 1987
5   GOLDBERG u. a., 1987
6   KONDRATAS, 1981
7   ZABULIS, 1978
8   DIETRICH, 1976
9   PETTY-JOHN, 1979
10   PERLMUTTER u. a., 1963
11   CSANADI, 1968
12   FRYBERGER, 1975
13   BOČEVER u. a., 1979
14   ebenda
15   THIESS, 1969
16   MINKIN, 1972
17   TEICHMANN/LESWAL, 1976
18   GIOVANARGI, 1979

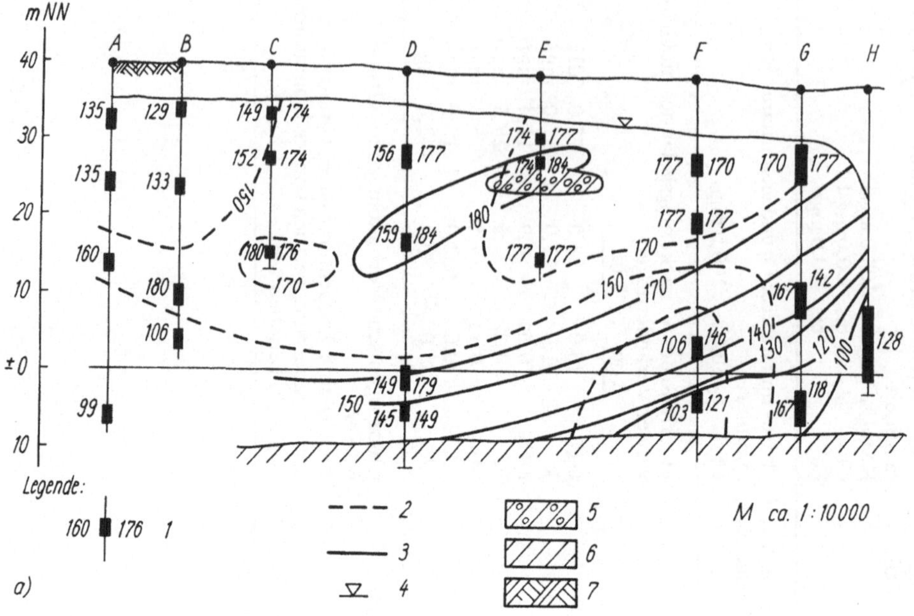

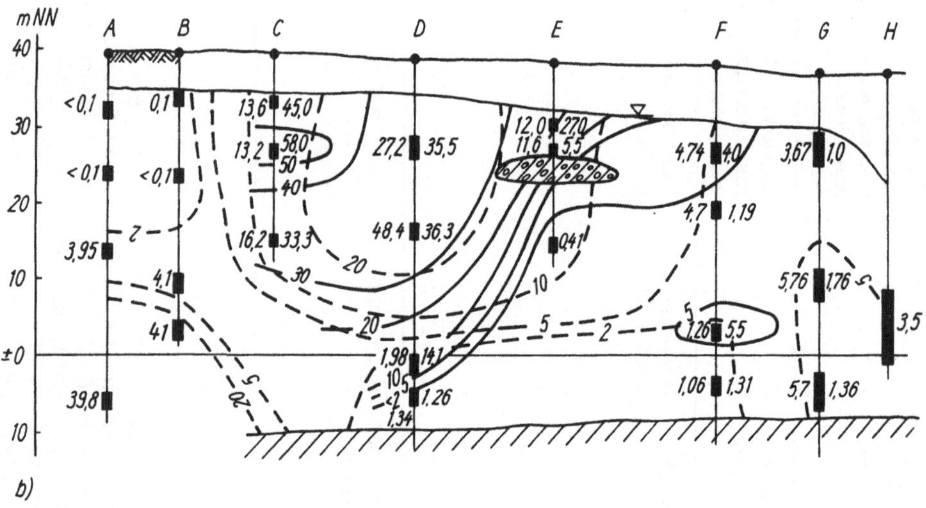

Bild 5.15. Veränderung eines durch kommunale Abwässer kontaminierten Grundwasserleiters nach Einleitung von mechanisch und biologisch aufbereitetem Abwasser

a) Cl-Gehalt in mg/l
b) NH₄-Gehalt in mg/l
c) Gesamthärte in °dH

d) KMnO₄-Verbrauch in mg/l
A bis H Brunnen

1 Filterbereich, rechter Wert – Gehalt vor Umstellung auf gereinigtes Abwasser, linker Wert ~6 Jahre nach Umstellung
2 Isolinien der entsprechenden Komponenten 6 Jahre nach Umstellung
3 Isolinien der entsprechenden Komponenten vor Umstellung

4 Grundwasseroberfläche
5 Zwischenstauer
6 liegender Grundwasserstauer
7 Rieselfeld

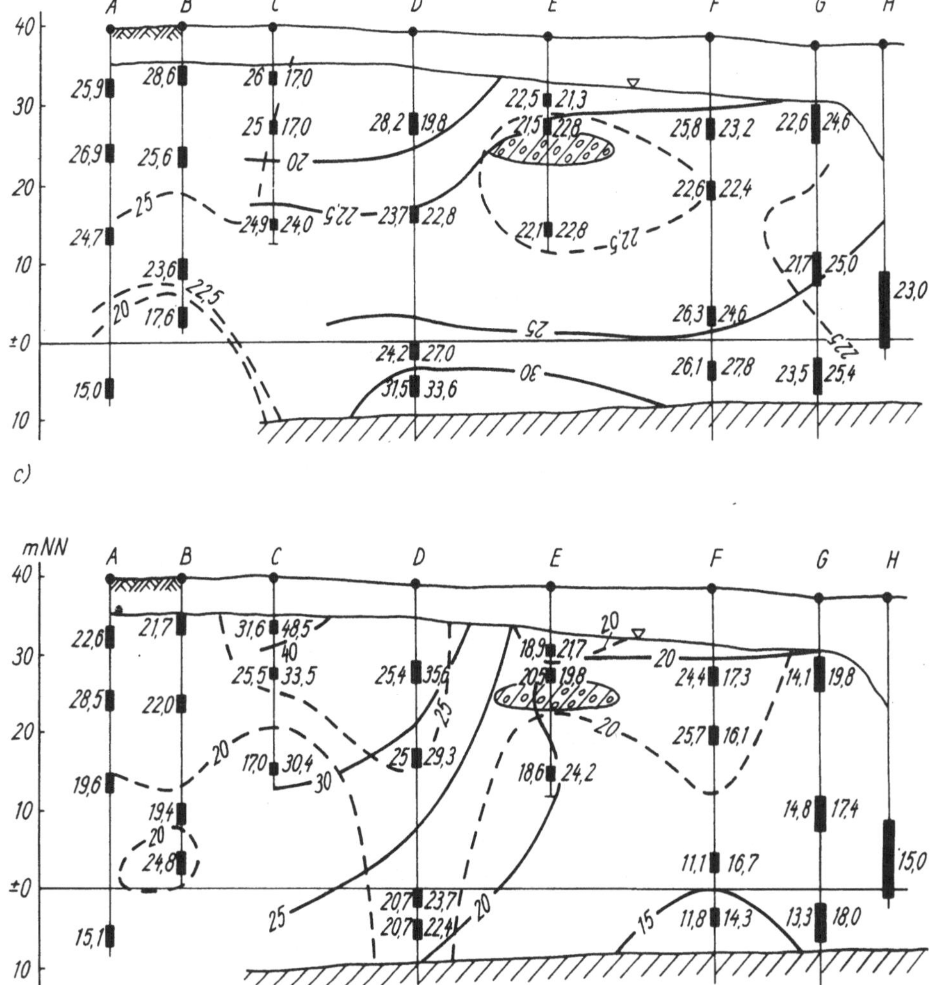

in der Literatur teils entgegengesetzte Auffassungen zu den Überlebenszeiten der pathogenen Keime vertreten werden. Übereinstimmend wird jedoch festgestellt, daß sich der Abbau der Mikroorganismen durch folgende Exponentialfunktionen ausdrücken läßt (MERKLI, 1975; MOLOŽAEVAJA u. a., 1979):

$$C_t = C_0\, e^{-\lambda(t-t_0)} \tag{5.10}$$

C_t und C_0 Mikrobenanzahl zur Zeit des Abwasseranfalls ($t = 0$) und nach t_x
λ Eliminations- oder Zerfallskonstante
t_0 erfaßt die Zeit nach dem Abwasseranfall, in der noch keine Elimination stattfindet

Nach ALTHAUS u. a. (1982) kann bei der Festlegung der Schutzzonen mit ausreichender Sicherheit für $t_0 = 7$ d angenommen werden. IVANOV (1977) dagegen verweist darauf, daß in Güllestapelbecken nach 3 bis 4 Monaten der Eliminationsprozeß noch nicht begonnen hat. MATTHESS u. a. (1985) geben für Salmonellen in Klärgruben für t_0 Werte von 3 bis 10 Wochen an.

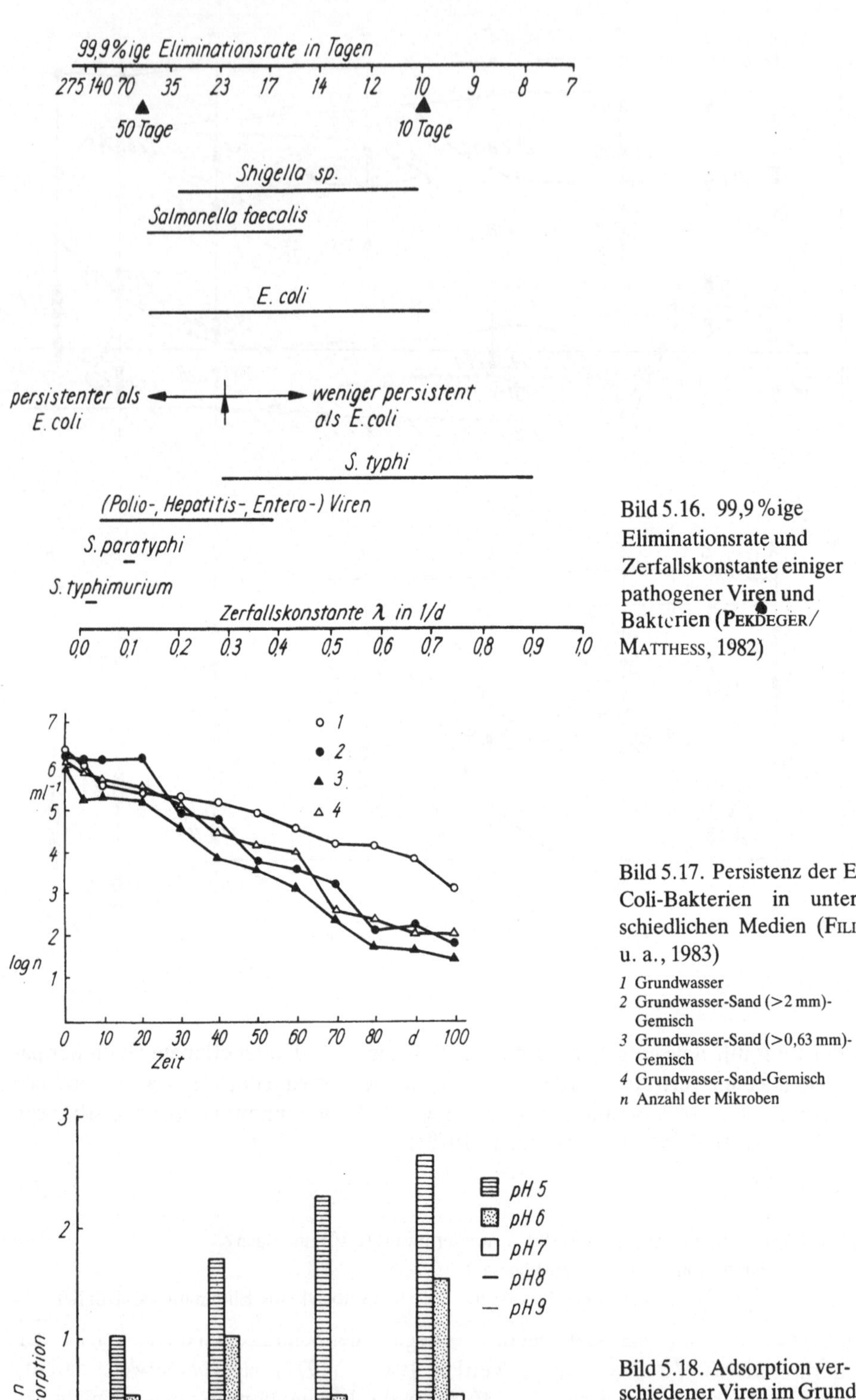

Bild 5.16. 99,9 %ige Eliminationsrate und Zerfallskonstante einiger pathogener Viren und Bakterien (PEKDEGER/ MATTHESS, 1982)

Bild 5.17. Persistenz der E-Coli-Bakterien in unterschiedlichen Medien (FILIP u. a., 1983)

1 Grundwasser
2 Grundwasser-Sand (>2 mm)-Gemisch
3 Grundwasser-Sand (>0,63 mm)-Gemisch
4 Grundwasser-Sand-Gemisch
n Anzahl der Mikroben

Bild 5.18. Adsorption verschiedener Viren im Grundwasserleiter in Abhängigkeit vom pH-Wert (DIZER u. a., 1983)

Tabelle 5.23. Persistenz einiger pathogener Mikroorganismen in Abhängigkeit von der Ausgangskonzentration im Abwasser (MOLOŽAEVAJA/ ČIGUNICHINA, 1979)

Mikroorganismen	Ausgangsmenge (Anzahl Mikroben in 1 l Wasser)	Lebensdauer bei 4...6 °C in Tagen
sanitärhygienische Bakterien vom Typ Enterokokken	$10^5 - 10^6$	400
pathogene Enterobakterien Bauchtyphus-Salmonellen	10^2 10^4	50...56 bis 120
Paratyphus B-Salmonellen	10^2 10^4	bis 220 74...400*)
Ruhrbakterien (Shigell)	10^6	116
Bakteriophagen E. Coli	10^6	etwa 400

*) in Abhängigkeit vom Bakterienstamm und der Wasserzusammensetzung

Tabelle 5.24. Persistenz (in d) einiger Viren und Bakterien in Abhängigkeit von der Temperatur und der Beschaffenheit des Grundwassers (nach KOKINA u. a., 1977)

Mikroorganismen	Wasserprobe Nr. 1		Wasserprobe Nr. 2		Wasserprobe Nr. 3	
Viren	10 °C	20 °C	10 °C	20 °C	10 °C	20 °C
Polyomyelitis	48	13	60	26	60	22
Coxsackie	82	45	105	62	103	58
ECHO-7	90	50	113	66	112	64
Bakteriophagen-T$_1$ E. coli	118	72	320	220	307	145
Temperatur/ Bakterien	10 °C	20 °C	10 °C	20 °C	10 °C	20 °C
Sh. Sonne	6	6	6	6	7	6
Sh. Flexner	6	6	13	6	6	6
Salm. typhi	34	15	29	22	55	22
E. coli	41	57	55	55	76	55

Wasserprobe Nr. 1   Grundwasser vom $HCO_3 - Ca$-Typ ohne organische Bestandteile

Wasserprobe Nr. 2   Grundwasser vom $HCO_3 - Ca$-Typ mit Huminsäure

Wasserprobe Nr. 3   Grundwasser vom $HCO_3 - Ca$-Typ aus dem Einflußbereich eines Rieselfeldes

Die mathematische Beschreibung des Abbauverhaltens der pathogenen Bakterien und Viren wird dadurch kompliziert, daß ein Teil der Mikroorganismen an der festen Phase sorbiert wird. Bild 5.18 zeigt die Adsorptionsrate einiger Virusarten in Abhängigkeit vom pH-Wert. Im Unterschied zu Filip u. a. (1983) wird nach Moložaevaja und Mitarbeitern (1979) durch die absorptive Bindung der Viren ihre Überlebensdauer erhöht. Ähnliche Erkenntnisse zitieren Wolf u. a. (1979), die gleichzeitig darauf verweisen, daß die Viren durch die Adsorption nicht ihren Infektionscharakter verlieren. Eine Desorption aus dem Boden wird z. B. nach Starkregen beobachtet.

Einen zusammenfassenden Überblick über die widersprüchlichen Ergebnisse zum Verhalten pathogener Viren und Bakterien im Grundwasser wird in der Arbeit von Althaus u. a. (1982) gegeben.

In Ergänzung zur Tabelle 5.23 sei zur Bewertung der Grundwassergefährdung durch industrielle Abwässer bemerkt, daß nach einer Erhebung der USA-Umweltbehörde EPA jährlich unkontrolliert 6,4 Mrd m^3 flüssige Abprodukte unterschiedlicher Toxizität in den Untergrund versickert werden (Deland, 1980). Das Verhalten der Schadstoffe hängt in starkem Maße bereits von ihrer Zustandsform im Abwasser (Tabelle 5.25) und deren Veränderung im Untergrund ab.

Trotz umfangreicher Anstrengungen auf dem Gebiet der Sekundärrohstoffgewinnung müssen jährlich einige Millionen Tonnen Abprodukte aus der Industrie, der Landwirtschaft und aus den privaten Haushalten in *Deponien* eingelagert werden. Einen Über-

Tabelle 5.25. Migrationsform einiger Elemente in einem industriellen Abwasser (nach Tutjunova, 1976)

Element	Migrationsform	$C_m/(M)$
Na	$Na^+ - 99\,\%$; $NaSO_4^- - 1\,\%$	1,1
Ca, Mg	Ca^{2+}, Mg^{2+}: $85\ldots90\,\%$; $CaSO_4^0$ $(MgSO_4^0)$: $9\ldots15\,\%$	1,1… 1,2
Pb	Pb-org. Kompl.: $40\ldots60\,\%$; $PbCl^+$: $35\ldots43\,\%$; $PbSO_4^0$: $10\ldots40\,\%$; $PbCl_2^0$: $9\ldots14\,\%$; $Pb(OH)^+$: $0,4\ldots1,0\,\%$; Pb^{2+}: $<0,2\,\%$	770 …1250
Cu	Cu-org. Kompl.: $58\ldots88\,\%$; $CuSO_4^0$: $10\ldots15\,\%$; $CuCl^+$: bis $1,5\,\%$; Cu^{2+}: $0,3\ldots28\,\%$	3,6… 293,8
Zn	Zn-org. Kompl.: $83\ldots85\,\%$; $ZnSO_4^0$: $9\ldots12\,\%$; $ZnCl^+$: $0,5\,\%$; Zn^{2+}: $3\ldots8\,\%$	13,2… 32,7
Mn	$MnSO_4^0$: $8,5\ldots12\,\%$; $Mn(OH)^+ <0,1\,\%$; Mn^{2+}: $88\ldots92\,\%$	1,1… 1,2
Fe	$FeSO_4^0$: $37\ldots72\,\%$; $FeCl^+$: $<0,2\,\%$ Fe^{2+}: $30\ldots60\,\%$	2 … 18
	$FeSO_4^+$: $9\ldots17\,\%$; $Fe(SO_4)_2^-$: $0,01\ldots0,1\,\%$; $Fe(OH)^{2+}$: $55\,\%$; $Fe(Cl)^{2+}$: bis $2\,\%$	2 … 43

C_m Gesamtkonzentration des Elements
(M) Gleichgewichtskonzentration des freien Ions

blick über die Entwicklung und die Größenordnung der Abfallmengen vermitteln die Tabelle 5.26 und 5.27. In der DDR waren 1973 etwa 30 000 Deponien registriert, die eine Gesamtfläche von 1300 ha einnehmen.

Jährlich fallen in den Haushalten etwa 1 bis 1,6 m^3 bzw. 0,2 bis 1,0 t Müll je Einwohner an, wobei in ländlichen Gemeinden der Verwertungsgrad allgemein höher und dementsprechend die Abfallmenge kleiner ist. Dieser Unterschied erklärt sich aus der Tatsache, daß der Speiserestanteil im Hausmüll 10 bis 20 % beträgt. Weitere Bestandteile sind: Papier, Pappe, Plaste, Asche, Glas, Metalle, Holz, Leder, Gummi usw. In Tabelle 5.28 sind die chemischen Bestandteile und ihre wasserlöslichen Anteile im kompostierten Stadtmüll aufgeführt. Ergänzend zu dieser Tabelle sei darauf verwiesen, daß im Stadtmüll ein breites Spektrum toxischer bzw. gesundheitsgefährdender Stoffe enthalten ist, z. B. chlororganische Verbindungen, die z. T. wasserlöslich sind und somit eine akute Gefahr für das Grundwasser darstellen können.

Die verstärkte Aufbereitung von städtischem Abwasser bringt als Nebenerscheinung eine erhöhte Produktion von Klärschlamm mit sich, der seinerseits umweltfreundlich verwertet bzw. entsorgt werden muß. Die Klärschlammenge nahm in den letzten 30 Jahren um das Sechsfache zu. Ein Großteil wird kompostiert und nachfolgend als organischer Dünger verwertet. Gute Erfolge mit dieser Methode hat z. B. das ACZ Burg

Tabelle 5.26. Entwicklung der angelieferten Abfallmengen im Rahmen der öffentlichen Abfallbeseitigung in der BRD (nach »Statistisches Jahrbuch zur Umweltbelastung der BRD«, 1984)

Abfallarten	Abfallmengen in 1000 t		
	1975	1977	1980
Hausmüll, hausmüllähnliche Gewerbeabfälle, Sperrmüll, Straßenkehricht, Marktabfälle	31,012	28,914	32,616
Bodenaushub, Bauschutt, Straßenaufbruch	22,202	28,450	44,244
sonstige feste produktionsspezifische Abfälle aus Industrie und Gewerbe stichfeste Schlämme aus Industrie und Gewerbe sonstige nicht stichfeste Schlämme aus Industrie und Gewerbe	1,949	4,167	3,602
stichfeste Schlämme aus kommunalen Kläranlagen nicht stichfeste Schlämme aus kommunalen Kläranlagen Fäkalien (aus Hauskläranlagen und Sickergruben) Kanal- und Sinkkastenschlamm	1,937	1,220	1,698
Abscheidegut aus Benzin-, Öl- und Fettabscheidern ölgetränktes und sonstig verunreinigtes Erdreich, Aufsaugmassen aus Unfällen mit Öl und sonstigen wassergefährdenden Stoffen	569	144	128
flüssige Abfälle	32	23	30
Schlacke aus Müllverbrennungsanlagen Kompost Krankenhausabfälle sonstige Abfälle	1,021	1,451	1,320
gesamt	58,722	64,377	83,638

erzielt, das zum Großlieferanten von organischem Dünger für die umliegenden Gärtnereien geworden ist. Im Zuge der Kompostierung werden die biologisch-bakteriologischen Schadstoffe des Klärschlammes fast zu 100 % abgebaut. Dieser Abbau ist insofern wichtig, da im Rohschlamm erhebliche Mengen pathogener Bakterien angetroffen werden, die trotz erhöhter Temperaturen im Deponiekörper nur unvollständig eliminiert werden (Tabelle 5.29).

Problematisch vom Standpunkt der potentiellen Grundwasserbeeinträchtigung können auch nach der Kompostierung des Klärschlammes die Schwermetalle sein (Tabelle 5.30.). Analog zum städtischen Abwasser hängt ihre Konzentration im Klärschlamm vor allem von der Art und dem prozentualen Anteil des gewerblichen Abwassers am städtischen Abwasser ab. In der TGL 37125/02 sind die für den landwirtschaftlichen Einsatz zulässigen Gehalte an Schwermetallen im Klärschlamm festgelegt (Tabelle 5.31).

Ähnlich wie beim Abwasser sind die in der Industrie entstehenden festen Abprodukte sowohl nach Menge als auch Zusammensetzung stark differenziert. Sie werden entsprechend ihrer umweltgefährdenden Wirkung in toxischen Sondermüll, Normalmüll und Inertmüll untergliedert. Zur Gruppe des toxischen Sondermülls zählen z. B. Abprodukte von Galvanikbetrieben und Beizereien, Krankenhäusern, pharmazeutischen Betrieben, chemischen Betrieben, außerdem radioaktive Abprodukte u. a. In den USA

Tabelle 5.27. Abfallmengen im produzierenden Gewerbe der BRD (nach »Statistisches Jahrbuch zur Umweltbelastung der BRD«, 1984)

Abfallhauptgruppen	Abfallmengen*) in 1000 t		
	1975	1977	1980
Bodenaushub, Bauschutt	72,128	98,688	141,171
Ofenausbruch, Hütten- und Gießereischutt	2,604	1,649	1,830
Formsand, Kernsand, andere feste mineralische Abfälle	10,816	5,648	7,237
Asche, Schlacke, Ruß aus der Verbrennung	2,705	7,774	6,884
Metallurgische Schlacken und Krätzen	2,717	2,793	2,719
Metallabfälle (nicht Verpackungsmaterial)	395	6,393	6,449
Oxide, Hydroxide, Salze, radioaktive Abfälle, sonstige feste »Sonderabfälle«	193	270	398
Säuren, Laugen, Schlämme, Laborabfälle, Chemikalienreste, sonstige flüssige, »Sonderabfälle«	3,636	3,810	6,082
Lösemittel, Farben, Lacke, Farbstoffe	287	414	371
Mineralölabfälle, Ölschlämme, Phenole	2,360	1,780	1,273
Kunststoff-, Gummi- und Textilabfälle (nicht Verpackungsmaterial)	953	1,317	1,110
Schlämme aus Wasseraufbereitung und Abluftreinigung	1,769	1,046	894
sonstige Schlämme (einschl. Abwasserreinigung)	4,928	11,013	10,197
hausmüllähnliche Gewerbeabfälle (Küchen- und Kantinenabfälle, Abfälle aus Belegschaftsunterkünften, Kehricht, Gartenabfälle)	2,385	8,492	6,799
Papier- und Pappeabfälle (einschl. Verpackungsmaterial)	2,883	1,069	1,434
sonstige organische Abfälle	2,471	9,512	8,584
krankenhausspezifische Abfälle	155	124	54
Fehlchargen, Abfälle, a. n. g.	5,684	1,664	119
gesamt	119,033	163,456	203,605

*) Ohne die in betriebseigenen Abfallverbrennungsanlagen beseitigten Abfälle

existierten 1980 etwa 75 700 registrierte Deponien fester Abprodukte. Von diesen werden etwa 50 650 Deponien mit industriellem Sondermüll beschickt. Eine vorläufige Untersuchung von etwa 8 000 dieser Deponien erbrachte folgende Ergebnisse (aus »Contamination …«, 1981):

- In 50 % der Fälle werden feste und flüssige Abprodukte gemeinsam eingelagert.
- 70 % der Deponien haben keine Sohlabdichtung.
- In 95 % der Fälle existiert kein Grundwasserbeobachtungsnetz.
- In 10 % der Fälle befinden sich die nicht abgedichteten Deponien weniger als eine
  Meile ($\approx$ 1,61 km) stromoberhalb von Trinkwasserversorgungsbrunnen.

Tabelle 5.28. Zusammensetzung des Stadtmülls (nach CZERNEY, u. a., 1976)

Komponente		FHM	FHM/KL	OSM	OWM	Anmerkungen
C ges. % TS		15,8	16,4	13,1	12,2	FHM Fernheizungs-
C org. % TS		15,1	15,6	12,1	10,5	müll
N ges. % TS		0,83	0,80	0,77	0,32	KL Klärschlamm
davon als						OSM Ofenheizungs-
NH$_4$ lösl. % TS		0,0026*)	0,0032*)	0,0026*)	0,0022*)	müll/Sommer
als NO$_3$ lösl. % TS		0,0090*)	0,071*)	0,0130*)	0,0061*)	OWM dto/Winter
Summe lösl. N		0,0116	0,0742	0,0156	0,0083	*) als N ausgedrückt
% TS						TS Trockensubstanz
P		0,78	0,40	0,29	0,33	
K		1,00	0,92	1,00	0,57	
Ca		6,7	6,1	6,5	11,9	
Mg	% TS	0,69	0,69	0,85	1,17	**) nach WAGNER,
Al		2,09	2,50	2,57	2,38	SIDDIQUI, 1973
Fe		2,19	3,40	3,89	7,23	
Si		45,5	39,3	43,3	29,1	
As**)		–	–	–	–	2 … 4,5
Mn		1200	1600	1500	1900	
Cu	ppm TS	231	352	312	256	
Zn		1600	1800	1500	1400	
Co		12	14	17	21	
Pb		320	880	320	270	
Sn		50	350	140	23	
Ti		880	1500	1200	460	
B		35	57	70	149	
Cd**)		–	–	–	–	16,3…51,7
Hg**)		–	–	–	–	0,3… 3,0
H$_2$O-lösliche						
Mineralstoffe						
P löslich % TS		0,0063	0,0070	0,0053	0	
P lösl. % P ges.		0,8	1,8	1,8	0	
K lösl. Anteil		36,1	21,7	18,1	6,2	
von K ges.						
Fe lösl. Anteil		1,3	5,3	0,8	0,01	
von % Fe ges.						
Zn lösl. von		0,6	0,3	0,3	0,07	
Zn ges. %						
Al lösl. von						
Al ges. %		0,2	0,2	0,2	0,01	

Tabelle 5.29. Bakteriengehalt im Hausmüll, Regenwasser, Klärschlamm sowie im Sickerwasser von Deponien (nach MÜLLER u. a., 1973)

	Koloniezahl	E.-Coli-Zahl	Sulfatreduzierende Anaerobier	Salmonellen positiv
	in 1 ml	in 100 ml	in 100 ml	in 500 ml
Hausmüll	1000...30000	1...100	1...100	0
Regenwasser	3000	1...2	1	0
Klärschlamm nicht ausgefault	3 Mio...15 Mio	5,5 Mio bis 60 Mio	10000 bis 1,3 Mio	250...30000
Sickerwasser: Hausmülldeponie	200...102000	0...700	0...10	0
Deponie aus Hausmüll und Klärschlamm (150:1)	5000 bis 1000000	7...1500	5...170	in 50 % der Proben positiv
Deponie aus Hausmüll und Klärschlamm (300:1)	20000 bis 150000	700...5800	110...1500	in 60 % der Proben positiv

Tabelle 5.30. Analysenwert von Kompostproben aus kommunalen Klärschlämmen (nach BASSAM, 1982)

Komponente	Probenanzahl	Minimalwert	Maximalwert	Mittelwert
ges. org. Subst. (Glühverlust) in % TS	78	18,7	60,2	37,6
pH (KCl)	83	6,1	8,6	7,7
C in % TS	37	9,9	29,4	23,8
Gesamt N in % TS	98	0,1	1,8	0,7
P_2O_5 in % TS	98	0,1	1,7	0,6
K_2O in % TS	98	0,1	2,3	0,5
MgO in % TS	96	0,1	8,2	0,7
CaO in % TS	88	0,7	21,4	5,0
As in mg/kg TS	28	0,6	16,0	7,2
Pb in mg/kg TS	87	24,0	1100,0	229,0
B in mg/kg TS	72	3,0	105,0	32,0
Cd in mg/kg TS	66	0,8	7,4	3,7
Cr in mg/kg TS	5	62,0	135,0	88,0
Cu in mg/kg TS	68	71,0	2800,0	266,0
Mn in mg/kg TS	12	304,0	1305,0	511,0
Hg in mg/kg TS	28	0,2	6,0	2,0
Zn in mg/kg TS	90	421,0	2830,0	1000,0

TS Trockensubstanz

Tabelle 5.31. Zulässige Schwermetallgehalte in Klärschlämmen nach TGL 37125/02 (Angaben in mg/kg Trockensubstanz)

	Klasse 1	Klasse 2	Klasse 3	Klasse 4
Blei	Pb < 100	$> 100 \dots 750$	$> 750 \dots 3750$	> 3750
Cadmium	Cd < 3	$> 3 \dots 25$	$> 25 \dots 125$	> 125
Chromium	Cr < 100	$> 100 \dots 650$	$> 650 \dots 3250$	> 33250
Kupfer	Cu < 100	$> 100 \dots 750$	$> 750 \dots 3750$	> 3750
Molybdän	Mo < 5	$> 5 \dots 25$	$> 25 \dots 125$	> 125
Nickel	Ni < 50	$> 50 \dots 250$	$> 250 \dots 1250$	> 1250
Quecksilber	Hg < 2	$> 2 \dots 15$	$> 15 \dots 75$	> 75
Zink	Zn < 300	$> 300 \dots 2500$	$> 2500 \dots 12500$	> 12500

Klasse 1: keine Beschränkung der Aufwandmenge bei Direkteinsatz und als Kompostierungskomponente
Klasse 2: Beschränkung der Aufwandmenge auf jährlich 5 t Trockensubstanz je Hektar; Einzelangaben von 10 t Trockensubstanz sind zulässig, wenn sie im Abstand von zwei Jahren erfolgen
Klasse 3: Direkteinsatz in der Pflanzenproduktion nicht zulässig; Einsatz als Kompostierungskomponente muß durch Verschnitt mit schwermetallarmen Stoffen einen Gehalt der Klasse 2 erreichen
Klasse 4: Direkteinsatz sowie Einsatz als Kompostierungskomponente unzulässig

Unter die Kategorie Sondermüll fallen auch 36,8 Mio Tonnen toxischer Abprodukte der Chemieindustrie, bei deren Entsorgung in 80 bis 90 % der Fälle die geltenden Sicherheitsbestimmungen der USA nicht eingehalten werden (GOLDSCHMIDT, 1979).
Eine besondere Gefahr für die Umwelt stellen sogenannte »Altlasten« dar; das sind verlassene bzw. stillgelegte Abfallplätze, für die keine Angaben über das eingelagerte Deponiegut existieren und die z. T. illegal angelegt wurden. In der BRD wurde in Hessen der Versuch einer Bestandsaufnahme dieser Altlasten unternommen, in deren Ergebnis 1080 Standorte erfaßt werden konnten. Davon mußten an 96 Standorten Sofortmaßnahmen eingeleitet werden; für weitere 150 ist eine Überwachung vorgesehen. Die Auswirkungen von Altlasten auf das Grundwasser sind zumindest seit den Giftmüllskandalen von Bochum und Hamburg (BIRK u. a., 1973) weltweit bekannt geworden. Weitere Beispiele aus den USA, aus Großbritannien, Kanada, Österreich, der VR Ungarn, Norwegen, Dänemark und Schweden werden in der Nr. 1 (1982) der Zeitschrift »Ambio« beschrieben.
Einen besonderen Platz unter den umweltgefährdenden Stoffen nehmen radioaktive Abprodukte ein. In den meisten Ländern Europas erfolgt ihre Entsorgung unter Einhaltung strenger Sicherheitsvorschriften. Dagegen sind aus Nordamerika Beispiele für verantwortungslosen Umgang mit radioaktiven Abprodukten bekannt, z. B. die unkontrollierte Abwasserbeseitigung in Chalk River/Kanada (s. Tabelle 5.22) und die Havarie von Hanford/USA.
Seit 1962 werden in 6 Endlagern der Bundesstaaten (davon sind gegenwärtig noch 3 in Betrieb) sowie in 5 Deponien der Zentralregierung jährlich etwa 150000 m^3 sogenannte niedrig radioaktive Abprodukte (Low Level Radioactivity) eingelagert. Bei der Auswahl der Standorte spielten geohydrologische Kriterien eine untergeordnete Rolle (ROBERTSON, 1984 zit. in RAHN, 1986). Die Abprodukte werden in etwa 20 m tiefe unterschiedlich lange (bis 500 m) Gräben im Geschiebemergel bzw. Geschiebesand eingela-

gert. Nach Abschluß werden sie mit gekörntem Kalk verdichtet und mit einer 2 m mächtigen Tonabdeckung gegen eindringende Sickerwässer »geschützt«. Durch die Kalkung soll die Migration der Strontiumisotope verhindert werden. Untersuchungen an den Entsorgungsstandorten Sheffield um Oak Ridge zeigen, daß diese Entsorgungsmethode keine Gewähr für den Schutz des Grundwassers bietet. In Sheffield wurde in allen Untersuchungsbohrungen eine Tritiumkontamination beobachtet. Die Veränderungen im Chemismus des Grundwassers im Einzugsbereich der Oak-Ridge-Deponie zeigt Tabelle 5.32.

Das Migrationsverhalten der Radionuklide im Untergrund ist sehr unterschiedlich, wobei ihre Beweglichkeit vor allem durch ihr Sorptionsverhalten bestimmt wird. NISHITA u. a. (1956) ermittelten nachstehende Reihenfolgen der Beweglichkeit

Ru 106 > Sr 90 > Y 91 > Ce 144 > Cs 137

bzw. der Austauschbarkeit radioaktiver Spaltprodukte

Sr 90 > Cs 137 > Ru 106 > Y 91 > Ce 144.

Nach ihrem Verhalten im Untergrund können die Radionuklide in folgende Gruppen eingeteilt werden:

- Kobalt, Plutonium – fest im Boden in nicht austauschbaren Stellungen gebunden. Desorption < 1 %, sehr geringe Beweglichkeit
- Rubidium, Strontium – gleichartiges Sorptionsverhalten bei unterschiedlichen Konzentrationen im Wasser, geringe Haftfestigkeit, leicht remobilisierbar durch andere Kationen (z. B. Kalzium)

Tabelle 5.32. Zusammensetzung des Sickerwassers und kontaminierten Grundwassers im Einflußbereich einer Deponie für Abprodukte mit geringer Radioaktivität in Oak Ridge/USA (OLSEN u. a., 1986)

Komponente	Sickerwasser Grube 7	Grundwasser	
NO_3 in mg/l	4760,0	0,1 ...	135,0
CO_3 in mg/l	2600,0	–	
SO_4 in mg/l	1280,0	12,0 ...	678,0
PO_4 in mg/l	150,0	0,03...	8,5
NH_4 in mg/l	700,0	–	
Na in mg/l	4350,0	4,0 ...	302,0
K in mg/l	45,0	0,7 ...	5,8
Ca in mg/l	12,0	3,0 ...	207,0
Mg in mg/l	< 10,0	1,0 ...	32,0
Al in mg/l	165,0	–	
Fe in mg/l	< 0,5	–	
^{3}H in Bq/l	15000,0	85,0 ...	27300,0
^{90}Sr in Bq/l	–	0,3 ...	67,6
^{60}Co in Bq/l	17000,0	14,0 ...	2040,0
^{233}U in Bq/l	18,0	< 0,01...	17,0
^{99}Tc in Bq/l	3200,0	1,0 ...	3700,0
^{241}Am in Bq/l	0,08	...	0,08
pH-Wert	8,0	6,6 ...	8,2

– Caesium – bei kleinen Konzentrationen im Wasser sehr feste Bindung an die Minerale, bei höherem Angebot im Wasser erfolgt Sorption an austauschfähigen Positionen
– Cer, Ytrium, Promethium, Zirkonium, Niob – meist sehr starke Bindung im Boden, Desorptionsraten kleiner 10 %, durch andere Kationen schwer verdrängbar, Bildung migrationsfähiger Komplexionen möglich
– Ruthenium – in kationischer Form sehr feste Bindung an die Mineralteilchen, wird in anionischer Form jedoch nicht sorbiert, stark pH-Wert-abhängiges Migrationsvermögen
– Jod – radioaktives Anion, sehr gut beweglich, geringe Halbwertszeit
– Tritium – hat Tracereigenschaften, d. h., es geht keine Wechselwirkungsprozesse mit der festen Phase ein.

Der Einfluß systemspezifischer Faktoren auf die Kinetik der Sorptions-Desorptions-Prozesse wurde im Abschnitt 3. beschrieben. Die dort getroffenen Aussagen sind auch auf radioaktive Kontaminationen übertragbar.

Einen hohen prozentualen Anteil an den festen industriellen Abprodukten nehmen Schlämme, Schlacken und Aschen ein. 1979 fielen in der DDR etwa 86 Mio t feste Abprodukte an. Diese setzten sich zusammen aus: 1 150 kt Hochofenschlacke, 650 kt Konverterschlacke, 650 kt Siemens-Martin-Schlacke, 50 kt Gummirückstände und Altrei-

Tabelle 5.33. Zusammensetzung einiger Schlacken und Schlämme in % (nach Abproduktnutzung, 1980; LANCE et al., 1980; BALKE u. a., 1974; BUCKSTEEG, 1969)

Komponente	Hochofenschlacke	Konverterschlacke	SIEMENS-MARTIN-Schlacke	Zn-Aufbereitung Kalkarsenschlamm	Galvanikschlamm	Aluschmelze Salzschlacke
SiO_2	34,7	5,80	16,08	4		–
Al_2O_3	9,3	3,31	3,70	0,5 (ALO)		–
Fe_2O_3	1,0	31,57	4,75	0,3 (Fe)	n. b.	–
FeO	–	0,60	12,50	–		–
CaO	41,6	39,87	47,39	32		–
MgO	8,5	2,21	8,26	–	–	–
MnO	1,5	2,66	4,83	–	–	–
K_2O	0,7	–	–	–	–	8 (K)
Na_2O	1,2	1,80	–	–	–	20 (Na)
SO_2	–	0,26	–	–	–	–
S	–	0,04	0,28	8	–	0,1 (SO_4)
Cl	–	0,17	–	0,1	–	32
P_2O_5	–	–	0,92	–	–	–
Cr_2O_3	–	–	0,81	–	1,06 (Cr)	–
Ni	–	–	–	–	0,62	–
Zn	–	–	–	0,5	0,54	–
As	–	–	–	12	–	–
Pb	–	–	–	11	–	–
Sb	–	–	–	0,3	–	–
Cd	–	–	–	0,1	–	–
Cu	–	–	–	–	0,58	–
NH_4						–0,2

Tabelle 5.34. Abprodukte von Metallaufbereitungs-, Metallverarbeitungs- und Metallveredlungsbetrieben der USA und ihre Umweltgefährdung (nach KLEE/FLANDERS, 1980)

Gefährdungs-klasse	Herkunft und Art der Abprodukte	Gehalt in ppm			
		Cr	Cu	Pb	Zn
C	Antimonitaufbereit./ Elektrolyseschlamm	32	50	5	2
C	Eisen u. Stahlwerk/ Schlacke	870	34,2	5	2,5
C	Eisengießerei, Stahlwerk/ Naßschlamm	50	150	130	250
C	Eisenlegierungsfabr./ Siliziummanganschlacke	27	23	20	10
C	Quecksilbergewinnung/ Brandkalkrückstände	410	15	100	50
C	Primärfeinschmelzen/ Gipskuchen	10	38	98	27000
B	Primäraluverarbeitung/ Gießereistaub	230	6200	4600	550
B	Bleischmelze/ Reinigungsschlamm	30	20	53000	25
B	Sekundäraluverarb./ Schmelzschlacke	20	3300	5800	2300
A	sekundäre Kupferschmelze/ Hochofenschlacke	20	12000	2600	75000
A	Primärkupfergewinnung/ Feinschlacke	50	280000	8000	28000
A	Primärbleischmelze/ frische Hochofenschlacke	34	1850	33500	131000
A…C	Aluverarbeitung/ Naßschlamm	20	1250	140	240
A…C	Eisengießerei/ Waschwasserschlamm	45	82	25000	10000
A…C	Primärbleischmelze/ Klärschlamm	60	6200	140000	80000

A   hoher Gefährdungsgrad
B   mittlerer Gefährdungsgrad
C   geringer Gefährdungsgrad

fen, 1,0 bis 1,5 kt cyanidhaltige Härtesalze, 16,5 Mio t Kraftwerksasche sowie Bergbaurückstände und Industrieschlämme (»Abproduktnutzung«, 1980). Die chemische Zusammensetzung einiger Schlacken und Schlämme geht aus den Tabellen 5.33 und 5.34 hervor.

Grundsätzlich sind geordnete Deponien von Abprodukten so anzulegen, daß keine Beeinträchtigung der Grundwasserbeschaffenheit erfolgt, d. h., daß eine natürliche oder künstliche Sohlabdichtung vorgenommen und das anfallende Deponiesickerwasser in Drainagen gesammelt wird. Diese Grundforderung wird jedoch bei ungeordneten, sogenannten wilden Deponien kaum beachtet.

Entscheidend für die Mobilisierung der im Müllverband enthaltenen Schadstoffe ist die Wasserzirkulation im Müllkörper. Wasser kann in diesen durch versickernde Niederschläge, durch Einlagerung flüssiger Abprodukte, bei der Verdichtung von Schlämmen bzw. durch zusitzende Grundwässer gelangen. Im letzten Fall spricht man von »Deponien mit nassem Fuß«. Diese stellen eine besondere Gefahr für das Grundwasser dar. In Abhängigkeit von der Zusammensetzung der eingelagerten Abprodukte, der Löslichkeit der Schadstoffe, der Menge der sich bildenden Deponiegase und anderer Faktoren gelangen unterschiedlich beschaffene Sickerwässer in das Grundwasser. Eine wichtige Rolle spielt in jedem Fall die Menge der organischen Bestandteile des Mülls. Die organischen Substanzen bestimmen u. a. den Ablauf der Faul-, Gärungs- und Verrottungsprozesse im Müllverband, von denen die Temperatur, die Gasentwicklung, die Oxydation und die Reduktion anderer Bestandteile des Mülls und schließlich das Migrationsvermögen vieler gelöster Sickerwasserkomponenten abhängig sind.

Tabelle 5.35. Bestandteile des luftfreien Deponiegases einer geordneten Deponie in Baden-Württemberg/BRD (nach RETTENBERGER, 1984)

Komponente		Gehalt in mg/m³ Gas
Äthan	C_2H_6	0,8 … 48,0
Äthen	C_2H_4	0,7 … 31,0
Propan	C_3H_8	1,4 … 13,0
Propen	C_3H_6	0,04… 10,0
Butan	C_4K_{10}	0,3 … 23,0
Buten	C_4H_8	1,0 … 21,0
Penten	C_5H_{12}	0,0 … 12,0
Hexan	C_6H_{14}	3,0 … 18,0
Cyclohexan	C_6H_{14}	0,03… 11,0
2-Methylhexan	C_6H_{16}	0,04… 16,0
3-Methylhexan	C_6H_{20}	0,04… 13,0
Cyclohexen	C_6H_{12}	2,0 … 6,0
Heptan	C_7H_{16}	3,0 … 8,0
Methylheptan	C_7H_{18}	bis 2,5
Oktan	C_8H_{18}	bis 75,0
Nonan	C_9H_{20}	bis 400,0

weitere Verbindungen mit über 100 mg/m³ Gas u. a.:

Toluol	bis 615,0
Chloräthen	bis 264,0
Dichloräthen	bis 294,0
Trichloräthen	bis 182,0
Tetrachloräthen	bis 142,0
H_2S	bis 600,0

Tabelle 5.36. Ausgewählte Analysen von Deponiesickerwässern

Komponente	Hausmülldeponien			Industriemülldeponien				
	Zentraldeponie Gelsenkirchen/ BRD	Hamburg-Wilhelmsburg/ BRD	Crystal Lake, Illinois/ USA	Gallenbach/ BRD	Schwabach/ BRD	Burghausen/ BRD	Aschedeponie/ UdSSR	Army Creek Wilmington/ USA
Na in mg/l	1514	—	1000... 1030	—	—	—	220	633
K in mg/l	277	—	640... 650	—	—	—	20	328
NH_4 in mg/l	83,5	68 ... 296	—	... 920	1400... 1700	371... 1071	—	607
Ca in mg/l	145	—	4000... 6200	—	—	—	230	337
Mg in mg/l	368	—	410... 1660	—	—	—	40	173
HCO_3 in mg/l	2858	510	—	—	—	—	250	—
CO_3 in mg/l	423	—	—	—	—	—	—	—
Cl in mg/l	749	925 ...1830	1020... 1602	15000...51000	5600...10400	10420...37200	510	1250
SO_4 in mg/l	347	274 ...1816	992	2100... 8300	1500...18000	531... 1548	340	< 10
NO_3 in mg/l	23,2	0,04... 6,2	—	... 10	< 20	0,1 ...22,2	—	1,3
PO_4 in mg/l	4,3	0,62... 6,2	—	1... 14	5... 24	—	0,5	—
SiO_2 in mg/l	60,8	—	—	—	—	—	16,0	—
Fe in g/l	640	—	4200	2100...12000	670... 1250	—	4000	530000
Mn in g/l	n. n.	—	—	—	—	—	250	4200
Cu in g/l	30	—	—	300... 400	50... 900	< 70	40	—
Cr in g/l	80	—	—	200... 1000	1400... 2700	—	—	—
Zn in g/l	40	—	—	400... 2300	< 50... 500	—	60	—
Pb in g/l	120	—	—	600... 6400	100... 250	—	—	—
Hg in g/l	<0,06	—	0,2	—	—	—	—	—
Cd in g/l	14	—	—	—	—	—	—	—
Al in g/l	77	—	—	—	—	—	20000	—
As in g/l	<0,02	—	—	—	—	—	—	—
CN in g/l	—	—	—	... 100	500... 920	—	—	—
pH-Wert	—	—	5,45...5,65	7,0... 7,4	9,0... 9,5	6,7... 7,9	8,1	6,5
$KMnO_4$	—	—	—	—	—	—	6,9	—
in mg/l	—	254 ... 546	—	2720... 4600	2530... 7400	8600...24300	—	—
BSB_5 in mg/l	575	—	—	1600... 4000	1570... 4441	—	—	3700
C org. in mg/l	1193	—	30500 ...32000	—	—	—	—	233
N org. in mg/l	24	—	—	—	—	—	—	—
Lit.-Quelle	KAYSER in BÖHNKE, 1973	FEHLAU/ LÖHNERT, 1973	JOHNSON/ CARTWRIGHT,	BECKERATH, 1983		BAUER, 1983	JANCEN u. a., 1980	BAEDECKER/ BACK, 1979

Tabelle 5.37. Gehalte an Haupt- und Spurenelementen im Sicker- und Grundwasser des Einflußbereiches von Schlammdeponien (Morrison/Yu, 1981)

Komponente	Grand Haven, Michigan			Sayreville, New Jersey			Pinto Island, Alabama		
	BG	US	MW	BG	US	MW	BG	US	MW
Cl in mg/l	52	154	129	403	8330	2150	31	2970	180
Na in mg/l	13	110	60	520	4310	1660	14	1480	221
K in mg/l	13	29	11	127	250	160	2	81	32
Mg in mg/l	31	71	43	98	720	230	14	170	39
Ca in mg/l	180	350	320	27	380	140	56	140	74
ALK in mg/l	220	590	286	3	196	259	85	440	210
C_{org} in mg/l	102	240	87	20	85	141	15	73	29
Mn in mg/l	1,9	1,2	1,3	12	6,4	7	0,3	0,9	1
Fe in mg/l	0,16	0,005	0,02	538	3,5	4	0,03	0,05	0,08
Cd in µg/l	1,4	0,8	1,4	50	58	22	0,6	3	0,6
Cu in µg/l	12	19	10	2610	231	500	1	61	11
Pb in µg/l	—	—	—	12	14	9	1,1	1,9	1,8
Ni in mg/l	170	128	27	515	420	237	4	42	10
Hg in µg/l	0,63	0,45	0,44	0,13	0,34	0,35	0,1	0,34	0,28
Zn in mg/l	0,2	0,03	0,05	3,8	2,4	4,16	0,02	0,6	0,07
pH-Wert	6,7	6,6	6,8	5,9	5,9	5,8	7,2	6,7	7,2

BG   „Background"-Gehalte im Grundwasser
US   Beschaffenheit des Sickerwassers
MW Beschaffenheit des Grundwassers in Beobachtungsbrunnen

Tabelle 5.38. Beispiele nachgewiesener Grundwasserkontamination durch Deponien fester Abprodukte

Abprodukte Art/Herkunft	Lit.-Quelle	Ort/Land	Zeit und Menge der Einwirkung	Art der Ablagerung	Aufbau des Untergrundes	Zeit, Art und Ausdehnung der Grundwasserbeeinträchtigung
Industrie- u. Hausmüll	6	Nordwijk/ Holland	n. b.	Sandgrube	Sand, Flurabstand etwa 13 m	140 organische Komponenten als Verunreinigung im Grundwasser, u. a. Benzen, Toluen, Xylen
Industrie- u. Hausmüll	7	Llangdollen Landfill Delaware/ USA	1960 — 1968, 1970 rekultiviert mit 2 m Sand	Sandgrube	tertiäre Sande und Kiese	Fe, Cl, Schwermetalle und organische Substanzen bis 1972 2000 Fuß gewandert
Arsenschlamm	6	Schweden	seit 1970	n. b.	n. b.	Einwirkung bis 15 m Tiefe und in Entfernung bis 500 m, Gehalte an Arsen erreichen 2000 mg/l, pH-Wert 1 . . . 2
Asche und Hausmüll	8	Erzgebirge/ DDR	n. b.	n. b.	Tuff	Cl-Anstieg im Grundwasser von 20 mg/l auf etwa 180 mg/l
Hausmüll	9	DDR	in 4 Jahren 80000 m^3 Müll auf 4 ha	geordnete Deponie	Sand	nach 4 Jahren unmittelbar am Müllkörper stromunterhalb Cl-Anstieg von 30 mg/l auf 230 mg/l; AR-Anstieg auf 1000 . . . 2000 mg/l; NH_4 auf 60,5 mg/l; GH auf 50 °dH; Mn auf 1,6 mg/l
Haus- und Industriemüll	10	BRD	1929 — 1965	n. b.	n. b.	1968 — 1970 Grundwassergüteuntersuchung, am Deponierand O_2 0 mg/l $KMnO_4$ 1579 mg/l; BSB_5 1376 mg/l; NH_4 2144 mg/l; NO_3 255 mg/l; H_2S 19,2 mg/l; CO_2-Gas 498 mg/l
Gichtgasschlamm	11	BRD	—	Naßhalde	Tuff- und Kalkstein	Wasserwerk im Kalkstein in etwa 1,7 km Entfernung von Halde, Cyanidgehalte um 1 mg/l, max. 1,7 mg/l
Blaukreuzkampfstoff	12	BRD	1918	vergraben	Sand	nach 40 Jahren zungenförmige Kontaminationszone (200 m lang, 60 m breit, 5 m mächtig) mit As-Gehalten von 1 . . . 10 mg/l

Cyanidhaltiger Abfall	12	Kölner Bucht/BRD	1960−1963 30000 m^3	Kiesgrube	Sand und Kies	in 250 m Entfernung 0,6 mg/l; in 600 m 0,2 mg/l Cyanide nach 2 Jahren (1962)
Metallurgie-abfall	13	UdSSR	19000 t/4 a	abgedichtete Deponie, 0,5 m Tonsohle	Sand, Flurab-stand 10…14 m	30…40 m vom Deponiekörper 0,003…0,004 mg/l Cyanide, 0,5…0,6 mg/l Rhodanide und 0,8…4,48 mg/l KW in Brunnen
Müll	14	Arnes, Iowa/USA	18 Jahre 13,7 ha mit 631000 m^3	Deponie	Schluff und Ton (1,2…3,6 m) über fluviatilem Sand und Kies	beeinflußter Grundwasserbereich 3 km lang, 1,4 km breit, 30 m tief, Kontaminationskern 2500 m lang. AR 646 mg/l, C org. 21 mg/l, Ca 220 mg/l, SO$_4$ 218 mg/l
Müll	14	Omaha/Missourie USA (Iowa)	9 Jahre 2,4 Mio m^3 auf 44,3 ha		Schluff, Sand (9 m) auf Festgestein	beeinflußter Grundwasserbereich 1540 m lang, 200 m breit, 18 m tief; Kontaminationskern 200 m lang; AR 1458 mg/l, SO$_4$ 1035 mg/l C org. 36 mg/l, Na 256 mg/l, Cl 20 mg/l
Müll	15	Anchorage, Alaska/USA	14 Jahre 13500 m^3	Deponie mit nassem Fuß	Sand und Kies	in 24 km Entfernung vom Müllkörper Ca 270 mg/l, HCO$_3$ 911 mg/l, Cl 210 mg/l, SO$_4$ 28 mg/l, Fe 59 mg/l, Mn 4,8 mg/l
Holzabfälle	16	Oregon/USA	1969−1973	Deponie mit nassem Fuß	Sand und Kies	nach 4 Jahren Lignin-Tannin-Säure bis 7,5 mg/l, Fe 13 mg/l, Mn 106 mg/l, Grundwasserbeeinträch-tigung nach 4 Jahren auf 6 ha bis in 460 m Entfernung
Abraumhalden (Sulfiderz)	17	Schweden	n. b.	Hochkippe	n. b.	im Unterstrom der Halden Zn 460 mg/l, Pb 1,6 mg/l, Cd 0,35 mg/l, Cu 14 mg/l
Steinkohlen-abraum	6	Illinois/USA	50 Jahre	Hochkippe	n. b.	nur 100 m seitliche Beeinflussung (da hoher HCO$_3$-Gehalt im natürlichen Grundwasser) in beeinflußter Zone SO$_4$ 2500…30000 mg/l, Fe 90…1400 mg/l, Mn 2…350 mg/l, Zn 1500 mg/l, Cd 0,1…20 mg/l
Steinkohlen-abraum	1	Niederrhein/BRD	Menge unbekannt	Hochkippe	unter 2 m Lehm 15 m Sand	500 m stromunterhalb im WW Anstieg des Sulfat-gehaltes von 100 mg/l auf 260 mg/l

Tabelle 5.38 (Fortsetzung)

Abprodukte Art/Herkunft	Lit.-Quelle	Ort/Land	Zeit und Menge der Einwirkung	Art der Ablagerung	Aufbau des Untergrundes	Zeit, Art und Ausdehnung der Grundwasserbeeinträchtigung
Schmelzschlacke und Abraum von Salzbergwerken	2	Lauffen am Neckar/BRD	1967 – 1969 4192 m^3	Lehmgrube	3,5 m Lehm über 28 m Lettenkeuper bzw. oberem Muschelkalk	1968 in Quellen 600 bzw. 750 m entfernt Cl-Gehalt von 40 auf 117 bzw. 202 mg/l angestiegen
Haus- und Gewerbemüll	3	Südbayern/ BRD	seit 1954 40 Mio m^3 auf 15,3 ha	trockene Deponie	Fein- und Grobkies auf Karbonatgestein	1970 Grundwasserbeeinträchtigung bis in 3200 m Entfernung, NO_3 108 mg/l, Cl 210 mg/l, $KMnO_4$-V. 41 mg/l
chemische Abprodukte	4	Niagara-Fall/ USA	1942	Erdlöcher ausgefüllt	Kies und Sand	nach 33 Jahren im Grundwasser anormal hohe Gehalte von 80 Chemikalien, davon 7 kanzerogen
Kalkarsenschlamm der Hüttenindustrie	5	Nordrhein-Westfalen/ BRD	n. b.	Schlammbecken	Sand	Kontamination bis in 30 m Tiefe mit maximalen Gehalten von Cd 0,6 mg/l, Fe 36 mg/l, Th 0,8 mg/l, SO_4 1728 mg/l, Hg 0,05 mg/l, $KMnO_4$-V. 132,7 mg/l, Zn 40 mg/l, As 50 mg/l
Kalkschlamm (Sodafabrik)	18	Köln/BRD	1850 bis etwa 1930	aufgelassene Kiesgrube	Sand, Kies	noch nach Jahrzehnten Grundwasserbeeinflussung 1940 1951 Cl 6820 mg/l 122 mg/l GH 395 °dH 19 °dH
Flugasche (Kraftwerk)	19	Wisconsin/ USA	100 ha 8 Jahre	Tongrube, Ton z. T. vollständig bis auf Sohle abgebaut, »trockene Deponie«	Ton auf Sand	etwa 200 m lange, 400 m breite Beeinflussungszone im Grundwasser bis zur Vorflut SO_4 100…600 mg/l, HCO_3 400…860 mg/l, Ca 150…800 mg/l

Erläuterungen zu Tabelle 5.38:

1 Fluß = 0,305 m

<u>Literaturverzeichnis:</u>

1 SIEBERT/WERNER, 1969
2 GRUMMEL, 1972
3 EXLER, 1973
4 PETTYJOHN, 1979
5 BALKE, 1973
6 Abstracts synysosium »Groundwaterquality«, 1981
7 BAEDECKER/BECK, 1979
8 SCHRÄBER, 1971
9 GLANDER u. a., 1980
10 MATTHES in BOEHNKE, 1973
11 SCHEWE, 1969
12 MATTHES, 1973
13 BOČEVER u. a., 1979
14 PALMQUIST/SENDLEIN, 1975
15 ZENONE u. a., 1975
16 SWEET/PETROW, 1975
17 JACKS, 1977
18 SCHNEIDER, 1973
19 CHERKANER, 1980

Die Größenordnung der jährlich im Müll entstehenden Gasmengen schwankt nach ER-HARDT (1984) zwischen 5 und 28 m^3 Gas je Kubikmeter Müll. Dabei entweichen etwa nur $^1/_3$ unmittelbar in die Atmosphäre. Beachtliche Mengen der sogenannten luftfreien Deponiegase migrieren lateral aus dem Deponiekörper in die Aerationszone, wo sie durch versickernde Niederschlagswässer gelöst werden.

Vorrangig bilden sich im Deponiekörper H$_2$S, CO$_2$ und Kohlenwasserstoffe. Einen Überblick über die Vielfalt der entstehenden Deponiegase vermittelt Tabelle 5.35.

Auf die Bedeutung organischer Säuren als Liganden für migrationsfähige Schwermetallkomplexe wurde bereits mehrfach hingewiesen. Eine umfassende Analyse der im Müllkörper ablaufenden Prozesse unter besonderer Beachtung der Beeinträchtigungsmöglichkeiten für das Grundwasser durch Schwermetalle wird in den Arbeiten von TAUCHNITZ u. a. (1983) vorgenommen.

Die Tabelle 5.36 und 5.37 zeigen Sickerwasseranalysen verschiedener Deponien (Haus- und Industriemüll).

Im Unterschied zur Beeinflussung des Grundwassers durch Abwässer hat die Grundwasserkontamination durch Deponien begrenzten Charakter. Ihre Bedeutung als Kontaminationsquelle darf dadurch jedoch nicht unterbewertet werden, wie Tabelle 5.38 zeigt. Die Vielzahl nachgewiesener Grundwasserkontaminationsfälle erfordert im Gegenteil die Ausarbeitung konkreter hydrogeologischer Kriterien und Erkundungsmethoden zur Ausweisung von Deponiestandorten. Besonders zu beachten ist die Langzeitwirkung der Deponien auf den Grundwasserchemismus.

Charakteristisch für den Kontaminationskörper im Grundwasserstrom unterhalb von Deponien ist seine Dreiteilung in eine Oxydations-, Übergangs- und Reduktionszone. Die Größe der einzelnen Zonen ist vor allem von der Art der Deponieanlage (trocken, naß, verdichtet, offen, abgedichtet usw.), der Zusammensetzung des Mülls, dem Wasserhaushalt im Deponiekörper und anderen Faktoren abhängig. Besonders in abgeschlossenen Deponien überwiegt bereits im Deponiesickerwasser der reduzierende Einfluß. An die Reduktionszone gebunden ist der häufig zu beobachtende Härtezuwachs in der Grundwasserbeschaffenheit. Er wird hervorgerufen durch den Abbau organischer Stoffe unter Bildung von CO$_2$, das das Lösungsvermögen des Wassers erhöht sowie durch den Austausch von NH$_4$ und Kalium aus dem Sickerwasser gegen Kalzium des Adsorptionskomplexes des Grundwasserleiters.

5.1.4. Agrochemische Tätigkeit in Land- und Forstwirtschaft zur Intensivierung der Produktion

In der Landwirtschaft konnten in den letzten Jahrzehnten die Arbeitsproduktivität und damit verbunden die Ernteerträge erheblich gesteigert werden. Im Zeitraum 1970 bis 1979 stiegen in der DDR z. B. die Hektarerträge für Getreide von 28,2 auf 35,5 dt und erreichten in den Jahren nach 1984 Werte über 45 dt. Diese Entwicklung ist das Ergebnis einer verbesserten Arbeitsorganisation, moderner Arbeitsmittel und der Anwendung neuer Arbeitstechnologien. Tabelle 5.39 zeigt die prozentualen Anteile einiger Faktoren an der Steigerung der Welternte (KURTH, 1976). Auf Grund des hohen Flächennutzungsgrades in der DDR ist eine Erweiterung der landwirtschaftlichen Nutzfläche ausgeschlossen. Daraus läßt sich die besondere Bedeutung der Chemisierung der landwirtschaftlichen Produktion unmittelbar ableiten. Diese Schlußfolgerung wird erhärtet durch die Angaben zu den jährlichen Verlusten der Welternte, die durch Schädlinge, Pflanzenkrankheiten und Unkräuter verursacht werden (Tabelle 5.40).

Tabelle 5.39. Anteile verschiedener Faktoren an der Steigerung der Welternte (nach KURTH, 1976)

Art	Steigerung
Mineraldünger und PSM	50 %
	300 Mrd. Mark
Erweiterung der Anbauflächen und Anbau ertragreicherer Kulturpflanzen	25 %
	150 Mrd. Mark
Züchtung	15 %
	90 Mrd. Mark
Bewässerung	10 %
	60 Mrd. Mark
Nutzensrelation einer für Mineraldünger (NPK) und PSM ausgegebenen Mark	1 : 8

Tabelle 5.40. Durchschnittliche Jahresverluste der Welternte in den Jahren 1970/71 durch Schädlinge, Pflanzenkrankheiten und Unkräuter bei verschiedenen Produkten (nach KURTH, 1976)

Produkt	Verlust		
	in Mio t	in Mrd. Mark	in %
Getreide	728	258	35,5
Kartoffeln	154	37	34,0
Zuckerpflanzen	667	38	48,0
Ölfrüchte	46	32	31,0
Gemüse	90	22	23,0
Obst, Zitrusfrüchte, Trauben	72	41	28,0
Faserpflanzen und Naturkautschuk	13	37	33,0
Kaffee, Kakao, Tee, Tabak und Hopfen	7	21	37,0

In den Bildern 5.19 und 5.20 ist die Entwicklung des Düngemittel- und Pflanzenschutzmittel (PSM)-Einsatzes in der DDR dargestellt. Deutlich erkennbar ist der sprunghafte Anstieg der Düngemittelgaben in den 60er Jahren. Mit einem jährlichen Verbrauch an Stickstoff-Phosphor-Kalium-Dünger (N-P-K) von 325,2 kg/ha landwirtschaftlicher Nutzfläche ordnete sich die DDR 1978 an der 5. Stelle in der Welt (hinter den Niederlanden mit 778,1; Belgien mit 499,0; BRD mit 471,4 und der ČSSR mit 334,7) ein. Anfang der 80er Jahre wurde erkannt, daß die Wachstumssteigerungen nicht mit der aufgebrachten Düngermenge im gleichen Verhältnis stehen. Gleichzeitig mehrten sich die Anzeichen dafür, daß die Anzahl der gegen PSM resistenten Insekten- und Milbenarten rapide ansteigt (UHLMANN, 1980). Hohe Düngerlasten und PSM-Einsatz zeigten im Gegenteil erste ernsthafte Anzeichen für ökologische Störungen (REIFENSTEIN u. a., 1972). Seit 1980 ist deshalb eine leicht fallende Tendenz sowohl im Düngemittel- als auch PSM-Einsatz zu verzeichnen.

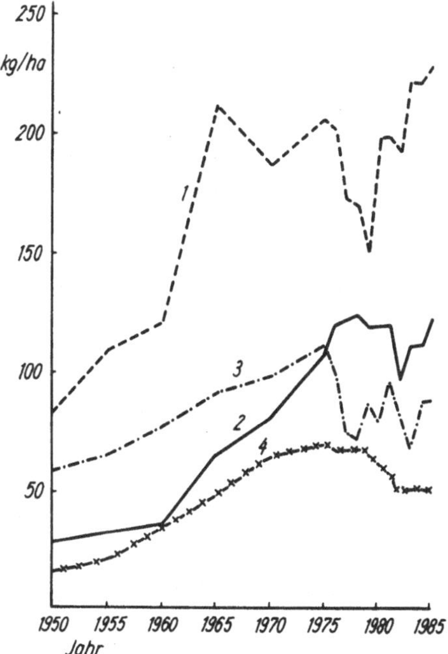

Bild 5.19. Entwicklung des jährlichen Düngemitteleinsatzes in der DDR in kg/ha landwirtschaftlicher Nutzfläche (nach »Statistisches Jahrbuch der DDR«)

1 CaO
2 N
3 K$_2$O
4 P$_2$O$_5$

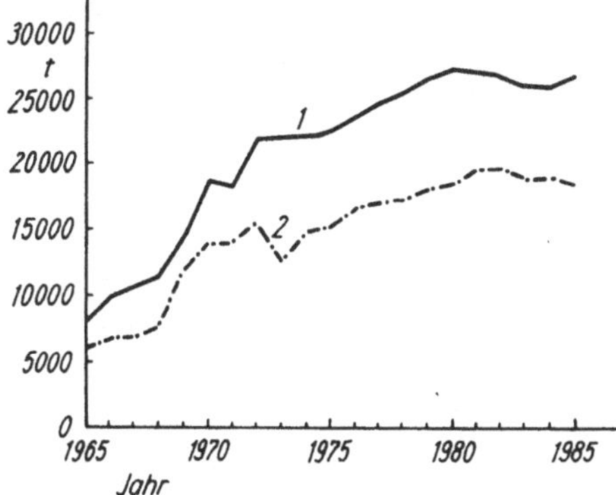

Bild 5.20. Entwicklung des jährlichen Pflanzenschutzmitteleinsatzes in der DDR in Tonnen (nach »Statistisches Jahrbuch der DDR«)

1 Gesamtmenge der Wirkstoffe
2 davon Herbizidmenge

Tabelle 5.41. Einige Eigenschaften und Kennwerte von Bioziden (nach Angaben von LEITHE, 1972; ANDREIKO u. a., 1979; WOTZKA u. a., 1979; ALTHAUS, 1973; u. a.)

Wirkstoff bzw. Wirkstoffgruppe (Handelsname)	Wasserlöslich-keit in ppm	LD 50 bzw. LC 50 in mg/kg	ADI Wert in mg/kg/d	Giftabt. bzw. Wasser-schadstoff	Grenzwerte Trinkwasser in mg/l			Auswirkungen auf den Menschen
					DDR	UdSSR	USA	
Herbizide								
Ester								
Chlorpropham	108	3800…7500	–	WS 1	–	n. b.	0,01	kanzerogen (k)
Propham	250	5000		WS 2	–	–	0,01	„Mitosegift"
Proxiphan	500	1540		GA 2			0,01	
Barban	15	600		GA 2			0,01	
Chlorbufam	540	2380		–			0,01	
(Betanil 70: Gemisch aus Propham, Proxiphan und Lenacil)								
Harnstoff-verbindungen								
Bromfemuron	160			WS 1				
Metobromuron	330	2000…2800		WS 1	0,1			
Monuron	230	3600		WS 1	–	5,0	–	
Monolinuron	580	500…5000		WS 1	–	–	–	
Chlorouron	3,7	3000	–	WS	–	–	–	
Buturon	30	3000	–	WS	–	–	–	
Limuron	75	1500…4000		WS 1				
Monolinuron	580	2250		WS 1				
Diuron	42	3500		WS 1	–	1,0	–	
Feluron (Betanil F)	3850	5000		WS 1				
Defenuron	1200	500…5000		WS 1				
Phenokarbonsäuren								
MCPB (SYS 67 MB)	441	700		GA 2	0,02	–	–	starke Geruchs- u. Geschmacksbeeinträchtigung, kanzerogen

2,4 D (Spritz-Hormit)	45000	300…1500	GA 2	0,02	0,1		starke Geruchs- u. Geschmacksbeeinträchtigung
2,4 DB (SYS 67 B)	46	700	GA 2	0,02			
2,4 DP (Dichlorprop) (SYS 67 Prop)	66000	800	GA 2	0,02			Stoffwechselgift bzw. Nervengift
MCPA (SYS 67 ME)	270000	700	WS 2	0,02			kanzerogen
MCPP (Gemisch MCPP und Ioxynil = SYS 67 Actril C)	480000	650… 700	WS 2	0,02			
Na-DCP (Delapon) (SYS 67 Omnidel)	1200000	3300	WS 2	0,02	2,0		
2,4 5 T	278	300… 500	GA 2	0,02	0,5		geringe Persistenz
Phenolderivate							
DNCC (Hedolit)	125	25… 40	GA 1	0,004	—	—	
Dinoseb	735	24… 50	GA 1	0,004	—	—	
Dinosebacetat	2200	55	GA 1				
Triazine							
Atracin (Wonut)	30… 70	3080	WS 1	—	—	—	
Simacin (W 6658)	5	5000	WS 1	—	0	—	genetische Schäden
Propazin	8,6	5000…7500	WS 1	—	1,0	—	
Ametryn	185	1405	GA 2	—	—	—	
Prometryn (Uvon)	48	3750	WS 1	—	3,0	—	
Desmetryn (Topusyn)	580	1390	WS 1	—	—	—	
Anitrol	280000	25000	WS	—	—	—	
Metribuzin	1220		WS				
Sonstige							
Na-Chlorat	790000	7000	GA 3	—	20,0	—	
K-Chlorat	73000	1200…7000	GA 3				
Chloralhydrat	sehr hohe		GA 2				
Aminotriazol (Azaplant)	280000	5000	WS 1				Kropfbildung
Lenacil (im Betanil 70)	6	5000	WS 1				

Tabelle 5.41 (Fortsetzung)

Wirkstoff bzw. Wirkstoffgruppe (Handelsname)	Wasserlöslichkeit in ppm	LD 50 bzw. LC 50 in mg/kg	ADI Wert in mg/kg/d	Giftabt. bzw. Wasserschadstoff	Grenzwerte Trinkwasser in mg/l			Auswirkungen auf den Menschen
					DDR	UdSSR	USA	
Bromoxynil (in SYS 67, Buctril A, B, DB sowie Oxytril C)	130	50... 499		WS 2	–	–	–	
TCA (NaTA)	1 200 000	330...9000		WS 2	0,05	0,01	–	Nervengift
Insektizide *phosphororganische Verbindungen*								
Parathion-methyl (im Wofatox)	24	5... 42	0,01	GA 1	0,002	0,02	–	starkes Nervengift
Demephion (Tinox)	300...3000	40	0,005	WS 1	0,003	Anwendung		
Bromophos (Omexan)	40	3800...5000		WS 1		verboten		
Butonat (Fekanma)	wenig löslich	1300		WS 2	0,040	–	–	Kontaktgift
Mevinphor (Phosdrin)	sehr gut	6... 7		WS 1	0,004			Kontaktgift
Malathion (Fosfotion)	145	510...2866	0,02	WS 1	0,02	0,05		mäßig giftig
Dichlorvos (DDVP) (Fekanma-Dichlorvos)	10000	70... 80		WS 1	0,01	–		geringe Halbwertzeit, 25 Minuten
Trichlorphon (Wotexit 80 SP)	154 000	500... 950		WS 1	0,02	–		Fermentgift, schneller Abbau u. Ausscheidung
Dimethoat (Bi 58)	25000...39000	100... 860	0,004	WS 1	0,01	–	–	kanzerogen
Demeton	60... 2000	40	0,0025	GA 1	–	–	–	kanzerogen
Diazion	40	100... 220	–	–	–	–	–	
Azinphos	30	11... 20	0,0025	GA 1	–	–	–	
Chlorierte KW								
Toxaphen (Delicia-Fribal) (Melipax = + Lindan)	6	90... 250	–	GA 1	0,0015	–	0,005	relativ persistent

DDT (Bercema D 5 u. D 50)	0,001…0,03	118… 250	0,005	WS 1	0,006	–	0,042	starke kanzerogene Wirkung, in der Leber gespeichert, hohe Persistenz
DDD	wenig löslich	5000		WS 1				
Methoxychlor (DMDT) (Bercema-Rhagolex, Pol-Metox, Bercema-Ditox + Lindan)	sehr wenig löslich	2000…7000	0,1	WS 1	0,006 0,1	– 0,1	0,042	kanzerogen wird in der Leber nicht gespeichert, metabolisiert und entgiftet
Heptachlor	sehr wenig löslich	50… 499		WS 1	–	–	0,018	hohe Persistenz
Endosulfan (Thiodan)	unlöslich	18… 110		WS 1	–	–	–	
Lindan (Arbitex, Dratex, Xexa-Streumittel „Forst", HCH-Präparat)	10	90… 170	0,0125	WS 1	0,0015	0,02	0,056	Hautreizungen, Enzymveränderungen, unter anaeroben Bedingungen teilweiser mikrobiologischer Abbau
Dieldrin (in der DDR nicht im Handel)	0,1	40… 87	nahe 0				0,017	im Boden persistent, Speicherung im Fettgewebe, kanzerogen Warmblütertoxität
Endrin (Bercema-Endrin 20)	unlöslich	5… 45		WS 1	–	–	0,001	
Aldrin (nicht im Handel)	0,03…0,05	67	nahe 0	WS 1	–	1,0	0,017	hohe Persistenz im Boden, Speicherung im Fettgewebe, kanzerogen stark toxisch, Lähmungen
Nicotin	sehr gut mischbar	0,5		WS 1				
Chlordan (in der DDR nicht im Handel)	gering	250		WS 1	–	–	0,003	in seiner Giftigkeit entspricht es DDT
Sonstige Carbaryl (Bercema-NMC)	99	280… 710	0,02	WS 2	0,02	0,1		
Aldicarb	6000			GA 1				
Methomyl	57900			GA 1			2…5	

Tabelle 5.41 (Fortsetzung)

Wirkstoff bzw. Wirkstoffgruppe (Handelsname)	Wasserlöslichkeit in ppm	LD 50 bzw. LC 50 in mm/kg	ADI Wert in mg/kg/d	Giftabt. bzw. Wasserschadstoff	Grenzwerte Trinkwasser in mg/l			Auswirkungen auf den Menschen
					DDR	UdSSR	USA	
Fungizide								
Carbendazin (Thicoper, Bercema-Demax)	7...29	5000	–	WS 2	–	–	–	
Dibutylzinn-dichlorid	23	50... 500		WS 2	–	–	0,002	
Hexbutyldistannoxyn	20	50... 500		WS 2	–	–	–	Schleimhautreizungen, bei Abbau toxische Folgeprodukte kanzerogene, toxisch (Minamata-Krankheit)
Maneb (Bercema-Maneb 80)	0	4000...75000						
Phenylquecksilberacetat	1600...2000	1... 50	–	WS 1				
Tetrabutylzinn	41	500... 5000		WS 1	–	–	–	–
Thiran (Wolfen-Theram 85, Falisan-RS-Spezialbeize)	30	865		WS 1	0,02			persistent
Tributylzinn-monochlorid	268	50... 500		WS 1	–	–	–	
Zineb (Bercema-Zineb 80 u. 90 sowie Zineb-Schwefel)	10...20	5000		WS 1				Abbauprodukte toxisch
Zirum	65	1400						
Mancozeb	0	5000		WS				
Captan	0,5	9000		WS				
Dinocap	0	980		GA 2				

Wie aus Bild 5.20 folgt, entfallen auf die Unkrautbekämpfungsmittel (Herbizide) mehr als 60 % der eingesetzten Pestizide. Diese werden neben den Herbiziden nach ihrem Verwendungszweck unterschieden in:

- Insektizide – Mittel gegen Insekten
- Fungizide   – Mittel gegen Pilze und andere parasitäre Pflanzenkrankheiten
- Nematizide   – Mittel gegen Nematoden
- Akarizide   – Mittel gegen Milben
- Algizide   – Mittel gegen Algen
- Bakterizide – Mittel gegen Bakterien
- Rodentizide – Mittel gegen Nagetiere

Die gegenwärtig verwendeten Pestizide umfassen ein breites Spektrum anorganischer, aber vor allem organischer Verbindungen. Für einige Wirkstoffe wurden in Tabelle 5.41 charakteristische Kennwerte zusammengestellt. Die Mehrzahl von ihnen ist relativ gut löslich (in Bezug auf die Trinkwassergrenzwerte) und mehr oder minder stark giftig. Von großer Bedeutung für die Einschätzung ihrer potentiellen Grundwassergefährdung ist ihre Persistenz. Diese wird in entscheidendem Maße durch den mikrobiellen Abbau bzw. durch Hydrolyseprozesse bestimmt. Tabelle 5.42 zeigt die Persistenz einiger Pestizide im Boden. Zu beachten ist dabei, daß der Abbau der Wirkstoffe bis zu einem vollständigen Zerfall in Elementarverbindungen wie CO_2, H_2O, NH_3 u. a. bzw. zur Metabolismenbildung führen kann. Das Herbizid 2,4-D wird beispielsweise bei geringen Konzentrationen vollständig abgebaut, während bei hohen Applikationsmengen als eigenständiges Zwischenprodukt 2,4-Dichlorphenol entsteht (Bild 5.21). Die entstehenden Metabolite können dabei eine höhere Toxizität haben als der Ausgangswirkstoff (z. B. die Abbauprodukte der Fungizide Zineb und Maneb). Daneben können sich z. B. bei gleichzeitigem Einsatz von Herbiziden und Insektiziden sowie durch unsachgemäße Lagerung in Agrochemischen Zentren (ACZ) Pestizidgemische ergeben, deren Toxizität wesentlich über der der Ausgangsstoffe liegt. So erhöhen z. B. Zusätze von Atrazin zum Parathion dessen Toxizität um das Fünffache. In ihren Auswirkungen ähnliche Effekte haben Detergentien auf Organophosphate, wobei gleichzeitig die Persistenz letzterer erhöht wird.

Tabelle 5.42. Persistenz einiger Pestizide (nach QUENTIN, in BÖHNKE, 1973 und LINGELBACH/BORRIS, 1968)

Stoffgruppe	Persistenz
chlorierte Kohlenwasserstoffe	1... 12 Jahre
Harnstoffderivate	4... 40 Monate
z. B. Monuron	20...200 Wochen
Triazine	3... 18 Monate
z. B. Simazin	5... 50 Wochen
Chlorphenolverbindungen	1... 5 Monate
z. B. MCPA	8... 12 Wochen
2,4 D	2... 4 Wochen
Dalapon	5... 10 Wochen
DNOC	10... 20 Wochen
Carbamate	2... 8 Wochen
aliphatische Säuren	3... 10 Wochen
Organophosphate	7... 87 Tage

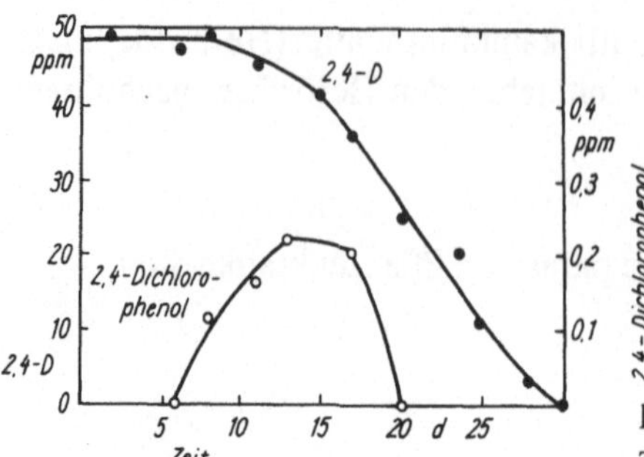

Bild 5.21. Persistenz und Metabolismus des 2,4-D zu 2,4-Dichlorphenol im Boden (ALEXANDER, 1977)

Allgemein geht der Abbau der Wirkstoffe unter aeroben Bedingungen schneller vonstatten als unter reduzierenden. Weitere Faktoren, die den Abbau beeinflussen, sind:

– Temperatur (mit steigender Temperatur bis 30° wird der Abbau aktiviert)
– Bodenfeuchte bzw. Niederschlagsangebot nach Wirkstoffapplikation
  Untersuchungen von BAUMEISTER (1978) zum Abbauverhalten von Atrazin und Simazin ergaben eine deutliche Abhängigkeit des Herbizidabbaus von der Verteilung der Niederschläge. Ein rascher Abbau beginnt mit einsetzenden Niederschlägen, dagegen tritt eine Verzögerung bei länger anhaltender niederschlagsarmer Witterung ein.
– Gehalt an organischen Stoffen und Mikroorganismen im Boden, die den Abbauprozeß katalysieren.

Die genannten Faktoren bestimmen im wesentlichen auch die Beweglichkeit der Pestizide im Boden- bzw. Grundwasser, wobei diese neben mikrobiellen Abbauprozessen und Hydrolysereaktionen vor allem durch das Sorptionsverhalten der Wirkstoffe kontrolliert wird. HOUZIM und Mitarbeiter (1981) unternahmen den Versuch, die Pestizide, ausgehend von ihrer Migrationsform in wäßriger Lösung, nach ihrer Beweglichkeit im Untergrund zu systematisieren (Tabelle 5.43). Die Einstufung kann nur für eine Groborientierung empfohlen werden, da die Wirkstoffe selbst innerhalb der gleichen Gruppe unter Feldbedingungen ein sehr differenziertes Migrationsverhalten zeigen.
Allgemein besitzen die Phenoxyalkansäuren die höchste Mobilität unter den organischen Pestiziden. Teilweise wurden auch für einzelne der basenbildenden Triazine (z. B. Atrazin) gute Migrationseigenschaften beobachtet. Dagegen wird die Mehrzahl der anderen Wirkstoffe unter Normalbedingungen im Boden zurückgehalten. Je größer der Anteil organischer Substanzen, um so größer ist das Rückhaltevermögen der Böden. Bild 5.22 und Tabelle 5.44 verdeutlichen diese Abhängigkeit.
Das ausgezeichnete Rückhaltevermögen des Bodens gegenüber Pestiziden steht in scheinbarem Widerspruch zu den immer häufiger bekannt werdenden Kontaminationsfällen des Grundwassers durch diese Stoffgruppe. Nach BEITZ u. a. (1976) konnten bei 23 untersuchten Schadensfällen folgende Ursachen ermittelt werden:

– unsachgemäße Lagerung
– Umgang innerhalb von Schutz- und Fassungszonen
– Reinigen von Gerätschaften bzw. unsachgemäße Beseitigung.

Beachtenswert ist der hohe Prozentanteil der Fälle, bei denen trotz sachgemäßer Applikation Biozide ins Grundwasser gelangten. Ursachen dafür können sein:

– Windverwehungen
– fehlende Brunnenabdichtung

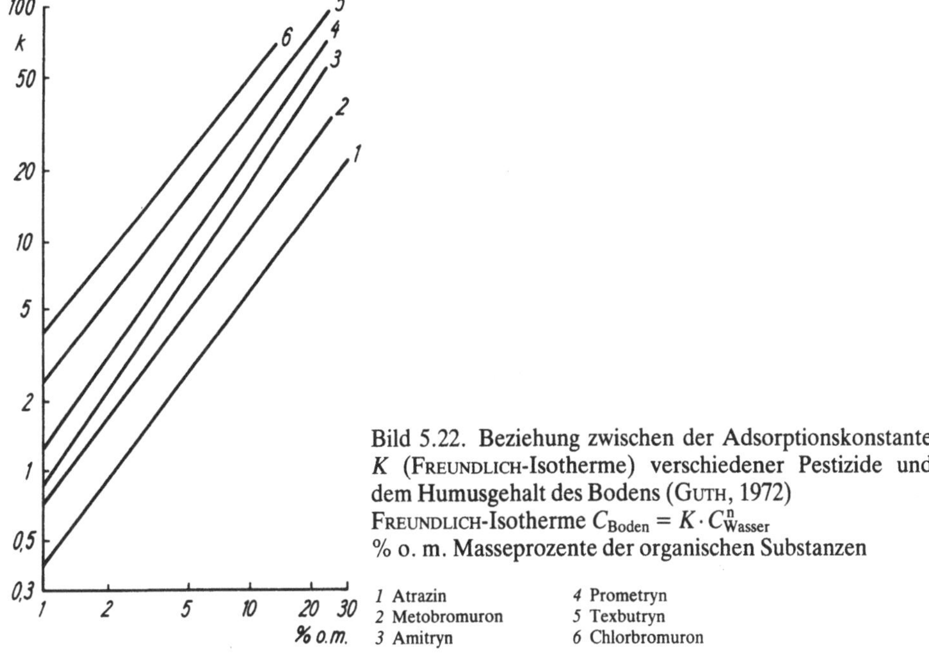

Bild 5.22. Beziehung zwischen der Adsorptionskonstante K (FREUNDLICH-Isotherme) verschiedener Pestizide und dem Humusgehalt des Bodens (GUTH, 1972)
FREUNDLICH-Isotherme $C_{Boden} = K \cdot C_{Wasser}^n$
% o. m. Masseprozente der organischen Substanzen

1 Atrazin	4 Prometryn
2 Metobromuron	5 Texbutryn
3 Amitryn	6 Chlorbromuron

- starke Hangneigung der behandelten Flächen
- Erdaufschlüsse (auch zeitweilige), durch die die Schutzwirkung der Bodenschichten eliminiert bzw. beeinträchtigt wird
- fehlende oder geringmächtige Bodenschicht über klüftigem Festgestein
- Influktionserscheinungen nach Starkregen
- Heranziehen von mit Bioziden belasteten Oberflächenwässern
- ungünstige Zusammensetzung der Adsorptionskapazität der Bodenkolloide
- Vorhandensein von um die Austauschplätze konkurrierenden Ionen (z. B. NH_4 – bei gleichzeitiger Düngung) im Sickerwasser.

Besonders durch zusätzliche Bewässerungsmaßnahmen in Intensivanbaugebieten (Obstplantagen usw.) erhöht sich die Gefahr der Tiefenverlagerung in das Grundwasser bzw. des erosionsbedingten Eintrags der Pestizide in die Oberflächengewässer. Eine Auswahl weiterer bekanntgewordener Schadensfälle ist in Tabelle 5.45 zusammengefaßt. In den meisten Fällen handelt es sich um flächenhaft und zeitlich begrenzte Nutzungsbeschränkungen, die jedoch auf Grund der hohen Toxizität der Kontaminanten nicht zu unterschätzen sind. Im Unterschied zu den Grundwasserschadensfällen mit Pestiziden trägt die Kontamination durch Mineraldünger meist flächenhaften Charakter (Tabelle 5.46), sieht man vom Spezialfall der Beeinträchtigung durch Düngerlagerplätze einmal ab (GOLDBERG u. a., 1987). Die steigenden Nitratgehalte im Grundwasser bewegen gegenwärtig die Hydrogeologen, Landwirte und Wasserwirtschaftler in der ganzen Welt einschließlich die der sich entwickelnden Nationalstaaten Afrikas, Lateinamerikas und Asiens (z. B. LEWIS u. a., 1980). Im BRD-Land Baden-Württemberg sind Nitratkonzentrationen im oberflächennahen Grundwasser bis zu 130 mg/l charakteristisch (OBERMANN, 1981). 30 % der täglich geförderten Grundwasserressourcen in der VR Ungarn sind durch Nitrate kontaminiert (CSAKI/ENREDI, 1981). Umfangreiche

Tabelle 5.43. Beweglichkeit der Pestizide in Abhängigkeit von ihrer Migrationsform, ihrem Sorptionsverhalten und dem Einfluß des pH-Wertes und der Bodenfeuchte (nach HOUZIM u. a., 1986)

Migrationsform/ Wirkstoffgruppe	Art der Wechselwirkung	Sorption		Bindungsstärke		pH-Wert Einfluß	Einfluß des Bodenwassergehaltes	Beweglichkeit
		organische Substanz	Mineralgerüst	organische Substanz	Mineralgerüst			
1	2	3	4	5	6	7	8	9
in Ionenform gelöste Pestizide								
– kationische	e/d/g	+ d	+ e/d	stark	sehr stark	gering	gering	1
– Säurebildner	f/g	+	–	schwach	sehr schwach	> [ACI]	beträchtlich	4/5
– Basenbildner	c/d/e/f/g	+ c/d/e/f	+ d/e	schwach	variabel	< [ALK]	positiv verschieden	2/3
– Pestizidgemische	g	+	–	schwach	allgemein nicht gebunden	variabel	sehr beträchtlich	4/5
kolloidal dispers gelöste Pestizide								
– chlorierte Kohlenwasserstoffe	a/b/d	+ a/d	+	sehr stark	schwach	ohne	schwach positiv	1
– phosphororganische Verbindungen	a/b/c/d/e	+ b/d	+ c	sehr stark	variabel	<7 gering	positiv beträchtlich	1
– substituierte Aniline	a/b/d	+ b/d	+	stark	schwach	ohne	negativ	1
– Harnstoffverbindungen	a/b/c/d/f	+ b/d	+ c/f	variabel	schwach	<7 gering	positiv beträchtlich	2,3
– Phenylcarbamate und Carbamate	a/b/c/d	+ b/d	– c	variabel	schwach	<7 gering	positiv beträchtlich	2,3
– Amide	a/b/d	+ b/d	–	schwach	sehr schwach	ohne	positiv verschieden	3
– Phenylamide	a/b/d	+ b/d	–	stark	schwach	ohne	positiv verschieden	2
– Thiocarbamate	a/b/d	+ b/d	+	stark	variabel	ohne	positiv beträchtlich	2

Erläuterungen zu Tabelle 5.43:

zur Spalte 2:
a VAN DER WAALSsche Bindung
b hydrophobe Bindung
c Wasserstoffbrückenbildung
d Elektronenaustausch
e Ionenaustausch
f Ligandenaustausch
g Hydratation
zu Spalte 3 und 4:
+ erfolgt nach dem in Spalte 2 genannten Mechanismus
− geringe oder fehlende Sorption
zur Spalte 7:
pH-Wert im Sinne einer verbesserten Sorption
zur Spalte 8:
Einfluß im Sinne der Sorptionsverstärkung
zur Spalte 9:
1 immobile Stoffe
2 gering bewegliche
3 bewegliche
4 gut bewegliche
5 sehr gut bewegliche

Tabelle 5.44. K- und n-Werte der FREUNDLICH-Isotherme zur Charakteristik der Adsorption von Bioziden an Kaolinit, Bentonit (80 % Montmorillonit) und Humus (nach WEIL/UDLUFT u. a., 1972 und 1974)

Wirkstoff	n			K		
	Kaolinit	Ca-Bentonit	Humus	Kaolinit	Ca-Bentonit	Humus
Lindan	(11)	(6,8)	1,3	$8,7 \cdot 10^{-12}$	$3,6 \cdot 10^{-7}$	2000
Heptachlorepoxid	1,5	1,6	1,25	$2,9 \cdot 10^{-2}$	$1,2 \cdot 10^{-1}$	4500
Dieldrin	2,5	1,0	1,27	$3,6 \cdot 10^{-3}$	0,47	6300
DDT	0,54	1,2	1,52	3,6	13,1	$1 \cdot 10^{6}$
Methoxychlor	−	−	1,27	−	−	$1 \cdot 10^{4}$

$C_B = K \, C_W^n$ (FREUNDLICH-Isotherme)

hydrogeologische Untersuchungsarbeiten zur räumlichen Erfassung der Nitratbelastung des Grundwassers wurden in Großbritannien durchgeführt (SMITH-CARINGTON u. a., 1983; FOSTER u. a., 1985). Extreme NO_3-Gehalte im Grundwasser sind aus Katalonien in Spanien bekannt (CUSTODIO, 1982), wo die Nitrationenkonzentrationen 500 mg/l übersteigen und zum typbestimmenden Anion geworden sind. Lineare Korrelationsbeziehungen bestehen zwischen den NO_3-, SO_4- und Chloridgehalten. In Frankreich erhöhte sich in den letzten 20 Jahren die Nitratbelastung des Grundwassers jährlich um etwa 1 bis 3 mg/l (LANDREAU, 1983). In der gleichen Größenordnung bewegt sich die in der DDR beobachtete Zunahme des Nitratgehaltes im Grundwasser (LAUTERBACH, 1980). Besonders gefährdet sind Einzelbrunnen in ländlichen Gemeinden, bei denen meist die an Trinkwasserschutzzonen gestellten Anforderungen nicht eingehalten werden. Resultierend daraus mußten bei Untersuchungen zur Versorgung von Schwangeren und Säuglingen mit Trinkwasser aus Einzelbrunnen im Bezirk Schwerin im Zeitraum 1959 bis 1968 67 % der eingereichten Wasserproben wegen zu hoher Nitratgehalte

Tabelle 5.45. Ausgewählte Grundwasserkontaminationsfälle durch Biozidanwendung

Ort/Land	Lit.-Quelle	Wirkstoff bzw. Mittel	Ursache	Untergrund	Auswirkungen
Kreis im Bez. Karl-Marx-Stadt	3	DNOC Menge n. b.	Winter-Frühjahrs-spritzung (»sachgemäß«)	Festgestein	1966, 12 Brunnen zeitweilig stillgelegt, DNOC-Gehalte von 0,1…0,5 mg/l, Fischsterben im Bach
VR Rumänien	4	Dinitro-sekbu-tylphenol (DNSE Ph)	Reinigung Gerät-schaften, Wasch-wasser in Sicker-grube	Sand, Lehm, Kies, GWSp: 2 m unter Grubensohle	Kontaminationszone von 800 m Länge und 200 m Breite mit DNSE Ph-Gehalten von 0,5…2,0 mg/l, beißender Geruch u. Braunfärbung; nach 3 Monaten weitere 500 m gewandert; nach 12 Monaten noch Gehalte von 0,1…0,3 mg/l, erst 20 Monate nach Behebung der Kontaminationsquelle keine weiteren Anzeichen im GW
Schwäbische Jura/ BRD	5	Lindan	Anwendung im Einzugsgebiet	verfestigte Tafel-ablagerungen, Karst-grundwasserleiter	nach 3 Monaten im WW: 20 µg/l starke geschmack- nach 6 Monaten im WW: 2,7 µg/l liche Beeinträch- nach 12 Monaten im WW: 0,8 µg/l tigungen
Erzgebirge/ DDR	6	DNOC	Kartoffelkraut-abtötung	Lehm (gering-mächtig), Schiefer	in 300 m von Applikationsfläche entfernten Brunnen starke Gelbfärbung des Wassers, Geschmacksbeein-trächtigung machte Wasser 3 Wochen ungenießbar
Basel/Schweiz	7	HCH	Anwendung in Schutzzone	Boden auf 8…10 m Sand und Schotter	Geruchs- und Geschmacksbeeinträchtigung im Roh-wasser des Wasserwerkes
Central Platte Valley Nebraska/ USA	8	Atrazin	»sachgemäße« An-wendung (4,4 kg/ha) bei 236 mm Zusatz-beregnung	4…5 m Boden bzw. Aerationszone auf Sand	im Grundwasser des Einzugsgebietes Atrazine in Kon-zentrationen von 0…8,3 mg/l, Beeinflussung im GW 58 Tage nach Applikation
Californien/USA	9	Nematozid DBCP	unbekannt	fluviatile Sande und Kiese	Gehalte im GW bis 60 µg/l (Norm USA 1 µg/l), hohe Persistens im Boden bis 6 Jahre in untersuchten Bodenproben
DDR	12	Selesten-krautung	unbekannt	Buntsandstein	organoleptische Beeinträchtigung von Quellen

Literaturquellen s. Tabelle 4.46.

Gebiet/Land	Lit.-Quelle	Belastung	Untergrund	Anbau Bodennutzung	Auswirkungen
Ruhrgebiet/BRD	1	$\varnothing$ 100 200 kg N/a · ha max. 650 auf begrenzten Flächen	Sande, Kiese, GWL M = 12 m, kf = 0,1 cm/s, FA = 1,5 m	Acker und Grünland	NO_3-Anstieg im Rohwasser (Mischwasser) des WW von 20 auf 130 mg/l (1970), danach kurzzeitige Stillegung. Untersuchung d. Einzelbrunnen ergab direkte Abhängigkeit von agro-chemischer Belastung im Einzugsgebiet der Einzelbrunnen, differenzierte Gehalte von $\varnothing$ 40 mg/l bis $\varnothing$ 250 mg/l; im Einzugsbereich Ackerland: max. Einzelwert i. Sickerw. 500 mg/l, mit der Teufe Nitratabbau
Moseltal/BRD	2	n. b.	Hanglehm, Talsande u. Kiese über Tonschiefer, Grauwacke	Weinanbau, Ackerbau, Wiesen, Wald	untersucht wurden 70 Einzelbrunnen im Moseltal auf ca. 100 km Talabschnitt, 70 % aller Brunnen zeigten NO_3-Gehalte über Trinkwassernorm (50 mg/l), > 100 mg/l-Gehalt in 40 %, > 200 mg/l in 10 % der Einzelbrunnen, Maximalwerte bei 400 mg/l, direkte Abhängigkeit zu Weinanbaugebiet
Schleswig-Holstein/BRD	10	100 kg/ha chloridhaltiger Dünger`	Mittelgrobsande	landwirtschaftl. Nutzfläche	Anstieg des Chloridgehaltes von 18 mg/l in nicht behandelten Gebieten auf 40 mg/l Cl
Bukowa/ČSSR	11	n. b.	Verwitterungsgrus auf klüftigem Granit	lanfwirtschaftl. Nutzfläche	NO_3-Gehalte zwischen 100 und 200 mg/l
Wisconsin/USA	13	NO_3 258 kg/ha · a Cl 268 kg/ha · a + Abwasserverregnung mit NO_3 64 und Cl 54 kg/ha · a	Sand	Kartoffeln, Bohnen	Chlorid- und Nitratanstieg in den Herbst- und Wintermonaten von entsprechend 68 und 56 mg/l
Winchester/Großbritannien	14	n. b.	Kalkstein Oberkreide	n. b.	kombinierter Einsatz von org. und mineralischen Düngemitteln führte zum Anstieg des Nitratgehaltes von (NO_3-N) 11,3 mg/l bis auf 80 mg/l und des Chloridgehaltes auf 120 mg/l

Erläuterungen zu Tabelle 5.46:
Literaturverzeichnis:

1 OBERMANN, BUNDERMANN, 1977
2 SCHWILLE, 1969
3 LINGELBACH, KÜHN, 1966
4 ZANFIR G./BOCEA, G. u. a., 1968
5 QUENTIN u. a., 1973
6 HEINISCH u. a., 1976
7 STUNDL, 1956
8 LEAVITT, J. R. C. u. a., 1981
9 NELSON, S. J. et al, 1981
10 SCHULZ, 1973
11 KULHAVY, 1979
12 MILDE, 1975
13 SAFFIGNA, KEENEY, 1977
14 WELLINGS, BELL, 1980

Tabelle 5.47. Düngemittelarten und ihre Hauptbestandteile

Gruppe	Name	Wichtigste Bestandteile	Gehalt in %
Kalkdüngemittel	Branntkalk	CaO	75...90
	Karbidkalkhydrat	$Ca(OH)_2$	70...90
	Kohlensaurer Kalk	$CaCO_3$	80
	Leunakalk	$CaCO_3$	70
	Löschkalk	$Ca(OH)_2$	70...90
Kalidüngemittel	Emgekali	KCl	56
		$MgSO_4$	15
		$NaCl$	17
		$CaSO_4$	3,5
	Kalidüngesalz 40 %	KCl	63
		$MgSO_4$	1,5
		$NaCl$	26
		$CaSO_4$	5
	Reformkali	KCl	21
		K_2SO_4	25
		$MgSO_4$	32
		$NaCl$	2
		$CaSO_4$	8
	Schwefelsaures Kali	KCl	3
		K_2SO_4	89
		$MgSO_4$	4,5
		$CaSO_4$	1
		$NaCl$	1
Stickstoffdüngemittel	Ammonsulfat	$(NH_4)_2SO_4$	100
	Kalkammonsalpeter	NH_4NO_3	60
		$CaCO_3$	35
	Kalkstickstoff	$CaCN_2$	62
		CaO	17
		C	12
	Natronsalpeter	$NaNO_3$	100
Phosphatdüngemittel	Alkalisinterphosphat	säurelösliche Alkaliphosphate	
	Mg-Phosphat	$Mg_3(PO_4)_2$	37
		$CaSO_4$	43
	Superphosphat	$Ca(H_2PO_4)_2$	45
		$CaSO_4$	50
	Thomasphosphat	säurel. Phosphate	

Tabelle 5.47 (Fortsetzung)

Gruppe	Name	Wichtigste Bestandteile	Gehalt in %
Mehrnährstoffdünger	Am-Sup-ka	$(NH_4)_2SO_4$	46
		KCl	33
		$Ca(H_2PO_4)_2$	21
	Kaliammonsalpeter	KNO_3	55
		KCl	7
		NH_4Cl	28
		$CaCO_3$	7

nach Angaben des Handels:

	Piaphoskan	N	11
		P_2O_5	7
		K_2O	19
	Piaphoskan rot	N	14
		P_2O_5	3,5
		K_2O	12
		Mg	0,5
	Piaphoskan grün	N	42
		Mg	2,5
	Tangermünder Universaldünger	N	5
		P_2O_5	10
		K_2O	9
		MgO	1
		CaO	12
		+ B, Mn, Fe, Cu, Co, Mo	

beanstandet werden (GRABIG, 1972). In der Landwirtschaft der DDR kommen gegenwärtig Stickstoff-, Kali-, Phosphor- und Kalkdünger zur Anwendung (Tabelle 5.47). Ihre gute Löslichkeit sowie die hohen Applikationsmengen (s. Bild 5.19) bedingen ihre potentielle Gefahr für die Grundwasserbeschaffenheit.

Folgende Faktoren bestimmen dabei entscheidend die Auswaschung des Stickstoffs, der Chloride und der Sulfate aus dem Boden:

- Applikationsmenge. Untersuchungsergebnisse über 7 Jahre an Lysimetern von Stickstoffauswaschung (PFAFF, 1963) in Abhängigkeit von Stickstoffauftrag sind in Tabelle 5.48 zusammengestellt.
- Applikationszeit. Grundsätzlich sind höhere Auswaschungsraten in Vegetationsruheperioden zu erwarten (Herbst–Winter). Der Effekt wird durch einen hohen Feuchtigkeitsgehalt des Bodens und die intensive Grundwasserneubildung in dieser Jahreszeit begünstigt.
- Sickerwassermenge. Intensive Niederschläge sowie zusätzliche Bewässerungsmaßnahmen bewirken eine schnellere Tiefenverlagerung der Düngerkomponenten und somit höhere Auswaschungsraten (s. auch Bild 5.12).
- Bodenart. Je größer die biologische Aktivität des Bodens und je höher der Anteil sorptionsfähiger Bodenkolloide, desto intensiver der Stickstoffabbau in der Bodenzone.

– Bodennutzung. Der Nährstoffbedarf der Pflanzenkulturen ist unterschiedlich. Diesem Bedarf entsprechend und damit einen hohen Abbaugrad der Düngerkomponenten gewährleistend, schlug BAHR (1977) die in Tabelle 5.49 dargestellten Applikationsmengen für Trinkwasserschutzgebiete vor.

Tabelle 5.48. Stickstoffauswaschung auf Lehm- und Sandböden in Abhängigkeit von der Applikationsmenge
(nach 7jährigen Lysimeteruntersuchungen, PFAFF, 1963)

Auftragsmenge	Anzahl der	Sand	Lehm
N · kg/ha	Gaben	kg N/ha	kg N/ha
0	–	39	22
80	2	37	21
160	2	44	24
240	2	55	36
320	2	72	53

Fruchtfolge: Frühkartoffeln, Grünmais, Roggen, Sommerraps

Tabelle 5.49. Applikationsempfehlungen von Stickstoffdünger in Trinkwasserschutzzonen (nach BAHR, 1977)

Menge kg/ha/a	Nutzungsart
50...110	Getreide
50...120	Winterzwischenfrüchte
30... 80	Sommerzwischenfrüchte
60...140	Mais, Roggen
80...130	Kartoffeln
80...100	Hackfrüchte, Klee, Grünland

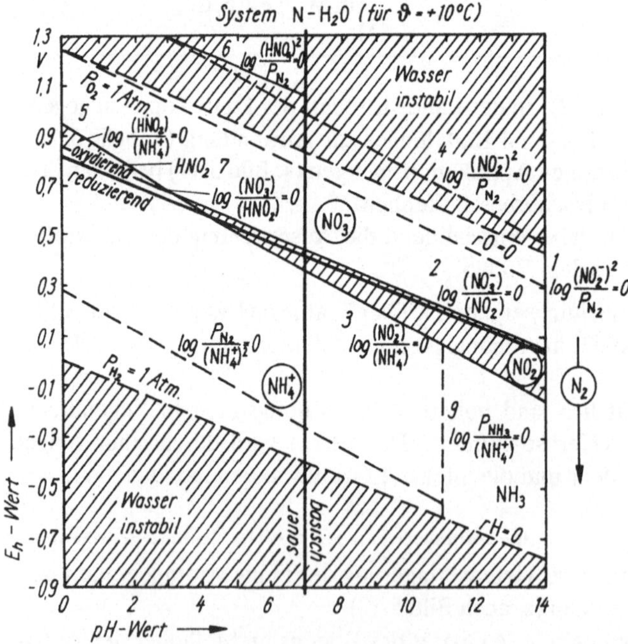

Bild 5.23. pH/Eh-Wert-abhängige Stabilitätsfelder für die wichtigsten Stickstoffspezies in einer wäßrigen Lösung (OBERMANN, 1981), Legende s. S. 241

$$\underline{\qquad} \quad \frac{\text{Aktivität oxydierte Form}}{\text{Aktivität reduzierte Form}} = 1 : 1$$

$$- - - \quad \frac{\text{Aktivität in mol/l}}{\text{Fugazität } P \text{ in Torr}} = 1 : 1$$

$1 \quad 2NO_3^- - N_2 - 6H_2O + 12H^+ + 10e^- = 0$

$$E = 1{,}242 - 0{,}0674\,pH + 0{,}00562\log\frac{(NO_3^-)^2}{P_{N_2}}$$

$2 \quad NO_3^- - NO_2^- - H_2O + 2H^+ + 2e^- = 0$

$$E = 0{,}836 - 0{,}0562\,pH + 0{,}0281\log\frac{(NO_3^-)}{(NO_2^-)}$$

$3 \quad NO_2^- - NH_4^+ - 2H_2O - 8H^+ + 6e^- = 0$

$$E = 0{,}893 - 0{,}07493\,pH + 0{,}0093\log\frac{(NO_2^-)}{(NH_4^+)}$$

$4 \quad 2NO_2^- - N_2 - 4H_2O + 8H^+ + 6e^- = 0$

$$E = 1{,}513 - 0{,}07493\,pH + 0{,}00936\log\frac{(NO_2^-)^2}{P_{N_2}}$$

$5 \quad HNO_{2(log)} - NH_4^+ - 2H_2O + 7H^+ + 6e^- = 0$

$$E = 0{,}860 - 0{,}06557\,pH + 0{,}00936\log\frac{(HNO_2)}{(NH_4^+)}$$

$6 \quad 2HNO_{2(log)} - N_2 - 4H_2O + 6H^+ + 6e^- = 0$

$$E = 1{,}445 - 0{,}0562\,pH + 0{,}00936\log\frac{(HNO_2)^2}{P_{N_2}}$$

$7 \quad HNO_{2(log)} - NO_3^- - 8H^+ - 2e^- + H_2O = 0$

$$E = 0{,}935 - 0{,}0843\,pH + 0{,}0281\log\frac{(NO_3^-)}{(HNO_2)}$$

$8 \quad 2NH_4^+ - N_2 - 8H^+ - 6e^- = 0$

$$E = 0{,}273 - 0{,}0749\,pH + 0{,}0093\log\frac{P_{N_2}}{(NH_4^+)^2}$$

$9 \quad NH_3 - NH_4^+ + H^+ = 0$

$$pH - 11{,}0 = \log\frac{P_{NH_3}}{(NH_4^+)}$$

Lange Anbaupausen, besonders nach dem Umbruch, Ackerflächen bzw. Nutzflächen mit geringem Pflanzenbewuchs sowie Intensivanbau (Wein, Obst, Gemüse) begünstigen die Nährstoffauswaschung in den tieferen Untergrund bis hin zum Grundwasser.

Über das Verhalten von Stickstoffdünger im Untergrund, seine Wechselwirkung mit dem Bodenwasser, den mineralischen und organischen Bestandteilen des Bodens liegt umfangreiche Literatur vor (KUNDLER, 1970; OBERMANN, 1981; BRILLING, 1985; u. a.). Nachfolgend soll deshalb nur auf einige ausgewählte Aspekte der Nitratkontamination hingewiesen werden.

Das mit dem Dünger zugeführte Ammonium wird in den obersten Bodenschichten fast vollständig in Nitrat überführt (s. Abschnitt 4.2.), dessen Gehalt im Sickerwasser des B-Horizontes im Boden bereits eindeutig gegenüber anderen Stickstoffverbindungen überwiegt. Die Abhängigkeit der verschiedenen Zustandsformen des Stickstoffs von Eh- und pH-Wert für ein reines Stickstoff-Wasser-System ist in Bild 5.23 dargestellt.

Bereits in der Aerationszone setzen Denitrifikationsprozesse ein, die nach GERICKE/KRAMER (1979) etwa 2 m unter Geländeoberfläche beginnen. Der weitere Nitratabbau im Sicker- und Grundwasser wird in entscheidendem Maße vom Gehalt organischer Substanzen bestimmt, die als Protonen-Donatoren fungieren. Untersuchungen von OBERMANN (1981) in Einzugsgebieten von Wasserwerken in Westfalen/BRD ergaben u. a., daß in einem Zeitraum von 10 Jahren die Nitratreduktion im Grundwasserleiter abgeschlossen ist (wenn keine neue Zufuhr von N-Verbindungen erfolgt) und der NO_3-Gehalt einem für den konkreten Standort typischen Grenzwert zustrebt (Bild 5.24). Die Größenordnung des Denitrifikationsvermögens der Grundwasserleiter zeigt Tabelle 5.50. Unter Berücksichtigung des im Wasser gelösten N_2-Gases ergibt sich die Denitrifikationsleistung aus der Differenz der in Spalte 7 der Tabelle ermittelten theoretischen Nitratkonzentration (ohne NO_3-Reduktion) und den im Gelände ermittelten Werten (Spalte 3).

Nur selten wird in der Praxis ein Nitratprofil beobachtet, wie es in Bild 5.24 dargestellt ist. Die Vielzahl zeit- und raumabhängiger Einflußfaktoren führt zu einer unregelmäßigen Nitratverteilung sowohl in der Aerationszone als auch im Grundwasserleiter. In Bild 5.25 wurden 5 Grundwasserbeobachtungsbrunnen ausgewählt, die die unterschiedlichen Nitratverteilungsgesetzmäßigkeiten demonstrieren.

Wesentliche Gründe für die differenzierte Verteilung des Nitratgehaltes im Vertikalprofil sind der unterschiedliche Anteil und die Belastung der seitlich zufließenden Grundwässer. In Bild 5.26 kommt die Abhängigkeit des Nitratgehaltes im Brunnenwasser von der Flächennutzung im Einzugsgebiet deutlich zum Ausdruck.

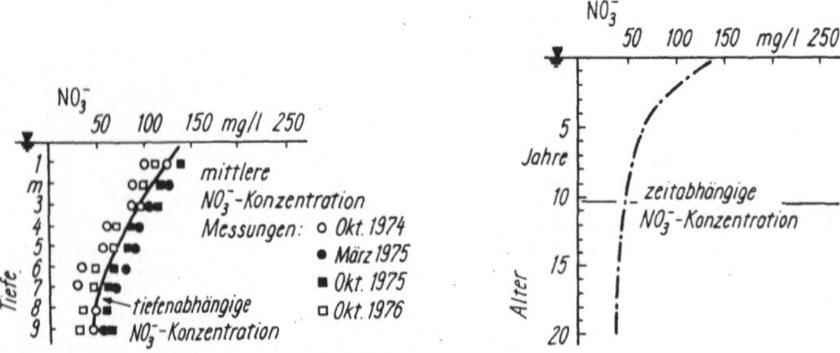

Bild 5.24. Tiefen- und zeitabhängige Verteilung der NO_3- Konzentration im Grundwasser eines Wasserwerkes in der BRD (OBERMANN, 1981)

Tabelle 5.50. Beispiel für die Denitrifikationsleistung eines Grundwasserleiters
(Sontheimer, Rohmann, 1984)

Entnahme-tiefe in m	O_2 gelöst in mg/l	NO_3 in mg/l	N_2 gelöst in mg/l	N_2-Sättigung in % bei		theoret. NO_3-Gehalt in mg/l
				$p(N_2) = 0{,}78$ bar	$p(N_2) = 1$ bar	
1	2	3	4	5	6	7
12,5	8,2	118,2	21,6	120	93	134,0
23,0	2,9	47,8	25,5	140	110	80,8
33,0	2,0	0,7	29,2	162	126	49,3

Auf Grund der gesundheitsschädigenden Wirkung der Nitrate standen bisher bei Untersuchungen zur Grundwassergefährdung durch Düngemittel die Stickstoffverbindungen meistens im Vordergrund.

Entsprechend der Zusammensetzung der handelsüblichen Mineraldünger ist jedoch neben der Nitratkontamination auch ein Anstieg des Sulfat- und Chloridgehaltes im Grundwasser im Bereich landwirtschaftlicher Nutzflächen zu erwarten. Die enge Korrelation der NO_3-, SO_4- und Cl-Gehalte im Grundwasser dieser Bereiche bestätigt ihren gemeinsamen Ursprung. Dagegen werden die mit dem Dünger zugeführten Kalium- und Phosphationen pflanzenwirksam verwertet bzw. in den oberen Bodenschichten am mineralisch-organischen Kolloidkomplex gebunden.

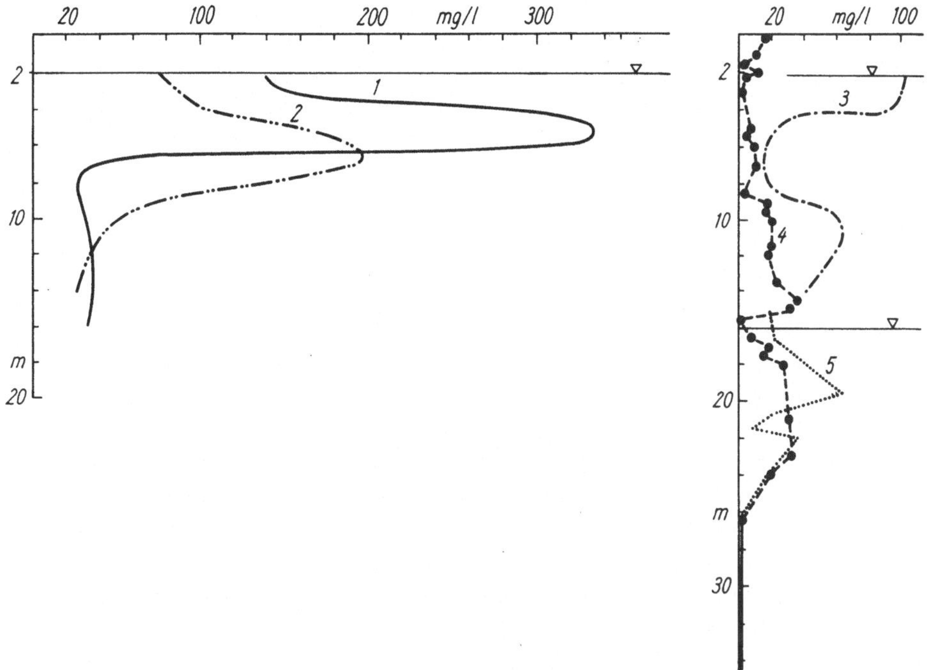

Bild 5.24. Teufenverteilung des Nitratgehaltes in fünf Grundwasserbeobachtungsbrunnen

1 bis 3 Brunnen im Einzugsgebiet eines Wasserwerkes in der BRD, FA = 2 m (nach Sontheimer/Rohmann, 1985)
4 und 5 Brunnen im Einzugsgebiet eines Wasserwerkes in Großbritannien, FA = 16 m (nach Forster u. a., 1985)

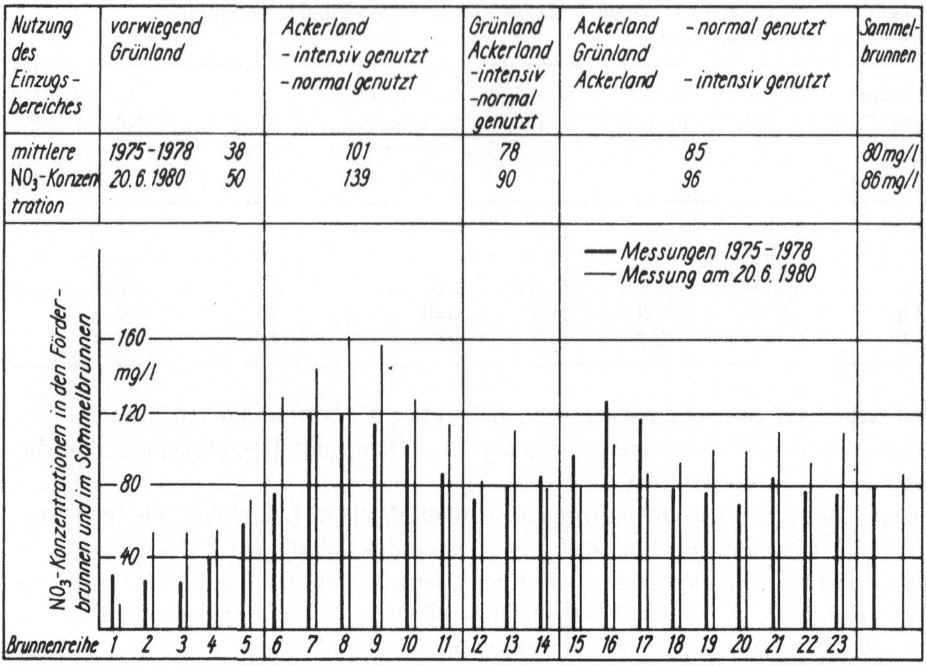

Nutzung des Einzugs-bereiches
vorwiegend Grünland
Ackerland - intensiv genutzt - normal genutzt
Grünland Ackerland -intensiv -normal genutzt
Ackerland - normal genutzt
Grünland
Ackerland - intensiv genutzt
Sammel-brunnen
mittlere NO3-Konzentration
1975-1978 38
20.6.1980 50
101
139
78
90
85
96
80mg/l
86mg/l
— Messungen 1975-1978
— Messung am 20.6.1980
160
mg/l
120
80
40
NO3-Konzentrationen in den Förderbrunnen und im Sammelbrunnen
Brunnenreihe 1 2 3 4 5 6 7 8 9 10 11 12 13 14 15 16 17 18 19 20 21 22 23

Bild 5.26. NO_3-Verteilung im Brunnenwasser einer Wasserwerksgalerie in Abhängigkeit von der Bodennutzung im Einzugsgebiet (Obermann/Bundermann, 1977, ergänzt durch Such, 1985)

Die Aufgabe der Landwirtschaft besteht somit für die nächsten Jahre darin, gemeinsam mit Bodenkundlern und Hydrogeologen nach optimalen Dünge- und PSM-Verfahren zu suchen, die einerseits den Pflanzen eine maximale Nährstoffzuführung gewährleisten und andererseits das Risiko einer Grundwasserkontamination verringern.

5.1.5. Havarien bei Umgang, Lagerung, Umschlag und Transport von Wasserschadstoffen

Wöchentlich werden im Weltmaßstab in der chemischen Industrie etwa 6000 neue Chemikalien hergestellt bzw. synthetisiert. Die Anzahl der registrierten chemischen Verbindungen erreicht inzwischen 6 Millionen. Nur von den wenigsten sind in der Entstehungsphase ihre umweltgefährdenden Eigenschaften bekannt.
In der DDR sind Umgang, Lagerung und Transport von Schadstoffen, die auf Mensch, Tier und Pflanze, auf Wasser, Boden und Luft eine schädigende Wirkung ausüben, gesetzlich geregelt. Im Gesetzblatt I (1978, Nr. 3, S. 50) wird speziell der Umgang mit Wasserschadstoffen festgelegt, die wie folgt definiert sind:
»Wasserschadstoffe im Sinne dieser Verordnung sind feste, flüssige oder gasförmige Stoffe bzw. deren Mischungen, die das Gewässer oder seine Nutzung nachteilig beeinflussen können. Hierzu gehören Gifte und die in der Liste der Schadstoffe enthaltenen Stoffe.«
Im Wasserschadstoffkatalog des Institutes für Wasserwirtschaft Berlin sind mit Stand 1984 700 Wasserschadstoffe erfaßt, die nach ihrem Gefährdungsgrad in drei Kategorien eingestuft werden. Hierbei dominieren die organischen Substanzen. Entsprechend

Tabelle 5.51. Havariestatistik der Wasserschadensfälle
(ANTKOWIAK/EILING, 1981)

Kontaminant	Anzahl der Schadensfälle		
	1978	1979	1980
Öl	36	27	28
Biozide	5	6	3
Gülle	6	11	5
Silosickersaft	3	1	3
Naturdünger/Fäkalien	–	3	–
Chemikalien (außer Cyaniden)	5	8	5
Cyanide	3	3	1
Sonstige	9	7	12
insgesamt	67	66	57

hoch ist auch ihr Anteil an Wasserschadensfällen. Tabelle 5.51 zeigt eine rückläufige Tendenz der Anzahl der Schadensfälle, wobei die der Havarien mit Grundwasserbeeinträchtigung ansteigt. Läßt man die Mineralölhavarien außer acht, so fällt auf, daß Schadensfälle in der Landwirtschaft häufiger auftreten als in der Industrie. In Tabelle 5.52 sind einige Schadensfälle mit Grundwasserkontamination dargestellt (Mineralölhavarien sind gesondert in Tabelle 5.59 erfaßt). Das Verhalten von Agrochemikalien und landwirtschaftlichen Abwässern im Untergrund wurde in den Abschnitten 5.1.3. und 5.1.4. beschrieben. Die Tabelle 5.52 hebt die Bedeutung einer richtigen hydrogeologisch begründeten Standortauswahl für agrochemische Zentren (ACZ) hervor. Allein die Tatsache, daß sich 33 % der ACZ der DDR gegenwärtig innerhalb von Trinkwasserschutzzonen befinden (WINKLER/MÜLLER, 1979), unterstreicht die Wichtigkeit dieser Aussage.

Die durch Havarien in Industrieanlagen in den Untergrund gelangten Kontaminanten unterscheiden sich nur durch den konzentrierten (örtlich begrenzten) Eintrag von den im Abschnitt 5.1.3. charakterisierten Abwässern. Besonders gefährdet ist das Grundwasser durch organische Lösungsmittel, Säuren, Laugen sowie Cyanide und Schwermetallverbindungen. Der Hauptanteil der Wasserschadensfälle entsteht durch Havarien beim Transport von Mineralölprodukten und durch Umgang (Lagerung) mit ihnen. Das ist eine Erscheinung, die auch den statistischen Auswertungen anderer Länder (UdSSR, USA, BRD) entspricht.

Potentielle Kontaminationsherde dabei sind neben Betrieben der erdölverarbeitenden Industrie Tankabfüllplätze, Gleisanlagen zur Be- und Entladung sowie Rohrleitungstrassen.

Mineralöle stellen ein kompliziertes Gemisch von Kohlenwasserstoffen (KW) dar, die bei einer Temperatur von 50 °C einen Dampfdruck $p_n \leqq 200$ kPa haben und bei 35 °C in flüssiger Form vorliegen (TGL 22213). Die gegenwärtig zur Verfügung stehenden analytischen Methoden gestatten die Untergliederung der Mineralöle in Alkane, alizyklische Paraffine und aromatische Kohlenwasserstoffe. Daneben sind in den Mineralölen Harze, Naphthensäuren, Phenole sowie organische N- und S-Verbindungen enthalten. Eine zunehmend größere Rolle unter den organischen Grundwasserkontaminanten spielen die halogenierten und polyzyklischen aromatischen Kohlenwasserstoffe (PAK), die schon in geringsten Konzentrationen (als Spurenstoffe) durch ihre z. T. kanzeroge-

Tabelle 5.52. Schadensfälle durch Lagerung, Umgang, Umschlag und Transport von Wasserschadstoffen

Ort	Lit.-Quelle	Zeit bzw. Menge	Art Ursache	Untergrund-beschaffenheit	Auswirkungen im Grundwasser
Nordteil der DDR	1	Anfang 70er Jahre 58 Speicher	Silosickersaft Flüssigdünger ACZ	Lockergestein	75 % der im Einzugsgebiet gelegenen Einzelbrunnen mußten stillgelegt werden
DDR	2	1973–1977	unsachgemäße Anlage eines ACZ	n. b.	Totalausfall einer Wasserversorgungsanlage durch NO_3-Anstieg von 25 mg/l auf 1320 mg/l
Radotin bei Prag/ČSSR	3	n. b.	unsachgemäße Lagerung Mineraldünger ACZ	fluviatile Sande	unterhalb des ACZ NO_3-Gehalte von 900 mg/l im Grundwasser
Bez. Schwerin	4	1964–1967	unsachgemäße Lagerung von Mineraldünger	Lockergestein	Im genannten Zeitraum mußten 47 Brunnen gesperrt werden.
BRD	5	n. b.	unkontrollierte Versickerung von vierwertigem Alkohol	n. b.	In 1,5 km Entfernung von chemischer Fabrik mußte Förderbrunnen eines WW wegen zu hoher organischer Belastung ($KMnO_4$ – Verbrauchanstieg von 3 auf 300 mg/l) stillgelegt werden.
Schweiz	6	n. b.	Chemiebetrieb unkontrollierte Versickerung flüchtiger KW	n. b.	Grundwasserstrom unterhalb des Chemiebetriebes Brombenzengehalt 2 µg/l, Chlorbenzen 16 µg/l im Grundwasser
DDR	7	70…80 kg CN 250 kg Cr^{6+}	unkontrollierte Versickerung durch Fußboden und Kanalisation	Geschiebemergel über Sand	CN im Grundwasser maximal 1,0…2,7 mg/l Cr^{6+} maximal 1,9 mg/l, Schadstoffe bis in 30 m Tiefe nachweisbar

Ort	Lit.-Quelle	Zeit bzw. Menge	Art Ursache	Untergrund-beschaffenheit	Auswirkungen im Grundwasser
Harzvorland/ DDR	8	Winterperiode	Anwendung von $MgCl_2$ zum Auftauen von Erz in Eisenbahn-waggons	Festgestein	Nach einem halben Jahr in 140 m Entfernung Cl-Gehalte von 5 700 mg/l und GH = 635 °dH im Brunnenwasser, nach 3 Jahren Kontaminationszone bis 550 m, in 20 Brunnen Kontamination nachweis-bar.
Dinslaken/BRD	9	n. b.	Schwefelsäure undichte Sammel-becken und -kanäle	fluviatile Sande	Anstieg der Härte des Grundwassers auf 49,5 °dH und SO_4 auf max. 1 560 mg/l, Fe – 140 mg/l in einer Zone von etwa 1,5 km Breite und 3,5 km Länge
Teutoburger Wald/BRD	9	n. b.	entweichendes Perchloräthylen (org. Lösungsmittel) wird durch Niederschläge in Untergrund einge-waschen	Sande und Kiese	in 200 m Entfernung im Trinkwasserbrunnen 1 mg/l chlorierte Kohlenwasserstoffe, organoleptische Beeinträchtigung
New Jersey/ USA	10	n. b.	unkontrollierte Versickerung orga-nischer Lösungsmittel auf Betriebsgelände	schluffige Sande und Kiese, vereinzelte Tonzwischenstauer	Im Unterstrom von 3 Betrieben konnten chlorierte Kohlenwasserstoffe im Grundwasser in einer Größenordnung von Trichloräthan = 150 … 5 000 ppb (max.27 000 ppb) und von max. 27 000 ppb Tetra-chloräthylen = 100 … 300 ppb festgestellt werden.
Maine/USA	11	1977	Umschlagplatz von Mineralölen, Altöl-aufbereitungsanlage	n. b.	17 Einzelbrunnen mußten wegen Kontamination durch TCE, Acetone, Xylene, Dimethylsulfide u. a. gesperrt werden.

Literaturverzeichnis:

1 HEINISCH u. a., 1976
2 LAUTERBACH, 1980
3 KULHAVY, 1979
4 WOLTER, 1969
5 SCHRAMMECK in BÖHNKE 1973
6 GIGER, SCHAFFNER, 1981
7 MAHRLA, 1980
8 HEIER, 1966
9 SCHNEIDER, 1973
10 ROUX, ALTHOFF, 1980
11 Contamination … (1981)

ne Wirkung hygienisch bedenklich sind und sich im allgemeinen durch hohe Persistenz gegenüber mikrobiellen und physikochemischen Ab- und Umbauprozessen auszeichnen. Diese Stoffgruppen gelten als Leitsubstanzen für toxische Organik.

Wie in den Abschnitten 5.1.1. bis 5.1.4. dargelegt, können halogenierte Kohlenwasserstoffe auch über andere Quellen ins Grundwasser gelangen, finden sie doch breite Verwendung in Form von Pflanzenschutz-, Holzschutz-, Kühl-, Flammenschutz-, Lösungs- und Treibmittel (für Aerosole). Desweiteren entstehen sie bei der Verbrennung von fossilen Brennstoffen sowie bei der chemischen Synthese. Ihre Umweltrelevanz geht auch aus der in Tabelle 5.53 dargestellten geschätzten Weltproduktion ausgewählter halogenierter Kohlenwasserstoffe hervor. Eine außerordentlich vielfältige Stoffgruppe sind die PAK. Nach dem Dampfdruck werden leichtflüchtige (Dampfdruck $< 10^{-3}$ hPa bzw. Kochpunkt $< 150\,°C$) und schwerflüchtige (Dampfdruck $> 10^{-3}$ hPa) halogenierte Kohlenwasserstoffe unterschieden. Die leichtflüchtigen halogenorganischen Kohlenwasserstoffe stellen zum überwiegenden Teil Methan-, Äthan- und Äthenderivate dar.

PAK treten in der Umwelt stets als Stoffgemisch auf. Der bekannteste Vertreter ist das 3,4-Benzpyren, das auf Empfehlung der WHO wegen seiner Kanzerogenität und seiner weiten Verbreitung (Tabelle 5.54) als Leitsubstanz der PAK angesehen wird.

Tabelle 5.53 Geschätzte Weltproduktion ausgewählter halogenierter Kohlenwasserstoffe (nach KOCH, 1986)

Verbindung	t/a
Chlorbenzene	900 000
Monochlormethan	400 000
Dichlormethan	5 000 000
Monobrommethan	20 000
Trichlormethan	250 000
Tetrachlormethan	1 000 000
Fluorkohlenwasserstoffe	750
Tetrachloräthen	750
Chloräthen	7 730
Trichloräthen	700
Trichloräthan	480
DDT	60
Hexachlorcyclohexan	54 500
Chlorphenole	200 000
chlorierte Alkane und Alkene	25 000 000

Tabelle 5.54. Gehalt verschiedener Erdproben an 3,4-Benzpyren (ENGST, 1975)

Probenahmestelle	µg 3,4-Benzpyren je kg Erde
Sand (Ostsee)	0,8
Waldboden (Ostsee)	35
Sand	10
Havelsand	40
Gartenerde } Villenvorort	100…800
Humus	800
Bushaltestelle	1 500
Autobahn	3 000
Bahnhof	3 000
Waldboden (Braunkohlengebiet)	17 500
Rasenerde (Teerwerk)	60 000

Im Bild 5.27 ist in Anlehnung an SCHWILLE (1981) die Ausbreitung von Kohlenwasserstoffen schematisch dargestellt. Bei der Betrachtung des Migrationsverhaltens von Kohlenwasserstoffen ist zu berücksichtigen, daß sich diese als

– eigenständige, mit Wasser nicht mischbare KW-Phase
– gelöste Komponenten in der Wasserphase
– gelöste Komponenten in der Gasphase

bewegen können, wobei die drei Phasen untereinander und außerdem mit der Feststoffphase in Wechselwirkung stehen. Die vertikale Ausbreitung der selbständigen KW-Phase in der Aerationszone hängt von einigen Faktoren ab, die sich sowohl aus der Menge, der Zusammensetzung und den Eigenschaften der versickerten Stoffe als auch der Größe, Struktur sowie der Wasser(bzw. Gas-)sättigung des Porenraumes ableiten. Erreichen die Mineralölprodukte den Kapillarsaum über der Grundwasseroberfläche, wird ihre weitere Migration in erster Linie von der Dichte, der Viskosität und der Löslichkeit der Kohlenwasserstoffe bestimmt. Ist die Dichte der Mineralöle kleiner als die des Wassers, kommt es zur Ausbildung einer mit KW gesättigten Linse (Ölpfannkuchen) auf der Grundwasseroberfläche, die sich entsprechend dem Grundwassergefälle in horizontaler Richtung ausbreitet (BLAKE/LEWIS, 1982). Ist die Dichte der Kohlenwasserstoffe größer als die des Wassers, wie z. B. der halogenierten KW (Tabelle 5.55), dringen sie bis auf die Sohle des Grundwasserleiters vor und bewegen sich dort entsprechend dem Oberflächenrelief des liegenden Stauers. Nach Beendigung des Schadstoff-

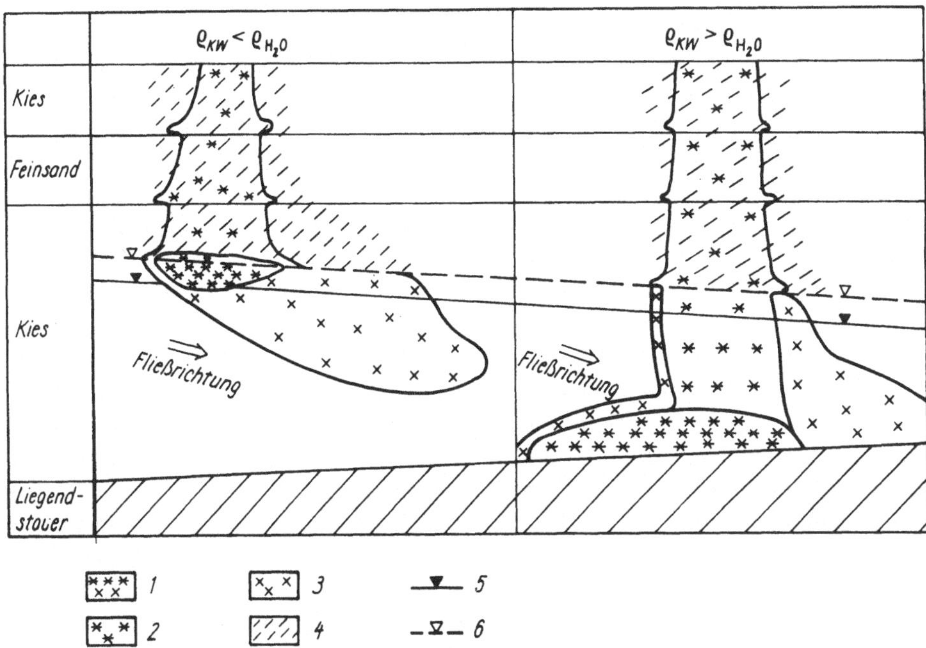

Bild 5.27. Schema des Migrationsverhaltens von Kohlenwasserstoffen (KW) im Untergrund

1 KW als eigenständige Phase (»Ölpfannkuchen«)
2 KW als eigenständige Phase in Restsättigung
3 gelöste KW
4 KW in der Gasphase
5 Grundwasseroberfläche
6 Oberfläche des Kapillarsaums

Tabelle 5.55. Dichte γ und kinematische Viskosität η bei 20 °C und das Verhältnis Durchlässigkeitsbeiwert der Kohlenwasserstoffe zum Durchlässigkeitsbeiwert für Wässer (Matthess u. a., 1985)

Substanz	Dichte in g/cm^3	Viskosität in mPa s	K_{MP}/K_W
Wasser	0,9982	1,005	1
Mineralölprodukte			
Benzene	0,879	0,652	1,36
Gasoline	0,725...0,785	0,650	1,54
Dieselkraftstoffe	0,820...0,860	2,8...6,4	0,15...0,36
halogenierte Kohlenwasserstoffe			
Dichlormethane	1,327	0,3282	3,0675
Trichlormethane	1,462	0,3765	2,6738
1,1,1-Trichlor-äthane	1,337	0,6500	1,8577
Dichlorbenzene	1,306	0,8159	1,2340
Tetrachlor-äthane	1,598	1,0951	0,9194

$K_{MP} = \dfrac{\gamma}{\eta} \cdot K$, wobei K Permeabilität in Darcy ist

eintrages erfüllen die KW den der Restsättigung entsprechenden Teil des Porenraumes und stehen damit in besonders enger Wechselwirkung mit der Gas- bzw. Wasserphase, die z. B. durch Grundwasserspiegelschwankungen noch verstärkt wird. Die in den Untergrund gelangten KW können über historische Zeiträume erhalten bleiben und einen permanenten sekundären Schadstoffherd bilden, dessen Erkundung und Beseitigung mit großem Aufwand verbunden ist (Leibenath/Voigt, 1987; Pelikan, 1984; u. a.). Modellvorstellungen zur havariebedingten Migration der eingenständigen KW-Phase werden in den Arbeiten von Schiegg (1977) Zilloix u. a. (1978), Abriola/Pinder (1986) u. a. entwickelt. Aus Tabelle 5.55 geht hervor, daß einige KW und besonders die chlorierten in Speichergesteinen mobiler als Wasser sind.
Leichtflüchtige KW verdunsten entsprechend ihrem Dampfdruck und ihrer Sättigungskonzentration an der Kontaktfläche mit der Grundluft und migrieren als Gas in der Aerationszone, wobei der vorherrschende Mechanismus die Diffusion ist. Ein Teil der gasförmigen Kohlenwasserstoffe kann in Wechselbeziehung mit den eindringenden Niederschlägen in wasserlösliche Form überführt werden. Über die Prozesse der unterirdischen Verdunstung von Mineralölprodukten liegen nur wenige Erkenntnisse vor, besonders über ihre Lösung durch Sickerwässer. Günther (1972) berichtet über einen Schadensfall, bei dem etwa 30 % des in den Untergrund gelangten Benzins verdunsteten. Im Ergebnis dieses Prozesses kam es zu periodischen Gasausbrüchen in einer Havariebohrung. Andererseits ermöglicht es gerade die Gasphase, den Kontaminationskörper im Untergrund zu kartieren (Guckelhorn/Kasper, 1976; Albertsen/Matthess, 1978).
Von besonderer Bedeutung für die Beeinträchtigung der Beschaffenheit des Grundwassers sind jedoch die Komponenten der Mineralöle, die im Wasser gelöst werden (s. auch Tabelle 2.6). In den Tabellen 5.56 und 5.57 wurden die Löslichkeit (Sättigungskon-

zentration) für halogenierte und für polyzyklische aromatische KW sowie einige andere Eigenschaften zusammengestellt. Die Löslichkeitswerte sind Orientierungsgrößen (s. auch Abschnitt 2.3.), die von der Zusammensetzung des Wassers abhängen. In Anwesenheit von oberflächenaktiven Stoffen (Tensiden) aber auch einiger natürlicher organischer Säuren (z. B. Humin- und Fettsäuren) wird ihre Löslichkeit wesentlich erhöht. Gleichzeitig muß darauf hingewiesen werden, daß die Löslichkeit der primär in den Untergrund gelangten KW nur ein unvollständiges Bild über die mögliche Grundwasserbeeinträchtigung durch gelöste organische Substanzen vermittelt, da bei der mikrobiologi-

Tabelle 5.56. Eigenschaften einiger halogenierter Kohlenwasserstoffe, Phenole und Aniline (nach ROTH, 1985; KOCH, 1986; WHO 1979)

Stoff	Formel	Wasserlöslichkeit	Dampfdruck	Oktanol-Wasser-Verteilungskoeffizient	Dichte
		in mg/l	in Pa (bei 20 °C)	log K_{OC}	in g/cm
Monochlormethan	CH_3Cl	5380	501,8	1,6	0,973 (10 °C)
Monobrommethan	CH_3Br	1000	189,3	2,3	1,737 (10 °C)
Dichlormethan	CH_2Cl_2	13200	$4,8 \cdot 10^4$	1,5	1,327 (20 °C)
Tribrommethan	$CHBr_3$	1100	–	2,5	2,89 (25 °C)
Dichlorbrommethan	$CHCl_2Br$	–	–	–	1,98 (25 °C)
Trichlorfluormethan	CCl_3F	1300	$8,9 \cdot 10^4$	2,3	1,467 (25 °C)
Dichlordifluormethan	CCl_2F_2	2800	573,2	2,0	1,75 (115 °C)
Trichlormethan	$CHCl_3$	8220	$2,66 \cdot 10^4$ (25 °C)	2,02	1,485
Tetrachlormethan	CCl_4	785	$1,22 \cdot 10^4$	2,5	1,585
Dichloräthan	$C_2H_4Cl_2$	8850 (20 °C)	$1,28 \cdot 10^3$	1,7	1,25
Tetrachloräthan	$C_2H_2Cl_4$	2900 (25 °C)	666 (21 °C)	3,0	1,596
Hexachloräthan	C_2Cl_6	unlöslich	133,3 (32,7 °C)	–	2,09 (20 °C)
Chloräthen (Vinylchlorid)	C_2H_3Cl	1100 (24 °C)	333 (20 °C)	2,2	0,91 (20 °C)
Tetrachloräthen (Perchloräthen)	C_2Cl_4	150 (25 °C)	$1,87 \cdot 10^3$ (20 °C)	2,95	1,625
Monochlorbenzen	C_6H_5Cl	488 (20 °C)	$1,2 \cdot 10^3$	2,8	1,1
1,2-Dichlorbenzen	$C_6H_4Cl_2$	145	133	3,4	1,3
Hexachlorbenzen	C_6Cl_6	0,005	$1,45 \cdot 10^{-3}$	6,44	–
2,3,7,8-Tetrachlordibenzo-p-dioxin („Dioxin")		$0,2 \cdot ppb$	–	7,1	–
Phenol		67000	47 (25 °C)	1,1	1,07
4-Chlorphenol		27000	–·	2,27	1,265 (40 °C)
Pentachlorphenol	C_6Cl_5OH	14000 (20 °C)	$1,5 \cdot 10^{-2}$	5,19	1,98
Anilin	$-NH_2$	34000 (25 °C)	35	1,3	1,02

Tabelle 5.57. Eigenschaften einiger polyzyklischer aromatischer
Kohlenwasserstoffe

Stoff	Summen-formel	Struktur-formel	Wasserlös-lichkeit bis 25 °C in mg/l	Oktanol-Wasser-Verteilungs-Koeffizient
				(log K_{OW})
Naphtalin	$C_{10}H_8$	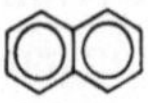	31,7	$3,01\ldots3,59^{2)}$
Acenaphthalin	$C_{12}H_8$	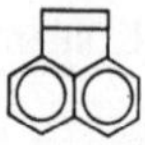	–	–
Acenaphthen	$C_{12}H_{10}$		3,93	–
Fluoren	$C_{13}H_{10}$	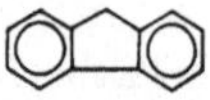	1,98	$4,18^{2)}$
Anthrazen	$C_{14}H_{10}$	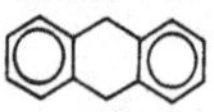	0,73	$4,45\ldots4,63^{2)}$
Phenanthren	$C_{14}H_{10}$	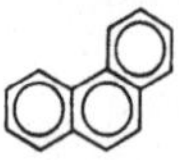	1,29	$4,46\ldots4,63^{2)}$
Fluoranthen	$C_{16}H_{10}$	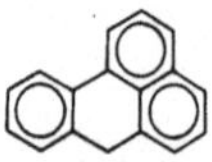	0,26	$5,33^{1)}$
Pyren	$C_{16}H_{10}$	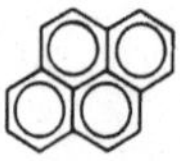	0,135	$4,88\ldots5,22^{2)}$
Benzo(a)fluoren	$C_{17}H_{12}$	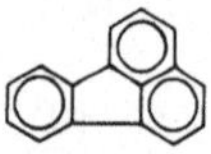	0,045	–
Benzo(b)fluoren	$C_{17}H_{12}$	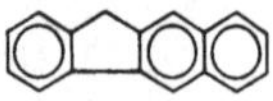	0,002	–
Benzo(c)fluoren	$C_{17}H_{12}$	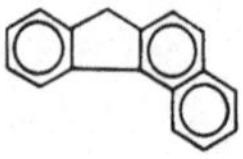	–	–
Benz(a)anthrazen	$C_{18}H_{12}$	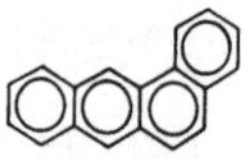	0,014	–
Benz(c)phenanthren	$C_{18}H_{12}$	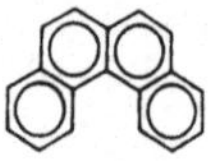	–	–
Chrysen	$C_{18}H_{12}$	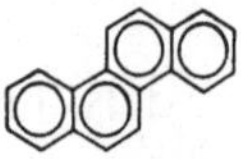	0,002	–
Triphenylen	$C_{18}H_{12}$		0,043	–
Benzo(g, h, i)-fluoranthen	$C_{18}H_{10}$	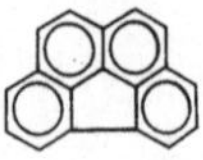	–	$7,23^{1)}$

Tabelle 5.57 (Fortsetzung)

Stoff	Summen-formel	Struktur-formel	Wasserlös-lichkeit bis 25 °C in mg/l	Oktanol-Wasser-Verteilungs-Koeffizient
1	2	3	4	5
Benzo(b)fluoranthen	$C_{20}H_{12}$	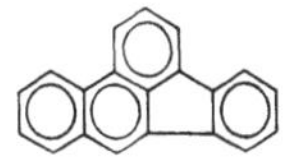	–	6,57[1]
Benzo(j)fluoranthen	$C_{20}H_{12}$	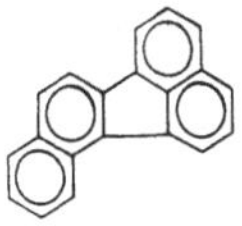	–	
Benzo(k)fluoranthen	$C_{20}H_{12}$	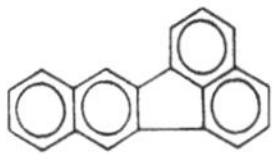	–	6,84[1]
Benzo(a)pyren	$C_{20}H_{12}$	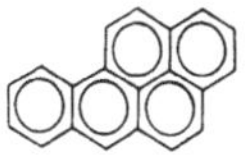	0,0038	6,04[1]
Benzo(e)pyren	$C_{20}H_{12}$			
Perylen	$C_{20}H_{12}$		0,0004	
Dibenz(a,c)an-thrazen	$C_{22}H_{14}$		–	
Dibenz(a,h)an-thrazen	$C_{22}H_{14}$	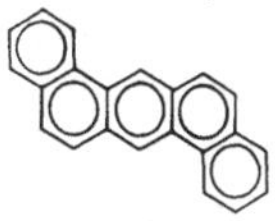	0,0025	
Anthrazene	$C_{22}H_{12}$	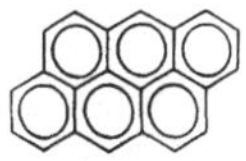		
Benzo(g,h,i)-pyrelen	$C_{22}H_{12}$	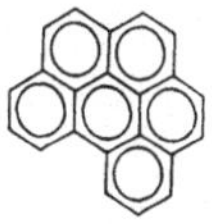	0,00026	
Indeno(1,2,3-cd)-pyren	$C_{22}H_{12}$	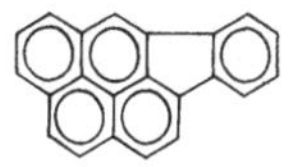		7,66[1]
Dibenzo(a,h)-pyren	$C_{24}H_{14}$	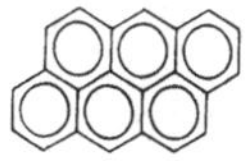		

Tabelle 5.57 (Fortsetzung)

Stoff	Summen-formel	Struktur-formel	Wasserlös-lichkeit bis 25 °C in mg/l	Oktanol-Wasser-Verteilungs-Koeffizient
Dibenzo(a,i)-pyren	$C_{24}H_{14}$			
Dibenzo(a,l)-pyren	$C_{24}H_{14}$			
Coranen	$C_{24}H_{12}$		0,00014	

[1]) nach KOCH (1986)
[2]) nach KARICKHOFF et al. (1979), HUTCHINSON et al. (1978), MEANS et al. (1980) und HANSCH/LEO (1979)

schen Oxydation polare Zwischenprodukte entstehen (Alkohole, Phenole, Ketone, organische Säuren u. a.), die über erhöhte Wasserlöslichkeit verfügen und mit dem Sikker- und Grundwasser ausgewaschen werden können. Besonders intensiv geht der mikrobielle Abbau an der Phasengrenze KW/Luft bzw. KW/Wasser vor sich. Bei eigenen -Felduntersuchungen wurde beobachtet, daß auf dem Territorium eines ehemaligen Tanklagers die KW in der Aerationszone praktisch vollständig abgebaut wurden, während auf der Grundwasseroberfläche eine bis zu einem Meter mächtige Ölschicht festgestellt wurde.

Den durch gelöste Mineralölprodukte kontaminierten Bereich des Grundwassers gliedern KÄSS und BARTZ (1972) in eine organoleptische (Geschmacks- und Geruchs-) Zone sowie eine Analysenzone. Innerhalb der ersteren wird die Mineralölkontamination durch die Sinnesorgane des Menschen wahrgenommen, während sie in der Analysenzone nur durch moderne Analysenverfahren nachweisbar ist. Die organoleptische Beurteilung des Ausmaßes der Grundwasserkontamination durch KW ist jedoch unzureichend, da sie keinerlei Auskunft über die Toxizität gibt.

Bei den Stofftransformationsprozessen von KW im Grundwasser tritt eine Vielzahl von Reaktionsmechanismen auf, wie Hydrolyse, Dekarbonisierung, Dealkylisierung, Alkylisierung, Dehalogenierung, Dehydrohalogenisierung, Hydroxilisierung, Ringspaltung, Ätherspaltung. Die größte Bedeutung als Selbstreinigungsprozeß hat jedoch die mikrobiologisch katalysierte Oxydation. Der mikrobiologische Abbau von KW im Grundwasser hängt neben der Bakterientoxizität der organischen Kontaminanten von einer Vielzahl hydrogeochemischer Faktoren ab, von denen als wichtigste folgende zu nennen wären:

– Zur Verfügung stehende Oxydationsmittel. Hierfür kommen gelöster Sauerstoff, NO_3^-, Fe^{3+} und SO_4^{2-} in Frage, die in der hier aufgeführten Reihenfolge als Elektronenakzeptor benutzt werden. BATTERMANN (1984) berichtet über die erfolgreiche

254

Verwendung von NO_3^- als Oxydationsmittel bei der Sanierung einer Untergrundkontamination durch Mineralölprodukte, welches gegenüber Sauerstoff den Vorteil einer bedeutend höheren Wasserlöslichkeit hat und damit in größerer Menge dosiert werden kann.

- Vorhandensein von für den Stoffwechsel der Zellen notwendigen Stoffen, wobei N- und P-Salze entscheidend sind.
- Temperatur
- Vorhandensein anderer organischer Stoffe. Wenn leichter abbaubare Stoffe vorhanden sind, werden diese zuerst in den Stoffwechsel einbezogen, und es kommt zur Hemmung oder zum Erliegen des KW-Abbaus. Gleichfalls wird der mikrobiologische Abbau durch wirksame Konzentrationen von toxischen Verbindungen gehemmt.
- Zusammensetzung der Mikroflora. Gewöhnlich sind Abbauspezialisten vorhanden, die sich im Beisein des entsprechenden Stoffes recht schnell vermehren. Anders verhält es sich mit Stoffen, die unter natürlichen Bedingungen nicht oder nur in sehr geringen Konzentrationen vorkommen, wie es für die meisten PAK und halogenierten KW zutrifft.

Bei den PAK verringert sich im allgemeinen die Abbaubarkeit mit steigender Ringzahl. Während für Naphthalen, Biphenyl, Anthracen und Phenanthren sowie einige ihrer Derivate Bakterien nachgewiesen werden konnten, die diese Verbindungen als Kohlenstoff- und Energiequelle nutzen (GERNIGLA, 1981; FEDORAK/WESTLAKE, 1981), konnten noch keine Mikroorganismen isoliert werden, die PAK mit mehr als drei Ringen abzubauen vermögen (POPP, 1978). (Zum Abbau halogenisierter KW s. auch Abschnitt 5.1.2. und 5.1.4.)

Im Ergebnis der mikrobiologischen Oxydation sind Aufhärtungen, Sauerstoffzehrung, reduzierendes Milieu und damit erhöhte Eisen-II- und Mangangehalte Begleiterscheinungen einer Grundwasserkontamination durch KW.

Schweroxydierbare gelöste organische Stoffe können aus dem Grundwasser durch Anlagerung an die hydrophoben Oberflächen organischer Bodensubstanzen (Humin- und Fulvosäuren, Lignin u. a.) eliminiert werden. Der Prozeß, der als hydrophobe Bindung (BOHN u. a., 1979) bezeichnet wird, kann ähnlich dem Sorptionsprozeß durch Isothermen beschrieben werden. KARICKHOFF u. a. (1979) sowie MEANS u. a. (1981) fanden bei Migrationsversuchen mit polyzyklischen aromatischen KW (PAK) signifikante Korrelationsbeziehungen zwischen dem Oktanol-Wasser-Verteilungskoeffizienten (K_{OW}) und dem Oktanol-Verteilungskoeffizienten mit der organischen Bodensubstanz (K_{dOC}). Eine analoge empirische Beziehung wurde durch SCHWARZENBACH/WESTALL (1981) für halogenierte Benzene und Alkene aufgestellt. Aus dieser engen Korrelation und der vernachlässigbar geringen Sorption durch die mineralische Bodensubstanz ergibt sich die Möglichkeit, den Verteilungskoeffizienten Bodenmatrix/Wasserphase aus dem K_{OW} der entsprechenden Komponente und dem Gehalt an organischer Bodensubstanz ($[C_{org}]$) zu berechnen. In Bild 5.28 sind die obengenannten Arbeiten ermittelten Regressionen dargestellt, die für geringe Konzentrationen gültig sind. Diese können zur prognostischen Einschätzung des Sorptionsverhaltens unpolarer organischer Stoffe verwendet werden. Sie können aber auf Grund der sehr differenzierten Zusammensetzung und Eigenschaften der organischen Bodensubstanz nicht als allgemeingültig angenommen werden. Tabelle 5.58 zeigt, wie aus den Stoffkenngrößen Oktanol-Wasser-

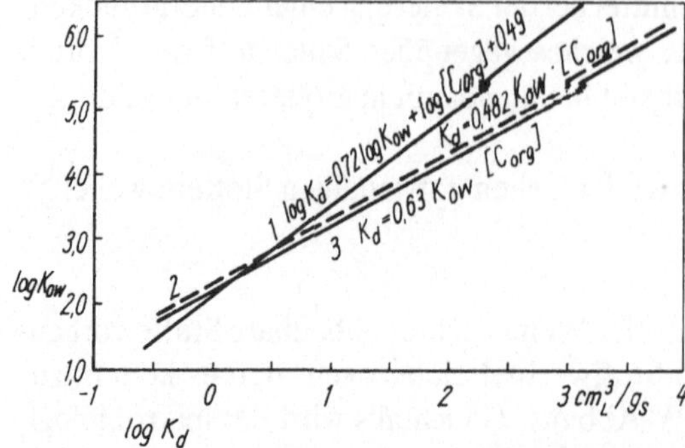

Bild 5.28. Empirische Beziehung zwischen dem Verteilungskoeffizienten K_d und dem Oktanol-Wasser-Verteilungskoeffizienten K_{OW}, graphisch dargestellt für $C_{org} = 0,01\,\%$

1 nach SCHWARZENBACH/WESTALL (1981) für halogenierte Alkene und Benzene
2 MEANS u. a. (1980)
3 KARICKHOFF u. a. (1979) für polyzyklische aromatische KW

Verteilungskoeffizient und Wasserlöslichkeit halbquantitative Schlußfolgerungen über das Migrationsverhalten organischer Stoffe abgeleitet werden können.

Während z. B. KAA et al. (1984) und DURNER/HERRMANN (1987) bei der Untersuchung des Migrationsverhaltens organischer Spurenstoffe in Repräsentativgebieten relativ gute Übereinstimmung der gemessenen Konzentrationen mit den nach SCHWARZEN-BACH/WESTALL (1981) berechneten feststellten, wurde von MACKAY et al. (1986) beobachtet, daß die durch Batch-Versuche und Felduntersuchungen ermittelten K_d-Werte tendenziell höher lagen als die theoretisch vorausgesagten. Die Autoren erklären das mit

– größerer Hydrophobie der organischen Bodensubstanz
– Sorption (im erweiterten Sinn) durch mineralische Stoffe. Der im Repräsentativgebiet anstehende Erdstoff enthält zu 14 % Karbonat- und Sandstoffpartikeln, die über eine hohe Mikroporosität verfügen. Dadurch kommt es zur Diffusion in die stagnierende Wasserphase (Haftwasser) und damit zu sorptionsartigen Effekten.

Der Verteilungskoeffizient Oktanol-Wasser ist eine Stoffkenngröße, die ursprünglich in der Biochemie eingeführt wurde und die der Gleichgewichtskonstanten der Stoffverteilung im System n-Oktanol-Wasser entspricht. Erfahrungsgemäß sind die physiko-chemischen Eigenschaften von n-Oktanol in etwa mit denen biologischer Membranen vergleichbar. Demzufolge wird dieser Koeffizient als Ausdruck der lipophilen Eigenschaf-

Tabelle 5.58. Transport- und Sorptionsverhalten organischer Stoffe in Relation zu stoffspezifischen Größen (in »Künstliche Grundwasseranreicherung . . .«, 1985)

Wasserlöslichkeit in mg/l	Oktanol-Wasser-Verteilungskoeffizient (log K_{OW})	Sorption	Transport
> 100	< 2	gering	schnell
100 . . . 0,1	3 . . . 4	gut	verzögert
< 0,1	> 4	sehr gut	gering

ten eines Stoffes gewertet und gestattet Rückschlüsse auf das Verteilungsverhalten chemischer Stoffe in der Biomasse (einschließlich abgestorbener).

Oktanol-Wasser-Koeffizienten einiger KW sind in den Tabellen 5.56 und 5.57 dargestellt. Für weitergehende Studien sei auf die Monographie von KOCH (1986) sowie einschlägige WHO-Publikationen hingewiesen (1979, 1983). NYS/REKKER (1974) beschreiben ein Berechnungsschema, daß die Bestimmung des Oktanol-Wasser-Koeffizienten aus der Strukturformel der organischen Substanz ermöglicht.

Weitaus komplizierter gestaltet sich das Sorptionsverhalten bei Anwesenheit von polaren funktionellen Gruppen. Hier kann gegenwärtig keine allgemeingültige Einschätzung gegeben werden. DZOMAK/LUTHY (1984) stellten fest, daß die Anwesenheit von Aminogruppen im allgemeinen die Sorption erhöht, während die Substitution mit Karbonsäuregruppen zu größerer Mobilität führt.

Abschließend kann zusammengefaßt werden, daß es trotz der außerordentlichen Kompliziertheit und Vielfalt der Migrationsprozesse organischer Komponenten möglich ist, prognostische Aussagen darüber zu treffen, wobei die Kenntnis der Parameter Dampfdruck, Dichte, Viskosität, Wasserlöslichkeit und Verteilungskoeffizient Oktanol-Wasser eine Schlüsselrolle spielt. Hierfür ist natürlich die detaillierte Kenntnis der Einzelstoffe erforderlich. Daraus ergibt sich die Forderung nach wesentlicher Verfeinerung der Analytik organischer Stoffe im Zusammenhang mit Kohlenwasserstoffhavarien. Trotz der Häufigkeit von Mineralölhavarien bleibt die Auswirkung im Untergrund meist auf lokale Bereiche im Grundwasserleiter begrenzt. Die Spezifik der Grundwasserkontamination durch Mineralölprodukte kommt auch in Tabelle 5.59 zum Ausdruck, in der ausgewählte Schadensfälle mit Grundwasserbeeinträchtigung dokumentiert wurden.

Anders sind Grundwasserkontaminationen, verursacht durch PAK und halogenierte KW, zu bewerten, deren Ausmaße häufig größere Areale erfassen. Nach einer Erhebung der Umweltschutzagentur der USA (EPA) im Zeitraum 1975 bis 1979 wurden 33 toxische organische Stoffe in Wasserversorgungsbrunnen mit Konzentrationen von über 3 µg/l ermittelt (Tabelle 5.60). In der Mehrzahl der Fälle konnten die Ursachen des Schadstoffeintrags ins Grundwasser nicht ermittelt werden.

Keine Folge von Havarien im Verkehrswesen, sondern eine Maßnahme zur Aufrechterhaltung des Verkehrs, ist die Verwendung von Auftausalzen bzw. von Salzlösungen in der Winterperiode, die zu einer Kontamination des Untergrundes in Straßen- bzw. Bahnnähe führen kann. In durch Drainagen begrenzten Straßen wird allgemein ein Eindringen der Salzwässer in den Untergrund verhindert. Bei Landstraßen ohne Drainage macht sich dagegen der Einfluß der Salzlösungen noch in einer Entfernung von mehr als 100 m bemerkbar. In Massachussets (USA) mußte ein in 150 m Entfernung von der Autobahn gelegenes Wasserwerk wegen Salzwassereinbruch stillgelegt werden (SCHINZEL, 1968). Dagegen zeigten Untersuchungen am Autobahnkreisel Frankfurt/Main (GOLWER/SCHNEIDER, 1973), daß die Grundwasserbeeinträchtigung durch Drainagegräben abgefangen werden kann. Im Drainagewasser erreichen die Chloridgehalte jedoch Werte bis zu 1 370 mg/l, die Abdampfrückstände bis zu 2 600 mg/l (in der Winterperiode). Neben der Salzbelastung bewirkt der Straßenverkehr aus hydrogeochemischer Sicht besonders eine bedenkliche Erhöhung der Bleikonzentration (in 40 m Entfernung von der Autobahn Frankfurt/Main in 32 m Tiefe noch 32 ppm) sowie eine erhöhte organische Belastung des oberflächennahen Grundwassers (z. T. $KMnO_4$-Verbrauch größer als 100 mg/l).

Tabelle 5.59. Grundwasserschadensfälle durch Havarien bei Umgang, Lagerung und Transport von Mineralölprodukten (MP)

Ort	Lit.-Quelle	Zeit bzw. Menge	Art des MP	Untergrundbeschaffenheit	Auswirkungen im Grundwasser
München/BRD	1	1940 640 Tl	Benzin	Schotter	Nach einem halben Jahr im Untergrund Kontaminationszone von 2,5 km Länge und 500 bis 600 m Breite (danach keine weitere Ausbreitung)
Fürth/BRD	1	1940–1945 n. b.	Flugzeugbenzin	n. b.	500 m Ölkörper in Grundwasserfließrichtung
Schwechat/Österreich	2	1945 größere Mengen	Heizöl	Feinsand, Lehm	in Brunnen 100 m stromab vom Kontaminationsherd nach 2 bis 3 Monaten Geschmacks- und Geruchsbeeinträchtigung, auch nach Behebung der Ursache noch längerzeitige Nachwirkungen
Wesel/BRD	3	1945 größere Mengen	Treibstoff	Lockergestein	nach einem Vierteljahr 100 m kontaminierter Bereich im Grundwasser, nach 7 Jahren 700 m in Fließrichtung, später keine weitere Vergrößerung
Aldenach/Rhein	3	1916 größere Mengen	Benzin, Öl	Lockergestein	nach 35 Jahren (1951) Auswirkungen der Kontamination organoleptisch nachweisbar
Bochum/BRD	4	n. b. 3000 l	Öl aus Leck im Tank	verwitterte Sandsteine (5…10 m) und Schieferton des Karbon	90 m von Versickerungsstelle bildet sich »Ölquelle«, Ölaustritt innerhalb von 2 Jahren, hohe Wassergeschwindigkeit der MP
Essen/BRD	4	n. b. rund 10000 l	Heizöl aus Leck im Tank	Mergel klüftig	in 130 m entfernten Mineralwasserbrunnen starker Öleinbruch, Migration der MP auf begrenzten Kluftbahnen
Bratislava/ČSSR	5	1970 bis heute n. b.	Erdölverluste aus Raffinerie	fluviatile Sande und Kiese	Imprägnationskörper 1972 auf 3,5 km^2 mit 100000 m^3 Öl, gelöste Kohlenwasserstoffe im Grundwasser auf 26 km^2, nach Abpumpen von 24000 t Öl verringerte sich Ölkörper auf 2,8 km^2, der durch Kohlenwasserstoffe kontaminierte Bereich auf 12 km^2, in Einzelbrunnen Durchschnittsgehalte gelöster KW: 0,03…1,53 mg/l, Maximalwerte 12…23 mg/l

Ort	Lit.-Quelle	Zeit bzw. Menge	Art des MP	Untergrundbeschaffenheit	Auswirkungen im Grundwasser
Bez. Magdeburg/DDR	6	1970 $1370\ m^3$	VK 79	Decksande auf Geschiebemergel (bis 32 m)	Kohlenwasserstoffe stauten sich auf ungleichförmiger Oberfläche des Stauers in Mulden, nach einem Jahr Gasausbruch in Havariebohrung
Ostengland UK	7	1976 $132\ m^3$	Dieselöl	Kalk und Kreide über Sandstein	nach 2 Monaten auf Grundwasseroberfläche (Flurabstand 25 m) Ölschicht von 4…4,5 m Dicke, begrenzte Ausbreitung des Ölkörpers, Ölversickerung auf vertikalen Kluftbahnen mit begrenzter Eindringtiefe in den Porenraum von Kalksteinen
Coesfeld/BRD	8	bis 1971 40 000 l	Petroleum, Heizöl, Tankbehälter	Kalkmergel unter geringmächtiger Lehmdecke	150 m von Versickerungsstelle in Hausbrunnen Öleinbruch, Kontaminationszone folgt nicht streng der Fließrichtung, sondern liegt etwa diagonal dazu, migrationsbestimmender Faktor ist die Kluftrichtung im Gebirge

Literaturverzeichnis:

1 BARTZ, 1966
2 SCHINZEL, 1968
3 STUNDL, 1956
4 BIRK, SCHMIDT, 1978
5 PELIKAN, 1978
6 GÜNTHER, 1972
7 HUNTER-BLAIR, 1978
8 BIRK, VORREYER, 1978

Tabelle 5.60. Maximale Gehalte toxischer organischer Stoffe, die in Wasser-versorgungsbrunnen der USA ermittelt wurden im Vergleich zu maximalen Gehalten im Oberflächenwasser (nach »Contamination of...«, 1981)

Stoff	Grundwasser Gehalt C in µg/l	Staat	Oberflächen-wasser C in µg/l
Trichloräthylen (TCE)	27300	Pennsylvanien	160
Toluene	6400	New Jersey	6,1
1,1,1-Trichlor-äthan	5440	Maine	5,1
Acetone	3000	New Jersey	n. n.
Methylchloride	3000	New Jersey	13
Dioxine	2100	Massachusetts	n. n.
Äthylbenzene	2000	New Jersey	n. n.
Tetrachloräthylene	1500	New Jersey	21
Cyclohexane	540	New York	n. n.
Chloroform	490	New York	700
Di-n-butylphthalate	470	New York	n. n.
Carbontetrachlorid	400	New Jersey	30
Benzene	330	New Jersey	4,4
1,2-Dichloräthylen	323	Massachusetts	9,8
Äthyldibromide (EDB)	300	Hawai	n. n.
Xylene	300	New Jersey	24
Isopropylbenzene	290	New York	n. n.
1,1-Dichloräthylen	280	New Jersey	0,5
1,2-Dichloräthan	250	New Jersey	4,8
Äthylhexylphthalate	170	New York	n. n.
Dibromchlorpropane (DBCP)	137	Arizona	n. n.
Trifluortrichloräthane	135	New York	n. n.

weitere 7 Verbindungen mit Gehalten zwischen 20 und 55 µg/l sowie 4 Ver-bindungen mit Gehalten über 3 µg/l

5.2. Systematisierung der die Grundwasserkontamination bestimmenden Faktoren

Die Kenntnis der Ursachen der Grundwasserkontamination ist eine Voraussetzung, die Erfassung der potentiellen Kontaminationsherde eine objektive Notwendigkeit für einen effektiven Grundwasserschutz. Jeder Kontaminationsherd wird dabei durch spezifische Faktoren charakterisiert, die auf das natürliche System Grund-(Sicker-)Wasser-Gas-organische Substanz-Gestein einwirken und die als äußere Faktoren bezeichnet werden. »Innere Faktoren« sind die dem System eigenen, unter den konkreten Bedingungen wirkenden natürlichen Randbedingungen. Sie wurden in Abschnitt 4. ausführlich abgehandelt und am Beispiel der Aerationszone in Tabelle 4.19 zusammenfassend dargestellt. Ausgehend von den Erkenntnissen über die Ursachen der Grundwasserkontamination erscheint die Erfassung der äußeren Faktoren notwendig, um unter Berücksichtigung der inneren Faktoren eine Bewertung der Grundwassergefährdung

schen und biologischen Eigenschaften. Die Gefahr der Grundwasserbeeinträchtigung sowie der mögliche zeitliche und räumliche Ablauf unterscheiden sich bei gasförmigen, flüssigen und festen Schadstoffen grundsätzlich (Bild 5.29). Liegt der Schadstoff bereits in wäßriger Lösung vor, so wird sein hydrogeochemisches Verhalten vor allem durch folgende Faktoren bestimmt:

- chemische Zusammensetzung, Gehalt der im Wasser gelösten Bestandteile
- Gehalt und Zusammensetzung der Biomasse in der Lösung
- Löslichkeit der Elementverbindungen in der Lösung
- Migrationsform der Lösungsbestandteile
- Eh-Wert und pH-Wert der Lösung
- Temperatur und Radioaktivität
- Dichte und Viskosität der Lösung

Liegt der Schadstoff in fester Form vor, bzw. bewirken anthropogene Veränderungen im System Wasser-Gestein-Gas-organische Substanz den Übergang bestimmter Verbindungen aus dem Gestein ins Grund-, Poren- bzw. Sickerwasser, so sind folgende Faktoren bestimmend für seine Aktivierung (bzw. Reaktivierung) in die (bzw. aus der) wäßrige(n) Lösung:

- Art der Bindung des Schadstoffes im bzw. am Festkörper (chemisch, kolloidal, adsorptiv)
- chemische Zusammensetzung des Festkörpers, einschließlich der in ihm enthaltenen organischen Substanzen, Bakterien, Viren und anderen Organismen
- petrophysikalische Eigenschaften des Festkörpers (Durchlässigkeit, Porosität, Kornverteilung, Wassersättigung)
- aktive Oberfläche des Festkörpers
- Löslichkeit der festen Bestandteile

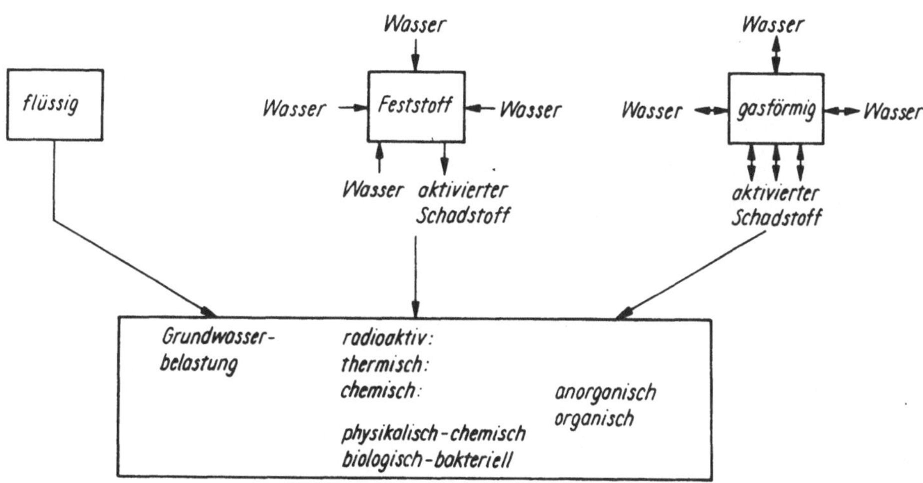

Bild 5.29. Aggregatzustand der Wasserschadstoffe im Kontaminationsherd und Arten der Grundwasserbelastung

– physikalisch-chemische Eigenschaften des durch den Festkörper zirkulierenden Wassers (bzw. des mit ihm in Kontakt stehenden Wassers)
– Radioaktivität, Temperatur, u. a. physikalische Eigenschaften

Eine mögliche Grundwasserbeeinträchtigung durch gasförmige Stoffe wird gleichfalls vorrangig von der Zusammensetzung und der Löslichkeit der Emissionen bestimmt.
Aus den Eigenschaften des Kontaminationsherdes bzw. des Schadstoffes leitet sich die Art der Belastung des Ökosystems ab. Man kann bedingt folgende Belastungsarten unterscheiden:
chemische, physikalisch-chemische, physikalische und biologisch-bakterielle, wobei fast immer eine kombinierte Belastung der Umwelt zu beobachten ist.
Die Folgen einer Schadstoffbelastung für das entsprechende Teilökosystem sind neben den physikalisch-chemischen Eigenschaften der Schadstoffe vor allem von der Größe und der Geometrie des Kontaminationsherdes (KH) abhängig (Bild 5.30).

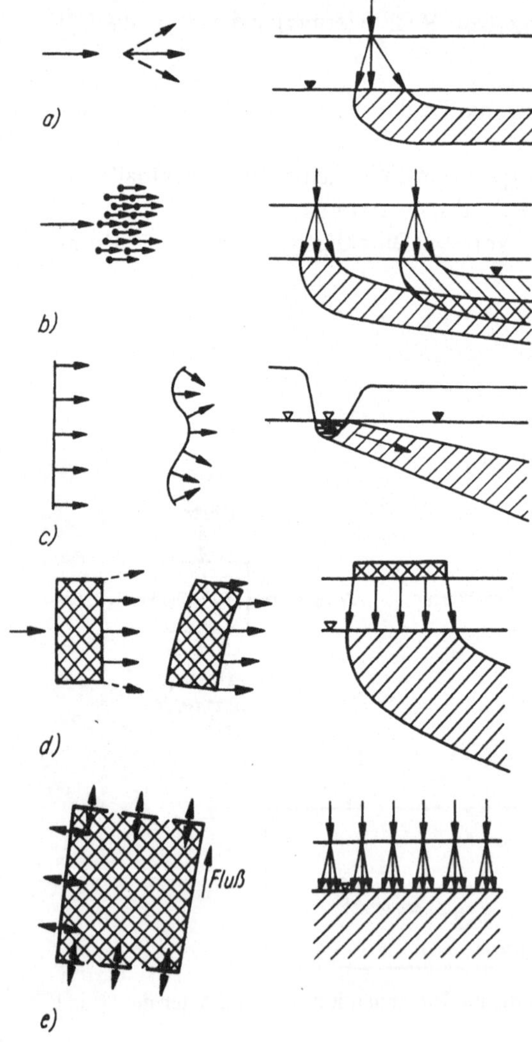

Bild 5.30. Geometrie des Kontaminationsherdes
a) punktförmig
b) punktförmig, gruppenbildend
c) linienförmig, konturfolgend
d) flächenhaft begrenzt
e) flächenhaft diffus

Man unterscheidet:

- punktförmige
- lineare
- flächenhafte Kontaminationsquellen
- verschiedene Zwischenformen

So lassen sich z. T. mehrere punktförmige Kontaminationsherde zu einer Gruppe zusammenfassen, die in ihrer Wirkungsweise einer linearen Kontaminationsfront bzw. flächenhaften Kontaminationsfeldern entsprechen können.

Letztere lassen sich in flächenhaft begrenzte und diffuse untergliedern, wobei diese Differenzierung in erster Linie eine Frage des Betrachtungsmaßstabes ist. Für den Grundwasserschutz stellt die Grundwasserlagerstätte, d. h. das begrenzte Einzugsgebiet, die maßstabsorientierende Größe dar. Als flächenhaft begrenzt werden abgrenzbare Schadstoffherde innerhalb des Einzugsgebietes eingestuft (z. B. Rieselfelder, Hochlastflächen u. a.).

Diffuse Kontaminationsfelder dagegen sind im gesamten Einzugsgebiet wirksam und lassen sich nicht konkreten Koordinaten zuordnen. In diese Gruppe können z. B. Rauchschadensgebiete industrieller Ballungsräume und agro-chemische Aktivitäten der Landwirtschaft eingeordnet werden.

Neben der räumlichen Charakteristik bestimmt die Zeit der Einwirkung des Kontaminanten auf das Ökosystem (bzw. Teile davon) die Auswirkungen u. a. auch auf das Grundwasser.

Man unterscheidet (Bild 5.31):

- einmalige, zeitlich begrenzte Schadstoffeinwirkung
- mehrmalige Schadstoffeinwirkung mit sporadischem und gesetzmäßigem bzw. periodischem Charakter
- ständige Schadstoffeinwirkung

Das räumliche, zeitliche und substantielle Ausmaß der Schadstoffeinwirkung findet seinen Ausdruck in der Intensität der Belastung des Ökosystems. Für die Einschätzung des Grundwassers als Trinkwasserressource sind dabei der Vergleich des schadstoffbelasteten Grundwassers mit den gesetzlich festgelegten Grenzwerten bzw. der zulässigen Aufnahmedosis über einen bestimmten Zeitraum von besonderer Bedeutung.

Die Eigenschaften des Kontaminationsherdes sowie seine zeitlichen und räumlichen Charakteristika sind äußere Faktoren, die mehr oder weniger unabhängig vom natürlichen Ökosystem sind. Ihre räumliche Stellung zum Grundwasserfließsystem dagegen ist entscheidend für die Wirksamkeit dieser Faktoren.

Die Lage der Kontaminationsquelle zur Grundwasseroberfläche stellt das Bindeglied zwischen den äußeren und inneren Faktoren einer Grundwasserkontamination dar. Danach wird unterschieden in (Bild 5.32):

- Der Kontaminationsherd befindet sich im Grundwasser.
- Die Schadstoffzufuhr kann dabei unmittelbar in das Grundwasser erfolgen (Bild 5.32a, *1*)
- Die Grundwasserkontamination erfolgt auf Grund veränderter Grundwasserhaushaltbedingungen durch Schadstoffzufuhr aus dem Grundwasserleiter bzw. aus den hangenden oder liegenden Grundwasserstauern und -leitern (z. B. Imigration nicht konditionsgerechter Salzwässer) (Bild 5.32a, *2*).

- Die Grundwasserkontamination ist das Ergebnis der Auslaugung des Kontaminationsherdes durch das Grundwasser (z. B. Deponie mit »nassem« Fuß).
- Die Speisung des Grundwassers erfolgt durch kontaminierte Oberflächengewässer, die mit dem Grundwasser eine hydraulische Einheit bilden (Bild 5.32a, *4*).

– Der Kontaminationsherd befindet sich über der Grundwasseroberfläche, so daß der eindringende Schadstoff bereits im aeroben Bereich der Wechselwirkung mit dem umgebenden Gestein, der Biomasse und der Bodenluft ausgesetzt ist. Die Aerationszone bietet somit einen ersten Schutz vor dem eindringenden Schadstoff, der durch ihre lithologische Ausbildung differenziert wird bzw. durch Schutzmaßnahmen (Abdichtung von Deponien, Kanalisierung kontaminierter Abwässer) künstlich erhöht werden kann (Bild 5.32b).

– Neben der vertikalen Lage zur Grundwasseroberfläche ist die Grundwasserbeeinträchtigung von der Lage der Kontaminationsquelle innerhalb der hydrogeologischen Struktur abhängig (Bild 5.32c), d. h. von seiner Anordnung im Nähr-, Transit- bzw. Entlastungsgebiet. Während sich die Beeinflussungsmöglichkeit im Entlastungsgebiet auf einen begrenzten Abschnitt beschränkt, kann im Nährgebiet bei entsprechender Konstellation die gesamte Grundwasserlagerstätte verunreinigt werden.

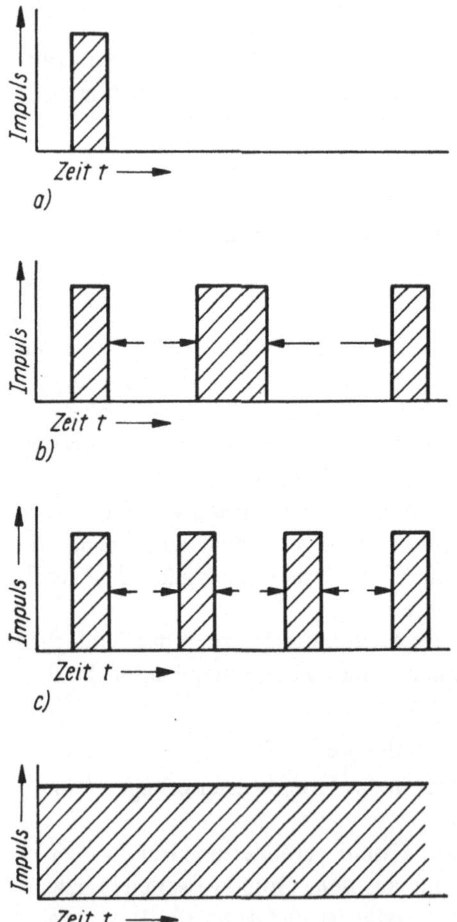

Bild 5.31. Zeitliche Abfolge der Kontamination
a) einmalig, zeitlich begrenzt
b) mehrmalig, sporadisch
c) mehrmalig, gesetzmäßig
d) ständig

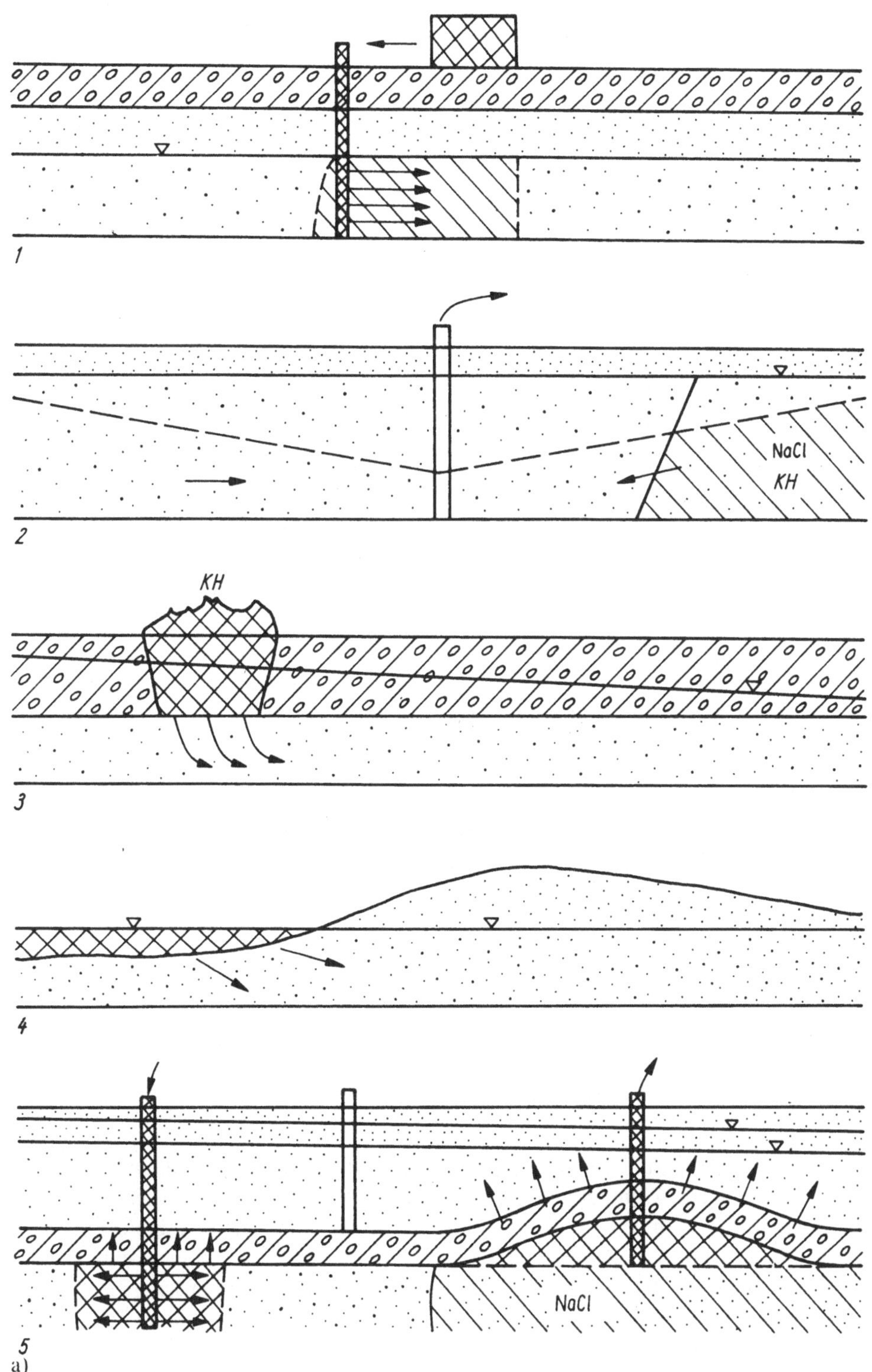

Bild 5.32. Räumliche Lage des Kontaminationsherdes (KH) zur Grundwasseroberfläche
a) Beispiel 1 – 4 KH im Grundwasser
Beispiel   5 KH im Grundwasser, jedoch durch Stauer vom genutzten GWL getrennt

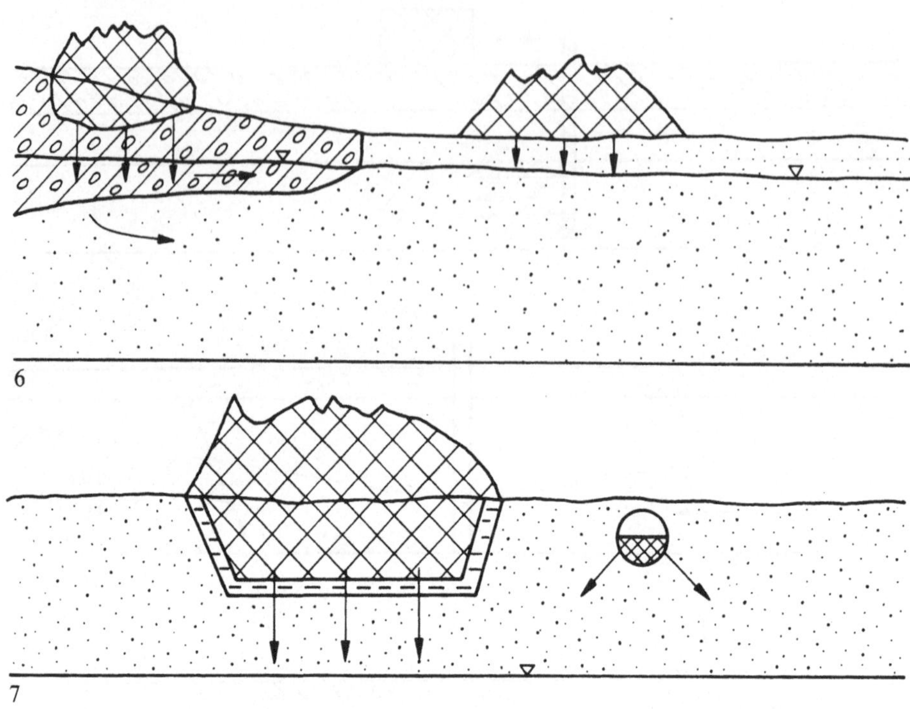

b) Beispiel 6–7 KH über der Gundwasseroberfläche

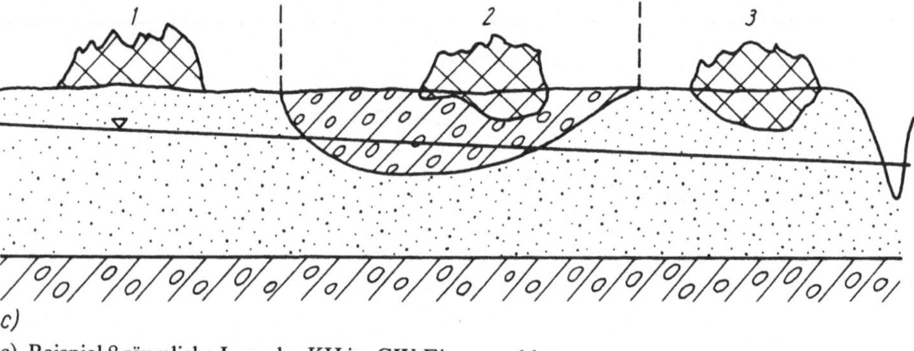

c) Beispiel 8 räumliche Lage des KH im GW-Einzugsgebiet

Die Untersuchungen zur Ursache-Wirkungs-Beziehung zwischen Kontaminationsherd und Grundwasserverschmutzung zeigen die Vielfalt und Komplexität dieser Wechselbeziehung sowohl in ihrer zeitlichen Abfolge als auch im räumlichen Ausmaß.

Die Erfassung und Analyse dieser Faktoren, d. h. der konkreten Randbedingungen einer Kontamination, bilden die Grundlage einer wissenschaftlichen Prognose der Ausbreitung eines Kontaminanten im Grundwasser. Von LUCKNER/SCHESTAKOW (1986) werden dazu die methodischen Grundlagen abgehandelt. Die Modellierung der Migrationsprozesse im Untergrund erfordert ein hohes Maß an Abstraktion, wobei der Zusammenhang mit dem physikalisch-chemischen Charakter der Prozesse nicht verloren gehen darf. Das vorliegende Buch will dazu einen Beitrag leisten.

Literatur- und Quellenverzeichnis

1. AASTRUP, M./PERSSON, G.: Some effects of swedish groundwaters from diffuse polluting sources illustrated by data from the national groundwater monitoring programm. In: Quality of Groundwater: Studies in Enviromental sciences 17 (1981). s. 55–60, Elsevier, Amsterdam-Oxford-New York

2. ABELSON, P. H.: Researches in geochemistry, vol. 1. New York Wiley: 1967

3. Abproduktnutzung. In: SR. Technik und Umweltschutz, 24 (1980), Leipzig: VEB Deutscher Verlag für Grundstoffindustrie

4. ABRAHAM, T./HÄFNER, F.: Heavy metal transport in aquifer material – laboratory in investigations and parameter estimation. In: Proceedings des Int. Sympos. »Groundwater Monitoring«, Dresden 1987

5. AHARONSON, N.: Potential Contamination of Groundwater by Pesticides. In: IUPAC Reports on Pesticides 16 (1985) Bet Dagan

6. ALBERTSEN, M./MATTHESS, G.: Verhalten relevanter Radioisotope in drei typischen Sandböden des Norddeutschen Flachlandes. In: Meyniana 32 (1980), S. 7–72

7. ALBERTSEN, M.: Labor- und Felduntersuchungen zum Gasaustausch zwischen Grundwasser und Atmosphäre über natürlichen und verunreinigten Grundwässern. Diss. Univ. Kiel 1977

8. ALTHAUS, H., u. a.: Lebensdauer von Bakterien und Viren in Grundwasserleitern. In: Materialien 1/82 des Umweltbundesamtes (1982). Berlin: Erich Schmidt-Verlag

9. ALTHAUSEN, H./SÖRENSEN, C.: Anwendung von chemischen Unkrautbekämpfungsmitteln auf Wegen, Plätzen und Gleisanlagen in Wassergewinnungsanlagen. In: GWF, Wasser/Abwasser 114 (1973) 3, S. 122–133

10. ALEKIN, O. A.: Osnovy gidrochimii. (1970) Leningrad Gidromet. izdat.

11. ALEKIN, O. A.: Grundlagen der Hydrogeochemie. Leipzig 1962

12. ALEXANDER, M.: Introduction to soil microbiology. New York: John Wiley and Sons 1977

13. ALTERMANN, M., u. a.: Beitrag zum Inhalt und zur Darstellung von Bodenkarten. Albrecht-Thaer-Archiv 14 (1977) 5, S. 425–431

14. ALTOVSKIJ, M. A.: Gidrogeologičeskie pokazateli neftegazonosnosti. Moskwa: Izd. Nedra 1967

15. Die Entwicklung der Volkswirtschaft der DDR 1970–1979 in Zahlen und Grafiken. Berlin: Verlag für Agitations- und Anschauungsmittel 1980

16. ANTKOWIAK, R./EILING, R.: Wassergütewirtschaft – Schutz der Gewässer. Lehrbrief IfW Magdeburg, 1981

17. ASCHERSON, P.: Die Salzstellen der Mark Brandenburg in ihrer Flora nachgewiesen. In: Z. Dt. Geol. Ges. XI (1859), S. 90–100

18. ASMUS, F./THIERE, I.: Kennzeichnung verbreiteter anhydromorpher Bodenformen des Nordostdeutschen Jungmoränengebietes. Albrecht-Thaer-Archiv 11 (1967) 5, S. 375–395

19. AURAND, K.: Bewertung chemischer Stoffe im Wasserkreislauf. Berlin (West): Erich Schmidt-Verlag 1981

20. AURAND, K., u. a.: Groundwater impact of silicate gel injections. In: Quality of groundwater: Studies in Environmental Sciences 17 (1981), S. 225–230. Elsevier Sc. Publ. Comp., Amsterdam, Oxford, New York

21. Ausgewählte Methoden der Wasseruntersuchung, Bd. II. Kap. 2: Biologische, mikrobiologische und toxikologische Methoden. Jena: Gustav Fischer Verlag 1970

22. AXT, G.: Gasübersättigung im Wasser. In: Vom Wasser 37 (1970), S. 66–72

23. BAAS-BECKING, u. a.: Limits of the natural environment in terms of pH and oxidation-reducation potentials. In: Journ. of Geol. 68, Nr. 3 (1960), S. 243–284

24. BABELEK, T., u. a.: Polycyclic aromatic hydrocarbons in spa-waters of Swieradow Spa and Czerniawa Spa. In: Proc. Int. Symp. »Groundwater Monitoring«. Dresden 1987, complex 1, Nr. 2, 12 p.

25. BAEDECKER, M. J./BACK, W.: Hydrogeological processes and chemical reaction at a landfield. In: Ground Water 17 (1979) 5, S. 429-438

26. BAHR, T.: Zur Festlegung von Düngungsbeschränkungen der landwirtschaftlichen Produktion in Trinkwasserschutzgebieten für die Wasserentnahme aus dem Grundwasser. In: WWT 27 (1977) 11, S. 357–361

27. BALKE, K. D., u. a.: Chemische und thermische Kontamination des Grundwassers durch Industrieabwässer. In: Z. Dt. Geol. Ges. 124 (1973), S. 447–460

28. BARNES, CH. L./ELLIS, A. D.: Ionizacija v vodnych rastvorach. In: »Geochimija rudnych mestorozdenij«. Moskwa: Izd. Mir (1970), S. 532–540

29. BAROVIC, G.: Einfluß der Sorption auf Transportvorgänge im Grundwasser. In: Mitteilungen des Institutes für Wasserwirtschaft, Hydrologie und landwirtschaftlichen Wasserbau der Univ. Hannover 1979, H. 46, S. 145–244

30. BASSAM, N. EL.: Kontamination von Pflanzen, Boden und Grundwasser durch Schwermetalle aus Industrie- und Siedlungsabfällen. In: GWF, Wasser/Abwasser 123 (1982) 1, S. 539–549

31. BAUER, I.: Die Ablagerung von Industriemüll (am Beispiel der Wacker-Chemie GmbH, Werk Burghausen). In: Berichte Wassergütewirtsch. und Gesundheitsing. TU München, 43 (1983), S. 195–208

32. BAUMANN, L./TISCHENDORF, G.: Metallogenie – Minerogenie. Leipzig: VEB Deutscher Verlag für Grundstoffindustrie 1976

33. BAUMANN, J./SCHULZ, H. D.: Lösungskinetik von Kalzit im Sickerwasserbereich von Sanden mit geringem Kalkgehalt. In: Proc. Int. Symp. »Recent Investigations in the Zone of Aeration«. München 1984, vol. 2, S. 547–557

34. BAUMEISTER, P.: Freiland und Laborversuche zum zeitlichen Verlauf des Abbaus einiger Herbizide in verschiedenen Böden und Bodentiefen. Hohenhein, 1978 Diss.

35. BEAR, J., u. a.: Fiziko-matematiceskie osnovy fil'tracii vody. Moskwa: Izd. Mir 1971

36. BECK, TH.: Die Nitrifikation im Boden (Sammelreferat). In: Z. für Pflanzenernährung und Bodenkunde 142 (1979) 3, S. 344–364

37. v. BECKERATH, K.: Die Ablagerung von Sondermüll auf der Deponie Gallenbach. In: Ber. aus Wassergütewirtschaft und Gesundheitsing., TU München, 43 (1983), S. 162–194

38. v. BECKERATH, K.: Sickerwasser aus Hausmüll- und Sonderabfall-Deponien. In: Müll und Abfall 17 (1985) 12, S. 424–434

39. BECKMANN, E.: Grundwasserchemismus und Speichergestein. In: Z. Dt. Geol. Ges. 106 (1956), S. 22–35

40. BEITZ, H.: Zur Beeinflussung des Grund- und Oberflächenwassers durch den Einsatz von Agrochemikalien. In: Freiberger Forschungsheft C 318 (1976), S. 51–64

41. BELICKII, A. S./ORLOVA, E. J.: Ochrana podzemnych vod ot radioaktivnogo zagrjaznenija. Moskwa: Izd. Medgiz. 1968

42. BERAN, F./GUTH, J. A.: Das Verhalten organischer insektizider Stoffe in verschiedenen Böden mit besonderer Berücksichtigung der Möglichkeiten einer Grundwasserkontamination. Pflanzenschutz Ber. 33 (1965) 5/8, S. 65–117

43. BERNAL, J. D./FOWLER, R. H.: Structure of water and ionic solutions. J. Chem. Phys. 1 (1933), S. 515f.

44. BERNER, R. A.-: Rate control of mineral dissolution under earth surface conditions. In: Proc. 2ndInt. Symp. WRI, Strasbourg, 1977 Sect. IV, 1–13

45. BERNER, R. A./MORSE, J. W.: Dissolution kinetics of calcium carbonate in sea water: IV. Theory of calcite dissolution. In: Americ. J. Sci., 274 (1974), S. 108–134

46. Bezrodov, G. A./Chalbaeva, R. A.: Vlijanie doždevych červej na vodopronicaemost' poč-
    vy. In: Počvovedenie (1983) 1, S. 64–67

47. Bilkenroth, K. D., u. a.: On the methodology of developing hydrogeological forecast models
    for large-scale groundwater lowering and reuplift models. In: Int. Symp. »Groundwater Moni-
    toring«, Dresden 1987, compl. V, Nr. 1

48. Billings, G. K., u. a.: Geochemie und Entstehung der Schichtwässer im Sedimentationsbek-
    ken von Westkanada. In: Chem. Geol. Amsterdam. 4 (1969) 1/2

49. Birk, F.: Probleme der hydrologischen Kartenaufnahme im Ruhrkohlenbezirk. In: 7 eme
    congr. int. stratigr. et geol. Carbon, Krefeld 1971

50. Blume, H.-P./Münnich, K.-O./Zimmermann, U.: Das Verhalten des Wassers in einer Löß-
    Parabraunerde unter Laubwald. Z. Pflanzenernährung, Düngung, Bodenkunde 112 (1966),
    S. 156–168

51. Blume, G.: Saharastaub im Süden der DDR. In: Tägl. Wetterbericht Nr. 304/1977, Meteoro-
    log. Dienst der DDR, Potsdam 1977

52. Bočever, F. M., u. a.: Zaščita podzemnych vod ot zagrjaznenija. Moskwa: Izd. Nedra 1979

53. Böhnke, B.: Gefährdung von Grund- und Oberflächenwässern durch Gifte und Reststoffe aus
    Abwasser und Ablagerungen. In: Reihe GWA Nr. 10. Aachen 1973, 6. Essener Tagung, April
    1972

54. Böttcher, J./Strebel, O.: Redoxpotential- und Eh-/pH-Diagramme von Stoffumsetzungen
    in reduzierendem Grundwasser (Beispiel Fuhrberger Feld). In: Geolog. Jahrbuch, Reihe C,
    H. 40 Hannover 1985

55. Bondarenko, S. S./Efremočkin, N. V.: Izyskanija i ocenka zapasov promyšlennych podzem-
    nych vod. Moskwa: Izd. Nedra 1971

56. Brandt, G.: Die mathem. Erfassung der Versickerung von Mineralölprodukten im Boden und
    im Grundwasser. In: WWT 22 (1972), S. 66–68

57. Briling, I. A.: Nitratnoe zagrjaznenie podzemnych vod udobrenijami. Moskwa: Obzor VI-
    EMS 1985

58. Bucksteeg, W.: Charakteristik und Behandlung des Abwassers. In: Handbuch Lebensmittel-
    chemie 8 (1969) 1, S. 486–557

59. v. Bülow: Die Saline Golchen. In: Baltische Studien, 1877

60. Buneev, A. N.: Osnovy gidrochimii mineral'nych vod osadočnych otloženij. Moskwa: Medgiz
    1956

61. Busch, K. F./Strzodka, K.: Beeinflussung des Grund- und Oberflächenwassers durch den
    Bergbau und die Energieerzeugung. In: Neue Bergbautechnik 5 (1975) 10, S. 760–765

62. Busch, K. F.: Wasserbeschaffenheit. 1.–3. Lehrbrief, TU Dresden 1960

63. Busch, K. F.: Die Kapillarität des Bodens. In: WWT 6 (1956) 10, S. 150–155

64. Busch, K. F.: Zur Entwicklung der Grundwasserkunde. In: Neue Bergbautechnik 8 (1978) 6,
    S. 323–327

65. Busch, K. F.: Bedeutung der Grundwasserforschung für die Volkswirtschaft der DDR. In:
    Vortr. der Wiss. Konf. Simulation gekoppelter Transport-, Austausch- und Umwandlungspro-
    zesse im Boden- und Grundwasser. Dresden 1979, S. 1–6

66. Busch, K. F./Luckner, L.: Geohydraulik. Leipzig: VEB Deutscher Verlag für Grundstoffin-
    dustrie 1972

67. Busenberg, E./Clemency, C. V.: The dissolution kinetics of feldspats at 25 °C and 1 atm CO_2
    partial pressure. In: Geochimica at Cosmoch. Acta 40 (1976), S. 41–49

68. Carnahan, C. L./Remer, J. S.: Nonequilibrium and equilibrium sorption with linear sorption
    isotherm during mass transport through an infinite porous medium: some analytical Solutions.
    In: Journ. of Hydrology 73 (1984), S. 227–258

69. Čeliscev, N. F.: Ionoobmennye svojstva mineralov. Moskwa: Izd. Nauka 1973

70. Chao, T. T., u. a.: Soil constituents and properties in the adsorption of sulfate ions. In: Soil
    science 94 (1962), S. 276–283

71. CHERKAUER, D. S.: The effect of flyash disposal on a shallow ground-water system. In: Ground Water 18 (1980) 6, S. 544

72. CHODKOV, A. E./VALUKONIS, G. J.: Formirovanie i geologičeskaja rol' podzemnych vod. Leningrad: Izd. LGU, 1968

73. Contamination of groundwater by toxic organic chemicals. (Council on environmental Quality) Washington DC, Print Off. 1981

74. CORRENS, D. W.: Einführung in die Mineralogie. Berlin Springer-Verlag: 1949

75. CORRENS, C. W./VON ENGELHARDT, W.: Neue Untersuchungen über die Verwitterung des Kalifeldspates. In: Chemie d. Erde 12 (1938), S. 1–12

76. CSAKI, F./ENDREDI, I.: Nitrate contamination of underground water in Hungary. Abstracts of IAH Symposium Groundwater Quality, Nordwijkerhout: 1981, S. 46

77. CSANADY, M.: Ausbreitung der Schwermetall- und Cyanverunreinigungen im Grundwasser. In: Hidrologiai Közlony 48 (1968) 1, S. 32 -38

78. CUSTODIO, E.: Nitrat build-up in Catalonia Coastal Aquifers. IAH-Symp. Memoires, Praque 16 (1982). part 1, S. 171–183

79. CZERNEY, P., u. a.: Stoffliche Zusammensetzung und Eigenschaften von Stadtkomposten. In: Arch. Naturschutz und Landschaftsforsch. 16 (1976) 3/4, S. 237–247

80. DAMRATH, R., u. a.: Wasserinhaltsstoffe im Grundwasser. Berlin: Erich Schmidt-Verlag 1979

81. DANSGAARD, W.: Stable isotopes in precipitations. In Tellus, 16 (1964), S. 436–468

82. DÄSSLER, H. G.: Einfluß von Luftverunreinigungen auf die Vegetation. 2. Aufl. Jena: VEB Gustav Fischer Verlag 1981

83. Daten zur Umwelt. In: Statistisches Jahrbuch zur Umweltbelastung der BRD. Berlin: Erich Schmidt Verlag 1984

84. DEGENS, E. T.: Geochemistry of sediments. New Jersey: Prentice-hall. Inc. Englewood Eliffs 1965 bzw. Moskwa: Izd. Mir 1967

85. DEGENS, E. T./CHILINGAR, G. V.: Diagenesis of subsurface waters. In: LARSEN/CHILINGAR: Diagenesis in Sediments. Developments in Sedimentology 8 (1967), S. 477–502 Amsterdam–London–New York, Elsevier

86. DELAND, M. R.: Groundwater: a national strategy. In: Environ Sci. and Technol. 14 (1980) 5, S. 517

87. DELKESKAMP, R.: Über die Herkunft des Salzgehaltes der Kochsalzquellen und die Beziehungen desselben zu den Salzlagerstätten. In: Kali 2–3, 1909

88. DIERSCH, H. J.: Modellierung und numerische Simulation geohydrodynamischer Transportprozesse. Berlin AdW DDR, Diss. 1985

89. DIERSCH, H.-J. /ISRAEL, CH.: Finite element simulator FEFLOW'Computerprogram to solve arial groundwater flow and mass/heat transport. Programmdokumentation, Institut für Mechanik, AdW der DDR, Karl-Marx-Stadt, aktuelle Version 1986

90. DIETRICH, A.: Kontamination des Grundwassers durch Güllebeseitigung (praktisches Beispiel). In: Freiberger Forschungsheft C 318 (1976), S. 93–98

91. DIETRICH, P. G.: Regionale hydrogeologische Aspekte der Grundwasserkontamination. In: Z. Angew. Geologie 22 (1976) 11, S. 501–506

92. DIETRICH, P. G.: Die Porenwässer rezenter und subrezenter mariner Sedimente – eine Übersicht. In: Freiberger Forschungsheft C 362 (1982)

93. DIETRICH, P. G.: Submarine Hydrogeologie. In: Freiberger Forschungsheft C 426 (1989)

94. DIZER, H., u. a.: Verhalten enterotroper Viren im Grundwasser unter Modellbedingungen. In: DVGW-SR., Wasser 35 (1983), S. 79–97

95. DMITRIEV, E. A., u. a.: Charakter migracii vody vo vlažnych počvach. In: Počvovedenie 8, 1985, S. 61–65

96. DREVER, J. I.: The Geochemistry of Natural Waters. In: Prentice-Hall-Ins., Englewood cliffs, N. J. 1982 bzw. Moskva: Izd. Mir 1985

97. DROZDOVA, V. M., u. a.: Chimičeskij sostav atmosfernych osadkov na Evropejskoj territorii SSSR. Leningrad: Gidrometeoizdat 1964

98. DUNGER, W.: Tiere im Boden. Die Neue Brehm-Bücherei. Wittenberg-Lutherstadt: A. Ziemser Verlag 1983

99. EHRHARDT, R.: Passive Entgasung einer Deponie im Landkreis Sigmaringen. In: Ber. zur Abfallwirtschaft, Bd. 17, Seminar Folgemaßnahmen an Abfalldeponien, Stuttgart: E. Schmidt-Verlag Bielefeld 1984, S. 163–186

100. EHRING, H.-J.: Beiträge zum quantitativen und qualitativen Wasserhaushalt von Mülldeponien. Veröff. Inst. für Stadtbauwesen, TU Braunschweig, H. 26 (1978)

101. EHWALD, E./VETTERLEIN, E./BUCHHOLZ, F.: Das Eindringen von Niederschlägen und Wasserbewegungen in sandigen Waldböden. Z. Pflanzenernähr., Düng., Bodenkunde 93 (1961) 202

102. EICHHORN, D.: Enteisenung im Grundwasserleiter. Vortr. KdT Dresden »Wassererschließung«, (1984)

103. v. ENGELHARDT, W.: Der Porenraum der Sedimente. Berlin: Springer Verlag 1960

104. ENGST, H.: Umweltbedingte Risikofaktoren in der Ernährung. In: Im Mittelpunkt der Mensch-Umweltgestaltung-Umweltschutz. Hrsg. K. LOHS/S. DÖRING. Berlin: Akademie Verlag 1975

105. EXLER, H. J.: Hydrogeologische Untersuchungsergebnisse im Unterstrom der Mülldeponie Großlappen. In: GWF, Wasser/Abwasser, 120 (1979) 1, S. 13–20

106. FAIR, G. M./GEYER, J. C.: Wasserversorgung und Abwasserbeseitigung. München, 1961

107. FASSBENDER, H. W., u. a.: Abwasserzusammensetzung und Abwasserverregnung im Wald. In: Mitt. Dt. Bodenkdl. Gesellsch. 27 (1978), S. 101–110

108. FAUTH: pH-Gewässerkarte der BRD und ein Beispiel für ein regionales Detailergebnis. In: Materialien Umweltbundesamt 1/84. Berlin: Erich Schmidt-Verlag 1984

109. FEDOROVA, T. K.: Fiziko-chimičeskie processy v podzemnych vodach. Moskwa: Izd. Nedra 1985

110. FEHLAU, K. P./LÖHNERT, E.: Abfallbeseitigung und Grundwassergefährdung im Ballungsraum Hamburg. In: Z. Dt. Geol. Ges. 124 (1973), S. 475–489

111. FERSMAN, A. E.: Geochimija. Izbr. Trudy. t. 1 1953, t. 2 1955, t. 3 1957, t. 4 1958, t. 5 1959. Moskwa: Izd. AN SSSR

112. FETTER, C. W./HOLZMACHER, R. G.: Groundwater recharge with treated wastewater. In: Journ. Water Pollution Control Federation 46 (1974) 2, S. 260–270

113. FILLIP. Z., u. a.: Überlebensdauer einiger pathogener und potentiell pathogener Mikroorganismen im Grundwasser. In: DVGW-SR. Wasser 35 (1983), S. 81–87

114. FOMIN, V. M./TOLSTICHIN, O. N.: Izmenenie gidrogeologičeskich uslovij pod vlijaniem inženernoj dejatel'nosti čeloveka. Sb. Trudy VSEGINGEO, vyp. 122, Moskwa 1978

115. FOSTER, S. S. D., u. a.: Diffuse groundwater pollution: lessons of the british experience. In: Memoires 18th Congr. IAH, Cambridge 1985, part. 3, S. 168–177

116. FORSTER, S. S. D./BATH, A. H.: The distribution of agricultural soil leachates in the unsaturated zone of the British chalk. In: VRBA/ROMIJN »Impact of Agricultural Activities on Ground Water«. Hannover: Heise 1986

117. FÖRSTNER, U.: Bindungsformen von Schwermetallen in Sedimenten und Schlämmen: Sorption/Mobilisierung, chemische Extraktion und Bioverfügbarkeit. Fresenius-Z: Anal. Chem. (1983) 316, S. 604–611

118. FÖRSTNER, U./MÜLLER, G.: Hydrogeochemische Beziehungen zwischen Flußwasser und Uferfiltrat. In: GWF, Wasser/Abwasser 116 (1975) 2, S. 74–79

119. FRANZIUS, V.: Minderung und Behandlung von Sickerwasser aus Mülldeponien. In: Wasser und Boden 33 (1981) 11, S. 522–526

120. FRANZIUS, V.: Der Sickerwasserabfluß aus Mülldeponien – ein mathematisches Modell. In: Wasserbau-Mitt. TH Darmstadt, Inst. Wasserbau und Wasserwirtschaft, Nr. 16, Darmst. 1977

121. FREYBERG, D. L.: A natural gradient experiment of solute transport in a sand aquifer. Water Resour. Res. 22 (1986), S. 2031–2046

122. FRENKEL, J. I.: Kinetische Theorie der Flüssigkeiten. Berlin: VEB Deutscher Verlag der Wissenschaften 1957

123. FRIED, J.: Dispersionsuntersuchungen in porösen Medien – moderne Trends in der Umweltforschung. In: GWF, Wasser/Abwasser 117 (1976) 4, S. 163–168

124. FRIED, J. J./ZAMPETI, M.: The balance of groundwater resources of the European community: a methodology for a multinational problem. In: Water supply and manag. 3 (1979) 3, S. 431–452

125. FRINGS, H.: Hydrogeologische Gesichtspunkte bei der Ausweisung von Deponiestandorten in Rheinland-Pfalz. In: Wasser und Boden 29 (1977) 11, S. 312–315

126. FRISCHHERZ, H.: Probleme mit der Uferfiltratgewinnung im Wasserwerk Nußdorf. In: Oestr. Wasserwirt. 31 (1979) 3/4, S. 43–55

127. FRISCHHERZ, H.: Probleme der Uferfiltration und Grundwasseranreicherung im Wiener Raum. In: Wiener Mitteilungen, Wasser-Abwasser-Gewässer 29 (1979)

128. FULLER, W. H., u. a.: Behavior of municipal solid waste leachate I. Composition variations J. Environ. Sci. and Health. A 14 (1979) 6, S. 461–485

129. GALLOWAY, J. N./NORTON, S. A./CHURCH, M. R.: Freshwater acidification from atmospheric deposition of sulphuric acid. A conceptual model. Environ. Sci. Technol 17 (1983) 541 A – 545 A

130. GARRELS, R. M.: Mineral equilibria at low temperature and pressure. New York: Harper 1960 und Moskwa: IL 1962

131. GARRELS, R. M.: Genesis of some ground waters from igneous rocks. In: ABELSON, P. H. (Editor), Researches in Geochemistry, vol. 2 (1967). New York: Wiley, P. 405–420

132. GARRELS, R. M./CHRIST, CH. L.: Solutions, Minerals and equilibria. New York: Harper sc. ROW 1965 und Moskwa: Izd. Mir 1968

133. GAVIC, I. K. (Red.): Metody ochrany podzemnych vod ot zagrjaznenija i istosčenija. Moskwa: Izd. Nedra 1985

134. GEORGII, H.-W., u. a.: Trockene und nasse Deposition säurebildender Verbindungen. VDI-Berichte 500, Düsseldorf (1983), S. 127–134

135. GEORGOTAS, N./UDLUFT, P.: Inhaltsstoffe des oberflächennahen Grundwassers und des Oberflächenwassers – Anorganische Inhaltsstoffe. In: Das Mainprojekt, Schriftenr. Bayr. LA f. Wasserwirtsch. H. 7 (1978), S. 258–265, München

136. GERB, L.: Reduzierte Wässer, Beitrag zu einer Typologie bayrischer Grundwässer. In: GWF, Wasser/Abwasser 94 (1953), S. 87–92 und 157–161

137. GERB, L.: Grundwassertypen. In: Vom Wasser 25 (1958)

138. GERICKE, CH./KRAMER, D.: Untersuchungen und Aufklärung der Nitratwandlung während der Bodenpassage und in Bodenwässern. In: Beiträge wiss. Konferenz Simulation gekoppelter Transport-, Austausch- und Umwandlungsprozesse, Dresden (1979) Bd. 1, S. 21–32

139. GINZEL, G.: Stand und Tendenzen der künstlichen Grundwasseranreicherung. Vortrag wiss.-techn. Tagung Wassergewinnung, Dresden 1984

140. GIORANARDI, A.: Contaminarione de composti organo-chlorurati delle falde idrichedel territorio milanese. In: Rev. ital. paleont. estralug (1979) 39, Nr. 1–4

141. GLANDER, H./LANGE, M.: Geologische Gesichtspunkte bei der Behandlung von Abstoffdeponien. Z. Angew. Geologie 20 (1974) H. 6

142. GLANDER, H., u. a.: Hydrogeochemische Rayonierung und Erfassung der Gesamtmineralisation der gegenwärtig genutzten Grundwässer in der DDR. In: Z. Angew. Geologie 21 (1975) H. 4

143. GLATZEL, G./PUXBAUM, H.: Untersuchungen der Zusammensetzung von sauren Stammabläufen. VDI-Berichte Nr. 500 (1983), S. 187–193

144. GLAZOVSKIJ, N. F.: Geochimičeskie problemy melioracii. In: Počvovedenie, 12 (1986), S. 18 bis 24

145. GLUGLA, G./ENDERLEIN, R.: Zur Bestimmung des innerjährlichen Ganges der Grundwasserneubildung. WWT 25 (1975) 12, S. 404–408

146. Glugla, G.: Berechnungsverfahren der innerjährlichen Verteilung der Grundwasserneubildung. Inst. f. Wasserwirtsch., Berlin 1967

147. Glugla, G.: Ein verbessertes Verfahren zur Berechnung der Grundwasserneubildung. In: WWT 21 (1971) 10

148. Goldberg, V. M./Skvorcov, N. P.: Pronicaemost' i filtracija v glinach. Moskwa: Izd. Nedra 1986

149. Goldberg, V. M./Voigt, H.-J./Zieschang, J.: Untersuchung des Einflusses von Mineraldünger und Tierhaltungskomplexen auf das unterirdische Wasser. In: WTI-ZGI (1987) Nr. 3. Berlin

150. Goldberg, V. M., u. a.: Osnovnye napravlenija gidrogeologičeskich issledovanii. In: Razvedka i ochrana nedr (1980) H. 4, S. 47–53

151. Goldsmith, E.: Can we control pollution? In: Ecologist, 9 (1979). Part I Nr. 8–9, S. 273–290, Part II Nr. 10, S. 316–328

152. Goldschmidt, V. M.: The priniciples of distribution of chemical elements in minerals and rocks. In: J. chem. Soc. (1937), S. 655–673

153. Golubev, V. S.: Dinamika geochimiceskich processov. Moskwa: Izd. Nedra 1981

154. Gončarov, V. V., u. a.: Količestvennaja charakteristika bližnej gidratacii nekoterych ionov v razbavlennych vodnych rastvorach. In: Žum. strukturnoj chimii, t. 8, 4, (1967), S. 613–618

155. Grabig, J.: Aufgaben des Gewässerschutzes in der Landwirtschaft. In: WWT 22 (1972) 4, S. 138–140

156. Graham, E. R.: Acid clay – an agent in chemical weathering. In: Journ. Geology 49 (1941), S. 392–401

157. Grecin, I. P./Cen-Jun-Zen: Vlijanie različnych koncentracii kisloroda počvennogo vozducha na okislitelno – vosstanovitel'nye uslovija. In: Počvovedenie (1960) 7, S. 106–110

158. Grim, R. E.: Clay mineralogy. McGraw-Hill Series in Geology (1953). New York, London, Toronto

159. Grim, R. E.: Applied clay mineralogy. Mc Graw-Hill Book Comp. Incorp., New York, Toronto, London, 1962 und Moskwa: Izd. Mir 1967

160. Grummel, U.: Über die Auswirkung einer Salzschlackeablagerung auf das Grundwasser. In: GWF, Wasser/Abwasser 113 (1972) 3, S. 113–116

161. Guljakin, M. V./Judinceva, E. V.: Selskochozjajstvennaja radiobiologija. Moskwa: Izd. Koloz 1973

162. Haberer, K.: Radionuklide im Wasser. München: Thiemig KG, 1969

163. Haberer, K.: Über das Verhalten organischer Verbindungen bei der künstlichen Grundwasseranreicherung für die Trinkwasserversorgung. In: Recent Investigations in the Zone of Aeration, München (1984) Bd. 2, S. 445–457

164. Häberle, M.: Stoffkreisläufe der Natur und Einfluß des Menschen. In: Umwelt (1982) 1, S. 15–22 u. 2, S. 76–88

165. Haefner, F., u. a.: Geohydraulische Erkundung. In: WTI Sonderheft (1985)

166. Hähne, R.: Paläohydrogeologie – Methodik und Möglichkeiten. In: Freiberger Forschungsheft C 386 (1983)

167. Hannen, F.: Untersuchungen über den Einfluß der physikalischen Beschaffenheit auf die Diffusion der Kohlensäure. Mitt. agr. physik. Lab. u. Versuchsfeld der TH München 15 (1892), S. 6–25

168. v. Harpe, Th.: Hydrochemische und hydrotechnologische Untersuchungen an huminstoffbelasteten Tiefengrundwässern unter Berücksichtigung seiner Aufbereitung zur Trinkwasserversorgung. TU München, FB Chemie, 1976, Diss.

169. Hecht, G.: Trinkwassererschließung im Rötausstrich auf dem Meßtischblatt Bürgel. In: Geologie 15 (1966) 7, S. 810–821

170. Hecht, G.: Wässer. In: Hoppe, W./Seidel, O.: Geologie von Thüringen. Gotha/Leipzig: VEB Hermann Haack 1974

171. Heinisch, E., u. a.: Agrochemikalien in der Umwelt. Jena: VEB Gustav Fischer Verlag, 1976

172. HELGESON, H. C.: Kinetics of mass transfer among silicates and aqueous solutions. In: Geochimica et Cosmochimica Acta 35 (1971), S. 421–469

173. HELIOS-RYBICKA, E.: Rola mineralow ilastych w wiazaniu metali ciezkich przez osady rzeczne Gornej Wisly. In: Zeszyty naukowe Akad. Gor.-Hut., Nr. 1050, Geologija 32 (1986), Krakow

174. HEM, J. D.: Study and interpretation of the chemical characteristics of natural water. In: Geol. Surv. Water Supply Paper 1473 (1970). Washington

175. HEM, J. D.: Stability field diagrams as aids in iron chemistry studies. In: J. Amer. Water Works Assoc. 53 (1961) 2, S. 211–228

176. HILDEBRANDT, E.: Elektroenergieerzeugung und die planmäßige Gestaltung einer sozialistischen Landeskultur im Bezirk Cottbus. In: Technik und Umweltschutz 5, Leipzig, VEB Deutscher Verlag für Grundstoffindustrie 1974, S. 21–23

177. HILL, A. E.: The transition temperature of gypsum to anhydrite. In: J. Amer. Chem. soc. 59 (1937) 11

178. HOLDREN, G. R./BERNER, R. A.: Mechanism of feldspar weathering – I. Experimental studies. In: Geoch. et Cosmochim. Acta 43 (1979), S. 1161–1171

179. HOLLAND, H. D., u. a.: On some aspects of the chemical evolution of cave waters. In: J. Geol. 72 (1964), S. 36–67

180. HOLTHUSEN, H.: Lösungs-, Transport- und Immobilisationsprozesse im Sickerwasser der ungesättigten Bodenzone – Genese der Beschaffenheit des oberflächennahen Grundwassers. In: Meyniana 34 (1982), S. 28–93

181. HÖLTING, B.: Hydrogeologie – Einführung in die Allgemeine und Angewandte Hydrogeologie. Stuttgart: Enke Verlag 1980

182. HOPPE, W.: Die Bedeutung der herzynischen Störungszonen für die Grundwasserführung des Thüringer Beckens. In: Geologie 11 (1962) H. 6, S. 679–699

183. HORNE, R. A.: Marine Chemistry (The structure of Water and the Chemistry of the Hydrosphere). In: Wiley interscience. New York, London, Sydney, Toronto: 1969, Moskwa: Izd. Mir 1972

184. HOUZIM, V.: Alterations of the petrolium substance in rock-water-air and rock-water systems. Proc. Int. Symp. on groundwater pollution by oil hydrocarbons, Praha 1978, S. 279 bis 286

185. HOUZIM, V., u. a.: Impact of fertilizeres and pesticides on groundwater quality. in: VRBA, J./ROMIJN, E.: Impact of agricultural activities on groundwater. IAH, vol. 5, Hannover: Heise Verlag 1986, S. 89–132

186. HUANG, P. M.: Adsorption Processes in soil. In: HUTZINGER, O.: Handbook of Environmental Chemistry. Berlin, Heidelberg, New York: Springer Verlag, vol. 2 (1980). Part A, S. 47 bis 59

187. HÜBNER, H.: Isotopieeffekte des Stickstoffs im Boden und in der Biosphäre. ZFI-Mitteilungen 41 (1981), S. 57–106

188. HÜBNER, W. METZ, R.: Spezielle pflanzenbauliche Aspekte bei der Verregnung kommunaler Abwässer. In: Technik und Umweltschutz, 32 (1986), S. 69–76

189. HUMMEL, J., u. a.: Submodels of water quality for the analysis of regional water policies in open-pit lignite mine areas. Proc. Sec. Intern. Congreß Minewater IMWA, Granada, Espana 1985, vol. 2, S. 673–684

190. HUNTER-BLAIR, A.: Oil pollution of a chalk aquifer – a case history. Proceed. IAH-Symposium on ground water pollution by oil hydrocarbons, Praha 1978, S. 19–38

191. IGNATOVIC, N. K.: Gidrogeologija Russkoj platformy. Moskwa: Izd. Gozgeolizdat 1948

192. IMHOFF, K. R., u. a.: Resultate der mehrjährigen Untersuchungen über Herkunft, Verhalten und Verbleib von Schwermetallen in der Ruhr. In: GWF, Wasser/Abwasser 121 (1980) 8, S. 383–391

193. IVANOV, A. N.: Sanitarno-gigieničeskaja ocenka sistemy udalenija i utilizacii navoznych stokov na promyšlennom zivotnovodčeskom komplekse. In: Gigiena i sanitarija 3 (1977), S. 22 bis 26

194. JACKS, G., u. a.: Effect of acid rain on soil and groundwater in Sweden. In: YARON, B. et. al: Ecological studies. Springer Verlag 1984, vol. 47.

195. JACKS, G.: Conditions of leaching Cadmium from Mine tailings. Proc. 2. Int. symp. Water-rock-interation, sect. I Strasbourg (1977), S. 213–218

196. JAMES, R. O., u. a.: The adsorption of aqueons heavy metals on inorganic minerals. In: Geochim. Cosmochim. Acta 41 (1977), S. 1549–1555

197. JANAT'EVA, O. K.: O rastvorimosti dolomita v vode v prisutstvii uglekisloty. In: Izd. AN SSSR, otd. chim. nauk 16 (1954) Nr. 6, S. 1119–1120

198. JANCEV, V. K., u. a.: Formirovanie chimičeskogo sostava vod zolootvalov i ich vlijanie na prirodnye vody. In: Gidrochimičesk. materialy (1980) Nr. 68, S. 37–45

199. JAZVIN, L. S., u. a.: Osnovnye problemy izučenija i ispol'zovanija resursov podzemnych vod. In: Voprosy regional'noj gidrogeol. i ocenki resursov podz. vod., Trudy VSEGINGEO, vyp. 122 (1978)

200. JOHNSON, T. M./CARTWRIGHT, K.: Monitoring of leachate migration in the unsaturated zone in the vicinity of sanitary landfills. In: Circular 514, Illinois, Inst. of Natural Ress. Urbana 1980

201. JONES, P. H./PATNI, N. K.: Nutrient transformations in a swine waste oxidation ditch. In: J. Water Pollution Control (1974) 2, S. 366–379

202. JORDAN, H. P.: Grundlagen und Methoden der hydrogeologischen Kennzeichnung von Braunkohlenlagerstätten. In: Freiberger Forschungsheft C 377 (1982), S. 9–18

203. JORDAN, H. P./WEDER, H. J. (Hrsg.): Hydrogeologie. Leipzig: VEB Deutscher Verlag für Grundstoffindustrie 1988

204. JORDAN, H. P., u. a.: Zur hydrogeologischen Interpretation von Isotopendaten im Zusammenhang mit Stofftransportprozessen. In: Isotopenpraxis 21 (1985) 3, S. 79–82

205. JUNGE, E.: Air chemistry and radioactivity. New York–London: Academic Press 1963

206. KADEN, S./MICHELS, J./TIEMER, K.: Decision support system for openpit lignite mining areas. Proc. Int. Symp. Groundwater Monitoring, Dresden 1987, compl. V Nr. 10

207. KADEN, S.: EDV-gestützte Grundwasserbewirtschaftung in der DDR. TU Dresden, Diss. 1982

208. KAEDING, J./REISSIG, H./HELBIG, J.: Inhaltsstoffe in Fließgewässern unter besonderer Berücksichtigung toxischer Spurenstoffe. In: Freiberger Forschungsheft C 318, 1976, S. 21–23

209. KAMENSKIJ, G. N.: Voprosy formirovanija podzemnych vod. In: Tr. LGGP AN SSSR, (1958). T. 16, Moskwa

210. KANZ, W., u. a.: Karst und Grundwasser im Malm der Nördlichen Frankenalb. In: Das Mainprojekt, SR. Bayr. LA f. Wasserw. München, H. 7 (1978), S. 219–239

211. KARCEV, A. A.: Gidrogeologija neftjanych i gazovych mestorozdenij. Moskwa: Izd. Nedra 1972

212. KARCEV, A. A., u. a.: Paleogidrogeologija. Moskwa: Izd. Nedra 1969

213. KARPOV, I. K./SOBA, V. N.: Fiziko-chimičeskoe modelirovanie processov počvoobrazovanija i vyvetrivanija. In: Počvovedenie (1986) 11

214. KAZIK, S. A./KARPOV, I. K.: Fiziko-chimičeskaja teorija obrazovanija zonal'nosti v kore vyvetrivanija. Novosibirsk: Izd. Nauka, sibirskoe otd. 1978

215. KELLER, G.: Angewandte Hydrogeologie. Hamburg: Verlag Axel Lindow u. Co. 1969

216. KELLER, W. D.: The principles of chemical weathering. Columbia/Missouri: Lucas Broth. Publ. 1957

217. KELLER, W. D., u. a.: Dissolved products of artificaly pulverized silicate minerals and rocks: part I. In: Journ. Sedimentary Petrology 33, Nr. 1, S. 191–204

218. KELLER-HAFFENNEGGER, M.: Zur Hydrochemie des Grund- und Quellwassers in den nördlichen Rheinlanden. In: Forschungen zur Deutschen Landeskunde 50 (1951)

219. KITTNER, H., u. a.: Wasserversorgung. Berlin: VEB Verlag für Bauwesen 1977

220. KLAUS, D.: Beziehungen zwischen Großwettergeschehen und Schadstoffkonzentration der Luft an Reinluftstationen. In: Staub-Reinhalt. Luft 44 (1984) 12. S. 530–537

221. Klee, A. J./Flanders, M. U.: Classification of hazardous wastes. In: J. Environ. Eng. Div. Proc. Amer. Soc. Civ. Eng. 106 (1980) 1, S. 163–175

222. Klimas, A. I.: Analiz informativnosti chimičeskich klassifikacii dlja sostavlenija gidrogeochičeskich kart presnych vod. In: S. B. Zakonom. formir. i ozobennosti podzemnych vod Pribaltiki, Vilnjus: Izd. Moklas (1979), S. 52–63

223. Klimentov, P. P./Ovcinikov, A., M.: Gidrogeologija mestorozdenij tverdych poleznych iskopaemych. Moskwa: Izd. Nedra 1966, t. 1

224. Klotz, D./Hirth, H.: Vergleich verschiedener Verfahren zur Bestimmung der Sorption wäßriger Radionuklid-Lösungen an Lockergesteinen. In: Dt. Gewässerkundliche Mitt. 26 (1982) 5, S. 128–135

225. Klöden, K. F.: Beiträge zur mineralogischen und geognostischen Kenntnis der Mark Brandenburg. Berlin: 1830 Teil III, 1831, Teil IV

226. Klut, H.: Untersuchung des Wassers an Ort und Stelle. Berlin: Springer Verlag 1912

227. Kolodjažnaja, A. A.: Agressivnost prirodnych vod v karstovych rajonach Evropejskoj časti SSSR. Moskwa: Izd. Nauka 1970

228. Kolodjažnaja, A. A.: Režim chimičeskogo sostava atmosfernych osadkov i ich metamorfizacij v zone aeracii. Moskwa:Izd. AN SSSR 1963

229. Kondratas, A. R.: Vlijanie svinovodčeskich stokov na chimičeskij sostav gruntovych vod opytnogo učastka »Sirvintoe«. In: Metody issledovanija zagrjaznenija podzemnych vod Pribaltiki, Vilnjus (1981), S. 76–79

230. Kondratas, A. R. (Red.): Gidrogeologija SSSR, tom XXXII Litovskaja SSR. Moskva: Izd. Nedra 1969

231. Korcenstejn, V. N.: Metodika gidrogeologičeskich issledovanij neftegazonosnych rajonov. Moskva: Izd. Nedra 1976

232. Kormilicyn, V. S.: Rudnye formacii i processy rudoobrazovanija. Leningrad: Izd. Nedra 1973

233. Kovda, V. A.: Kak pomoč našim černozemam. Naš Sovremennik 7 (1986), S. 117–128

234. Kovda, V. A.: Osnovy učenija o počvach. Moskwa: Izd. Nauka 1973, Kn. 1, 2.

235. Kozin, A. N.: Sostav pogl'oščennych osnovanij porod produktivnych gorizontov. Kuibischew: Tr. Giprovostoknefti 1968

236. Krajnov, S. R./Svec, V. M.: Osnovy geochimii podzemnych vod. Moskwa: Izd. Nedra 1980

237. Krajnov, S. R./Svec, V. M.: Geochimija podzemnych vod chozjaistvenno-pit'evogo naznačenija. Moskwa: Izd. Nedra 1987

238. Krajnov, S. R., u. a.: Geochimiceskie problemy gidrogeologiceskich prognozov. In: Formirovanie podzemnych vod kak osnova gidrogeol. prognozov, t. 2, Moskwa: Izd. Nauka (1982), S. 276–293

239. Kramer, D./Schulz, F.: Effektive Nutzung der Trinkwasserressourcen unter dem Aspekt einer stabilen landwirtschaftlichen Produktion. WWT 36 (1986) 6, S. 130 ff.

240. Kramer, D.: Anforderungen der Wasserwirtschaft an die Gülledüngung. In: WWT 4 (1977), S. 124–126

241. Kretzschmar, R.: Verwertung der häuslichen Abwässer der Dörfer. Mitt. Dt. Bodenkdl. Gesellsch. 27 (1978), S. 111–114

242. Krieter, M./Schoen/Wright: Gewässerversauerung in der BRD – erster regionaler Überblick. Naturwissenschaften 71 (1984), S. 95–97

243. Krieter, M./Haberer, K.: Gefährdung des Grundwassers durch saure Niederschläge. In: Vom Wasser 64 (1985), S. 218–242

244. Krieter, M.: Ökosystemare Untersuchungen zur Versauerung der Hydrosphäre im südlichen Taunus und Hunsrück. Materialien Umweltbundesamt 1/84, Berlin: Erich Schmidt-Verlag 1984, S. 260–276

245. Krjukow, P. A.: Gornye pocvennye i ilovye rastvory. Nowosibirsk: Izd. Nedra 1971

246. Kühn, H./Weller, H.: 6-jährige Untersuchungen über Schwefelzufuhr durch Niederschläge und Schwefelverluste durch Auswaschung. In: Z. Pflanzenernährung Bodenkunde 140 (1977), S. 431–440

247. Kulhavy, V.: Der bakterielle Abbau des Nitrats im flachen Grundwasser. TU Dresden. In: Simulation d. Migrationsprozesse im Boden und Grundwasser, Bd. I, Dresden 1979, S. 33–43

248. Kundler, P.: Ausnutzung, Festlegung und Verluste von Düngemittelstickstoff. Albrecht-Thaer-Archiv 14 (1970) H. 3, S. 191–210

249. Künstliche Grundwasseranreicherung. – Stand der Technik und des Wissens in der BRD. Berlin: Erich Schmidt-Verlag 1985

250. Kurlov, M. G.: Klassifikacija sibirskich celebnych mineral'nych vod. Tomsk: 1928

251. Kurth, H.: Mehr Brot durch Chemie. In: Wir und die Chemie. Leipzig-Jena-Berlin: Urania Verlag 1976

252. Küssmaul, H./Mühlhausen, D.: Hydrologische und hydrochemische Untersuchungen zur Uferfiltration Teil III. Veränderungen der Wasserbeschaffenheit durch Uferfiltration. In: GWF, Wasser/Abwasser 120 (1979), S. 320–329

253. Lamar, J. E./Shrode, R. S.: Water soluble salts in limestones and dolomites. Econ. Geol. 48 (1953), S. 97–112

254. Lange, J. C., u. a.: Renovation of wastewater by soil columns flooded with primary effluent. In: Journ. Water Pollution Control Federation, vol. 52. (1980) 2, S. 381–388, Washington

255. Landolt-Börnstein: Physikalisch-chemische Tabellen, 4. Aufl., 5. Aufl., Hauptwerke und dritter Ergänzungsband. Springer Verlag 1912, 1923, 1935

256. Landreau, A.: Les nitrates dans les eaux souterraines. In: Ean. et ind. (1983) 71, S. 45–51

257. Lane, A. C.: Mine waters and their field assay. Geol. Soc. America Bull. 19 (1908), S. 502 bis 503

258. Langelier, W. F.: The analytical control of anticorrosion water treatment. In: J. Amer. Water Works Assoc. 28 (1936), S. 1500–1521

259. Langmuir, D.: The geochemistry of some carbonate ground waters in Central Pennsylvania. In: Geochim. Cosmachin. Acta 35, S. 1023–1045

260. Lasaga, A. C.: Chemical kinetics of Water-Rock-Intercections. In: J. Geophysical Res. 89 (1984), B 6, S. 4009–4025

261. Latimer, W. M.: The oxidation states of the elements and their potentials in aqueous solutions. New York: Prentice-Hall-Inc. 1952

262. Lauterbach, D.: Bedeutung der Migrationsforschung für den Schutz und die intensivierte Nutzung der Grundwasserressourcen der DDR. TU Dresden, Mat. Konf. Simulation der Migrationsprozesse im Boden und Grundwasser, Bd. II, Dresden 1980

263. Leavitt, J. R. C., u. a.: Atrazine contamination of groundwater in the Platte Valley of Nebraska nonpoint sources. Abstracts of IAH Symposium Grundwater-Quality – Nordwijkerhout: 1981

264. Lebedev, V. I.: O soderžanii i nekotorych osobennostjach solevogo sostava dokembriskogo morja. Geochimija 9 (1965)

265. Lebedev, V. I.: K probleme proischoždenija chloridnych kalcievo-natrievych podzemnych vod. Vestnik LGU (1969) 6, S. 165–167

266. Lehmann, H. W.: Geochemie und Genesis der Tiefenwässer der Nordostdeutschen Senke. Teil I und II. In: Z. Angew. Geol. 20 (1974) 11/12, S. 502–509 und 551–557

267. Lehotsky, J.: Dynamics of motion and alteration in quality of petroleum hydrocarbons in soil and water environment. Proceed. Int. Symp. on groundwater pollution by oil hydrocarbons, Praha 1978, S. 288–301

268. Leibenath, C./Voigt, H. J.: Razvedka i dekontaminacija mestoroždenija podzemnych vod zagrjaznennych orgničeskimi veščestvami. Proc. Int. Symp. Groundwater Monitoring, Dresden 1987, complex IV, Nr. 9

269. Leithe, W.: Die Analyse der organischen Verunreinigungen in Trink-, Brauch- und Abwässern. Stuttgart: Wissenschaftliche Verlagsgesellschaft mbH. 1972

270. LERSCH, B. M.: Hydro-Chemie oder Handbuch der Chemie der natürlichen Wässer – nach den neuesten Resultaten der Wissenschaft, 2. Aufl. Berlin: Verlag Hirschwald 1864

271. LEUTWEIN, F./WEISE, L.: Hydrogeochemische Untersuchungen an erzgebirgischen Gruben- und Oberflächenwässern. In: Geochimica et Cosmochim. Acta 26 (1962), S. 1333–1348

272. LEWIS, G. N./RANDALL, M.: The activity coefficient of strong electrolytes. In: J. Am. Chem. Soc. 43 (1921), S. 1112–1154

273. LIEBEROTH, J.: Bodenkunde – Bodenfruchtbarkeit. Berlin: VEB Deutscher Verlag für Landwirtschaft 1969

274. LIEBEROTH, J.: Bodenkunde. 3. Aufl. Berlin: VEB Deutscher Landwirtschaftsverlag 1982

275. LIKENS, G. E./BUTLER, T. J.: Recent acidification of precipitation in North America. In: Atmospheric Environment 15 (1981) 7, S. 1103–1109

276. LIKENS, G. E., u. a.: Acid rain. In: Sci. Americ. 241 (1979) 4, S. 39—47

277. LINDORF, D. E.: Ground-water pollution – A status report. In: Ground Water 17 (1979) 1, S. 9–17

278. LINGELBACH, H./KÜHN, H.: Auswirkungen von Herbiziden auf Grund- und Oberflächenwässer. In: Fortschritte der Wasserchemie 3 (1966), S. 156–157

279. LINGELBACH, H./BORRIS, W.: Wasserhygienische Probleme bei der Anwendung von Herbiziden. In: Z. Ges. Hyg. u. Grenzgebiete 14 (1968) 12, S. 889–892, Berlin

280. LITTEK, TH./TREFZ-MALCHER: Wie sauer ist der Schnee? In: Allgemeine Forstzeitschrift 23 (1985), S. 581

281. LJAL'KO, V. I., u. a.: Modelirovanie gidrogeologiceskich uslovij ochrany podzemnych vod. Kiew: Naukova dumka 1980

282. LÖHNERT, E.: Die Beschaffenheit des tieferen Grundwassers und die Grenze Salzwasser – Süßwasser im Staatsgebiet von Hamburg. In: Geol. Mitt. 6 (1966), S. 29–36

283. LUCE, R. W., u. a.: Dissolution kinetics of magnesium silicates. In: Geoch. et Cosmoch. Acta 36 (1972), S. 35–50

284. LUCKNER, L.: Migrationsprozesse in der Boden- und Grundwasserzone. In: WWT 30 (1980) 1, S. 11–13

285. LUCKNER, L./SCHESTAKOW, W. M.: Migrationsprozesse im Boden- und Grundwasserbereich. Leipzig: VEB Deutscher Verlag für Grundstoffindustrie 1986

286. LÜTZKE, R.: Ganzjährige Abwasserverwertung und Abwasserreinigung in Pappelplantagen. In: Abwasserbodenbehandlung und Klärschlammverwertung. Leipzig: VEB Deutscher Verlag für Grundstoffindustrie 1986, S. 83–92

287. MAGMEDOV, V. G.: Rol' infil'tracionnych sooruženij s iskustvenno – sformirovanym biogeocenozom. Proc. Int. Symp. Groundwater Monitoring, Dresden 1987. Complex IV Nr. 10

288. MALLE, K. G.: Metallgehalt und Schwebstoffgehalt im Rhein. In: Z. Wasser- und Abwasser-Forschung 18 (1985) 5, S. 207–209

289. MARQUARDT, u. a.: Die Erfassung saurer und basischer Niederschlagsbestandteile im Mittelstreckenbereich. 7. Symp. Naturwisschenschaftliche Umweltprobleme, KdT Leipzig 1986

290. MATHESS, G.: Lehrbuch der Hydrogeologie Bd. 2. Berlin, Stuttgart: Verlag Gebr. Bornträger 1973

291. MATTHESS, G./UBELL, K.: Allgemeine Hydrogeologie – Grundwasserhaushalt. Berlin, Stuttgart: Verlag Gebr. Bornträger 1983

292. MATVEEV, A. A.: Chimičeskij sostav snega v Antarktide po nabljudenijam na profile Mirnyj – Vostok. Gidrochimičeskie meterialy t. XXXIV, 1961

293. MEIWES, K. J./HEINRICHS, H.: Schwefelinventur zweier Waldökosysteme auf sauren Braunerden im Solling. Mitt. Dt. Bodkdl. Gesellsch. 27 (1978), S. 263–270

294. MERKLI, B.: Untersuchungen über Mechanismen und Kinetik der Elimination von Bakterien und Viren im Grundwasser. Zürich, Diss. 1974

295. MEYBIER, H./KOLLATSCH, D.: Was wissen wir über Gärfutter – Silosäfte. In: Wasser und Boden 26 (1974) 9, S. 232–235

296. MICHEL, G.: Grundwasser vom Natrium-Hydrogencarbonat-Chlorid-Typ im Nordosten des Münsterschen Beckens. In: bbr 19 (1968) 1, S. 5–14, Köln

297. MIKALAUSKAS, V. V.: Ochrana podzemnych vod Litovskoj SSR. Vilnjus: Izd. Moklas, 1976

298. MILDE, G.: Gefährdung und Schutz des Umweltfaktors Grundwasser. In: Neue Bergbautechnik 5 (1975) 10, S. 750–759

299. MINKIN, E. L.: Issledovanija i prognoznye rasčety dlja ochrany podzemnych vod. Moskwa: Izd. Nedra 1972

300. MOLLWEIDE, H. U.: Über die Ausbreitung von Mineralölprodukten im Untergrund. In: WWT 22 (1972) 1, S. 16–19, 33

301. MOLOŽAEVAJA, E. K., u. a.: Prognozirovanie mikrobnogo samoočiščenija podzemnych vod. In: Gigiena i sanitarija (1979) 8, S. 23–26

302. MORGAN, J. J.: Applications and limitations of chemical thermodynamics in natural water systems in Equilibrium concepts in natural water systems. Advances in chemistry, 67, Washington D. C., 1967

303. MORGENSTERN, H.: Bodenformen und ihre Eigenschaften im nördlichen Teil des Mittelsächsischen Lößlehmhügellandes. Albrecht-Thaer-Archiv 11 (1967) 9, S. 801–825

304. MROSE, M.: Ergebnisse von Spurenstoff-Bestimmungen im Niederschlag. In: Z. f. Meteorologie 15 (1961), S. 46–54

305. MÜLLER, E. P./PAPENDIECK, G.: Zur Verteilung, Genese und Dynamik von Tiefenwässern unter besonderer Berücksichtigung des Zechsteins. In: Z. Geol. Wiss. 3 (1975) 2, S. 167–196

306. MÜLLER, E. P.: Zur Geochemie der Tiefenwässer und der organ. Substanz im Nordteil der DDR. In: Z. f. Angew. Geol. 3 (1969)

307. MÜLLER, G.: Bakteriologische Untersuchungen an Müllsickerwässern. In: Gewässerschutz-Wasser-Abwasser 10 (1973), S. 539–551

308. NABOKO, S. I.: Gidrotermal'nyj metamorfizm v vulkaniceskich oblastjach. In: Tr. Lab. vulkanologij, vyp. 24, AN SSSR 1963

309. NADJI, M./KARADJIS: Erschließung verborgener Gewässer – Ein Lehrbuch der Geowissenschaften aus dem 11. Jahrhundert. In: Z. Dt. Geol. Ges. 123 (1972), S. 1–13

310. NEILANDS, J. B.: Survey of chemical and related weapons of war. In: Naturwissenschaften 60 (1973), S. 177–183

311. NELSON, S. J., et al.: DBCP contamination of groundwater in California. Abstracts of IAH-symposium Groundwater Quality, Nordwijkerhout: 1981, S. 108–109

312. MEMERJUK, G. E.: K voprozu izučenija aerochimii glavnych gidrochimičeskich ionov. Tr. Sev.-Oset. s.-ch. inst., t. 22., Ordzonikidze 1964

313. NESTLER, W., u. a.: Problems in the utilization of soil passage for water treatment. Proc. Int. Symp. Groundwater Monitoring, Dresden: 1987, complex IV, Nr. 15

314. NEUMAYR, V., u. a.: Verhalten organischer Lösungsmittel in der Umwelt. In: Abstracts Int. Symp. Groundwaterquality, Nordwijkerhout: 1981, S. 11–12

315. NIKOLAEVA, S. A., u. a.: Processy kationogo obmena v cernozemach orošaemych vodami različnoj mineralizacii uslovijach model'nogo opyta. In: Pocvovedenie 1 (1987), S. 25–34

316. NILLERT, P., u. a.: Ein Feldtest zum Salzwasseraufstieg unter Brunnen. Z. f. Angew. Geologie (im Druck)

317. NISHITA, H., u. a.: Fixation and Extractability of Fissions Products Contaminating Various Soils and Clays (Sr-90, Y-91, Ru-106, Cs-137, Ce-144). In: Soil sci. 81 (1956), S. 317–326

318. NORDBERG, L.: Effects of sulphur compounds and other air pollutants on soil and groundwater In: National Swedish Env. Prot. Board, Report 3002, 1985

319. JOHNSON, A. M.: A synergetic approach to control acid mine drainage: a Michigan case history. Mine Water, Proc. 2. Intern. Congress Granada, vol. 2 (1985), S. 695–708

320. NORDSTROM, D. K./POTTER, R. W.: The interactions between acid mine waters and rhyolite. Proc. 2. Int. Symp. Water-Rock-interaction, Strasbourg 1977. Section I, S. 15–26

321. OBERMANN, P.: Hydrochemische/hydromechanische Untersuchungen zum Stoffgehalt von Grundwasser bei landwirtschaftlicher Nutzung. In: Bes. Mitt. Gew. Jahrb. Nr. 42 (1981)

322. Obermann, P./Bundermann, G.: Untersuchungen zur NO_3-Belastung des Grundwassers im Einzugsgebiet eines Wasserwerkes. In: Wasser und Boden 29 (1977), S. 289–293

323. Oeting, R.: Hydrochemische Laboruntersuchungen an Bergematerialien und einer Hochofenschlacke. SR. Verein Wasser-Boden-Lufthygiene 50 (1980)

324. Ogata, A.: Two-dimensional steady-state dispersion in a saturated porous media. In: J. Res. US Geol. survey 4, 3 (1976), S. 277–284

325. Ohse, W.: Lösungs- und Fällungserscheinungen im System oberflächennahes unterirdisches Wasser/gesteinsbildende Minerale. Univ. Kiel, Diss. 1983

326. Olsen, C. R., u. a.: Geochemical and environmental processes affecting radionuclide migration from a formerly used seepage trench. In: Geochimica et Cosmochimica Acta 50 (1986), S. 593–607

327. Ottow, J. C. G.: Bedeutung des Redoxpotentials für die Reduktion von Nitrat und Fe III-Oxiden in Böden. Kurzmitteilung. In: Z. Pflanzenernährung Bodenkunde 145 (1982) 1, S. 91–93

328. Ovčinikov, A. M.: Gidrogeochimija. Moskva: Izd. Nedra 1970

329. Pačepskij, J. A./Ponizovskij, A. A.: O postroenii uravnenij izoterm ionnogo obmena kal'ci-janatrija na počvach. In: Počvovedenie 4 (1981), S. 40–48

330. Paces, T.: Rate constants of dissolution derived from the measurements of mass balance in hydrological catchments. In: Geoch. et Cosmochimica Acta 47 (1983) 11, S. 1855–1863

331. Paces, T.: Steady-state kinetics and equilibrium between ground water and granitic rocks. In: Geochimica et Cosmochimica Acta 37 (1973), S. 2641–2663

334. Paces, T.: Chemical equilibria and zoning of subsurface water from Jachymov ore deposit Czechoslovakia. In: Geochimica et Cosmochimica Acta 33 (1969), S. 591–609

335. Palmer, Ch.: The geochemical interpretation of water analyses. U. S. Geol. survey Bull. 479, Washington 1911

336. Palmquist, R./Sendlein, L. V. A.: The configuration of contamination endaves from refuse diposal sites on floodplains. In: Ground Water 13 (1975) № 2, S. 167–181

337. Paucke, H./Bauer, A.: Umweltprobleme – Herausforderung der Menschheit. Berlin: Dietz Verlag 1979

338. Pedro, G.: Contribution a l'etude experimentale de l'alteration geochimique des roches cristallines. Inst. Nat. Rech. Agron., Paris 1964

339. Pekdeger, A./Matthess, G.: Factors of Bacteria and virus transport in groundwater. IAH Mem., Praha 1982. p. II, S. 329–341

340. Perelman, A. I.: Geochimija epigenetičeskich processov. Moskwa: Izd. Nedra 1968

341 Perlmutter, N. M., u. a.: Movement of Waterborne Cadmium and hexavalent Chromium wastes in South Farmingdale, Nassau County, Long Island, New York. US Geol. Survey Prof. Paper. 475–C, (1963), S. 179–184

342. Peukert, V.: Untersuchungen des Einflusses atmosphärischer Verunreinigungen auf die Wasserbeschaffenheit der Gewässer. In: WWT 24 (1974), S. 158–161

343. Pettyjohn, W. A.: Ground-water pollution – An imminent disaster. In: Ground Water 17 (1979) 1, S. 18–24

344. Pfaff, C.: Das Verhalten von Stickstoffen im Boden nach langjährigen Lysimeterversuchen (1. Mitteilung). In: Z. f. Acker- und Pflanzenbau 117 (1963), S. 77–99 und 100–113

345. Piet, G. J./Zoetemann, B. C. J.: Organic Water Quality Changes during Sand Bank Filtration of surface Waters in the Netherlands. In: Journ. of the Amer. Water Works Assoc. 72 (1980) 7, S. 400–404

346. Pietsch, W.: Tagebaugewässer im Lausitzer Braunkohlenrevier. In: Arch. Naturschutz und Landschaftsforschung 19 (1979) H. 3

347. Pfeiffer, G.: Die geschichtliche Entwicklung der Anschauungen über das Karstgrundwasser. In: Beil. Geol. Jb., 57 (1963)

348. Pietras, J. S., u. a.: Flourverbreitung im Grundwasser in der Umgebung einer ehemaligen Aluminiumhütte. In: Aktual. probl. hydrogeol., Mater. 3 Ogolnopol. Symp., Krakow 1985, S. 453–463

349. Pinneker, E. V.: Rassoly Angara-Lenskogo bassejna. Moskwa: Izd. Nauka 1966

350. Pinneker, E. V.: Obščaja gidrogeologija. Novosibirsk: Izd. Nauka Sibirskoe otdel 1980

351. Pit'eva, K. E.: Zadači i metody izučenija formirovanija chimičeskogo sostava podzemnych vod. SB. Problemy teor. i region. gidrogeochimii, Moskwa: Izd. MGU, 1979

352. Plummer, L. N., u. a.: Mechanism of calcite dissolution in CO_2-Water systems. Proc. 2. intern. symp. on WRI, sec. IV, Strasbourg 1977, S. 23–32

353. Plummer, L. N./Wigley, T. M. C.: The dissolution of calcite in CO_2-saturated solution at 25 °C and 1 atmosphere total pressure. In: Geochim. et Cosmochimica Acta 40 (1976), S. 191–202

354. Plotnikov, N. A.: Biologičeskoe zagrijaznenie presnych podzemnych vod i ich ochrana. In: Bjull. MOIP, otd. geol. 55 (1980) 2, S. 110–122

355. Pogsojan, Ch. P./Turketti, S. L.: Wolken, Wind, Wetter. Moskwa: Izd. Mir; Jena, Leipzig, Berlin: Urania Verl. 1975

356. Poljak, V. E.: O zagrjaznenii atmosfernogo vozducha ammiakom v okruženii svinovodčeskich komplecsov. In: Gigiena i sanitarija (1981) 6, S. 67

357. Ponomareva, V. V.: K voprosu okislotno – osnovnych svojstvach lizimetričeskich vod v podzolistych pocvach. Moskwa: Izd. Nauka 1973

358. Popova, T. P.: O rasčete rastvorimosti gipsa v prirodnych vodach. In: Razvedka nedra (1951) Nr. 6

359. Posochov, E. B.: Faktory fomirovanija chimičeskogo sostava atmosfernych osadkov. In: Gidrochimičeskije materialy, T. 46, Moskwa (1968), S. 15–31

360. Posochov, E. B.: Formirovanije chimičeskogo sostava podzemnych vod. Moskwa: Gidrometeoizdat 1966

361. Pourbaix, M. J. N.: Thermodynamics of dilute aqueous solutions. London: E. Arnold 1949

362. Puhe, J./Ulrich, B.: Chemischer Zustand von Quellen im Kaufunger Wald. In: Archiv f. Hydrobiol. 102 (1985), S. 331–342

363. Quentin, K. E., u. a.: Grundwasserverunreinigung durch organische Umweltchemikalien. In: Z. Dt. Geol. Ges. 124 (1973)

364. Rafal'skij, R. P./Alekseev, V. A.: Kinetika vzaimodejstvija silikatov s vodnymi rastvorami. In: Geochimija (1986) 10, S. 1452–1463

365. Rahn, P. H.: Groundwater contamination by radioactive waste. In: Environmental Geotechnology, vol. 1, ENVO PUBL. Comp. Inc. (1986). Bethlehem, USA, S. 233–246

367. Reifenstein, H., u. a.: Über Triazinrückstände im Boden unter Praxisbedingungen. In: Arch. Pflanzenschutz 8 (1972) 1, S. 65

368. Reissig, H.: Hydrogeochemie für Wasserwirtschaftler. TU Dresden, Postgraduales Studium Grundwasser Lehrbrief, 1983

369. Reissig, H.: Stand und Entwicklungstendenzen der Erfassung der physikalisch-chemischen Austausch- und Umsatzprozesse in der Boden- und Grundwasserzone. Vorträge der wissenschaftlichen Konferenz »Simulation gekoppelter Transport-, Austausch- und Umwandlungsprozesse«, Dresden 1979, Bd. II, S. 113–126

370. Reissig, H., u. a.: Beitrag zur unterirdischen Enteisenung von Grundwässern. In: Wiss. Z. der TU Dresden, 32 (1983) 1, S. 163–166

371. Rettenberger, G.: Methoden zur Sanierung von Schäden infolge Gasmigrationen. In: Stuttgarter Berichte zur Abfallwirtsch. Bd. 17 (1984). Erich Schmidt Verlag, S. 145161

372. Richter, W.: Abriß der Hydrogeologie. Stuttgart: Schweizerbart'sche Verlagsbuchhandlg. 1975

373. Ronai, A.: Charactere hydrogeologique essentiol de la Grande Plaine Hongroise. Annales Inst. geol. publ. Hungarici Budapest (1978), vol. LIX, FASC. 1–4, S. 462–483

374. Rösler, H. J./Lange, H.: Geochemische Tabellen. Leipzig: VEB Deutscher Verlag für Grundstoffindustrie 1965

375. Saffigna, P. G./Keeney, D. R.: Nitrate and Chloride in ground water under irrigated agriculture in Central Wisconsin. In: Ground Water 15 (1977) 2, S. 170–177

376. Salay/Klausing: pH-Wert, Sulfat- und Nitratgehalt des Niederschlags und Sickerwassers von Hessischen Lysimeterstationen (1973–1977). Gewässerkundliche Mitt. 41 (1985), S. 86 bis 93

377. Salomons, W.: Adsorption processes and hydrodynamic conditions in estuaries. Envir. Technol. Lettls., 1 (1980), S. 356–365

378. Samarina, V. S.: Gidrogeochimija. Leningrad: Izd. LGU 1977

379. Samojlov, O. J.: Struktura vodnych rastvorov elektrolitov i gidratacija ionov. Moskwa: Akademizd. 1957

380. Sayles, F. L./Mangelsdorf, P. C.: Cation exchange characteristics of Amazon River suspended sediment and its reaction with seawater. In: Geochim. Cosmochim. Acta 43 (1979), S. 767–779

381. Scharrer, K./Fast, H.: Untersuchungen über die dem Boden durch Niederschläge zugeführten Pflanzennährstoffe. In: Z. Pflanzenernährung, Düngung, Bodenkunde 55 (1951), S. 97–106

382. Scheffer, F./Schachtschnabel, P.: Lehrbuch der Bodenkunde. Stuttgart: Enke Verlag, 6. Aufl. 1969, 9. Aufl. 1976

383. Schenk, V.: Wasserwirtschaftliche Belange des linksrheinischen Teiles der Kölner Bucht. Z. Dt. geol. Ges. 128 (1977), S. 339–348

384. Schenk, V.: Die Belastung des Grundwassers durch Abwässer von Zuckerfabriken. Dt. gewässerk. Mitt. 23 (1979) 5, S. 117–122

385. Schewe, L. D.: Cyanhaltige Sichtgasschlämme als Ursache einer Grundwasserverunreinigung. In: GWF, Wasser/Abwasser 110 (1969)

386. Schlinker, K.: Komplexmethodik der regionalen Grundwassererkundung im Großeinzugsgebiet Küste-Warnow-Peene. In: Wiss. Z. Univ. Rostock 18 (1969) 7, nat. mat. R. (1969)

387. Schlinker, K.: Beiträge zur wasserwirtschaftlichen Erfassung des Grundwasserdargebotes durch den Chemismus und seiner Beziehung zum Oberflächenabfluß im Gebiet Küste–Warnow–Peene. Dresden, Diss. 1967

388. Schlinker, K.: Ein Beitrag zu Grundlagenarbeiten am Grundwasser des Lockergesteinsbereiches der DDR. In: WWT 24 (1974) 6, S. 195–198, 12, S. 423–426

389. Schmidt, H./Beitz, H.: Die Bodenkontamination durch Pflanzenschutzmittel und mögliche Gefahren für ihr Eindringen in das Grundwasser. In: WWT 29 (1979) 11, S. 366–368

390. Schmidt, H. P.: Zum Einfluß von Niederschlägen auf die Wasserbeschaffenheit. In: Acta hydrochim. hydrobiologica 4 (1976), S. 189–191

391. Schmidt, K. H.: Wirksamkeit der Trinkwasseraufbereitung bei der Eliminierung von Pestiziden und anderen Schadstoffen. In: GWF, Wasser/Abwasser 115 (1974) 2, S. 72–76

392. Schneider, H.: Die Wassererschließung. 2. Aufl. Essen: Vulkan Verlag, 1973

393. Schnitzer, M./Skinner, S. I. M.: Organo-metallic interaction in soil: 5. Stability constants of Cu^{++}, Fe^{++} and Zn^{++} Fulvic Acid complexes; Stability constants of Pb^{++}, Ni^{++}, Mn^{++}, Co^{++}, Ca^{++} and Mg^{++}-Fulvic Acid complexes. In: Soil science 102 (1966), S. 361–365. 103 (1967), S. 247–251

394. Schoeller, H.: Les eaux Souterraines. Paris: Masson u. Co. 1962

395. Schöttler, U.: Hydrochemische Untersuchungen von Sickerwässern unterhalb von Abfallablagerungen. RWTH Aachen, 1973, Diss.

396. Schöttler, U.: Das Verhalten von Spurenelementen bei der Wasseraufbereitung unter besonderer Berücksichtigung der künstlichen Grundwasseranreicherung. Veröffentl. Inst. f. Wasserforsch., Dortmund Nr. 31, 1980

397. Schräber, D.: Asche- und Müllkippen und ihre Auswirkungen auf das Grundwasser. In: Z. Angew. Geol. 17 (1971) 5, S. 185–187

398. Schraft, A.: Statistische Untersuchungen zum Stoffbestand und Genese von Grundwässern im südöstlichen Odenwald und Bauland. In: Geologisches Jahrbuch, Reihe C, H. 35 (1983). Hannover

399. Schröter, W., u. a.: Chemie. Nachschlagebücher für Grundlagenfächer. 11. Aufl. Leipzig: VEB Fachbuchverlag 1977

400. Schulz, H.-D.: Chemische Beeinflussung des Grundwassers in Sandern durch landwirtsch. Düngung. In: Meyniana 23 (1973)

401. Schulz, H. D.: Chemische Vorgänge beim Übergang vom Sickerwasser zum Grundwasser. Aachen, Diss. 1969

402. Schulz, H. D./Albertsen, M.: Bodenfeuchte und Grundwasserneubildung – statistische Auswertung und Anwendung eines Analogmodells. In: Meyniana 33 (1981), S. 23–39

403. Schwan, M./Rössler, H. J.: Bemerkungen zur hydrochemischen Dispersion in porösen Medien. In: Z. Angew. Geol. 33 (1987) Nr. 4

404. Schwela, D.: Vergleich der nassen Deposition von Luftverunreinigungen in den Jahren um 1870 mit heutigen Belastungswerten. In: Staub-Reinhaltung der Luft 43 (1983) 4

405. Schwille, F.: Hohe Nitratgehalte in den Brunnenwässern der Moseltalaue zwischen Trier und Koblenz. In: GWF, Wasser/Abwasser 110 (1969) H. 2, S. 35–44

406. Schwille, F.: Die chemischen Zusammenhänge zwischen Oberflächenwasser und Grundwasser im Moseltal zwischen Trier und Koblenz. In: Bes. Mitt. Dt. Gewässerkdl. Jahrb., Bd. 38 (1973). Koblenz

407. Schwille, F.: Ionenaustausch und der Chemismus von Grund- und Mineralwässern. In: Z. Dt. Geol. Ges. 106 (1955), S. 16–22

408. Ščerbina, V. V.: Osnovy geochimii. Moskva: Izd. Nedra, 1972

409. Seim, R./Tischendorf, G.: Grundlagen der Geochemie. Leipzig: VEB Deutscher Verlag für Grundstoffindustrie (im Druck)

410. Sergeev, E. M., u. a.: Gruntovedenie. Moskwa: Izd. MGU 1971

411. Siebert, G./Werner, H.: Bergverkippung und GW-Beeinflussung am Niederrhein. In: Fortsch. Geol. Rheinl. u. Westfalen 17 (1969), S. 263–278

412. Siegel, D. J./Pfannkuch, H. O.: Silicate mineral dissolution at pH 4 and near standard temperature and pressure. In: Geochimica et Cosmochimica Acta 48 (1984) 1, S. 197–201

413. Šiškina, O. V.: Metamorfizacija chimičeskogo sostava porovych vod Černogo morja. Sb. K poznaniju diageneza osadkov. Moskwa: Izd. AN SSSR (1959), S. 29–50

414. Skryševskij, A. E.: Strukturnyi analiz židkosty. Moskwa: Vysšaja škola 1971

415. Smirnov, S. I.: Vvedenie v izučenie geochimičeskoj istorii podzemnych vod sedimentacionnych bassejnov. Moskwa: Izd. Nedra 1974

416. Smith-Carington, A. K., u. a.: The nitrate pollution problem in groundwater supplies from the Jurassic limestones in central Lincolnshire. In: Brit. Geol. Sury. Series (1983), Nr. 3

417. Smirnov, S. S.: Zona okislenija sulfidnych mestorozdenij. Leningrad: Izd. AN SSSR 1955

418. Sokolov, D. S.: Osnovnye uslovija razvitija karsta. Moskwa: Gozgeoltechizdat 1962

419. Solomin, G. A.: Ionnye ravnovesija železa v prirodnych vodach. In: Gidrochimičeskie materialy (1967) 43, S. 88–93

420. Sontheimer, H./Nissing, W.: Änderung der Wasserbeschaffenheit bei der Bodenpassage unter besonderer Berücksichtigung der Uferfiltration am Niederrhein. In: GWF, Wasser-Abwasser 57 (1977) 9, S. 639–645

421. Sontheimer, H./Rohmann, U.: Grundwasserbelastung mit Nitrat – Ursachen, Bedeutung, Lösungswege. In: GWF, Wasser/Abwasser 125 (1984) 12, S. 599–607

422. Spengler, G.: Die Schwefeloxyde in Rauchgasen und in der Atmosphäre. Ein Problem der Luftreinhaltung. Düsseldorf: VDI Verlag 1964

423. Sprenger, F. J.: Organisch gebundenes Chlor – Herkunft, Bedeutung und Analytik in Wässern und Abwässern. Gewässerschutz–Wasser–Abwasser, Nr. 52, (1981) Lehrst. f. Siedlungswirtschaft der RWTH Aachen, Aachen, S. 138–226

424. STANKEVIČ, E. T.: Uslovija formirovanija podzemnych vod v gidrodinamičeskich zonach platformennych oblastej. In: Tr. geol. Inst. Kazan. 24 (1959), S. 139–143

425. Statistische Jahrbücher der DDR 1969–1986. Berlin: Staatsverlag der DDR, staatl. Zentralverwaltung f. Statistik

426. STERNINA, E. B.: O rastvorimosti malorastvorimych solej. Izv. sektora fiz.-chim. analiza AN SSSR, t XIX, 1949

427. STEINBRECHER, B.: Die Subrosion des Zechsteingebirges im östlichen und nordöstlichen Harzvorland mit besonderer Berücksichtigung der Elderiner Mulde. In: Geol. Jahrbuch 8 (1959) 5

428. STERNINA, E. B./FROLOVA, E. V.: O rastvorimosti kal'cita v prisutstvii CO_2 i NaCl. Izv. sekt. fiz-chem. analiza, AN SSSR t XXI, 1952

429. STIEGLITZ, R., u. a.: Das Verhalten von Organohalogenverbindungen bei der Trinkwasseraufbereitung. In: Vom Wasser 47 (1976), S. 347

430. STRACHOV, N. M.: Izvestkovo-dolomitovye facii sovremennych i drevnich vodoemov. Moskwa: Tr. in-ta geol. nauk AN SSSR, vyp. 124, 1957

431. STRUVE, F. A.: Die künstlichen Mineralwässer. Z. H. 1826, Annalen der Struve'schen Brunnenanstalten. 1. und 2. Jahrgang 1841–42

432. STUMM, W., u. a.: Saurer Regen, eine Folge der Störung hydrogeochemischer Kreisläufe. In: Naturwissenschaften 70 (1983), S. 216–223

433. STUNDL, K.: Behinderung der bakteriellen Abbauvorgänge im Boden. In: Gas, Wasser, Wärme 10 (1956) 12, S. 317–321

434. SUCH, W.: Nitratbelastung des Grundwassers aus landwirtschaftlicher Nutzung. Ergebnisse und Untersuchungsmethoden im Feld. In: bbr 10 (1985). 36. Jahrg., S. 379–385

435. SULAM, D. J./KU, H. F.: Trends of selected groundwater constituents from Infiltration galleries, Southeast Nassau County, New York. In: Ground Water 15 (1977) 6, S. 439–444

436. SULIN, V. A.: Vody neftjanych mestoroždenij v sisteme prirodnych vod. Moskwa-Leningrad: Gostoptechizdat 1946

437. ŠVARCEV, L. S.: Osnovy gidrogeologii, Gidrogeochimija. Nowosibirsk: Izd. Nauka 1982

438. ŠVARCEV, S. L.: Gidrogeochimija zony gipergeneza. Moskwa: Izd. Nedra 1978

439. ŠVEC, V. M.: Soderžanie i puti razvitija organičeskoj gidrogeochemii. In: Problemy teoretičeskoj i regional'noj gidrogeochimii, Izd. MGU (1979), S. 38–43

440. SWEET, H. R./FETROW, R. H.: Ground-Water pollution by woode waste diposal. In: Ground Water 13 (1975) 2, S. 227–231

441. SYDYKOV, Z. S./DAVLETGALIEVA, K. M.: Gidrochimičeskie klassifkacii i grafiki. Alma-Ata: Izd. Nauka 1974

442. TARDY, Y.: Characterization of the principal weathering types by the Geochemistry of waters from some European and African crystalline massifs. In: Chemical Geology 7 (1971), S. 253–271

443. TAUCHNITZ, J.: Chemische und biologische Aspekte der Schadstoffbeseitigung durch oberirdische Deponie – das Prinzip der gemischten Schadstoffdeponie. K.-M. Univ. Leipzig 1983, Diss. B

444. TAYLOR, I. M.: Pore space reduction in sandstones, Amer. Assoc. Petrol. Geol. Bull., Tulsa 34 (1950), S. 704–716

445. TEICHMANN, H./LESWAL, H. D.: Die biologische Reinigung von Zuckerfabrikabwässern. In: Wasserwirtschaft 66 (1976) 10. S. 275–280

446. TGL 22213, Bl. 1–6, Landeskultur und Umweltschutz, Schutz der Gewässer, Lagerung, Umfüllung, Transport von Mineralölen

447. TGL 28400, Bl. 1, Ausgewählte Methoden der Wasseruntersuchung

448. TGL 23989, Terminologie unterirdisches Wasser. November 1982

449. THIERE, J./MORGENSTERN, H.: Zur Berechnung der Austauschkapazität mit Hilfe einfacher und multipler Regressionen. In: Archiv f. Acker und Pflanzenbau 19 (1975), S. 15–26

450. Thiess, N.: Untersuchungen über die Auswirkungen des Eindringens von radioaktiven Abwässern in den Untergrund. Herausg. Landesstelle f. Gewässerkunde 1969

451. Tischendorf, G./Ungethüm, H.: Über die Bedeutung des Redoxpotentials (Eh) und der Wasserstoffionenkonzentration (pH) für Geochemie und Lagerstättenkunde. In: Geologie 13 (1964), S. 125–158

452. Trouwborst, T.: Groundwater pollution by volatile halogenated hydrocarbons, sources of pollution and methods to estimate their relevance. Studies in Environmental Sci. 17 (1981), S. 193–198

453. Tutjunowa, F. I.: Fiziko-chimiceskie processy v podzemnych vodach. Moskwa: Izd. Nauka 1976; Leipzig: VEB Deutscher Verlag für Grundstoffindustrie 1980

454. Turnow, E.: Beitrag zur Gewinnung von Wasserproben aus der gesättigten und ungesättigten Bodenzone zur Ermittlung von physikalischen und chemischen Kennwerten. Dresden, Dis. TU Dresden 1984

455. Učvatov, V. P.: Osobennosti počvennych i gruntovych vod Priokskoj zandrovoj – alljuvial'-noj ravniny. In: Počvovedenie 6 (1985), S. 55–64

456. Udodov, P. A., u. a.: Metodičeskoe rukovodstvo po gidrogeochimičeskim poiskam rudnych mestoroždenij. Moskwa: Izd. Nedra 1973

457. Uhlmann, W.: Geschütztheitsbewertung der Grundwasserressourcen gegenüber dem Einfluß saurer Depositionen auf der Basis einfacher hydrogeochemischer Modelle. In: Acta hydrochimica et hydrobiologica, vol. 16 (1988)

458. Uhlmann, D.: Hydrobiologie, Ein Grundriß für Ingenieure und Naturwissenschaftler. Jena: VEB Gustav Fischer Verlag 1982

459. Ulbrich, R.: Die Herkunft der Nitrate und Chloride in Grundwässern der Umgebung von Würzburg und Grundwässern der Rhön. Gesundheits-Ing. 78 (1957) 5/6, S. 80–82

460. Ulrich, B.: Die Versauerung – Giftstoffe reichern sich an. In: Bild d. Wissenschaft 19 (1982) 12, S. 108–119

461. Ulrich, B.: Ökologische Gruppierung der Böden nach ihrem chemischen Bodenzustand. In: Z. Pflanzenern. Bodenkunde 144 (1981), S. 289–385

462. Ulrich, B.: Kationenaustauschgleichgewichte in Böden. In: Z. Pflanzenern. Bodenkunde 113 (1966), S. 141–159

463. Ulrich, B., u. a.: Deposition von Luftverunreinigungen und ihre Auswirkungen in Waldökosystemen im Solling. In: Schr. Forst. Fak. Univ. Göttingen, Bd. 58 (1979)

464. Valjaško, M. G.: Osnovnye chimičeskie typi prirodnych vod i uslovija ich obrazovanija. In: Dokl. AN SSSR 102 (1955) 2

465. Valjaško, M. G., u. a.: Geochimija i genezis rassolov Irkutskogo amfiteatra. Moskwa: Izd. Nauka 1965

466. Vasak, L./Kraijenbrink, G. J. W./Appelo, C. A. J.: The special distribution of pollutet groundwater from rural centres in a recharge area in the Netherlands. In: »Quality of Groundwater«, Studies in Environm. Sciences, vol. 17 (1981), S. 105–112

467. Vasil'evskij, M. M., u. a.: Schema osnovnogo gidrogeologiceskogo rajonirovanija Aziatskoj časti SSSR. In: Sovetskaja geologija (1938) 7

468. VDI-Berichte 500. Saure Niederschläge – Ursachen und Wirkungen. Düsseldorf: VDI-Verlag 1983

469. Vernadskij, V. I.: Istorija prirodnych vod (1936). In: Moskwa: Izd. AN SSSR 1960 t. IV k. 2, Izbr. sočinenija

470. Voigt, H.-J.: Genese und Hydrogeochemie mineralisierter Grundwässer. In: WTI, Sonderheft 6 (1972)

471. Voigt, H.-J.: Über die Rolle des Kationenaustausches bei der Bildung der chemischen Zusammensetzung der Grundwässer. In: Z. Angew. Geol. 21 (1975) (c) 9, S. 420–423

472. Voigt, H.-J.: Hydrodynynamische und hydrochemische Probleme am Süß-Salzwasserkontakt. In: Geod. Geoph. Veröff., R. IV, 22 (1977), S. 48–54

473. Voigt, H.-J.: O edinstve gidrodinamičeskich i gidrogeochimiceskich uslovij mineralisovannych podzemnych vod Severogermansko-pol'skoj vpadiny. Dokl. na vsesojusnom soveščanii. Formirovanie chimičeskogo sostava podzemnych vod. Moskwa 1976

474. Voigt, H.-J.: Zur Geochemie der Spurenelemente Brom, Jod, Strontium und Lithium in den Mineralwässern des Nordteils der DDR. In: Z. Angew. Geologie 23 (1977) 8, S. 395–402

475. Voigt, H.-J.: Die Anreicherungsbedingungen von Brom in den unterirdischen Solen am Beispiel der hochmineralisierten Solen des Angara-Lena-Beckens. In: Z. Angew. Geol. 16 (1970) 11/12, S. 479–484

476. Voigt, H.-J./Zieschang, J.: Eine hydrochemische Karte der Mitteleuropäischen Senke auf dem Territorium der VR Polen und der DDR. In: Z. Angew. Geol. 23 (1977) 5, S. 255–256

477. Vong, R. J., u. a.: Measurement and modeling of West'ern Washington precipitation chemistry. In: Water, Air and Soil Pollution 26 (1985) 2, S. 71–84

478. Vrba, J.: Impact of domestic and industrial wastes and agricultural activities on groundwater qualities. Memoires 18. Congr. IAH, Cambridge 1985, part 1, S. 91–117

479. Vucic, N.: Needs for an Interdisciplinary Approach in Evaluating Irrigation Water Quality. In: Proc. Int. Symp. Recent Investiqations in the Zone of Aeration, München, 1984, v. 1, S. 31–36

480. Wandt, Kl.: Hydrochemische Untersuchung von Grundwasser diluvialer und tertiärer Schichten in Schleswig-Holstein. In: Meyniana 9 (1960), S. 98–129

481. Wedepohl, K. H.: (Hrsg): Handbook of Geochemistry. Cadmium. Heidelberg, New York, Berlin: Springer Verlag 1972

482. Weil, L.: Die Auswirkungen von Pflanzenschutzmitteln auf die Gewässer. In: bau intern – wasser und abwasser 1976, H 3, S. 42–46

483. Weil, L., u. a.: Adsorption von Pestiziden an Gewässertrübstoffen. In: Schr. Reihe Ver. Wasser-Boden-Lufthyg. 37 (1972), S. 77–84

484. Weise, K.: Erarbeitung einer Karte der beregnungsfähigen Gebiete mit Kennzeichnung des Substrat- und Horizontaufbaus wichtiger beregnungsbedürftiger Hauptbodenformen sowie vorläufige Angaben über deren vorhandenes Ertragsneviau. Eberswalde, Inst. f. Bodenk., Forschungsbericht 1971

485. Wellings, S. R./Bell, J. P.: Water and nitrate fluxes in unsaturated Upper Chalk at Bridgets Experimental Hunsbaudry Farm, Winchester. UK. IAHS-AISH Publi. (1980) 130, S. 309 bis 314

486. White, D. E.: Magmatic, connate and metamorphic waters. In: Bull. Geol. Soc. Amer. 68 (1957) 12, pt. 1

487. White, D. E., u. a.: Chemical composition of subsuface waters. US Geol. Surv. Prof. Papers, 440-F (1963)

488. Wickmann, F. E.: Some notes on the geochemistry of elements in sedimentary rocks. Archiv, Kemi, Minera. Geol. 19 (1944) B 2, S. 1–7

489. Wiegner, G.: Ionenaustausch und Struktur. Trans. Int. Congr. Soil. Sci, 3rd Congr. Oxford 3 (1935), S. 5–28

490. Wienbeck, U.: Über die Geschichte der Abfallbeseitigung. In: Wasser und Boden 28 (1976) 5, S. 97–99

491. Winkler, P.: Zur Trendentwicklung des pH-Wertes des Niederschlags in Mitteleuropa. In: Z. Pflanzenern. und Bodenkunde 145 (1982), S. 576–585

492. Wohlrab, B.: Beurteilungskriterien und Empfehlungen zur Bodennutzung in Zone II von Schutzgebieten von Grundwasser. In: Z. f. Kulturtechnik und Flurbereinigung 17 (1976) 4, S. 221–228

493. Wolf, H., u. a.: Landapplied effluents impact water resources. In: Water and Sewage works 126 (1979) 3, S. 66–67

494. Wollast, R.: Kinetics of the alteration of K-feldspar in buffered solutions at low temperature. In: Geoch. Cosmochim. Acta 31 (1967), S. 635–648

495. YOUNG, C. P.: The impact of point source pollution in groundwater quality. In: Quality of Groundwater, Studies in Environmental Science, Elsevier Sc. P. Comp., Amsterdam-Oxford-New-York 17 (1981), S. 207–216

496. ZABULIS, R. M.: K voprosu vozmožnogo zagrijaznenija gruntovych vod na životnovodčeskich kompleksach. In: Dostiž i perspektiv geolog. izuč. Lit. SSR, Vilnjus: 1978, S. 192–193

497. ZAMFIR, G., u. a.: Ein Fall von Verunreinigung unterirdischen Wassers einer Ortschaft durch das Insektizid Dibertox. In: Z. f. Ges. Hyg. u. Grenzgeb. 14 (1968) 6, S. 426–430

498. ZDANOVSKIJ, A. B.: Kinetika rastvorenija prirodnych solej v uslovijach vynuždennoj konvekcii. Leningrad: Trudy VNIIG, vyp. 33 (1956)

499. ZENONE, C., u. a.: Groundwater quality beneath solidwaste diposal sites at Anchorage, Alaska. In: Ground Water 13 (1975) 2, S. 182

500. ZIESCHANG, J.: Ergebnisse und Tendenzen hydrogeologischer Forschungen in der DDR. In: Z. Angew. Geologie 20 (1974) 10, S. 452–458

501. ZILLIOX, L., u. a.: Untersuchungen über den Stoffaustausch zwischen Mineralöl und Wasser in porösen Medien. In: Dt. gewässerkd. Mitt. 18 (1974) 2, S. 35–37

502. ZVEREV, V. P.: Gidrogeochimičeskie issledovanija sistemy gipsy-podzemnye vody. Moskwa: Nauka 1967

503. ZVEREV, V. P., u. a.: Migracija chimičeskich elementov v podzemnych vodach SSSR – Zakonomernosti i količestvennaja ocenka. Moskwa: Nauka 1974

504. ZWIRNMANN, K. H.: Problems of groundwater quality management. In: SB II der wiss. Konf. Simulation der Migrationsprozesse im Boden und Grundwasser, TU Dresden (1979). S. 18 bis 38

Sachwörterverzeichnis

A

Feld/untersuchungen 112, 256
−versuche 17
Feluron 226
Fermentgift 228
Fernheizungsmüll 211
Festgestein 112, 124, 156, 233, 236
Festgesteinskörper 251
Feststoffe 40, 75
Feststoff/gerüst 75
−matrix 76
−oberfläche 49
−partikeln 76
−phase 87, 92, 249
Fett/abscheider 209
−säuren 251
Fette 40
Feuchte 112, 124
−entzug 111, 112
−front 112, 126, 137
−profil 122
−regime 130, 132
−transport 111, 122, 126
−verteilung 111
−zufuhr 111
Feuchtigkeitsgehalt 239
Ficksches Gesetz 49,50
Filter/bereich 204
−strömung 137
−wirkung 108, 126
Filtrat 12
Filtrations/eigenschaften 157
−geschwindigkeit 49, 51
Fischsterben 107
Fixierung 132
Fließ/geschwindigkeit 48, 49, 92, 93, 138, 150
−richtung 48
−system 145
−zeit 199
Flugasche 222
Fluid 92, 94
Flurabstand des Grundwassers 116, 122, 201, 220, 221
Flüssigkeitseinschlüsse 14
Flußwasser 183, 185
−sedimente 87, 183
Förderbrunnen 75
Formsand 210
Formation, geologische 10
Forsterit 46
Freiland/niederschlag 108, 109
−standort 108, 119, 121
−untersuchungen 112
Freundlich-Isotherme 92, 233, 235
Fugazität 241
Fulvosäuren 40, 41, 128, 255
Fungizide 230, 231

G

Gabbro 140
Galvanik/betriebe 201
−schlamm 215
Gärsäuren 195
Gärungsprozesse 217
Gas 10, 15–17, 30, 31, 98, 101, 107
−, gelöstes 45
Gas/austausch 128, 130, 150
−konstante 29, 34
−phase 170, 250
−regime 10
Gefährdungs/grad 216, 244
−klasse 216
Gemischtligandenkomplex 41
Genese 13, 15, 16, 97
Geochemie 15, 16, 18
− der natürlichen Wässer 15
Geometrie des Kontaminationsherdes 262
Geruchsschwellwert 31
Gesamt/austauschkapazität 128
−härte 117, 146, 147, 156, 174, 199, 204
−kationenäquivalentmenge 158
−konzentration 149, 208
−mineralisation 57, 88, 89, 101, 146, 149, 150, 155, 169
−system 43
Geschiebemergel 122, 123, 201, 213
−ablagerungen 112
Geschiebesand 213
Geschmack 13
Geschwindigkeits/koeffizient 93
−konstante 23, 73, 93
−parameter 49
Gesetzmäßigkeiten, hydrodynamische 158
−, regionale hydrogeologische 14, 16
Gesteine 9, 13, 15–17, 152
−, auslaugungsfähige 149, 150
−, basische 143
Gesteins/komplex 144
−massiv 124
−matrix 112, 126
−verband 46, 157
Gewässerbeschaffenheit 173
Gewerbeabfälle, hausmüllähnliche 209, 210
Gewerbemüll 222
Gichtgasschlamm 220
Gießerei/schutt 210
−staub 216
Gift/abteilung 226, 228, 230
−müllskandal 213
Gips 46, 49–52, 152
−ablagerungen 51, 146
−folgen 51, 53, 152

H

Hardegsen-Folge 146, 147
Harnstoff 195
−derivate 231
−verbindungen 226, 234
Härte/quotient 159, 160, 162
−salze, cyanidhaltige 217
Häufigkeitsverteilung 99, 100, 110, 136−138, 142, 147, 149, 158−161, 178
Haupt/alimentationsgebiet 153
−elemente 219
−grundwasserleiter 201
−inhaltsstoffe 40
−komponenten 15, 110, 183
−stoffe 42
Haus/kläranlagen 209
−müll 209, 212, 220, 222, 223
−mülldeponie 212, 217
Havarie 165, 244, 245
−statistik 245
Heizöl 31
Henry-Daltonsches Gesetz 31, 32
− − Isotherme 93, 94
− − Konstante 31, 32
Hepatisieren 206
Heptachlor 229
−epoxid 235
Heptan 217
Herbizidabbau 232
Herbizide 226, 231
Herbizidmenge 225
Herkunft, marine 13
Herkunftsquelle 99, 101
Hexan 217
Hoch/kippe 221
−ofenschlacke 215, 216
Hornblende 143
Hüllschicht 59
Humate 128, 129
Humine 128, 129
Humin/säure 41, 128, 207, 251, 255
−stoffe 40, 78, 79, 127, 128
−stoffe, organische 40
Humus 111, 235
−gehalt 91, 126, 233
−puffer 171
−schwund 119
Hütten/industrie 222
−schutt 210
Hydratation 19, 21, 25, 29, 38, 44, 52, 88, 235
−, ferne 21
−, nahe 21−23, 25, 38, 52, 85
−, negative 21, 22, 23, 29
−, positive 21, 23, 25
Hydratations/effekt 22, 88
−energie 22, 23, 45, 85, 87, 88
−verhalten 99
Hydrochemie 11, 13, 14, 16, 18

Hydrogenkarbonat 71, 174
−gehalt 160
−ion 46, 55, 61, 138, 152, 156
−puffer 171, 174
Hydrogeochemie 9, 13, 14, 16−18, 156
Hydrogeologie 10, 11, 14, 18
Hydrolyse 38, 39
−prozesse 231
−reaktion 45, 232
Hydrophobie 256
Hydrosphäre 9, 10, 14, 15, 165
−, unterirdische 9, 14−16, 19, 43, 47, 111
Hydroxide 38, 210
− der Metallionen 39
Hydroxylgruppen 30, 61
Hypergenesezone 45, 46, 59, 65, 79
Hystereseeffekt 126

I

Illite 80−82, 85, 127
Immigration 17, 156
−, versalzener Grundwässer 17
Industrie/abwässer 201
−müll 220, 223
−mülldeponie 218
−schlämme 217
Inertmüll 210
Infiltrat 186
Infiltration 74, 112, 145
−, externe 75
−, interne 75
Infiltrations/einfluß 155
−theorie 9, 10, 13, 14
−wässer 151, 153, 157, 177
−zyklus 97, 98, 110, 137, 144, 155
Influktion 112, 113
Influktions/erscheinungen 112, 233
−prozesse 112, 118
Inhibitoreffekt 48
Insektizide 231
−, phosphororganische 228
Instabilität, thermodynamische 45
Intensivanbau 241
Interzeption 108, 128, 132
Interzeptions/aktivitäten 119
−einfluß 122
−rate 132
−verhalten 108
Ionen 11, 21, 25, 38, 52, 85, 233
−aktivität 25
−anteile 101
−austausch 44, 75, 85, 93, 234

Lysimeter 10, 12, 112, 114, 115, 135, 239
−abläufe 112, 117, 124, 132
−untersuchungen 240
−versuche 10

M

Magmatite 140
−, basische 138
−, saure 138, 157
Magnesium/hydrogenkarbonat-Wässer 142
−ionen 156
Makro/fauna 130
−organismen 45
Mangan/gehalte 186
−konzentration 186
−oxide 91
−verbindungen 124
Massen/transportgleichung 43, 44
−wirkungsgesetz 23–25, 27, 29, 33, 39, 85, 86
Massiv, hydrogeologisches 138, 142, 143, 145, 157, 174
Medium, neutrales 37, 39
−, schwach saures 37
Meer 99
Meeres/schlämme 84
−spray 99
Meerwasser 12, 48, 98, 156
−anteile 99
Megafauna 130
Mehrfachpegelausbau 160
Mehr/komponentensystem 37, 41, 88
−nährstoffdünger 238
−phasenströmung 137
−phasensystem 47, 101, 134
Melioration 192
Membrane, biologische 256
Menge-(Stoff-)Transport 44
Mesofauna 130
Metabolismus 232
Metabolite 231
Metall 174
−hydroxide 42, 79, 82
−ionen 58, 59, 89, 128, 129
−sulfate 74
−sulfide 72, 74
−oxide 79
Metallurgieabfall 221
Metamorphite 138, 139, 174
Metamorphose 53
−zyklus 97
Metazoen 130
Methoden, isotopengeochemische 14
Migration 16, 43, 74, 129, 168, 214, 249, 250

Migrations/bahnen 130
−bedingungen 130, 177
−fähigkeit 92
−form 16, 41, 71, 98, 185, 208, 232, 234, 261
−geschwindigkeit 95
−prozesse 43, 257, 266
−verhalten 74, 214, 232, 249, 256
−vermögen 129, 215, 217
−versuche 255
Mikroben 132
Mikrofauna 130
Mikroorganismen 40, 45, 68, 71, 78, 127, 128, 133, 177, 206, 232, 255
−, pathogene 199, 204, 206, 207
−, eisenreduzierende 71
Mikroporosität 256
Milben 130, 231
Milieu, reduzierendes 69, 199, 255
Minerale 45, 80, 86
−, gesteinsbildende 57, 76
−, leicht lösliche 138
−, sekundäre 46, 49, 58, 59
Mineral/auflösung 62
−bestand 146
−bildungsprozeß 10
−boden 122
−dünger 224, 233, 243
−düngung 236
−fraktion 128
−gitter 72
−hydroxide 2, 7, 9, 82
−oberfläche 48, 58, 82, 83, 127
−öle 249, 250
−ölabfälle 210
−ölhavarien 245, 257
−ölprodukte 30, 31, 245, 249, 250, 254, 255, 257–259
−ölkontamination 254
−quellen 10, 11, 14
−stoffe 40
−substrat 173
−schlamm 14
−wasser, künstliches 10, 12, 13, 155, 168
−wasseranomalien, oberflächennahe 14, 153
Mineralisation 145
Mineralisations/grad 169
−zunahme 111, 134
Mineralisierung 119, 133, 134, 190
−, organischer Substanzen 44, 128, 129, 133
Mineralisierungsprozeß 129
Mischaquifere, heterogene 145
Mischprozesse 44
Mitosegift 226
Mittelsand 200
Mittel zur Steuerung biologischer Prozesse (MSP) 195
Mobilisierung 174